PHP

于广◎编著

PHP编程从入门到实践

人民邮电出版社
北京

图书在版编目（CIP）数据

PHP编程从入门到实践 / 于广编著. -- 北京 : 人民邮电出版社, 2021.2
ISBN 978-7-115-50525-5

Ⅰ. ①P… Ⅱ. ①于… Ⅲ. ①PHP语言—程序设计
Ⅳ. ①TP312.8

中国版本图书馆CIP数据核字(2018)第288177号

内容提要

本书循序渐进、由浅入深地详细讲解了 PHP 语言开发的技术，并通过具体实例的实现过程演练了各个知识点的具体应用。全书共 25 章，分别为 PHP 开发初步、PHP 基本语法、流程控制语句、函数是最神秘的武器、数组、操作字符串、使用 PHP 操作 Web 网页、使用会话管理技术、文件操作、实现图形图像处理、面向对象、正则表达式、程序错误调试、数据加密、MySQL 数据库基础、使用 PHP 操作 MySQL、操作其他数据库、PDO 数据库抽象层、操作 XML 文件、使用 Ajax 技术、使用 Smarty 模板、使用 ThinkPHP 框架、使用 PHP 开发 Android 应用程序、信息管理项目——图书管理系统、网页游戏项目——开心斗地主。书中以“技术讲解”“范例演练”“技术解惑”贯穿全书，引领读者全面掌握 PHP 语言开发技术的精髓。

本书不但适用于 PHP 语言的初学者，也适用于有一定 PHP 基础的读者阅读，还可以作为大专院校相关专业或培训学校的教材。

◆ 编　　著　于　广
责任编辑　张　涛
责任印制　王　郁　焦志炜

◆ 人民邮电出版社出版发行　　北京市丰台区成寿寺路 11 号
邮编　100164　　电子邮件　315@ptpress.com.cn
网址　https://www.ptpress.com.cn
固安县铭成印刷有限公司印刷

◆ 开本：787×1092　1/16
印张：24.5　　　　2021 年 2 月第 1 版
字数：656 千字　　　　2024 年 7 月河北第 4 次印刷

定价：99.00 元

读者服务热线：(010)81055410　印装质量热线：(010)81055316
反盗版热线：(010)81055315
广告经营许可证：京东市监广登字 20170147 号

前 言

选择一本合适的书

对于一名想从事程序开发的初学者来说，究竟如何学习才能提高自己的开发技术呢？其中一种答案就是买一本合适的程序开发图书进行学习。但是，市面上面向初学者的编程图书中，大多数篇幅用于讲解基础知识，多偏向于理论，读者读了以后面对实战项目时还是无从下手。讲清如何从理论过渡到项目实战的图书是初学者迫切需要的，为此，作者特意编写了本书。

本书融合了入门类、范例类和项目实战类图书的内容，并且对实战知识不是点到为止地讲解，而是深入地探讨。用纸质书＋视频＋网络答疑的方式，实现了入门＋范例练习＋项目实战的完美呈现，帮助读者从入门平滑过渡到项目实战。

本书的内容

本书循序渐进、由浅入深地详细讲解了 PHP 语言开发的技术，并通过具体实例的实现过程演示了各个知识点的具体应用。全书共 25 章，介绍了 PHP 基本语法、流程控制语句、函数、数组、操作字符串、使用 PHP 操作 Web 网页、使用会话管理技术、文件操作、实现图形图像处理、面向对象、正则表达式、程序错误调试、数据加密、MySQL 数据库基础、使用 PHP 操作 MySQL、操作其他数据库、PDO 数据库抽象层、操作 XML 文件、使用 Ajax 技术、使用 Smarty 模板、使用 ThinkPHP 框架、使用 PHP 开发 Android 应用程序、信息管理项目——图书管理系统、网页游戏项目——开心斗地主。书中以“技术讲解”“范例演练”“技术解惑”贯穿全书，引领读者全面掌握 PHP 语言的精髓。

本书的特色

（1）以“从入门到实践”的方法写作，有助于读者快速入门。

为了使读者能够完全看懂本书的内容，本书遵循“从入门到实践”图书的写法，循序渐进地讲解 PHP 语言的基本知识。

（2）破解语言难点，“技术解惑”贯穿全书，绕过学习中的陷阱。

本书不会罗列编程语言的知识点，为了帮助读者学懂基本知识点，书中有“技术解惑”模块，让读者知其然又知其所以然，看得明白，学得通。

（3）全书提供丰富的实例。

本书针对每个知识点提供相关实例，通过这些实例，本书实现了对知识点的横向切入和纵向比较，让读者有更多的实践演练机会，并且可以从不同的角度展现一个知识点的用法，真正实现了举一反三的效果。

（4）配套视频，降低学习难度。

书中每一章有配套的教学视频，这些视频能够引导初学者快速入门，增强学习的信心，从而快速理解所学知识。

（5）包括“注意”“说明”“技巧”等模块。

本书根据需要在各章安排了很多“注意”“说明”“技巧”等模块，让读者可以在学习过程中轻松地理解相关知识点及概念，更快地掌握个别技术的应用技巧。

（6）具有（源程序+视频+PPT）丰富的学习资源，让学习更轻松。

因为本书的内容非常多，不可能用一本书的篇幅囊括“基础+范例+项目案例”的诸多内容，所以需要通过配套资源辅助实现。在本书的配套资源中不但有全书的源代码，而且有精心制作的实例讲解视频。本书配套资源可以通过加入 QQ 群 776300071 下载。

（7）通过 QQ 群与网站论坛实现答疑互动，形成互帮互学的朋友圈。

本书作者为了方便给读者答疑，特提供了网站论坛、QQ 群等技术支持，并且随时在线与读者互动，让大家在互学互帮中形成一个良好的 PHP 学习氛围。

各章的内容组织

本书的最大特色是实现了入门知识、实例演示、范例演练、技术解惑、综合实战 5 部分内容的融合。其中各章内容由如下模块构成。

- 入门知识：循序渐进地讲解了 PHP 语言开发的基本知识点。
- 实例演示：遵循理论加实践的学习模式，用 200 多个实例演示了各个入门知识点的用法。
- 范例演练：为了达到对知识点融会贯通、举一反三的效果，为每个实例配备了两个演练范例，全书共计 500 多个范例，多角度演示了各个知识点的用法和技巧。
- 技术解惑：把读者容易混淆的部分单独用一个模块进行讲解和剖析，对读者所学的知识实现了“拔高”处理。

本书的读者对象

初学编程的自学者　　　　　　　　　　编程爱好者
大中专院校相关专业的教师和学生　　　相关培训机构的教师和学员
初中级程序开发人员　　　　　　　　　软件测试人员

致谢

十分感谢我的家人给予的巨大支持。本人水平有限，书中纰漏在所难免，诚请读者提出意见或建议，以便修订并使之更臻完善。编辑联系邮箱为 zhangtao@ptpress.com.cn。

最后感谢你购买本书，希望本书能成为你编程路上的领航者，祝你阅读快乐！

作者

目 录

第 1 章

PHP 开发初步

PHP 是一门优秀的网络编程语言，有着独立运行的环境，在学习 PHP 之前，首先需要明白什么是 PHP，它在怎样一个环境下运行。本章将向大家详细讲解学习 PHP 必须具备的基础知识，介绍自定义搭建 PHP 开发环境的过程，为读者步入本书后面知识的学习打下基础。

1.1　什么是 PHP

视频讲解：第 1 章\什么是 PHP.mp4

PHP 是 Hypertext Preprocessor（超文本预处理器）的缩写，是一种服务器端、跨平台、HTML 嵌入式的脚本语言。PHP 语言的语法结构比较独特，混合了 C 语言、Java 语言和 Perl 等编程语言的特点，是一种被广泛应用的开源式的多用途脚本语言，尤其适合 Web 开发。

1.1.1　了解 PHP 语言的江湖地位

在动态 Web 开发世界，PHP 的占有率一直十分稳定，保持三分之一的市场占有率。TIOBE 编程语言社区排行榜是一个比较权威的统计榜单，是编程语言流行趋势的一个重要指标，此榜单每月更新一次，这份排行榜排名基于互联网上有经验的程序员、课程和第三方厂商的数量。TIOBE 编程语言社区排名使用著名的搜索引擎（诸如 Google、MSN、Yahoo!、Wikipedia、YouTube 以及 Baidu 等）进行计算。在刚刚过去的 2017 年，Java 语言和 C 语言依然是这份榜单最大的赢家，表 1-1 是截止到 2018 年 3 月的排名信息。

表 1-1　2018 年 3 月开发语言使用统计表

2018 年排名	2017 年排名	语言
1	1	Java
2	2	C
3	3	C++
4	6	Python
5	4	C#
6	8	PHP
7	9	JavaScript

由表 1-1 的统计数据可以看出，在最近两年 PHP 语言进步明显，由去年的第 8 名上升到第 6 名。

注意：“TIOBE 编程语言社区排行榜”只是反映各个编程语言的热门程度，并不能说明一门编程语言好不好，或者一门语言所编写的代码数量多少。这个排行榜可以考查大家的编程技能是否与时俱进，也可以在开发新系统时作为语言选择的依据。

1.1.2　PHP 的特点

（1）快速。这是最突出的特点，PHP 是一种强大的 CGI 脚本语言，语法混合了 C、Java、Perl 和 ASP 的新语法，执行网页的速度比 CGI、Perl 和 ASP 等语言更快。

（2）开放性和可扩展性。PHP 是自由软件，其源代码完全公开，任何程序员可以非常容易地为 PHP 扩展附加功能。

（3）数据库支持功能强大。PHP 支持多种主流与非主流的数据库，如 MySQL、Microsoft SQL Server、Solid、Oracle 和 PostgreSQL 等。其中 PHP 与 MySQL 是绝佳组合，可以实现跨平台运行。

（4）功能丰富。从对象式的设计、结构化的特性、数据库的处理、网络接口应用、安全编码机制等，PHP 几乎涵盖了所有网站的一切功能。

（5）易学好用。只需要了解一些基本的语法和语言特色，就可以开始你的 PHP 编码之旅。如果在编码的过程中遇到了什么麻烦，可以去翻阅相关文档，如同查找词典一样，十分方便。

(6) 学习速度快。只需 30 分钟就可以熟练掌握 PHP 的核心语言，PHP 代码通常情况下嵌入 HTML 中，在设计和维护站点的同时，可以轻松地加入 PHP，使站点更加具有动态特性。

(7) 功能全面。PHP 包括图形处理、编码与解码、压缩文件处理、XML 解析、支持 HTTP 的身份认证、Cookie、POP3、SNMP 等。可以利用 PHP 连接包括 Oracle、Access、MySQL 在内的大部分数据库。

1.1.3 使用 PHP 7 提升性能

2015 年 12 月初，PHP 7 正式版正式发布。这是 PHP 自 2004 年以来最大的飞跃，其最大特色是极大地改进了性能。例如在一些 WordPress 基准测试当中，PHP 7 的性能可以达到 PHP 5.6 的 3 倍。

1.2 快速搭建 PHP 7 开发环境

视频讲解：第 1 章\快速搭建 PHP 7 开发环境.mp4

考虑到现在已经推出了运行效率更高的 PHP 7，为了帮助读者了解掌握 PHP 7 的新特性，在本节将向读者详细讲解搭建 PHP 7 环境的知识，并且本书后面的内容将以 PHP 7 为主进行讲解。

1.2.1 使用 AppServ 组合包

组合包，就是将 Apache、PHP、MySQL 等服务器软件和工具安装配置完成后打包处理。开发人员只要将已配置的套件解压到本地硬盘中即可使用，无须再另行配置。组合包实现了 PHP 开发环境的快速搭建。对于刚开始学习 PHP 语言的读者来说，建议采用组合包方法搭建 PHP 的开发环境。虽然组合包在灵活性上要差很多，但是具备安装简单、安装速度较快和运行稳定的优点，所以比较适合初学者使用。

目前网上流行的组合包有十几种，安装步骤基本上大同小异。其中比较常用的组合包有 EasyPHP、AppServ 和 XAMPP。作者在此建议新手使用 EasyPHP 或 AppServ，这两个包都对 Apache+MySQL+PHP 开发环境进行了集成。

1.2.2 搭建 AppServ 环境

在 Windows 10（64 位）环境中，搭建 AppServ 开发环境的具体流程如下所示。

(1) 登录 AppServ 官方下载地址，如图 1-1 所示。

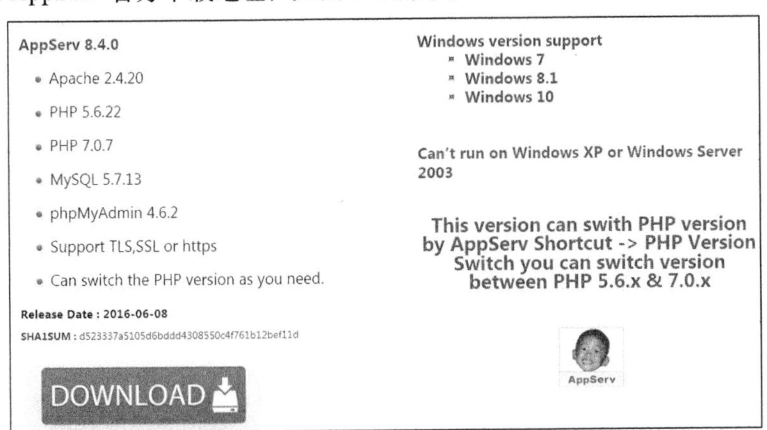

图 1-1 AppServ 官方下载地址

（2）单击下方红色的“DOWNLOAD”按钮开始下载，下载后将得到一个“.exe”文件。鼠标右键单击这个文件，在弹出命令中选择“以管理员身份运行”选项，在弹出的“欢迎”界面中单击“Next”按钮，如图 1-2 所示。

（3）在弹出的新对话框界面中单击“I Agree”按钮同意安装协议，如图 1-3 所示。

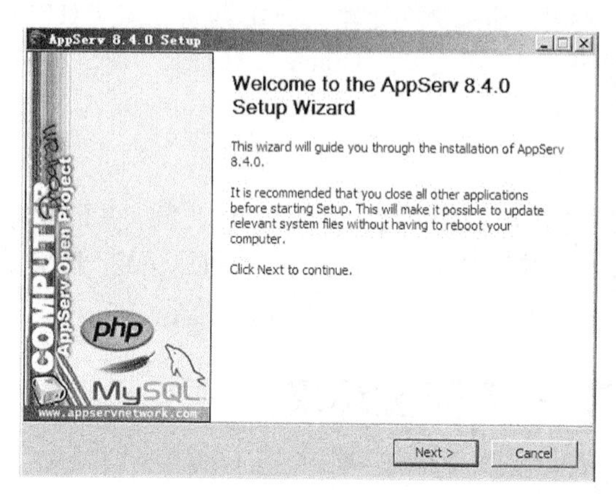

图 1-2　单击“Next”按钮

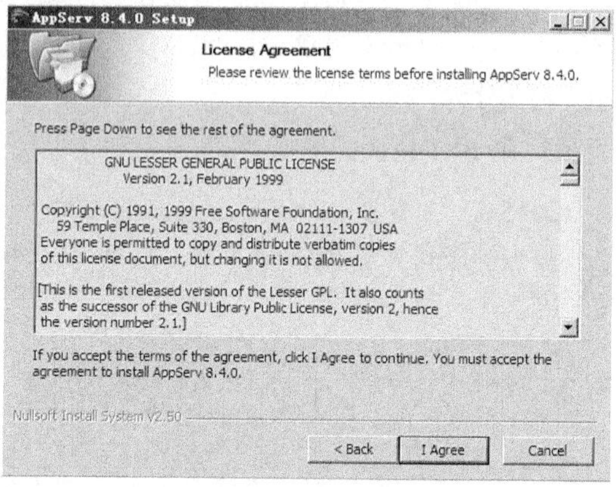

图 1-3　单击“I Agree”按钮

（4）在弹出的新对话框界面中设置程序的安装路径，建议不要安装在系统盘 C 盘，然后单击“Next”按钮，如图 1-4 所示。

（5）在弹出的新对话框界面中显示 4 个复选框选项，分别代表要安装的功能。在此全部勾选这 4 个选项，然后单击“Next”按钮，如图 1-5 所示。

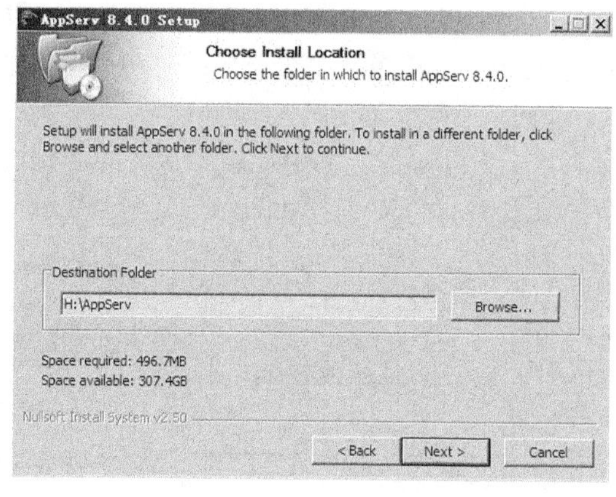

图 1-4　单击“Next”按钮（一）

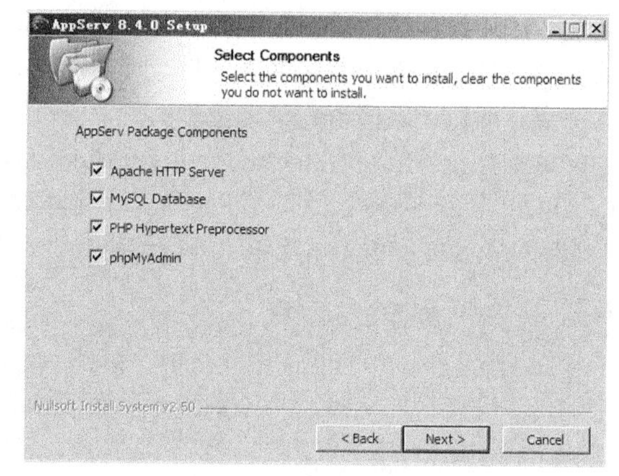

图 1-5　单击“Next”按钮（二）

（6）在弹出的新对话框界面中设置网站信息，在第一栏中输入网站的域名，在第二栏中输入网站管理员的邮箱地址，在第三栏中输入想使用的端口，默认是 80。在此可以按照默认设置，然后单击“Next”按钮，如图 1-6 所示。

（7）在弹出的新对话框界面中设置网站数据库的密码及使用的编码，第一栏中输入想设置的数据库的密码（密码至少 8 位），在第二栏中输入刚才输入的密码进行确认。然后选择设置一个编码，默认为 UTF-8。然后单击“Install”按钮，如图 1-7 所示。

注意：这里设置组合包中安装的 MySQL 数据库的密码。在设置时必须要牢记设置的密码，因为以后在程序中请连接数据库时要使用到。建议读者将密码设置为 66688888，因为这是本书所使用的数据库密码。

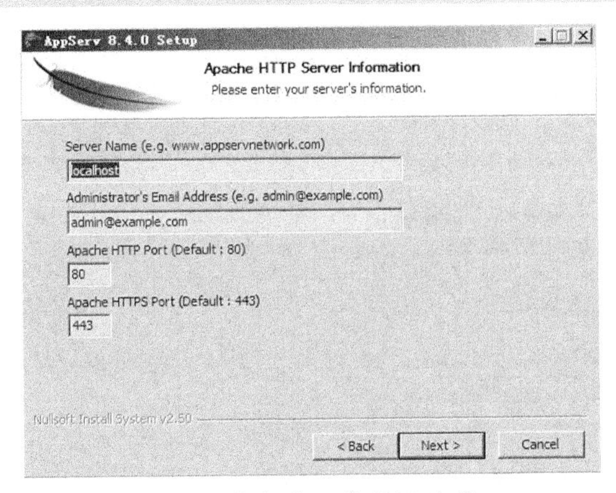

图 1-6 单击“Next”按钮（三）

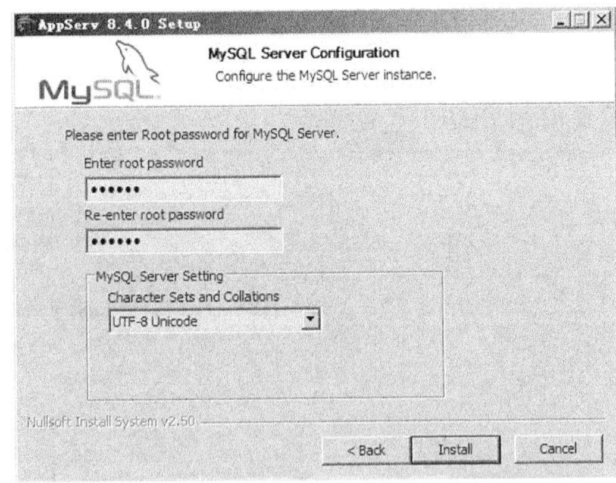

图 1-7 单击“Install”按钮

（8）在弹出的新界面中显示安装进度，如图 1-8 所示。

（9）进度完成后弹出图 1-9 所示的界面，单击“Finish”按钮完成安装。

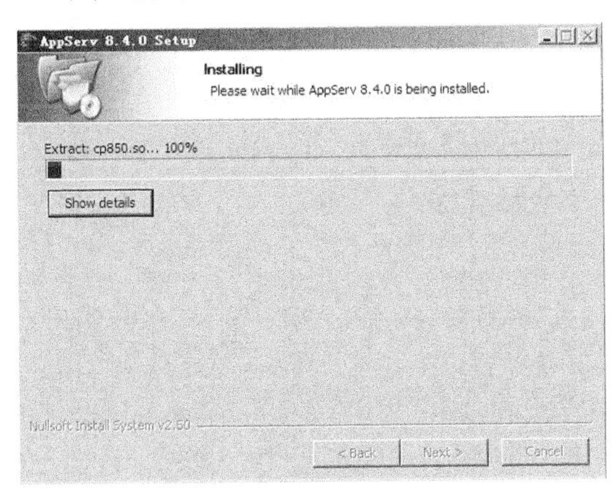

图 1-8 安装进度

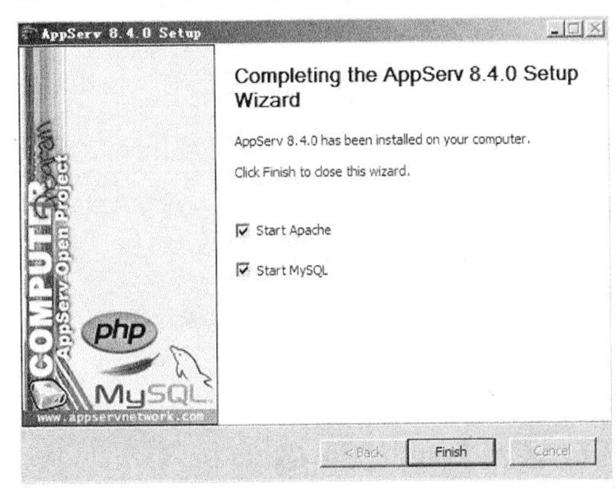

图 1-9 单击“Finish”按钮

（10）在安装好 AppServ 之后，整个目录默认安装在“C:\AppServ”路径下，作者的安装目录是“H:\AppServ”，在此目录下包含 5 个子目录，如图 1-10 所示，读者可以将所有 PHP 网页文件存放到“www”目录下进行调试。

图 1-10 AppServ 的安装目录

Apache24：Apache 的存储目录。

MySQL：MySQL 数据库的存储目录。

php5：PHP 5 的存储目录。

php7：PHP 7 的存储目录。

www：PHP 网页文件和 phpMyAdmin 的存储目录。

（11）在浏览器中输入“http://127.0.0.1:8080/”或“http://localhost:8080/”会显示图 1-11 所示的界面，这说明 AppServ 组合包已经安装完成。在此既可以设置以 PHP 5 运行程序，也可以设置使用 PHP 7 运行程序。

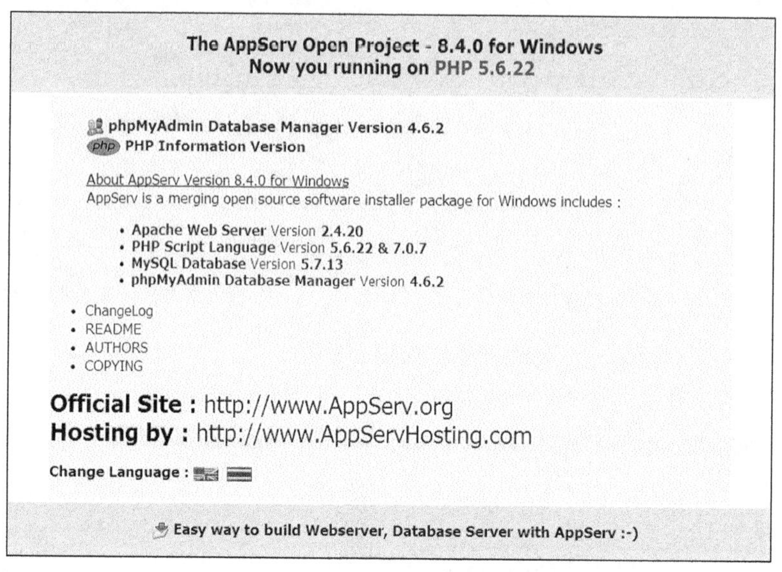

图 1-11　AppServ 组合包安装完成

1.2.3　选择运行环境：PHP 7

因为 AppServ 组合包同时集成了 PHP 5 和 PHP 7，并且安装完成后会默认运行 PHP 5 环境，具体如图 1-11 所示。本书讲解的是 PHP 7，所以需要设置 PHP 7 环境。具体方法是依次单击“开始”/“所有应用”/“AppServ”选项，在弹出的菜单命令中单击“PHP Version Switch”，如图 1-12 所示。然后在弹出界面中输入数字“7”，并按回车键，系统将自动设置为 PHP 7 环境。如图 1-13 所示。

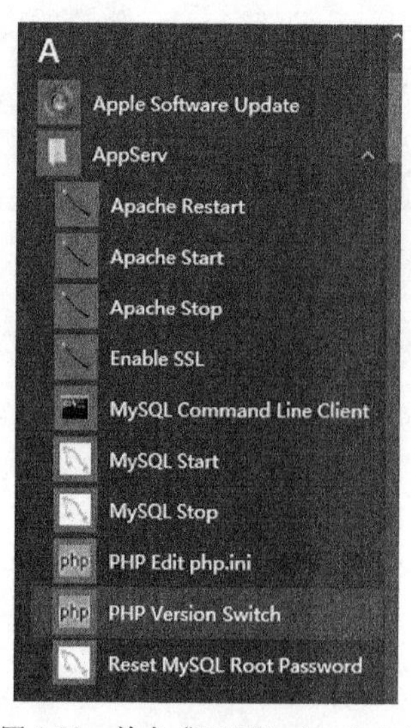

图 1-12　单击“PHP Version Switch”

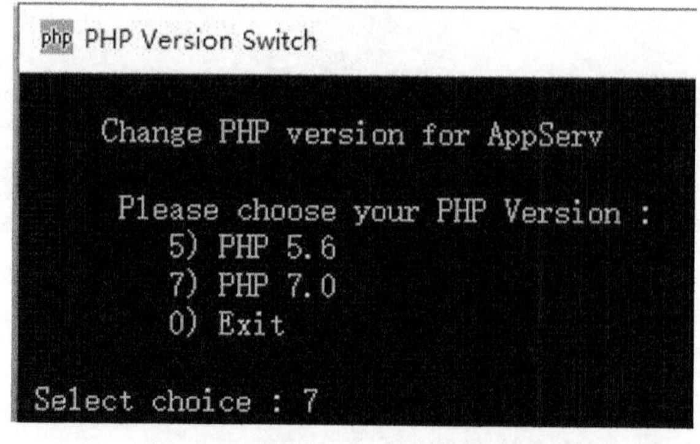

图 1-13　“PHP Version Switch”界面

设置完成后，在浏览器中输入“http://127.0.0.1:8080/”或“http://localhost:8080/”后会显示

PHP 7 环境界面，具体如图 1-14 所示。

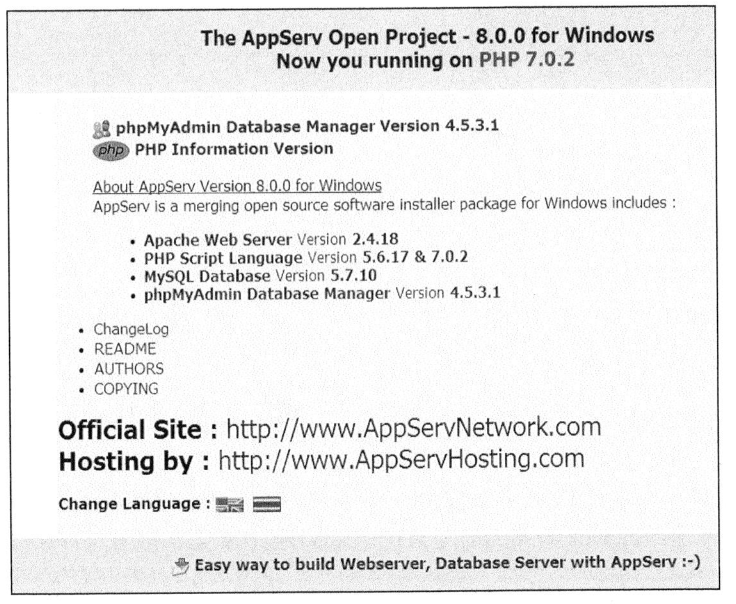

图 1-14 运行 PHP 7 环境

1.3 运行第一个 PHP 程序

视频讲解：第 1 章\运行第一个 PHP 程序.mp4

PHP 开发环境搭建完毕后，下面开始运行第一个 PHP 程序，测试一下我们的开发环境是否搭建成功。

实例 1-1 运行第一个 PHP 程序

源码路径 daima\1\1-1

实例文件 index.php 的主要实现代码如下所示。

```
<body>
<?php
 echo "欢迎进入PHP的世界!! ";
?>
</body>
```

上述代码由 HTML、CSS 和 PHP 代码构成，其中只有如下 3 行才是 PHP 代码，<?php…?>是 PHP 语言的标记对。在这对标记对中的所有代码都被当作 PHP 代码来处理。除了这种表示方法外，PHP 还可以使用 ASP 风格的“<%”和 SGML 风格的“<?…?>”等。

```
<?php
 echo "欢迎进入PHP的世界!! ";
?>
```

在上述 PHP 代码中，“echo”是 PHP 语言的输出语句，能够将后面的字符串或值显示在页面中，每行 PHP 代码都以分号“;”结束。将上述代码保存在“AppServ\www\book\1\1-1\”目录下，命名为“index.php”。如果在 Dreamweaver CS6 中打开此文件，会发现该文件显示为在站点中的一个文件，如图 1-15 所示。

在浏览器中输入“http://127.0.0.1/book/1/1-1/index.php”进行测试，执行效果如图 1-16 所示。

这说明我们的 PHP 程序已经正确运行了，标志着我们的 PHP 开发环境搭建成功。

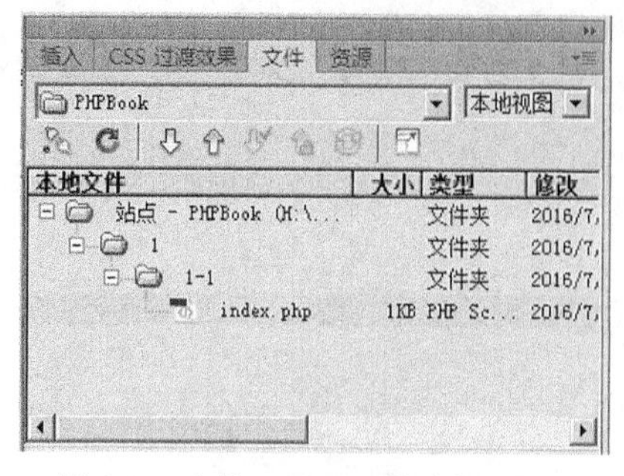

图 1-15　文件 index.php 是站点文件

图 1-16　执行效果

1.4　技术解惑

（1）读者疑问：听说 HHVM 是开发 PHP 的一款利器，其效率真有大家说的那么高效吗？

解答：HHVM 是 Facebook 公司为提高 PHP 性能而开发的工具，使用了 Just-In-Time (JIT) 编译方式将 PHP 代码转换成某种字节码。实际测试过程中，HHVM 对于 PHP 的性能提高是一个质的飞跃，高效的 PHP 运行环境将性能提升 9 倍以上。近些年来 PHP 广为人诟病的就是性能瓶颈方面的问题，不少开发者纷纷弃 PHP 而逃，而 HHVM 的完美表现对于 PHP 发展是非常不利的。PHP 7 是 PHP 社区对 HHVM 的回应，PHP 7 正式发布版在 PHP 性能方面很到了非常大的改善，实际测试发现，在部分场合 PHP 7 性能超过了 HHVM。

（2）读者疑问：ASP.NET 和 Java Web 开发都有专业的开发工具，PHP 也有很多，我应该如何选择？

解答：作者的建议是 Notepad、Editplus 或 Dreamweaver，对于有网页经验的开发者来说，可能大多数会选择使用 Dreamweaver。但是对于 PHP 开发来说，还是建议使用前面的两款软件。

1.5　课后练习

（1）下载并安装 Editplus，并尝试调试本章中的实例 1-1。

（2）下载并安装 Notepad，并尝试调试本章中的实例 1-1。

（3）下载并安装 Dreamweaver，并尝试调试本章中的实例 1-1。

第 2 章

PHP 基本语法

通过本书第 1 章内容的学习，相信读者对 PHP 的概念和如何搭建 PHP 开发环境已有了全面的了解，本章将学习 PHP 的语言基础。无论是初出茅庐的“新手”，还是资历深厚的“高手”，没有扎实的基础做后盾是不行的。本章将向大家详细讲解 PHP 语言基本语法的知识。掌握了这些基础语法，就等于有了坚固的地基，才有可能“万丈高楼平地起”。

2.1　PHP 语言的语法结构

视频讲解：第 2 章\PHP 语言的语法结构.mp4

在 PHP 动态 Web 项目中，PHP 代码是嵌套在 HTML 程序中的，可能有的读者会问哪些是 HTML 语句？哪些是 PHP 语句？一个完整的 PHP 语句是由哪些构成的呢？在本节的内容中，通过 PHP 语法结构的知识为读者解答这个问题。

2.1.1　PHP 文件构成

PHP 文件实际上是一个十分简单的文本文件，用户可以使用任何文本工具对它进行编写，如记事本和 Dreamweaver 等工具，然后将其保存为“.php”文件。当编辑好 PHP 文件后，开发者只需要将文件复制到本书第 1 章所配置的环境目录中即可运行，然后就可以通过浏览器浏览运行后的 PHP 文件。一个 PHP 文件通常是由以下元素构成。

（1）HTML 代码。

（2）PHP 标记。

（3）PHP 代码。

（4）注释。

（5）空格。

（6）其他元素。

例如下面的实例演示了 PHP 页面中的上述构成元素。

实例 2-1　在浏览器中显示文字

源码路径　daima\2\2-1

本实例功能是在浏览器中显示“我的兄弟姐妹们，欢迎进入 PHP 的世界!!”，主要实现代码如下所示。

```
<body>
<?php
    echo "我的兄弟姐妹们，";
    echo "欢迎进入PHP的世界!! ";
?>
</body>
```

将上述代码文件保存到服务器的环境下，浏览运行后得到图 2-1 所示的结果。

图 2-1　PHP 文件构成

注意：经过上面的实例学习，读者可能会有一个疑问：通过第 1 章的学习，也可以制作出同样的效果，何必这样麻烦？实际上两者之间是有很大不同的，用 HTML 语言写出同样功能的语句，只能算是静态网页，虽然双击打开后也会得到同样的效果，但是前者是显示出来的，而后者是输出出来的，它只能在符合 PHP 运行条件时才能得到上面的效果图，双击时无法打开看到效果的，这就是两者之间的区别。

2.1.2 PHP 标记

通常 PHP 代码被嵌套在 HTML（超文本标记语言，标准通用标记语言下的一个应用，“超文本”就是指页面内可以包含图片、链接，甚至音乐、程序等非文字元素）代码中，在 HTML 中有多种元素，例如文本、表单和按钮等。PHP 用什么标记和各种 HTML 标记进行区分呢？在通常情况下，可以用以下几种标记来标识 PHP 代码：

```
<?php……?>
<?……?>
<script language="php">……</script>
<%……%>
```

在大多数情况下，开发者会使用第一种标记来声明这部分是 PHP 代码。<? ……? >是 XML 标记，有时可能会和 XML 发生冲突，<script language="php">……</script>是脚本语言的标记，<%……%>是 ASP 的语法风格。所以在此建议读者使用<?php……?>，这是 PHP 语言的标准标记。例如在下面的实例中，使用 4 种标记方式在页面中显示了一段文字。

实例 2-2 使用 4 种标记方式显示一段文字

源码路径 daima\2\2-2

实例文件 index.php 的主要实现代码如下所示。

```
<?php echo("第一种书写方法!\n");
 ?>
<script language="php">
   echo ("script书写方法!");
</script>
<%
   echo("这是ASP的标记输出");
%>
<?
   echo("这是PHP的简写标记输出");
?>
```

将上述代码文件保存到服务器的环境下，浏览运行后的效果如图 2-2 所示。

图 2-2 PHP 的分隔符

注意：解决 ASP 分隔符方式不能显示的问题。

在运行本实例时，有的读者的机器可能不能正确显示 ASP 方式的代码，并没有输出任何东西，如图 2-3 所示。

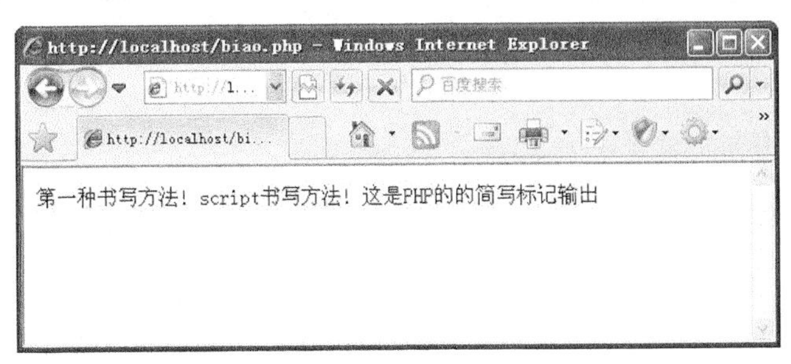

图 2-3 没有显示 ASP 方式

这是因为用户没有对 php.ini 进行设置，如果用户要用 ASP 分隔符风格编写 PHP，必须修改 php.ini 文件的内容，将 php.ini 的如下文本：

```
;Allow ASP-style<% %> tags.
Asp_tags=off
```

修改为：

```
;Allow ASP-style<% %> tags.
Asp_tags=ON
```

然后重新启动服务器软件，即可得到前面图 2-1 所示的运行结果。

2.2　PHP 的页面注释

视频讲解：第 2 章\PHP 的页面注释.mp4

注释是每一种编程语言都离不开的元素，它是对代码的解释和说明。JSP、ASP.NET 和 PHP 等程序都离不开注释，注释能帮助开发者进行后期维护。良好的代码注释对后期维护、升级能够起到非常重要的作用。PHP 是一门优秀的网络编程设计语言，它的注释风格和经典程序设计 C 语言大致相同。到目前为止，PHP 语言支持如下 3 种风格的注释方式。

//：C++语言风格的单行注释，单行注释以“//”开始，到该行结束或者 PHP 标记结束之前的内容都是注释。

#：Shell 脚本风格的注释，Shell 脚本注释以“#”开始，到该行结束或者 PHP 标记结束之前的内容都是注释。

/*和*/：C 语言风格的多行注释。

读者可以根据自己的喜好和习惯来选择一种方式，例如在下面的实例中使用了上述 3 种注释风格。

实例 2-3　使用 PHP 注释

源码路径　daima\2\2-3

实例文件 index.php 的主要实现代码如下所示。

```
<?php
  echo "我是C++语言注释的方法  // <br>";
// 采用C++的注释方法
 /* 多行注释
   对于大段的注释很有用的哦 */
  echo "我是C语言注释的方法，对于多行注释十分有用
  /*...*/ <br>";
  echo "我是Unix的注释方法  # <br>"; # 使用 UNIX Shell语法注释
?>
```

将上述代码文件保存到服务器的环境下，运行浏览后得到图 2-4 所示的结果。

```
我是C++语言注释的方法 //
我是C语言注释的方法，对与多行注释十分有用 /*...*/
我是Unix的注释方法 #
```

图 2-4　注释

注意：多行注释不能嵌套。

PHP 支持多行注释的功能，通过“/*　*/”可以实现多行注释，但是不能嵌套使用，例如下面的代码将会运行错误：

```
<?php
echo "不能嵌套使用多行注释符号\n";
/*
echo "不能嵌套使用多行注释符号\n"; /* 嵌套使用会出错 */
```

```
*/
?>
```

将上述代码文件保存到服务器的环境下，运行浏览后得到图 2-5 所示的结果。

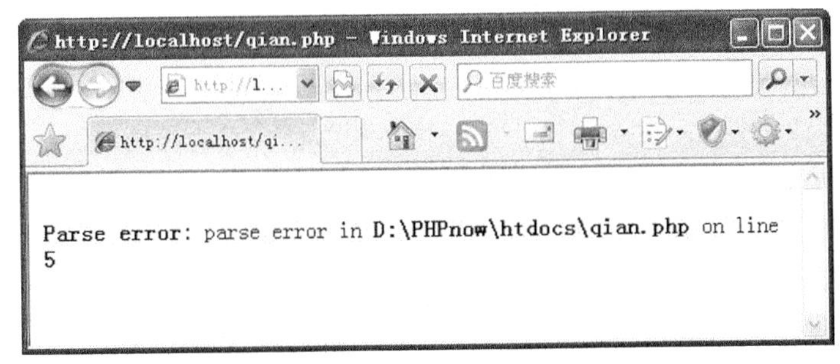

图 2-5　嵌套注释

2.3　PHP 变量

视频讲解：第 2 章\PHP 变量.mp4

在 PHP 程序中，变量是指在程序执行过程中数值可以变化的量，通过一个名字（变量名）来标识。PHP 的变量与很多其他语言的有所不同，例如在 PHP 中使用变量之前不需要声明变量，只需为变量赋值后即可使用。

2.3.1　变量的定义

PHP 中的变量名称用“$”和标识符表示，变量名是区分大小写的。变量赋值，是指给变量一个具体的数据值，对于字符串和数字类型的变量，可以通过“:”来实现赋值。

变量赋值是指赋予变量具体的数据，自从 PHP 4.0 开始，PHP 不但可以对变量赋值，还可以对变量赋予一个变量地址，即引用赋值。定义并赋值 PHP 变量的语法格式如下所示：

```
<?php $name = value; ?>
```

请看下面的演示代码，运行后会输出两次“My name is Bob”，因为在第 3 行代码中变量$bar 通过引用赋值得到了变量$foo 的内存地址，所以当在第 4 行改变 bar 的值时，$ foo 的值也会发生变化。

```
<?php
$foo = 'Bob';                    //变量foo赋值为Bob
$bar = &$foo;                    //变量bar赋值得到了变量foo的内存地址
$bar = "My name is $bar";        //改变变量bar的值
echo $bar;                       //输出变量bar的值
echo $foo;                       //输出变量foo的值
?>
```

PHP 语言规定：变量名用$和标识符表示，并且需要遵循如下所示的规则。

（1）在 PHP 中的变量名是区分大小写的。

（2）变量名必须是以美元符号（$）开始。

（3）变量名开头可以以下划线开始。

（4）变量名不能以数字字符开头。

（5）变量名可以是中文。

（6）变量名可以包含一些扩展字符（如重音拉丁字母），但不能包含非法扩展字符（如汉字字符和汉字字母）。

例如在下面的代码中，分别标注了合法的和不合法的变量。

```
<?php
$var = 'Bob';                 //定义变量var并赋值，注意v是小写
```

```
$Var = 'Joe';              // 定义变量var并赋值，注意V是大写
echo "$var, $Var";         // 输出“Bob, Joe”
$4site = 'not yet';        // 非法变量名：以数字开头
$_4site = 'not yet';       // 合法变量名：以下画线开头
$i站点is = 'mansikka';     // 合法变量名：可以用中文
?>
```

注意：在 PHP 程序中规定，变量不可以与已有的变量重名，否则将引起冲突。在给变量命名的时候，最好让变量有一定的含义，因为这样可以利于阅读代码，同时也有利于对变量名的引用。

在下面的实例代码中，演示了在 PHP 程序使用变量的过程。

实例 2-4　使用变量

源码路径　daima\2\2-4

实例文件 index.php 的主要实现代码如下所示。

```
<?php
$string1 = "first";  //声明变量$string1
$string2 = $string1; //使用$string1来初始化$string2
$string1 = "zhuding";//改变变量$string1的值
echo $string2;       //输出变量$string2的值
?>
```

执行效果如图 2-6 所示。

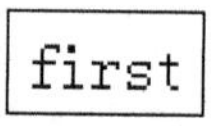

first

图 2-6　执行效果

2.3.2　变量的作用域

在 PHP 程序中使用变量时一定要符合变量的规则，变量必须在有效范围内使用，如果变量超出有效范围，变量也就失去其意义。PHP 变量有如下 3 种使用范围。

（1）局部变量：即在函数的内部定义的变量，其作用域是所在函数。

（2）全局变量：即被定义在所有函数以外的变量，其作用域是整个 PHP 文件，但是在用户自定义函数内部是不可用的。要想在用户自定义函数内部使用全局变量，需要使用 global 关键词进行声明。

（3）超级变量：在任何位置都可用的特定数量的变量，并且可以从脚本的任何位置访问它们。

请读者看下面的演示代码，考虑为什么下面的代码没有输出任何结果。

```
<?php
$a = 1;              //定义变量a，并赋值为1
function Test()      //定义函数Test()
{
    echo $a;         //输出变量a的值
}
Test();              //执行函数Test()
?>
```

这是因为 echo 语句引用了一个局部版本的变量$a，而且在这个范围内它并没有被赋值。读者可能注意到 PHP 的全局变量和 C 语言有一点点不同。因为在 C 语言中，全局变量在函数中自动生效，除非被局部变量覆盖。这可能引起一些问题，有些人可能漫不经心地改变一个全局变量。PHP 中的全局变量在函数中使用时必须申明为全局。再看下面的实例代码，演示了访问全局变量的过程。

实例 2-5　访问全局变量

源码路径　daima\2\2-5

当在局部范围内访问全局变量时，需要使用一个关键字，本实例演示这个功能。实例文件 index.php 的主要实现代码如下所示。

```
<?php
$a = 1;              //定义变量a，初始值为1
$b = 2;              //定义变量a，初始值为2
function Sum()       //定义求和函数Sum()
{
    global $a, $b;//定义全局变量a和b
    $b = $a + $b; //重新赋值变量b的值为a和b的和，即1+2
}
Sum();               //运行函数Sum()
echo $b;             //输出b的值
?>
```

将上述代码文件保存到服务器的环境下，运行浏览后得到图 2-7 所示的效果。

```
3
```

图 2-7　执行效果

2.3.3　可变变量

在 PHP 程序中，可变变量是一种独特的变量，允许动态地改变一个变量名称。可变变量的工作原理是，该变量的名称由另外一个变量的值来确定，一个普通的变量通过声明来设置，一个可变变量获取了一个普通变量的值作为这个可变变量的变量名。例如在下面的代码中，“hello”使用了美元符号“$”以后，就可以作为一个可变变量的变量了。

```
<?php
$a = 'hello';
?>
```

紧接着上述代码，再例如在下面的代码中，这时两个变量都被定义了，其中$a 的内容是“hello”，并且$hello 的内容是“world”。

```
<?php
$$a = 'world';
?>
```

其实可变变量本身就是变量，它在一些特殊的时候会给程序员带来很大的方便，下面通过具体实例进行讲解。

实例 2-6　使用可变变量

源码路径　daima\2\2-6

实例文件 index.php 的主要实现代码如下所示。

```
<?php
$a = 'hello';            //定义变量a
$$a = 'world! ';         //定义可变变量a
echo "$a ${$a}";         //输出结果
echo "$a $hello";        //输出结果
?>
```

将上述代码文件保存到服务器的环境下，运行浏览后得到图 2-8 所示的效果。

```
hello world!hello world!
```

图 2-8　可变变量执行效果

本实例只是将上面所设计的代码融合在一起，形成了一个整体的代码。

注意：可变变量通常会用到数组中，数组的知识将会在后面的章节中讲解。如果读者学习了后面的数组后，再将可变变量用于数组，需要解决一个模棱两可的问题，即当写下 $$a[1] 时，解析器需要知道是想要 $a[1] 作为一个变量呢，还是想要 $$a 作为一个变量并取出该变量中索引为 [1] 的值。解决此问题的方法是，对第一种情况用${$a[1]}，第二种情况用 ${$a}[1]。

2.4　PHP 常量

视频讲解：第 2 章\PHP 常量.mp4

在 PHP 程序中，常量是指其值在程序的运行过程中不发生变化的量，常量值被定义后，在脚本的其他任何地方都不能改变。PHP 常量的语法规则如下所示：

(1) 常量前面没有美元符号（$）；

(2) 常量只能用 define()函数定义，而不能通过赋值语句；

(3) 常量可以不用理会变量范围的规则而在任何地方定义和访问；

(4) 常量一旦定义就不能被重新定义或者取消定义；

(5) 常量的值只能是标量。

2.4.1　定义并使用常量

在 PHP 程序中，定义常量的语法格式如下所示：

```
bool define ( string name, mixed value [, bool case_insensitive] ) ;
```

上述函数 define 有 3 个参数，各个参数的具体说明如下所示：

(1) 第一个参数为常量名称，即标志符；

(2) 第二个参数为常量的值；

(3) 第三个参数指定是否大小写敏感，设定为 true，表示不敏感。

在 PHP 程序中，可以通过指定其名字来取得常量的值，切记不要在常量前面加“$”符号。如果要在程序中动态获取常量值，可以使用 constant()函数。函数 constant()要求一个字符串作为参数，并返回该常数的值。如果要判断一个常量是否已经定义，可以使用 defined()函数，该函数也需要一个字符串参数，该参数为需要检测的常量名称，若该常量已经定义则返回 true；如果想获取所有当前已经定义的常数列表，可以使用 get_defined_constants()函数来实现。

请看下面的实例，演示了定义并使用常量的过程。

实例 2-7　定义并使用常量

源码路径　daima\2\2-7

实例文件 index.php 的主要实现代码如下所示。

```
<?php
define ("MESSAGE","能看到一次");                //设置常量MESSAGE的值
echo MESSAGE."<BR>";                           //输出常量MESSAGE
echo Message."<BR>";                           //输出"Message"，表示没有该常量
define ("COUNT","能看到多次",true);
echo COUNT."<BR>";                             //输出常量COUNT
echo Count."<BR>";                             //输出常量COUNT，因为设定大小写不敏感
$name = "count";
echo constant ($name)."<BR>";                  //输出常量COUNT
echo (defined ("MESSAGE"))."<BR>";             //如果定义返回true，使用echo输出显示1
?>
```

在上述代码中使用了 define()、constant()和 defined()共 3 个函数。其中使用 define()函数来定义一个常量，使用 constant()函数来动态获取常量的值，使用 defined()函数来判断常量是否被

定义。执行效果如图 2-9 所示。

能看到一次
Message
能看到多次
能看到多次
能看到多次
1

图 2-9 执行效果

2.4.2 预定义常量

在 PHP 程序中可以使用预定义常量获取 PHP 中的信息，常用的预定义常量如表 2-1 所示。

表 2-1 PHP 常用的预定义常量

常 量 名	功 能
FILE	默认常量，PHP 程序文件名
LINE	默认常量，PHP 程序行数
PHP VERSION	内建常量，PHP 程序的版本，如 3.0.8_dev
PHP_OS	内建常量，执行 PHP 解析器的操作系统名称，如 Windows
TRUE	该常量是一个真值（true）
FALSE	该常量是一个假值（false）
NULL	一个 null 值
E ERROR	该常量指到最近的错误处
E WARNING	该常量指到最近的警告处
E PARSE	该常量指到解析语法有潜在问题处
E NOTICE	该常量为发生不寻常处的提示但不一定是错误处

下面的实例演示了定义并使用预定义常量的过程。

实例 2-8 定义并使用预定义常量

源码路径 daima\2\2-8

实例文件 index.php 的主要实现代码如下所示。

```
<?php
echo "当前文件路径: ".__FILE__; //显示当前文件路径
echo "<br>当前行数: ".__LINE__;  //显示当前文件的行数
echo "<br> 当前操作系统: ".PHP_OS;//显示当前的操作系统
?>
```

执行效果如图 2-10 所示。

当前文件路径：H:\AppServ\www\book\2\2-8\index.php
当前行数：8
当前操作系统: WINNT

图 2-10 执行效果

2.5 数 据 类 型

视频讲解：第 2 章\数据类型.mp4

无论是变量、常量，还是在以后要学习的数组，都有属于自己的数据类型。在 PHP 程序中支持 8 种数据类型，这 8 种数据类型又可以分为 3 类，分别是简单类型、复合类型和特殊类型，下面对它们进行详细讲解。

2.5.1　简单类型

在 PHP 语言中，简单类型又被称为标量数据类型，包括布尔型、整型、浮点型和字符串 4 种，下面对这 4 种类型数据进行详细讲解。

1. 布尔型

布尔变量是 PHP 中最简单的，它保存了一个 true 或者 false 值。其中 true 或者 false 是 PHP 的内部关键字。设定一个布尔型的变量后，只需将 true 或者 false 赋值给该变量即可，并不区分大小写。例如下面的实例演示了使用布尔型的过程。

实例 2-9　使用布尔型

源码路径　daima\2\2-9

实例文件 index.php 的主要实现代码如下所示。

```
<?php
	$boo = true;		//变量boo的初始值为true
	if($boo == true) //如果变量boo的值为true
		echo '变量$boo为真!';//输出对应的内容
	else	//如果变量boo的值不为true
		echo '变量$boo为假!!'; //输出对应的内容
?>
```

在上述代码中，在 if 条件控制语句中判断变量“$boo”中的值是否为 true，如果为 true，则输出“变量$boo 为真!”，否则输出“变量$boo 为假!!”，执行效果如图 2-11 所示。

变量$boo为真!

图 2-11　执行效果

2. 整型

在 PHP 程序中，整数数据类型只能包含整数。这些数据类型可以是正数或负数。在 32 位的操作系统中，有效的范围是−2 147 483 648～+2 147 483 647。在 64 位系统下，无符号整型的最大值是 $2^{64}-1 = 18446744073709551615$，无符号整型的最小值是$-2^{64}-1 = -18446744073709551616$。在给一个整型变量或者常量赋值时，可以采用十进制、十六进制或者八进制。例如下面的实例演示了使用整型的过程。

实例 2-10　使用整型

源码路径　daima\2\2-10

实例文件 index.php 的主要实现代码如下所示。

```
<?php
   $int_D=2009483648;        //十进制赋值
   echo($int_D);             //输出整型变量值
   echo("<br>");             //换行
   $int_H=0x7AAAFFFFAA;      //进行十六进制赋值
   echo($int_H);             //输出十六进制变量值
   echo("<br>");             //换行
   $int_O=016666667766;      //八进制赋值
   echo($int_O);             //输出八进制变量值
   echo("<BR>");             //换行
?>
```

执行效果如图 2-12 所示。

2009483648
526854913962
1994092534

图 2-12　整型

3. 浮点型

浮点型数据类型是用来存储数字的，也可以用来保存小数，它提供的精度比整型数据大得多。在 32 位的操作系统中，有效的范围是 1.7E-308～1.7E+308，给浮点数据类型赋值的方法也很多。在 PHP 4.0 以前的版本中，浮点型的标识为

double，也叫作双精度浮点数，两者没有区别。请看下面的实例，演示了使用浮点型数据类型的过程。

实例 2-11 使用浮点型

源码路径 daima\2\2-11

实例文件 index.php 的主要实现代码如下所示。

```
<?php
   $float_1=90000000000;//定义浮点型变量float_1
   echo($float_1);       //输出变量float_1的值
   echo("<br>");         //换行
   $float_2=9E10;        //定义浮点型变量float_2
   echo($float_2);       //输出变量float_2的值
   echo("<br>");         //换行
   $float_3=9E+10;       //定义浮点型变量float_3
   echo($float_3);       //输出变量float_3的值
?>
```

执行效果如图 2-13 所示。

4. 字符串

字符串是一个连续的字符序列，字符串中的每个字符只占用一个字节。在 PHP 程序中，有如下 3 种定义字符串的方式：

```
90000000000
90000000000
90000000000
```

图 2-13 浮点数据

（1）单引号方式；

（2）双引号方式；

（3）Heredoc 方式。

例如在下面的实例中，演示了使用字符串的过程。

实例 2-12 使用字符串

源码路径 daima\2\2-12

实例文件 index.php 的主要实现代码如下所示。

```
<?php
$single_str='我被单引号括起来了!<br>';      //定义字符串变量single_str
   echo $single_str;                       //输出变量single_str值
   $single_str='输出单引号： \'嘿嘿，我在单引号里面\'<br>';
   echo $single_str;
   //输出变量single_str值
   $single_str='输出双引号："我在双引号里面"<br>';
   print $single_str;
   //输出变量single_str值
   $single_str='输双美元符号：$';
   //定义字符串变量single_str
   print $single_str;
   $Double_str="我被双引号括起来了!<br>";
   $single_str="输出单引号：'嘿嘿，我在单引号里面'<br>";      //定义字符串变量，不需要转义符
   echo $single_str;
   $single_str="输出双引号：\"我在双引号里面\"<br>";          //定义字符串变量，需要转义符
   print $single_str;
   $single_str="输出美元符号：\$ <br>";                       //定义字符串变量，需要转义符
   print $single_str;
   $single_str="输出反斜杠 ：\\ <br>";                        //定义字符串变量，需要转义符
   print $single_str;
   $heredoc_str =<<<heredoc_mark                             //Heredoc方式定义变量
   你好<br>
   美元符号  $ <br>
   反斜杠    \<br>
   "我爱你"<br>
   '我恨你'
```

```
heredoc_mark;
   echo $heredoc_str;                                    //输出Heredoc方式定义的变量
?>
```

执行效果如图 2-14 所示。

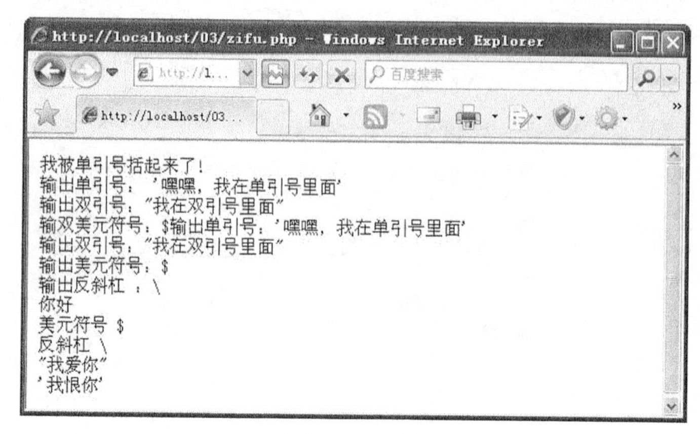

图 2-14　字符串

2.5.2　复合数据类型

在 PHP 程序中，复合数据类型包括两种，分别是数组和对象，如表 2-2 所示。

表 2-2　复合数据类型

类　型	说　明
array（数组）	一组类型相同的变量的集合
object（对象）	对象是类的实例，使用 new 命令来创建

（1）数组（array）

数组是一组数据的集合，它把一系列数据组织起来，形成一个可以操作的整体。在数组中可以包括很多数据，如标量数据、数组、对象、资源以及 PHP 中支持的其他语法结构等。

数组中的每个数据称为一个元素，元素包括索引（键名）和值两个部分。元素的索引可以由数字或字符串组成，元素的值可以是多种数据类型。

（2）对象（object）

在 PHP 语言中应用到的对象是面向对象，可以使用面向对象的方法开发程序。

2.5.3　特殊类型

在 PHP 程序中，特殊数据类型包括 Resource（资源）和 Null 两种，具体说明如下所示。

（1）Resource（资源）。资源是 PHP 内的几个函数所需要的特殊数据类型，由编程人员来分配。

资源类型是从 PHP 4 开始引进的，关于资源类型的具体信息，读者可以参考 PHP 手册后面的附录，在里面有详细的介绍和说明。当在 PHP 程序中使用资源时，系统会自动启用垃圾回收机制，释放不再使用的资源，避免内存消耗殆尽。因此，资源很少需要手工释放。

（2）Null（空值）。空值是最简单的数据类型，表示没有为该变量设置任何值，并且空值（NULL）不区分大小写。

空值，顾名思义，表示没有为该变量设置任何值。另外，空值（null）不区分大小写，null 和 NULL 效果是一样的。被赋予空值的情况有以下 3 种：还没有赋任何值、被赋值 null、被 unset() 函数处理过的变量。

下面的实例演示了使用空值的具体过程。

实例 2-13 使用空值

源码路径 daima\2\2-13

实例文件 index.php 的主要实现代码如下所示。

```
<?php
echo "变量(\$string1)直接赋值为null: ";
$string1 = null;                                  //变量$string1被赋空值
$string3 = "str";                                 //变量$string3被赋值str
if(is_null($string1))                             //判断$string1是否为空
   echo "string1 = null";
echo "<p>变量(\$string2)未被赋值: ";
if(is_null($string2))                             //判断$string2 是否为空
   echo "string2 = null";
echo "<p>被unset()函数处理过的变量(\$string3): ";
unset($string3);                                  //释放$string3
if(is_null($string3))                             //判断$string3是否为空
   echo "string3 = null";
?>
```

在上述代码中，字符串 stringl 被赋值为 null，string2 根本没有声明和赋值，所以也输出 null，最后的 string3 虽然被赋予了初值，但被 unset()函数处理后，也变为 null 型。Unset()函数的作用就是从内存中删除变量。执行效果如图 2-15 所示。

变量($string1)直接赋值为null：string1 = null

变量($string2)未被赋值：string2 = null

被unset()函数处理过的变量($string3)：string3 = null

图 2-15 执行效果

2.5.4 检测数据类型

在 PHP 程序中内置了检测数据类型的系列函数，可以对不同类型的数据进行检测，判断其是否属于某个类型。如果符合则返回 true，否则返回 false。PHP 中检测数据类型的函数如表 2-3 所示。

表 2-3 **PHP 中的检测数据类型函数**

函 数	检 测 类 型	举 例
is_bool	检查变量是否是布尔类型	is_bool(true)、is bool(false)
is_string	检查变量是否是字符串类型	is_string('string')、is_string(1234)
is_float/is_double	检查变量是否为浮点类型	is_float(3.1415)、is_float('3.1415)
is_integer/is_int	检查变量是否为整数	is_integer(34)、is_integer('34')
is_null	检查变量是否为 null	is_null(null)
is_array	检查变量是否为数组类型	is_array($arr)
is_object	检查变量是否是一个对象类型	is_object($obj)
is_numenc	检查变量是否为数字或由数字组成的字符串	is_numeric('5') is_numeric('bccdl10')

在下面的实例中，演示了检测指定的变量是否是数字的过程。

实例 2-14 检测是否是数字

源码路径 daima\2\2-14

实例文件 index.php 的主要实现代码如下所示。

```
<?php
   $boo = "043112345678";                    //声明一个全由数字组成的字符串变量
   if(is_numeric($boo))                       //判断该变量是否为数字组成
       echo "Yes,the \$boo a phone number: $boo!";     //如果是，输出该变量
   else
       echo "Sorry,This is an error!";      //否则，输出错误语句

?>
```

在上述代码中，使用函数 is_numeric()检测了在变量中的数据是否是数字，从而了解并掌握 PHP 中 is 系列函数的用法。执行效果如图 2-16 所示。

Yes,the $boo a phone number：043112345678!

图 2-16 执行效果

2.5.5 数据类型转换

PHP 语言中的类型转换和 C 语言的类似，只需在变量前加上用括号括起来的类型名称即可。在 PHP 程序中，允许转换的类型如表 2-4 所示。

表 2-4 允许转换的 PHP 类型

转换操作符	转 换 类 型	举 例
(boolean)	转换成布尔型	(boolean)$num、(boolean)$str
(string)	转换成字符型	(string)$boo、(string)$flo
(integer)	转换成整型	(integer)$boo、(integer)$str
(float)	转换成浮点型	(float)$str
(array)	转换成数组	(array)$str
(object)	转换成对象	(object)$str

注意：在进行类型转换的过程中应该注意，当转换成 boolean 类型时，null、0 和未赋值的变量或数组会被转换为 false，其他的为 true。当转换成整型时，布尔型的 false 转换为 0，true 转换为 1，浮点型的小数部分被舍去，字符型如果以数字开头就截取到非数字位，否则输出 0。

另外，还可以通过函数 settype()来完成类型转换工作，该函数可以将指定的变量转换成指定的数据类型，此函数具体格式如下所示。

```
bool settype(mixed var, string type)
```

函数 settype()参数的功能一目了然，具体说明如下所示。

(1) 参数 var：表示指定的变量；

(2) 参数 type：表示指定的数据类型，有 7 个可选值，分别是 boolean、float、integer、array、null、object 和 string。如果转换成功则 settype()函数返回 true，否则返回 false。

当字符串转换为整型或浮点型时，如果字符串是以数字开头的，就会先把数字部分转换为整型，再舍去后面的字符串；如果数字中含有小数点，则会取到小数点前一位。例如下面的实例将指定的字符串进行了类型转换。

实例 2-15 将指定的字符串进行类型转换

源码路径 daima\2\2-15

实例文件 index.php 的主要实现代码如下所示。

```
<?php
$num = '3.1415926r*r';                        //声明一个字符串变量
echo '使用(integer)操作符转换变量$num类型：';
```

```
echo (integer)$num;                                     //使用integer转换类型
echo '<p>';
echo '输出变量$num的值: '.$num;                          //输出原始变量$num
echo '<p>';
echo '使用settype函数转换变量$num类型: ';
echo settype($num,'integer');                           //使用settype函数转换类型
echo '<p>';
echo '输出变量$num的值: '.$num;                          //输出原始变量$num
?>
```

在上述代码中，使用 integer 操作符能直接输出转换后的变量类型，并且原变量不发生任何变化。而使用 settype()函数返回的是 1，也就是 true，原变量被改变了。在实际应用中，可根据情况自行选择转换方式。执行效果如图 2-17 所示。

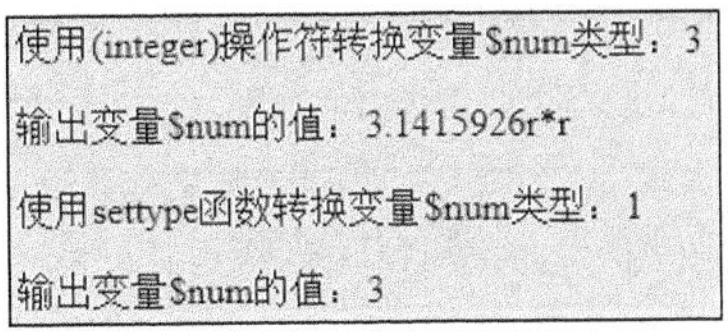

使用(integer)操作符转换变量$num类型：3

输出变量$num的值：3.1415926r*r

使用settype函数转换变量$num类型：1

输出变量$num的值：3

图 2-17　执行效果

2.6　运算符和表达式

视频讲解：第 2 章\运算符和表达式.mp4

运算符是对变量、常量或者数据进行计算的符号，它对一个值和一组值执行一个指定的操作。PHP 语言中的运算符包括算术运算符、复制运算符、逻辑运算符、比较运算符、字符串运算、递增/递减运算符、位运算符、执行运算符和错误控制运算符。而表达式是由运算符和变量或常量组成的式子。在本节的内容中，将对 PHP 运算符和表达式的知识进行详细讲解。

2.6.1　表达式

表达式是 PHP 语言中最重要的基石，几乎所有的 PHP 代码都是一个表达式。最基本的表达式形式是常量和变量。当键入表达式“$a = 5”时，表示将值“5”分配给变量 $a。赋值之后，所期待情况是 $a 的值为 5，因而如果写下 $b = $a，期望的是它犹如 $b = 5 一样。换句话说，$a 是一个值也为 5 的表达式。如果一切运行正确，那这正是将要发生的正确结果。

在 PHP 程序中，表达式通过具体的代码来实现，是一个个符号集合起来组成的代码。而这些符号只是一些对 PHP 解释程序有具体含义的原子单元，它们可以是变量名、函数名、运算符、字符串、数值和括号等。例如在下面的代码中，是由两个表达式组成的一个 PHP 代码，即“fine”和“$a="word"”。

```
<?php
"fine" ;
$a = "word" ;
?>
```

在 PHP 程序代码中，使用分号“;”来区分表达式，表达式也可以包含在括号内。我们可以这样理解，一个表达式加上一个分号后就是一条 PHP 语句。

提示：在编写 PHP 程序时，应该注意不要漏写表达式后面的这个分号“;”，这是一个出现频率很高的错误。

2.6.2 算术运算符

算术运算符号是处理四则运算的符号，是最简单的，也是使用频率最高的运算符，尤其是对数字的处理。PHP 语言中常用的算术运算符如表 2-5 所示。

表 2-5 算术运算符

名 称	操 作 符	示 例
加法运算	+	$a + $b
减法运算	–	$a – $b
乘法运算	*	$a * $b
除法运算	/	$a / $b
取余数运算	%	$a % $b
累加	++	$a ++
递减	– –	$a– –

请看下面的实例，演示了使用算术运算符的过程。

实例 2-16 使用算术运算符

源码路径 daima\2\2-16

实例文件 index.php 的主要实现代码如下所示。

```
<?php
   $a= 21;                    //定义变量a
   $b= 22;                    //定义变量b
   $c= 23;                    //定义变量c
   echo $a+$b . "<br>";       //加
   echo $a-$b . "<br>";       //减
   echo $a*$b . "<br>";       //乘
   echo $a/$b . "<br>";       //除
   echo$a%$b. "<br>";         //取余数
?>
```

执行效果如图 2-18 所示。

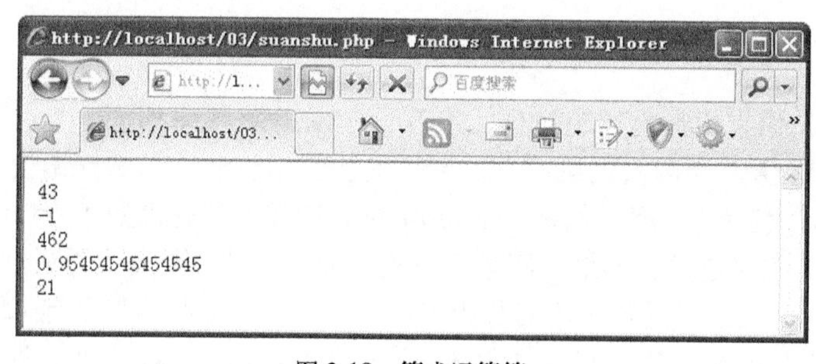

图 2-18 算术运算符

2.6.3 赋值运算符

赋值运算符是把基本赋值运算符号（“=”）右边的值赋给左边的变量或者常量，PHP 中常用的赋值运算符如表 2-6 所示。

表 2-6 赋值运算符

操 作	符 号	示 例	展 开 形 式	意 义
赋值	=	$a=b	$a=3	将右边的值赋给左边
加	+=	$a+= b	$a=$a + b	将右边的值加到左边
减	–=	$a – = b	$a=$a – b	将右边的值减到左边

续表

操　作	符　号	示　例	展开形式	意　义
乘	*=	$a*= b	$a=$a * b	将左边的值乘以右边
除	/=	$a/= b	$a=$a / b	将左边的值除以右边
连接字符	.=	$a.= b	$a=$a. b	将右边的字串加到左边
取余数	%=	$a%= b	$a=$a % b	将左边的值对右边取余数

基本的赋值运算符是"="，它的含义不是"等于"。它实际上意味着把右边表达式的值赋给左边的运算数。赋值运算表达式的值也就是所赋的值，例如"$a = 3"的值是 3。例如在下面的实例代码中，演示了使用赋值运算符的过程。

实例 2-17　使用赋值运算符

源码路径　daima\2\2-17

实例文件 index.php 的主要实现代码如下所示。

```
<?php
$a = ($b = 4) + 5;// $a 现在成了 9，而 $b 成了 4
echo $a;              //输出变量a的值
echo "和";            //输出字符"和"
echo $b;              //输出变量b的值
?>
```

执行效果如图 2-19 所示。

9和4

图 2-19　执行效果

2.6.4　自增自减运算符

自增自减运算符有两种使用方法，一种是先将变量增加或者减少 1，再将值赋给原变量，称为前置递增或递减运算符，另一种是将运算符放在变量后面，即先返回变量的当前值，然后变量的当前值增加或者减少 1，称为后置递增或递减运算符。PHP 中的自增自减运算符的说明信息如表 2-7 所示。

表 2-7　**PHP 中的自增自减运算符**

操　作	符　号	示　例	展开形式	意　义
前加加	++	++$a	$a=++$a+1	$a 的值加一，然后返回$a
后加加	++	$a++	$a=($a ++) -b	返回$a，然后将$a 的值加一
前减减	--	--$a	$a=--$a – b	$a 的值减一，然后返回$a
后减减	--	$a--	$a=($a--) * b	返回$a，然后将$a 的值减一

例如下面的实例演示了使用自增自减运算符的过程。

实例 2-18　使用自增自减运算符

源码路径　daima\2\2-18

实例文件 index.php 的主要实现代码如下所示。

```
<?php
echo "<h3>Postincrement</h3>";
$a = 5;
echo "Should be 5: " . $a++ . "<br />\n";
//使用后++，先返回原值
echo "Should be 6: " . $a . "<br />\n";
//使用后++，后返回加1
```

```
echo "<h3>Preincrement</h3>";
$a = 5;
echo "Should be 6: " . ++$a . "<br />\n";        //使用前++，先返回加1
echo "Should be 6: " . $a . "<br />\n";          //使用前++，后返回也是加1
echo "<h3>Postdecrement</h3>";
$a = 5;
echo "Should be 5: " . $a-- . "<br />\n";        //使用后--，先返回原值
echo "Should be 4: " . $a . "<br />\n";          //使用后--，后返回减1
echo "<h3>Predecrement</h3>";
$a = 5;
echo "Should be 4: " . --$a . "<br />\n";        //使用前--，先返回减1
echo "Should be 4: " . $a . "<br />\n";          //使用前--，后返回也是减1
?>
```

执行效果如图 2-20 所示。

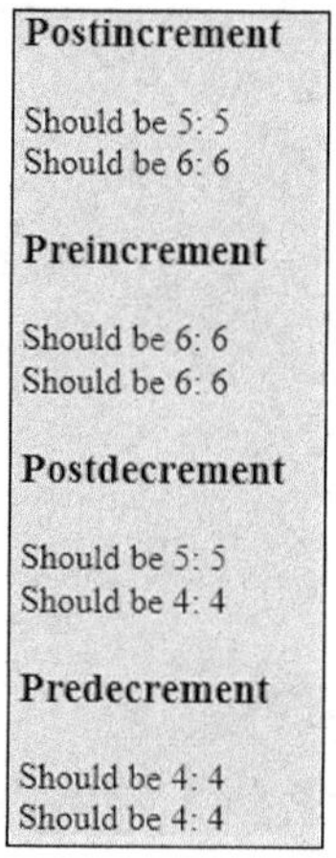

Postincrement

Should be 5: 5
Should be 6: 6

Preincrement

Should be 6: 6
Should be 6: 6

Postdecrement

Should be 5: 5
Should be 4: 4

Predecrement

Should be 4: 4
Should be 4: 4

图 2-20　自增自减运算

2.6.5　位运算符

位运算符是指对二进制位从低位到高位对齐后进行运算，例如检测、移位等。PHP 语言提供的位运算信息如表 2-8 所示。

表 2-8　位运算符

符　号	作　用	示　例	意　义
&	按位与	$m & $n	将把$m 和$n 中都为 1 的位设置为 1
|	按位或	$m | $n	将把$m 和$n 中任何一个为 1 的位设为 1
^	按位异或	$m ^ $n	将把$m 和$n 中一个为 1 另一个为 0 的位设为 1
~	按位取反	$m ~ $n	将$a 中为 0 的位设为 1，反之亦然
<<	向左移位	$m << $n	将$m 中的位向左移动$n 次（每一次移动都表示“乘以 2”）
>>	向右移位	$m >> $n	将$m 中的位向右移动$n 次（每一次移动都表示“除以 2”）

请看下面的实例，演示了使用位运算符的过程。

实例 2-19　使用位运算符

源码路径　daima\2\2-19

实例文件 index.php 的主要实现代码如下所示。

```
<?php
   $a= 23;                          //赋值变量a的初始值是23
   $b= 124;                         //赋值变量b的初始值是124
```

```
    $myVal=     $a & $b;          //位与操作
    echo  $myVal. "<br>";         //返回位与操作结果
    $myVal=$a | $b;               //位或操作
    echo  $myVal. "<br>";
    $myVal= $a ^ $b;              //位异或操作
    echo  $myVal. "<br>";
    $myVal= ~$a;                  //位取反操作
    echo  $myVal. "<br>";
?>
```

执行效果如图 2-21 所示。

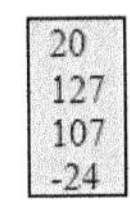

图 2-21 位运算符

2.6.6 逻辑运算符

逻辑运算符用来组合逻辑运算的结果，是程序设计中一组非常重要的运算符，逻辑运算符对程序中的抉择操作十分有用。PHP 语言中逻辑运算符的说明信息如表 2-9 所示。

表 2-9 逻辑运算符

运算符	示例	结果
<	$m<$n	当$m 的值小于$n 的值时，结果 true
>	$m>$n	当$m 的值大于$n 的值时，结果 true
<=	$m<=$n	当$m 的值小于或等于$n 的值时，结果 true
>=	$m>=$n	当$m 的值大于或等于$n 的值时，结果 true
==	$m==$n	当$m 的值等于$n 的值时，结果 true
===	$m===$n	当$m、$n 的类型和值都相等时，结果 true
!=	$m!=$n	当$m 的值不等于$n 的值时，结果 true
&&或 and	$m and $n	当$m 为真并且$n 也为真时，结果 true
||或 or	$m || $n	当$m 为真或者$n 为真时，结果 true
xor	$m xor $n	当$m、$n 真假值不同时，结果 true
!	!$m	当$m 为假时，结果 true

例如在下面的实例中，演示了使用逻辑运算符的具体过程。

实例 2-20 使用逻辑运算符

源码路径 daima\2\2-20

实例文件 index.php 的主要实现代码如下所示。

```
<?php
    $i = true;              //设置i的初始值
    $j = true;              //设置j的初始值
    $z = false;             //设置z的初始值
    if($i or $j and $z)     //使用or做判断
        echo "true";        //如果结果为true则输出true
    else
        echo "false";       //如果结果不为true则输出false
    echo "<br>";
    if($i || $j and $z)     //使用||做判断
        echo "true";        //如果结果为true则输出true
    else
        echo "false";       //如果结果不为true则输出false
?>
```

执行效果如图 2-22 所示。

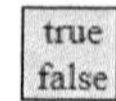

图 2-22　执行效果

2.6.7　字符串运算符

PHP 中有两个字符串运算符，第一个是连接运算符“.”，它返回其左右参数连接后的字符串。第二个是连接赋值运算符“.=”，它将右边参数附加到左边的参数后。例如下面的实例演示了使用字符串运算符的过程。

实例 2-21　使用字符串运算符

源码路径　daima\2\2-21

实例文件 index.php 的主要实现代码如下所示。

```
<?php
$m = "欢迎你，" ;
$n = "真心地欢迎你" ;
$mn = $m . $n."<br>" ;   //字符串连接符号
echo $mn ;
$m = "67加上14" + 14 ;
echo $m . "<br>" ;
$m = "67加上14" + 4 ;
echo $m . "<br>" ;
$m = "200乘法" . 4 ;
echo $m . "<br>" ;
?>
```

执行效果如图 2-23 所示。

欢迎你，真心地欢迎你
81
71
200乘法4

图 2-23　执行效果

2.6.8　三元运算符

三元运算符“?:”也称为三目运算符，其作用是根据一个表达式在另两个表达式中选择一个，而不是用来在两个语句或者程序中选择。三元运算符最好放在括号中使用。例如下面的实例演示了使用三元运算符的过程。

实例 2-22　使用三元运算符

源码路径　daima\2\2-22

实例文件 index.php 的主要实现代码如下所示。

```
<?php
$value=100;                    //声明一个整型变量
echo ($value==false)?三元运算：没有该值;
//对整型变量进行判断
?>
```

在上述代码中，使用三元运算符实现了一个简单的选择功能，如果正确则输出“三元运算”，否则输出“没有该值”。执行效果如图 2-24 所示。

没有该值

图 2-24　执行效果

2.6.9 运算符的优先级别

所谓运算符的优先级，是指在程序中哪一个运算符先计算，哪一个后计算，这和数学中的运算法则十分类似。在数学中，有“先乘除，后加减”的运算法则。在 PHP 中的运算符在运算中遵循的规则是，优先级高的操作先做，优先级低的操作后做，同一优先级的操作按照从左到右的顺序进行。也可以像四则运算那样使用小括号，括号内的运算最先进行。PHP 运算符优先级别的具体说明如表 2-10 所示。

表 2-10 运算符的优先级

优先级别	运算符
1	or，and，xor
2	赋值运算符
3	||，&&
4	|，^
5	&，.
6	+，－（递增或递减运算符）
7	/，*，%
8	<<，>>
9	++，－－
10	+，－（正、负号运算符），!，~
11	==，!=，<>
12	<，<=，>，>=
13	?：
14	->
15	=>

请看看下面的实例，演示了各个 PHP 运算符的优先级。

实例 2-23 运算符的优先级别

源码路径 daima\2\2-23

实例文件 index.php 的主要实现代码如下所示。

```
<?php
$a = 3 * 3 % 5;                    // (3 * 3) % 5 = 4
$b = true ? 0 : true ? 1 : 2;      // (true ? 0 : true) ? 1 : 2 = 2
$c = 1;                            //变量c赋值为1
$d = 2;                            //变量d赋值为2
$e = $c += 3;                      // $c = ($d += 3) -> $c = 5, $d = 5
echo $a;
echo " <br>";
echo $b;
echo " <br>";
echo $c;
echo "<br>";
echo $d;
echo "<br>";
echo $e;
?>
```

执行效果如图 2-25 所示。

```
4
2
4
2
4
```

图 2-25　运算符优先级

2.7　技术解惑

（1）读者疑问：在学习 PHP 时，常听人说静态变量，什么是静态变量，它又是如何定义的呢？为什么前面没有讲解它呢？

解答：在前面已经讲解它了，实际上静态变量是变量中的一种，它是指函数在执行时所产生的变量，在函数结束时就消失了，有时因为程序的需要。函数在循环中，当不希望变量在每次执行完函数就消失的话，可以使用静态变量（static）。静态变量仅在局部函数域中存在，但当程序执行离开此作用域时，其值并不丢失。如下面的代码：

```
<?php
function Test() {
$a = 0;
echo $a;
$a++;
}
?>
<?php
function &get_instance_ref() {
    static $obj;

    echo 'Static object: ';
    var_dump($obj);
    if (!isset($obj)) {
        $obj = &new stdclass;      // 将一个引用赋值给静态变量
    }
    $obj->property++;
    return $obj;
}

function &get_instance_noref() {
    static $obj;

    echo 'Static object: ';
    var_dump($obj);
    if (!isset($obj)) {
        $obj = new stdclass;      // 将一个对象赋值给静态变量
    }
    $obj->property++;
    return $obj;
}

$obj1 = get_instance_ref();
$still_obj1 = get_instance_ref();
echo "n";
$obj2 = get_instance_noref();
$still_obj2 = get_instance_noref();
?>
```

（2）读者疑问：在本章中讲解了数据类型，曾经讲解了一个名为 NULL 的类型，它是什么意思，它又有什么用处呢？

解答：特殊的NULL值表示一个变量没有值。NULL类型唯一可能的值就是NULL，NULL类型只有一个值，就是大小写敏感的关键字NULL。在如下所示的情况下，一个变量被认为是NULL值：

（1）被赋值为NULL；

（2）尚未被赋值；

（3）被unset()处理。

如下面的例子：

```
<?php
$var = NULL;
?>
```

（3）读者疑问：在学习表达式时，在网上看到这样一个表达式，$first ? $second : $third，请问它是什么意思，它能做些什么呢？

解答：如果用户没有学习过其他语言的话，看到这样一个表达式一定会觉得很奇怪，它是三元条件运算符，如果第一个子表达式的值是true（非零），那么计算第二个子表达式的值，其值即为整个表达式的值。否则，将是第三个子表达式的值。

（4）读者疑问：在PHP程序中使用单引号和双引号有什么区别吗？

解答：当然有区别，在使用单引号时，只要对单引号“'”进行转义即可，但是在使用双引号时，还要注意“"”“$”等字符的使用。这些特殊字符都要通过转义符“\”来显示。PHP中常用的转义字符如表2-11所示。

表2-11　PHP中常用的转义字符

转义字符	输出
\n	换行（LF或ASCII字符OxOA (10)）
\r	回车（CR或ASCII字符OxOD (13)）
\t	水平制表符（HT或ASCII字符Ox09 (9)）
\\	反斜杠
\$	美元符号
\'	单引号
\"	双引号
\ [0—7]{1，3}	此正则表达式序列匹配一个用八进制符号表示的字符，如\456
\x[0-9A-Fa-f] {1,2}	此正则表达式序列匹配一个用十六进制符号表示的字符，如\x9f

2.8 课后练习

（1）字符串是简单数据类型中比较复杂的一种，它不但具备我们本章中介绍的功能，而且还可以在字符串中包含变量。在PHP程序中，有两种方法可以包含其他变量，其中直接将变量名插入到字符串中的这种方法十分简单，还有一种是将变量用大括号括起来。请编写一段代码，尝试实现将变量用大括号括起来的情形。

（2）在PHP程序中，还可以通过“$GLOBALS['b']”方式访问全局变量。“$GLOBALS”之所以在全局范围内存在，是因为$GLOBALS是一个超全局变量。

第 3 章

流程控制语句

每个人的人生之路各异，在人生之路中都会遇到很多岔路和曲折。此时，就需要我们自己做出抉择，选择自己要走的路。同样，PHP 语句的执行过程也不尽相同。通常情况下，程序总是从第一行执行到最后一行，但是这样不能满足现实的需求，于是用户通过各种控制语句，让程序根据情况执行，如循环执行、跳转几行执行和立即结束程序等，在本章的内容中，将会为读者介绍条件语句、循环语句和跳转语句等内容，为大家步入本书后面知识的学习打下基础。

3.1 条 件 语 句

视频讲解：第 3 章\条件语句.mp4

在执行 PHP 程序语句时需要选择将要执行哪一条语句，这个选择过程就需要用流程控制来实现。PHP 语言的流程控制语句包括 if 语句、while 语句、switch 语句等，在本节的内容中，将首先详细讲解条件语句的知识。

3.1.1 使用 if 条件语句

在 PHP 程序中，经常需要选择要执行哪一条语句，常常需要测试一个条件，并且根据条件返回的结果采取对应的措施，此时可以使用条件语句来完成任务。在条件语句中，表达式经过计算，并且根据表达式返回的结果判断真假。PHP 语言中的条件语句有 if 语句和 if-else 语句等。其中 if 语句最为简单，通常在前面有一个条件，满足条件则执行后面的代码，不满足则不执行。

在 PHP 程序中，使用 if 语句的格式如下。

```
<?php
if (expression)
   statement
?>
```

下面将通过一个简单的实例进行讲解，帮助读者对 if 语句有一个进一步的认识。

实例 3-1　使用 if 语句
源码路径　daima\3\3-1

实例文件 index.php 的主要实现代码如下所示。

```
<?php
$a=3;                          //变量a赋值为3
$b=1;                          //变量b赋值为1
if($a>$b)                      //如果a大于b
   echo "a是大于b的";          //输出提示
if ($a > $b) {                 //如果a大于b
   echo "a肯定大于b";          //输出提示
   $b = $a;
}
?>
```

执行效果如图 3-1 所示。

a是大于b的a肯定大于b

图 3-1　执行效果

3.1.2 使用 if...else 语句

在 PHP 程序中，经常需要在满足某个条件时执行一条语句，而在不满足该条件时执行其他语句，这正是 else 的功能。关键字 else 延伸了 if 语句的功能，可以在 if 语句中的表达式的值为 false 时执行语句。例如，下面的实例演示了使用 if...else 语句的过程。

实例 3-2　使用 if…else 语句

源码路径　daima\3\3-2

实例文件 index.php 的主要实现代码如下所示。

```
<?php
$a=3;                          //变量a赋值为3
$b=1;                          //变量b赋值为1
if ($a<$b) {                   //如果a小于b
   echo "a小于b";               //输出提示
} else {                       //如果a不小于b
   echo "a 不会小于 b";          //输出提示
}
?>
```

执行效果如图 3-2 所示。

a 不会小于 b

图 3-2　使用 else 关键字

3.1.3　使用 elseif 语句

在编写 PHP 程序的过程中，可以在一段程序中出现多个 elseif，此时可以让 if 语句有多个条件进行选择。if...else 语句只能选择两种结果：要么执行真，要么执行假。但有时会出现两种以上的选择，例如，一个班的考试成绩，如果是 90 分以上，则为“优秀”；如果是 60～90 分之间的，则为“良好”；如果低于 60 分，则为“不及格”。这时可以使用 elseif（也可以写作 else if）语句来执行，该语句的语法格式如下所示。

```
if (条件) {
  条件为 true 时执行的代码;
} elseif (condition) {
  条件为 true 时执行的代码;
} else {
  条件为 false 时执行的代码;
}
```

例如在下面的实例中，演示了使用 elseif 语句的具体过程。

实例 3-3　使用 elseif 语句

源码路径　daima\3\3-3

实例文件 index.php 的主要实现代码如下所示。

```
<?php
$chengji=91;                              //变量chengji赋值为91
if ($chengji<60)                          //如果chengji值为小于60
   echo "加油啊，你还不及格";                //输出提示
elseif ($chengji>=60 && $chengji<70)      //如果chengji值大于等于60并小于70
   echo "恭喜你，你刚刚及格了";              //输出提示
elseif ($chengji>=70 && $chengji<80)      //如果chengji值大于等于70并小于80
   echo "再加把劲，你得了良好，再冲就是优秀了";     //输出提示
elseif ($chengji>=80 && $chengji<90)      //如果chengji值大于等于80并小于90
   echo "你太棒了，加油!";                  //输出提示
else                                      //如果chengji值是其他的
   echo "你真的是太棒了!"                    //输出提示
?>
```

执行效果如图 3-3 所示。

你真的是太棒了!

图 3-3　多个 else

3.1.4 使用 switch 语句

在 PHP 程序中，switch 语句和具有同样表达式的一系列的 if 语句功能相似。很多场合下需要把同一个变量（或表达式）与很多不同的值进行比较，并根据它等于哪个值来执行不同的代码，这正是 switch 语句的用途。使用 switch 语句的语法格式如下所示。

```
switch (expression)
{
case label1:
  code to be executed if expression = label1;
  break;
case label2:
  code to be executed if expression = label2;
  break;
default:
  code to be executed
  if expression is different
  from both label1 and label2;
}
```

上述 switch 语句的运行流程如下所示：

(1) 对表达式（通常是变量）进行一次计算；

(2) 把表达式的值与结构中 case 的值进行比较；

(3) 如果存在匹配，则执行与 case 关联的代码；

(4) 代码执行后，break 语句阻止代码跳入下一个 case 中继续执行；

(5) 如果没有 case 为真，则使用 default 语句。

请看下面的实例，演示了使用 switch 语句的具体过程。

实例 3-4　使用 switch 语句

源码路径　daima\3\3-4

实例文件 index.php 的主要实现代码如下所示。

```
<?php
switch (date("D"))                  //使用switch判断当前的日期值
 {
  case "Mon":                       //如果值是Mon
    echo "今天星期一";               //输出提示
    break;                          //停止运行
  case "Tue":                       //如果值是Tue
    echo "今天星期二";               //输出提示
    break;                          //停止运行
  case "Wed":                       //如果值是Wed
    echo "今天星期三";               //输出提示
    break;                          //停止运行
  case "Thu":                       //如果值是Thu
    echo "今天星期四";               //输出提示
    break;                          //停止运行
  case "Fri":                       //如果值是Fri
    echo "今天星期五";               //输出提示
    break;                          //停止运行
  default:                          //默认值
    echo "今天放假";                 //输出提示
    break;                          //停止运行
 }
?>
```

执行效果如图 3-4 所示。

今天放假

图 3-4　switch 语句

3.2　使用循环语句

视频讲解：第 3 章\使用循环语句.mp4

在编写 PHP 程序代码时，经常需要反复运行同一代码块。这时可以使用循环来执行这样的任务，而不是在脚本中添加若干几乎同样的代码行。在本节的内容中，将详细讲解在 PHP 程序中使用循环语句的知识。

3.2.1　使用 while 语句

在 PHP 程序中，while 语句是循环语句中比较简单的一种，只要 while 表达式的值为 true 就重复执行嵌套中的语句。如果 while 表达式的值一开始就是 false，则循环语句一次也不执行。使用 while 语句的语法格式如下。

```
while (expr):
   statement
   ...
endwhile;
```

下面通过一个示意图来描述 while 语句的执行过程，如图 3-5 所示。

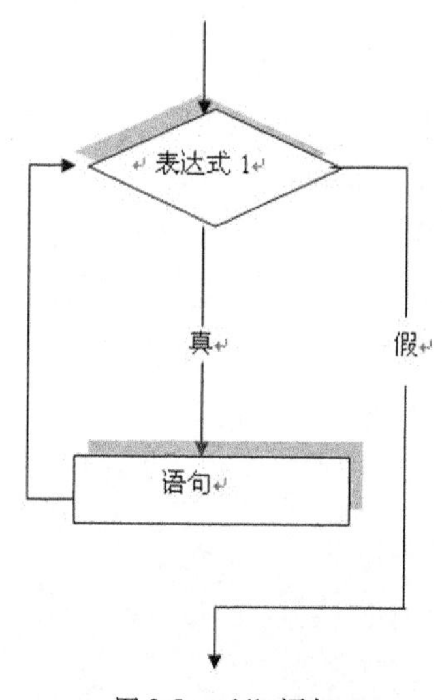

图 3-5　while 语句

例如在下面的实例中，演示了使用 while 语句的具体过程。

实例 3-5　使用 while 语句
源码路径　daima\3\3-5

实例文件 index.php 的主要实现代码如下所示。

```
<?php
$a=0;                        //变量a赋值为0
$y=0;                        //变量y赋值为0
while( $a<90 ){              //如果变量a小于90
   $y=$y+($a+1);             //变量y的值是a加1
   $a++;                     //变量a循环加1
  }
echo $y;                     //输出1到90的总和
echo "<br>" ;
?>
```

执行效果如图 3-6 所示。

```
4095
```

图 3-6　while 循环

3.2.2　使用 do–while 语句

在 PHP 程序中，do-while 循环和 while 循环非常相似，区别在于表达式的值是在每次循环结束时检查而不是开始时。和 while 循环主要的区别是，do-while 循环语句保证会执行一次（表达式的真值在每次循环结束后检查），然而在 while 循环中就不一定了（表达式真值在循环开始时检查，如果一开始就为 false，则整个循环立即终止）。使用 do-while 语句的语法格式如下。

```
do
{
}
While (condition)
```

例如在下面的实例中，演示了使用 do-while 语句的具体过程。

实例 3-6　使用 do-while 语句

源码路径　daima\3\3-6

实例文件 index.php 的主要实现代码如下所示。

```
<?php
$i=1;                      //变量i赋值为1
do {                       //do循环开始
    if ($i < 10) {     //如果i小于10
        echo "now out put $i <br>";//输出提示文本
    }
    $i++;                  //i递增加1循环
    if ($i >10) {      //如果i大于10则停止递增循环
        break;
    }
} while(1);
?>
```

执行效果如图 3-7 所示。

注意：学习了 while 语句和 do-while 语句，读者肯定会有疑问，在什么时候该应用 while 语句，什么时候应用 do-while 语句？其实这没有严格的要求，读者可以根据自己的需要进行选择。但是一定要明白它们的特点，while 语句是先判断再执行，do-while 语句是先执行表达式一次，再对条件进行判断，也就是说 do-while 语句至少执行一次。

```
now out put 1
now out put 2
now out put 3
now out put 4
now out put 5
now out put 6
now out put 7
now out put 8
now out put 9
```

图 3-7　do-while 语句

3.2.3　使用 for 语句

在 PHP 语言中，for 循环语句是最为复杂的循环结构。for 循环语句由 3 个部分组成，分别是变量的声明和初始化、布尔表达式、循环表达式，每一部分都用分号分隔。在执行 for 循环语句的过程中，启动循环后，最先开始执行的是初始化部分（求解表达式 1），然后紧接着执行布尔表达式（表达式 2）的值。如果符合条件，则执行循环；如果不符合条件，则跳出循环。使用 for 循环语句的语法格式如下所示。

```
for (expr1; expr2; expr3)
    statement
```

（1）声明和初始化（expr1）：for 语句中的第一部分是关键字 for 之后的括号内的声明和初始化变量，声明和初始化发生在 for 循环内任何操作前，声明和初始化只在循环开始时发生一次。

（2）条件表达式（expr2）：执行条件表达式，它的计算结果必须是布尔值，在 for 循环中，只能有一个表达式。

（3）循环表达式（expr3）：在 for 循环体每次执行后，都执行循环表达式，它设置该循环在每次循环之后要执行的操作，它永远在循环体运行后执行，也就是最后执行。

例如在下面的实例中，演示了使用 for 语句的具体过程。

实例 3-7　使用 for 语句

源码路径　daima\3\3-7

实例文件 index.php 的主要实现代码如下所示。

```
<?php
/* 应用1，每个条件都有 */

for ($i = 1; $i <= 10; $i++) {          //开始for循环，i小于等于10，则i递增加1循环
   print $i. "-";                       //循环输出i值和横杠
}

/* 应用2，省略第2个表达式 */
print "<br>";
for ($i = 1; ; $i++) {                  //开始for循环，省略第2个表达式
   if ($i > 10) {                       //如果i值大于10则停止循环
      break;
   }
   print $i. "-";
}
print "<br>";
/* 应用3，省略第3个表达式 */
$i = 1;
for (;;) {                              //开始for循环，省略第3个表达式
   if ($i > 10) {                       //如果i值大于10则停止循环
      break;
   }
   print $i. "-";
   $i++;
}
print "<br>";
/* 应用4 */
//下面开始for循环，如果i值小于等于10则循环递增加1
for ($i = 1; $i <= 10; print $i. "-", $i++);
print "<br>";

//下面开始for循环，如果i值小于等于10则循环递增加1
for ($i = 1; $i <= 10; $i++) :print $i;print "-";endfor;
?>
```

执行效果如图 3-8 所示。

```
1-2-3-4-5-6-7-8-9-10-
1-2-3-4-5-6-7-8-9-10-
1-2-3-4-5-6-7-8-9-10-
1-2-3-4-5-6-7-8-9-10-
1-2-3-4-5-6-7-8-9-10-
```

图 3-8　for 循环语句

3.2.4　for 循环语句的嵌套

在开发 PHP 程序的过程中，单循环当然是不能满足项目要求的，经常需要使用多次循环才能实现项目的功能。下面将以打印一个九九乘法表的代码为例，演示 for 循环的嵌套语句的用法。

实例 3-8　for 循环的嵌套语句

源码路径　daima\3\3-8

实例文件 index.php 的主要实现代码如下所示。

```
<?php
```

```
    for ($i=1;$i<=9;$i++)              //外层for循环，如果i小于等于9，则i值循环递增加1
    {
      echo '<table border="1" cellpadding="1" cellspacing="1" bordercolor="#FFFFFF" bgcolor=
"#666666">';  //显示单元格
       echo "<tr>";
    for ($j=1;$j<=$i;$j++){              //内层for循环，如果j值小于i，则循环递增j加1
         echo '<td bgcolor="#FFFFFF">';
         echo $i*$j ;                     //输出i和j的积
         echo "</td>";
         }
       echo "</tr>";
      echo "</table>";
    }
    ?>
```

执行效果如图 3-9 所示。

图 3-9　for 语句的嵌套

提示：在 PHP 程序中，除了 for 语句可以编写嵌套循环语句以外，其他的循环也可以进行嵌套，只是在编写程序的过程中，人们习惯了使用 for 循环语句嵌套。

3.2.5　使用 foreach 循环语句

foreach 循环语句是从 PHP 4 开始被引进来的，只能用于数组。在 PHP 5 中，又增加了对对象的支持。使用 foreach 循环语句的语法格式如下。

```
foreach (array_expression as $value)
statement;
```

在 PHP 程序中，通常使用 foreach 循环语句遍历数组 array_expression。每次循环时，将当前数组中的值赋给$value（或$key 和$value），同时数组指针向后移动直到遍历结束。当使用 foreach 循环语句时，数组指针自动被重置，所以不需要手动设置指针位置。例如下面的实例代码中，演示了使用 foreach 循环语句的过程。

实例 3-9　使用 foreach 循环语句

源码路径　daima\3\3-9

实例文件 index.php 的主要实现代码如下所示。

```
  <tr>
    <td height="230" align="left" class="STYLE1"></td>
    <td align="center" class="STYLE1"><?php
$name = array("1"=>"智能机器人","2"=>"数码相机","3"=>"天翼3G手机","4"=>"瑞士手表");
$price = array("1"=>"14998元","2"=>"2588元","3"=>"2666元","4"=>"66698元");
$counts = array("1"=>1,"2"=>1,"3"=>2,"4"=>1);
echo '<table width="580" border="1" cellpadding="1" cellspacing="1" bordercolor=
"#FFFFFF" bgcolor="#c17e50">
          <tr>
            <td width="145" align="center" bgcolor="#FFFFFF"  class="STYLE1">商品名称</td>
            <td width="145" align="center" bgcolor="#FFFFFF"  class="STYLE1">价 格</td>
```

```
                <td width="145" align="center" bgcolor="#FFFFFF"  class="STYLE1">数量</td>
                <td width="145" align="center" bgcolor="#FFFFFF"  class="STYLE1">金额</td>
  </tr>';
 foreach($name as $key=>$value){            //以book数组做循环，输出键和值
      echo '<tr>
                <td height="25" align="center" bgcolor="#FFFFFF" class="STYLE2">'.$value.'</td>
                <td align="center" bgcolor="#FFFFFF" class="STYLE2">'.$price[$key].'</td>
                <td align="center" bgcolor="#FFFFFF" class="STYLE2">'.$counts[$key].'</td>
                <td align="center" bgcolor="#FFFFFF" class="STYLE2">'.$counts[$key]*$price
                [$key].'</td>
 </tr>';
 }
 echo '</table>';                  //循环结束
 ?>
```

执行效果如图 3-10 所示。

商品浏览

商品名称	价格	数量	金额
智能机器人	14998元	1	14998
数码相机	2588元	1	2588
天翼3G手机	2666元	2	5332
瑞士手表	66698元	1	66698

图 3-10　foreach 循环语句

3.3　使用跳转语句

视频讲解：第 3 章\使用跳转语句.mp4

在 PHP 语言中，跳转语句也是流程控制语句的重要部分，在本节的内容中，将详细讲解 PHP 跳转语句的基本知识。

3.3.1　使用 break 语句

在 PHP 程序中，使用 break 语句可以随时退出当前的操作程序。break 语句是一种常见的跳转语句，用来结束当前的 for、foreach、while、do-while 或者 switch 等结构的执行。例如下面的实例代码中，演示了使用 break 语句的具体过程。

实例 3-10　使用 break 语句

源码路径　daima\3\3-10

实例文件 index.php 的主要实现代码如下所示。

```
<?php
//break语句的应用
$i=0;                                     //设置i的初始值为0
      while(++$i){                        //循环i的值递增加1
          switch($i){
              case 3:                     //当i的值递增到3
                echo "3跳出循环<br>";     //输出提示
              break 1;                    //跳出循环
              case 6:                     //当i的值递增到6
                echo "6跳出循环<br>";     //输出提示
              break 2;                    //退出循环
```

```
                default :                   //默认执行语句
                break;                      //停止
    }
}
?>
```

执行效果如图 3-11 所示。

```
3跳出循环
6跳出循环
```

图 3-11 break 语句

3.3.2 使用 continue 语句

在 PHP 语言中，continue 语句和路标一样，起到了一个标记功能。continue 语句只能用于循环语句，遇到 continue 语句就表示不执行后面的语句，直接转到下一次循环的开始，俗称“半途而废，从头再来”，在 PHP 程序中，只有三个循环语句，换句话说，这个 continue 语句只能在循环语句下应用，其他的地方都不能用。

提示：尽管 break 和 continue 语句都能实现跳转的功能，但是它们的区别很大，continue 只是退出本次循环，并不是终止整个程序的运行，而 break 语句则是结束整个循环语句的运行。

例如在下面的实例代码中，演示了使用 continue 语句的过程。

实例 3-11 使用 continue 语句

源码路径 daima\3\3-11

实例文件 index.php 的主要实现代码如下所示。

```
<?php
for($k=0;$k<2;$k++)
{//第1个循环
   for($j=0;$j<2;$j++)
   {//第2个循环
     for($i=0;$i<4;$i++)
     {//第3个循环
   if($i>2)
   continue 2;                //退出循环
   echo "$i\n";
       }
   }
}

?>
```

执行效果如图 3-12 所示。

```
0 1 2 0 1 2 0 1 2 0 1 2
```

图 3-12 执行效果

3.3.3 使用 return 跳转语句

在 PHP 程序中，如果在一个函数中调用 return()语句，将会立即结束此函数的执行并将它的参数作为函数的值返回，并且 return()也会终止运行。如果在全局范围中调用 return()语句，则当前脚本文件中止运行。例如在下面的实例代码中，演示了使用 return 语句的具体过程。

实例 3-12　使用 return 语句

源码路径　daima\3\3-12

实例文件 index.php 的主要实现代码如下所示。

```
<?php
 function add($a,$b){   //定义函数add ()
  return $a+$b;          //返回参数a和参数b的和
  return $a*$b;          //返回参数a和参数b的乘积
 }
 $c = add(5,3);//得到的$c值可以用在程序的其他地方！
 echo $c;//输出变量c的值，只执行$a+$b，$a*$b没有被执行
 ?>
```

执行效果如图 3-13 所示。

```
As true statement returns false.
As true statement returns true.
Statment returned as false.
Statement returned as false.
```

图 3-13　return 语句

3.4　技术解惑

（1）读者疑问：return 是不是函数？什么时候用括号去括一个参数？

解答：这个问题是很多初学者遇到的问题，既然 return() 是语言结构而不是函数，仅在参数包含表达式时才需要用括号将其括起来。当返回一个变量时通常不用括号，也建议不要用，因为这样可以降低 PHP 的负担。当用引用返回值时永远不要使用括号，只能通过引用返回变量，而不是语句的结果。如果使用 return ($a); 时，其实不是返回一个变量，而是表达式（$a）的值（当然，此时该值也正是 $a 的值）。

（2）读者疑问：本章学习了多种循环语句，这几种循环语句有什么区别吗？

解答：要正确使用循环语句，就必须明白各个循环语句的区别，下面对 PHP 语言中的几种循环进行比较。

- 几种循环都可以用来处理同一问题，一般情况下它们可以互相代替。
- while 和 do--while 循环，只在 while 后面指定循环条件，在循环体中包含反复执行的操作语句，包括使循环趋于结束的语句（如 i++或 i+=1 等）。
- for 循环可以在表达式中包含使循环趋于结束的操作，甚至可以将循环体中的操作全部放到表达式中。因此 for 语句的功能更强，凡用 while 循环能完成的，用 for 循环都能实现。
- 用 while 和 do--while 循环时，循环变量初始化的操作应在 while 和 do--while 语句之前完成。而 for 语句可以在表达式中实现循环变量的初始化。
- while 和 for 循环是先判断表达式，后执行语句；而 do--while 循环是先执行语句，然后判断表达式。

3.5　课后练习

（1）编写一段 PHP 程序，使用循环实现如图 3-14 所示的结果。

（2）编写一个实例程序，能够列举 1000 以内的所有素数。

（3）在 PHP 程序中，while 语句在数据的递增和递减中的使用最为常见，请编写一段程序，尝试在 while 语句中使用递增运算符。

1234567891012345678910

图 3-14 执行效果

第 4 章

函数是最神秘的武器

在 PHP 程序开发过程中，经常要重复某种操作，如数据查询、字符操作等，如果每个模块的操作都要重新输入一次代码，不仅令程序员头痛，而且对于代码的后期维护及运行效果也有着较大的影响，使用 PHP 函数即可让这些问题迎刃而解。PHP 中的函数有很多，这就证明 PHP 功能十分强大。用户也可以根据自己需要自定义函数，然后利用函数去解决一些现实问题。在本章的内容中，将详细讲解 PHP 函数的基本知识，为读者步入本书后面知识的学习打下基础。

4.1 函数基础

视频讲解：第 4 章\函数基础.mp4

一个函数是为了能够满足某个功能而设计一段代码。通常函数将一些重复使用到的功能写在一个独立的代码块中，在需要时单独调用。在本节的内容中，将详细讲解 PHP 函数的基础知识。

4.1.1 定义并调用函数

在 PHP 程序中，函数是可以在程序中重复使用的语句块。在加载页面时不会立即执行函数，只有在被调用时才会被执行。用户在定义函数时必须以关键字“function”开头进行声明，定义格式如下所示。

```
function function_name ($arg_1,$arg_2, ... , $arg_n)
{
code 函数要执行的代码 ;
return 返回的值;
}
```

各个参数的具体说明如下所示。

关键字 function：用于声明自定义函数。

function_name：是要创建的函数的名称，是有效的 PHP 标识符，函数名称是唯一的，其命名遵守与变量命名相同的规则，只是它不能以$开头；$arg_1,$arg_2, …, $arg_n 是要传递给函数参数，它可以有多个参数，中间用逗号分隔，参数的类型不必指定，在调用函数时只要是 PHP 支持的类型都可以使用。

code：是函数被调用时执行的代码，要使用“{}”括起来。

return：返回调用函数的代码需要的值，并结束函数的运行。

注意：函数名能够以字母或下划线开头（而非数字），函数名对大小写不敏感。读者需要注意，函数名应该能够反映函数所执行的任务。例如在前面的实例 4-1 中创建了一个名为“writeMsg()”的函数。打开的花括号“{”指示函数代码的开始，而关闭的花括号“}”指示函数的结束。此函数输出“Hello world!”。如需调用该函数，只要使用函数名即可：

```
writeMsg();
```

4.1.2 有条件的函数

在 PHP 程序中，有条件函数是最为常见的，例如在下面的实例代码中定义了一个有条件函数，其定义必须在调用之前完成。

实例 4-1 使用有条件的函数

源码路径 daima\4\4-1

实例文件 index.php 的主要实现代码如下所示。

```
<?php
$makefoo = true;            //设置变量makefoo的初始值是true
```

```
bar();                          //运行函数bar()
if ($makefoo) {
  function foo()                //定义函数foo()
  {
    echo "有条件函数.\n";        //函数foo()的返回内容
  }
}
if ($makefoo) foo();
function bar()                  //定义函数bar()
{
  echo "有条件函数.\n";          //函数bar()的返回内容
}
?>
```

执行效果如图 4-1 所示。

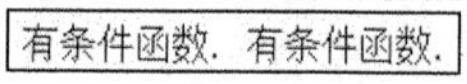

有条件函数. 有条件函数.

图 4-1　有条件函数

4.1.3　函数中的函数

在 PHP 程序中，函数也可以跟循环语句一样进行嵌套。例如下面的实例代码中，演示了使用嵌套函数的过程。

实例 4-2　使用嵌套函数

源码路径　daima\4\4-2

实例文件 index.php 的主要实现代码如下所示。

```
<?php
function foo()                  //定义函数foo()
{
  function bar() //在函数foo()中定义函数bar()
  {
    echo "我是函数中的函数.\n";//函数的返回值
  }
}
foo();                          //运行函数foo()
bar();                          //运行函数bar()
?>
```

执行效果如图 4-2 所示。

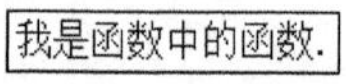

我是函数中的函数.

图 4-2　函数中的函数

4.2　函数间传递参数

视频讲解：第 4 章\函数间传递参数.mp4

在调用函数时需要向函数传递参数，被传入的参数称为实参，而在函数中定义的参数为形参。在 PHP 程序中，函数间参数传递的方式有按值传递、按引用传递和默认参数 3 种方式。

4.2.1　通过引用传递参数

在缺省情况下，PHP 函数是通过参数值传递的。所以即使在函数内部改变参数的值，它也并不会改变函数外部的值。如果希望允许函数修改它的参数值，必须通过引用传递参数。如果想要函数的一个参数总是通过引用传递，可以在函数定义该参数的前面预先加上符号“&”。

提示：参数传递的方式有两种，分别是传值方式和传址方式。将实参的值复制到对应的形参中，在函数内部的操作针对形参进行操作的结果不会影响到实参，即函数返回后，实参的值不会改变；实参的内存地址传递到形参中，在函数内部的所有操作都会影响到实参的值，即返回后，实参的值会相应发生变化。在传址时只需要在形参前加&号。

例如在下面的实例代码中，演示了通过引用传递参数的具体过程。

实例 4-3 通过引用传递参数

源码路径 daima\4\4-3

实例文件 index.php 的主要实现代码如下所示。

```
<?php
function add_some_extra(&$string) //定义函数，参数是string
{
   $string .= '加一个.';             //参数变量赋值
}
$str = '我很好，';                    //变量赋值
add_some_extra($str);                //运行函数
echo $str;                           //输出变量值
?>
```

执行效果如图 4-3 所示。

我很好，加一个.

图 4-3 引用传递

4.2.2 按照默认值传递参数

在 PHP 程序中，函数可以像 C++一样将实参的值赋值到对应的形参中。在函数内部的操作针对形参进行，操作的结果不会影响到实参，即函数返回后，实参的值不会改变。例如在下面的实例代码中，演示了按照默认值传递参数的过程。

实例 4-4 按照默认值传递参数

源码路径 daima\4\4-4

实例文件 index.php 的主要实现代码如下所示。

```
<?php
function makecoffee($type = "你哪里呢？") //函数makecoffee()的参数type的默认值是“你哪里呢？”
{
   return "今天天气很好$type.\n";   //函数的返回值
}
echo makecoffee();                  //使用默认参数
echo makecoffee("，明天天气也很好");//重新设置参数值
?>
```

执行效果如图 4-4 所示。

今天天气很好你哪里呢？ 今天天气很好，明天天气也很好.

图 4-4 按照默认值传递参数

4.2.3 使用非标量类型作为默认参数

除了上面的两种传递方式以外，PHP 函数还通常通过非标量的传递方式传递数值。可以指定某个参数为可选参数，将可选参数放在参数列表末尾，并且指定其默认值为空。例如在下面的实例代码中，演示了使用非标量类型作为默认参数的过程。

实例 4-5 使用非标量类型作为默认参数

源码路径 daima\4\4-5

实例文件 index.php 的主要实现代码如下所示。

```
<?php
```

```
//定义函数makecoffee()，非标量类型作为默认参数
function makecoffee($types = array("cappuccino"), $coffeeMaker = NULL)
{
   $device = is_null($coffeeMaker) ? "hands" : $coffeeMaker;
   return "Making a cup of ".join(", ", $types)." with $device.\n";
}
echo makecoffee();          //调用函数
echo makecoffee(array("cappuccino", "lavazza"), "teapot");
?>
```

执行效果如图 4-5 所示。

```
Making a cup of cappuccino with hands. Making a cup of cappuccino,
lavazza with teapot.
```

图 4-5　使用非标量参数传递

4.2.4　函数返回值

函数返回值就是执行函数后返回的结果，可以使用可选的返回语句返回。任何 PHP 类型都可以作为返回值返回，其中包括列表和对象。当有函数返回值时，会导致函数立即结束运行，并且将控制权传递回它被调用的行。在 PHP 程序中，函数将返回值传递给调用者的方式是使用关键字 return 或 return()函数。return 的作用是将函数的值返回给函数的调用者，即将程序控制权返回到调用者的作用域。如果在全局作用域内使用 return 关键字，那么将终止脚本的执行。例如在下面的实例代码中，演示了使用函数返回值的具体过程。

实例 4-6　函数返回值
源码路径　daima\4\4-6

实例文件 index.php 的主要实现代码如下所示。

```
<?php
function square($num)        //定义函数square()
{
   return $num * $num;       //返回参数的积
}
echo square(4);              //运行函数square()
?>
```

执行效果如图 4-6 所示。

```
16
```

图 4-6　函数返回值

4.3　文件包含

视频讲解：第 4 章\文件包含.mp4

在 PHP 程序中有两个十分重要的关键字，分别是 require 和 include，通过这两个关键字可以实现分拣包含功能。在本节的内容中，将详细讲解使用这两个关键字的基本知识。

4.3.1　使用 require 包含文件

在 PHP 程序中，require()语句用于包含要运行的指定文件。换句话说，这个关键字可以从外部调用一个 PHP 文件或者多个文件，调用后可以运行这些文件。例如在下面的实例代码中，演示了使用 require 包含文件的过程。

实例 4-7 使用 require 包含文件

源码路径 daima\4\4-7

实例文件 index.php 的主要实现代码如下所示。

```
<?php
require '1.php';          //调用文件1.php
require ('1.txt');        //调用文件1.txt
?>
```

文件 1.php 的代码如下：

```
<?php
  echo "我是C++语言注释的方法   // <br>";
  echo "我是C语言注释的方法，对于多行注释十分有用 /*...*/ <br>";
  echo "我是Unix的注释方法   # <br>"; # 使用 UNIX Shell语法注释
?>
```

记事本文件 1.txt 的内容如下：

```
有雾的日子
我特爱出门
特爱走些并不太熟悉的路
不为别的
只因为有很多人在雾中穿行
只因为有很多人在十字路口徘徊
徘徊    又彷徨
左边    右边   还是前边
```

执行文件 index.php 后的效果如图 4-7 所示。

```
我是C++语言注释的方法 //
我是C语言注释的方法，对于多行注释十分有用 /*...*/
我是Unix的注释方法 #
有雾的日子 我特爱出门 特爱走些并不太熟悉的路 不为别的 只因为
有很多人在雾中穿行 只因为有很多人在十字路口徘徊 徘徊 又彷徨
左边 右边 还是前边
```

图 4-7 执行效果

4.3.2 使用 include 包含文件

除了上面的包含文件方法外，在 PHP 程序中还可以使用关键字 include 实现文件包含功能。例如在下面的实例代码中，演示了使用 include 包含文件的具体过程。

实例 4-8 使用 include 包含文件

源码路径 daima\4\4-8

实例文件 index.php 的主要实现代码如下所示。

```
<?php
include 'vars.php';          //包含外部文件vars.php
echo "A $color $fruit";      //输出：A green apple
?>
```

文件 vars.php 的代码如下：

```
<?php
$color = 'green';            //设置变量值
$fruit = 'apple';            //设置变量值
?>
```

执行效果如图 4-8 所示。

```
A green apple
```

图 4-8 include 包含文件

注意：如果 include 出现于调用文件中的一个函数里，则被调用的文件中所包含的所有代码将表现得如同它们是在该函数内部定义的一样。所以它将遵循该函数的变量范围，如果在函数外面则不能够使用。

4.4　使用数学函数

视频讲解：第 4 章\使用数学函数.mp4

在计算机程序语言中，数学函数的功能是处理一些和数学计算相关的问题，例如计算一个数的绝对值。在 PHP 程序中，数学函数种类丰富，它们可以解决各种常见的数学问题。

4.4.1　基本数学运算

只用本书前面介绍的运算符运算是不能满足现实项目需求的，在 PHP 程序中还有求绝对值、最大值、最小值等数学操作。例如下面以计算绝对值为例，详细讲解使用绝对值函数的具体过程。

实例 4-9　使用绝对值函数
源码路径　daima\4\4-9

实例文件 index.php 的主要实现代码如下所示。

```
<?php
$abs = abs(-4.2);               //绝对值函数
$abs2 = abs(5);                 //绝对值函数
$abs3 = abs(-5);                //绝对值函数
echo $abs;
echo "</br>";
echo $abs2;
echo "</br>";
echo $abs3;
?>
```

执行效果如图 4-9 所示。

提示：数学函数十分简单，只要在特殊关键字后面跟参数就可以了。其他数学函数，用户可以去 PHP 函数手册中查找具体用法。至于如何使用函数手册，将会在本章的最后一节中进行讲解。

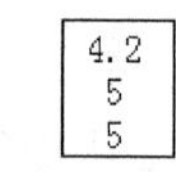

图 4-9　数的基本运算

4.4.2　使用三角函数

三角函数运算主要包括角的正弦值、余弦值、正切值和余切值等内容。例如在下面的实例代码中，演示了 PHP 中三解函数的使用方法。

实例 4-10　使用角度运算函数
源码路径　daima\4\4-10

实例文件 index.php 的主要实现代码如下所示。

```
<?php
echo sin(deg2rad(60));  //0.866025403 ...
echo "</br>";
echo sin(60);           // -0.304810621 ...
?>
```

执行效果如图 4-10 所示。

```
0.86602540378444
-0.30481062110222
```

图 4-10　求正弦

4.5 使用变量处理函数

视频讲解：第 4 章\使用变量处理函数.mp4

因为变量是一个 PHP 程序必不可少的元素，所以有许多内置 PHP 函数可以对变量进行各种各样的处理，以让变量符合自己的要求。在 PHP 程序中大约有 17 个处理变量的函数，例如获取变量的类型和转换变量的数据类型等，例如下面是一些常用的变量处理函数。

gettype：取得变量的类型。

intval：将变量转成整数类型。

doubleval：将变量转成倍浮点数类型。

empty：判断变量是否已配置。

is_array：判断变量类型是否为数组类型。

is_double：判断变量类型是否为浮点数类型。

is_float：判断变量类型是否为浮点数类型。

is_int：判断变量类型是否为整数类型。

is_integer：是上面函数 is_int 的别名，用于判断变量类型是否为整数类型。

is_long：判断变量类型是否为长整数类型。

is_object：判断变量类型是否为类类型。

is_real：判断变量类型是否为实数类型。

is_string：判断变量类型是否为字符串类型。

isset：判断变量是否已配置。

settype：配置变量类型。

strval：将变量转成字符串类型。

unset：删除变量。

在下面的实例代码中，演示了使用变量处理函数的具体过程。

实例 4-11 使用变量处理函数

源码路径 daima\4\4-11

实例文件 index.php 的主要实现代码如下所示。

```
<?php
$a = "test";            //变量a赋值为“test”
echo isset($a);         //变量已配置
unset($a);              //删除变量值
echo isset($a);         //已经被删除，所以false
?>
```

在上述代码中能够判断变量是否已配置。若已存在则返回 1，其他情形则返回空代码。执行效果如图 4-11 所示。

图 4-11　判断变量

4.6 使用日期和时间函数

视频讲解：第 4 章\使用日期和时间函数.mp4

任何计算机程序都离不开日期或时间相关的处理，这是 PHP 编程中的重要组成部分，例如在网页程序中经常见到显示当前时间、将时间保存到数据库、从数据库中调出时间等功能。在 PHP 程序中，与日期和时间相关的函数一共有 12 个。例如在下面的实例代码中，演示了使用日期函数和时间函数的过程。

实例 4-12　使用日期和时间函数

源码路径　daima\4\4-12

实例文件 index.php 的主要实现代码如下所示。

```
<?php
echo date("M-d-Y", mktime(0, 0, 0, 12, 32, 1997));     //日期函数，设置当前显示日期
echo "</br>";
echo date("M-d-Y", mktime(0, 0, 0, 13, 1, 1997));
echo "</br>";
echo date("M-d-Y", mktime(0, 0, 0, 1, 1, 1998));
echo "</br>";
echo date("M-d-Y", mktime(0, 0, 0, 1, 1, 98));
echo "</br>";

$lastday = mktime(0, 0, 0, 3, 0, 2000);
echo "</br>";
echo strftime("Last day in Feb 2000 is: %d", $lastday);
echo "</br>";
$lastday = mktime(0, 0, 0, 4, -31, 2000);
echo "</br>";
echo strftime("Last day in Feb 2000 is: %d", $lastday);
?>
```

将上述文件保存到服务器的环境下，运行浏览后得到图 4-12 所示结果。

```
Jan-01-1998
Jan-01-1998
Jan-01-1998
Jan-01-1998

Last day in Feb 2000 is: 29

Last day in Feb 2000 is: 29
```

图 4-12　日期时间处理函数

4.7　使用 PHP 函数手册

视频讲解：第 4 章\使用 PHP 函数手册.mp4

PHP 语言的内置函数非常多，而开发者的精力往往是有限的，所以很少有开发者能够完全背诵下来各个内置函数的具体用法。其实读者不需要完全记住这些函数，只需在用到时可以随时方便地查阅函数手册就可以。只要 PHP 函数手册在手，就可以快速地使用函数开发出自己需要的程序功能。

4.7.1　获得 PHP 函数手册

获得 PHP 函数手册的方法其实十分简单，具体实现流程如下所示。

（1）启动浏览器，在浏览器中输入 PHP 的官方网站，然后单击导航中的“Documentation”超级链接，如图 4-13 所示。

（2）在打开的页面中单击“View Online”选项后面的“Chinese (Simplified)”超级链接，如图 4-14 所示。

（3）单击超级链接后打开中文版的 PHP 手册页面，如图 4-15 所示。

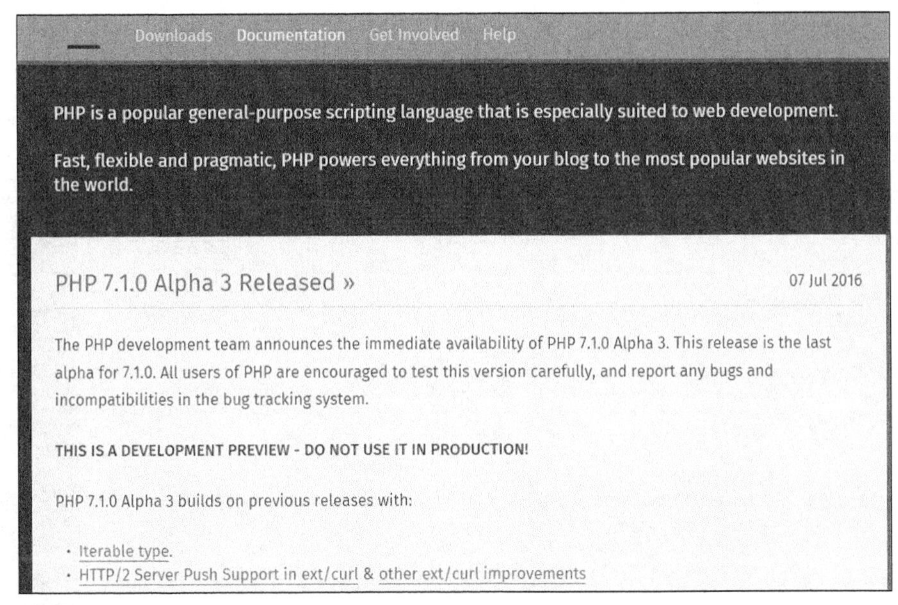

图 4-13 PHP 首页

The PHP Manual is available online in a selection of languages. Please pick a language from the list below.

More information about php.net URL shortcuts by visiting our URL howto page.

Note, that many languages are just under translation, and the untranslated parts are still in English. Also some translated parts might be outdated. The translation teams are open to contributions.

Documentation for PHP 4 has been removed from the manual, but there is archived version still available. For more informations, please read Documentation for PHP 4.

Formats	Destinations
View Online	English, Brazilian Portuguese, **Chinese (Simplified)**, French, German, Japanese, Korean, Romanian, Russian, Spanish, Turkish
Downloads	For downloadable formats, please visit our documentation downloads page.

图 4-14 单击“Chinese (Simplified)”超级链接

图 4-15 中文版 PHP 手册页面

（4）滚动鼠标下拉页面，在 PHP 手册下方可以看到“函数参考”链接，单击后会来到 PHP 函数手册页面，如图 4-16 所示。单击其中的每个链接可以了解每个函数的具体功能和用法。

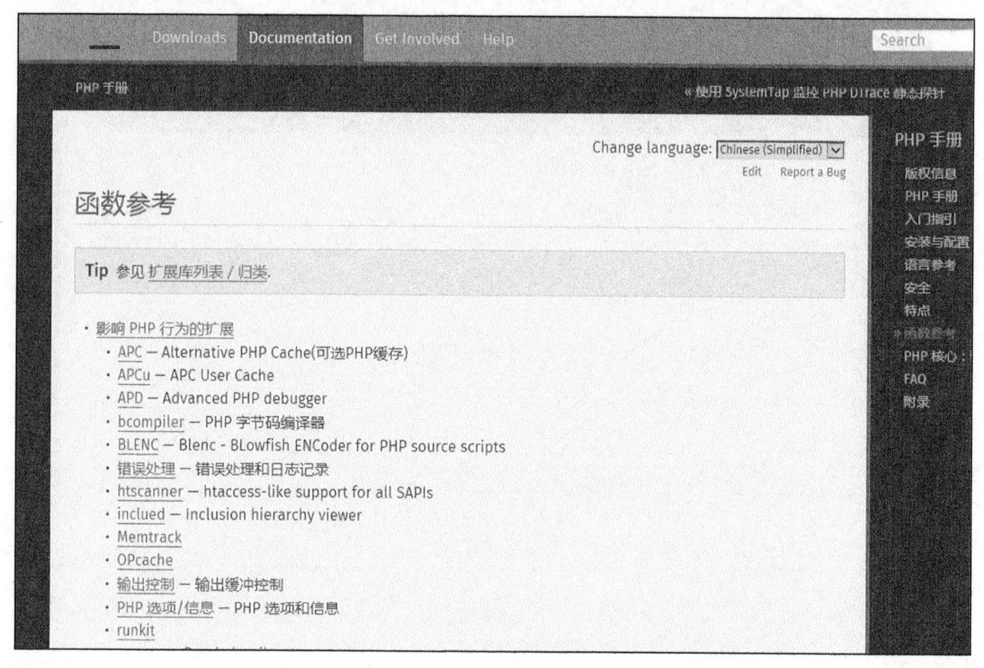

图 4-16　PHP 函数手册

4.7.2　使用 PHP 函数手册

使用函数手册的方法十分简单，用户只需要根据自己的需要寻找一个这个函数即可。例如想了解函数 date_sunrise 的用法，则可以在 PHP 函数手册主页右上角的表单中输入关键字“date_sunrise”，然后按下回车键进行搜索，如图 4-17 所示。

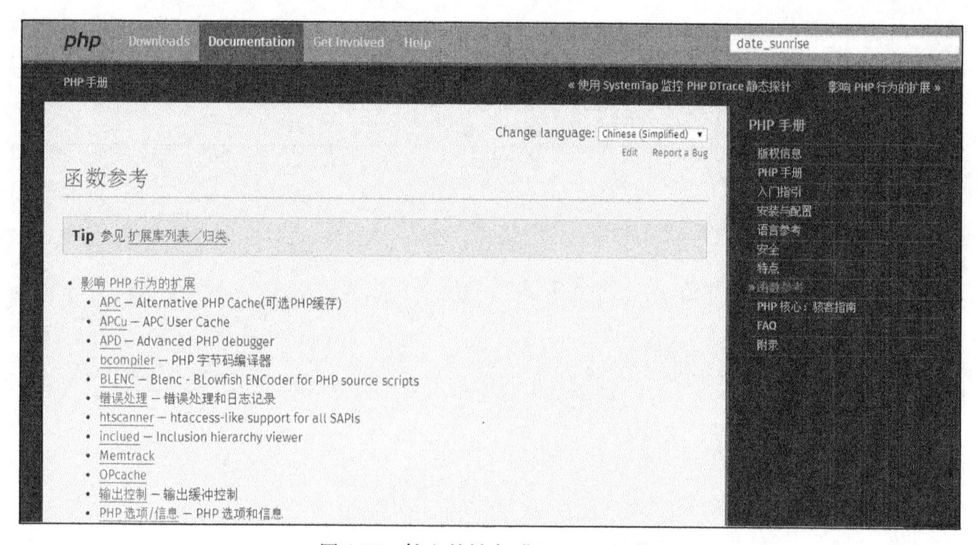

图 4-17　输入关键字“date_sunrise”

PHP 函数手册页面根据输入的关键字进行查询，并迅速显示查询结果，在查询结果页面中显示函数 date_sunrise 的详细信息，如图 4-18 所示。

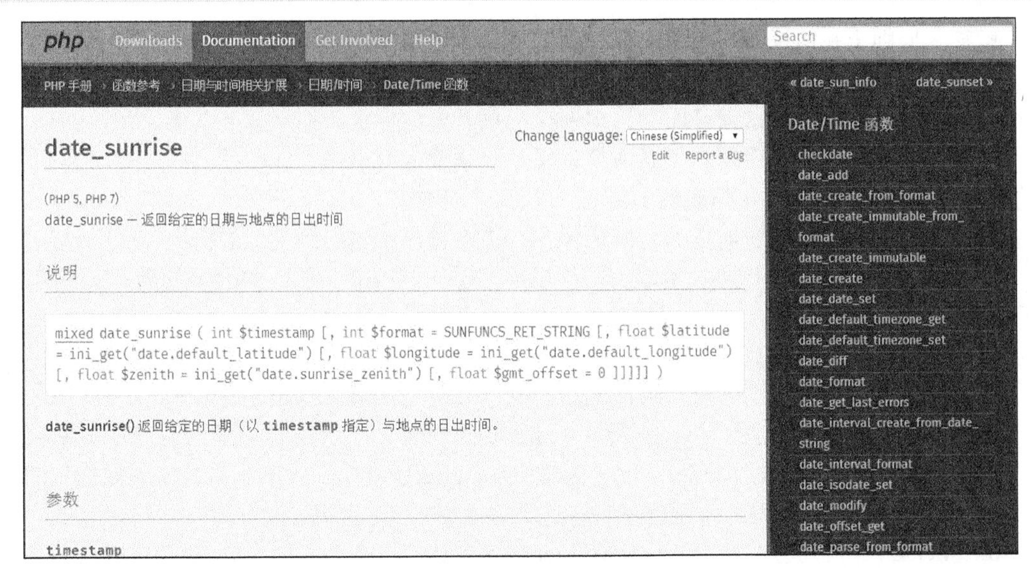

图 4-18　显示查询结果

在查询结果页面不但会显示这个函数的使用介绍和参数介绍，并且还有使用函数 date_sunrise 的示例代码，如图 4-19 所示。

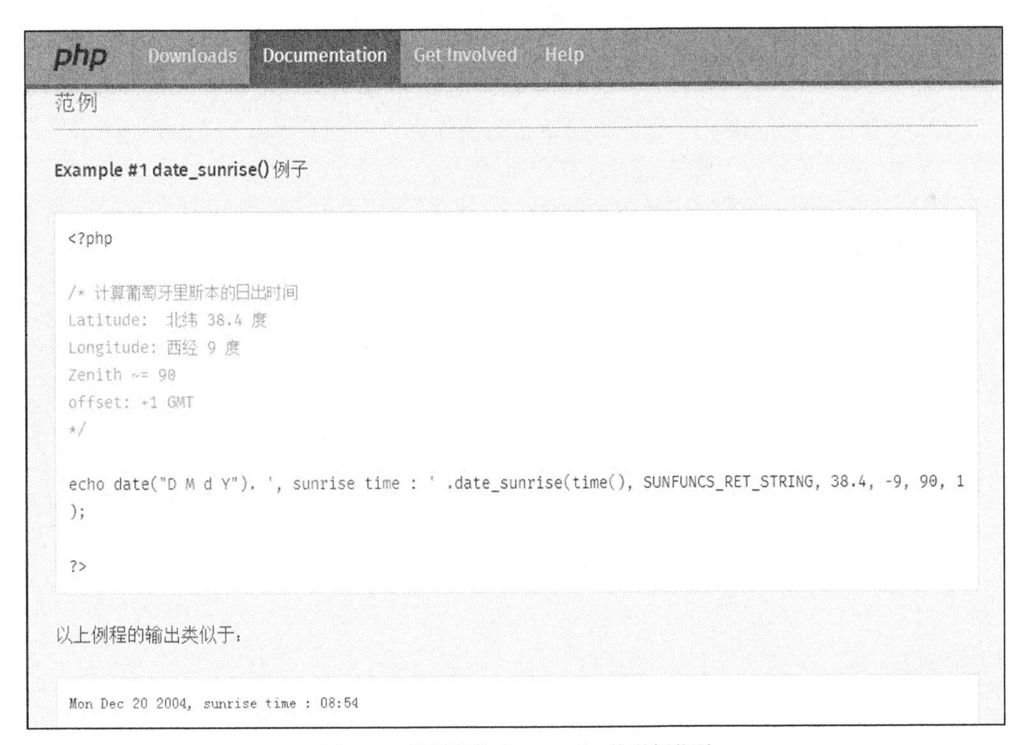

图 4-19　使用函数 date_sunrise 的举例代码

4.8　技 术 解 惑

（1）读者疑问：在学习 PHP 时，怎样才能记住更多更全的函数呢，从这一章我们知道，记住越多的函数，就是对 PHP 越熟悉？

解答：原则上是这样的，但是去死记硬背不是本书推荐的，本章最后一节，目的是引导读者去使用函数手册。在开始的时候，用户只能记住比较少的函数。但是随着用户学习的深入，常用的函数自然被记住。这就好比学认字一样，只需要记住常用的字就可以了。

（2）读者疑问：PHP 手册方便是方便，但是必须要连接网络才能使用，在一个没有网络的环境中，我怎么查看 PHP 手册呢？

解答：这个问题是很好解决的，因为现在有许多程序员也遇到类似的情况，所以他们制作了一个格式为 chm 的电子图书，可以在网络中通过输入“PHP 手册”关键字进行搜索，然后将其下载。

（3）读者疑问：在 PHP 程序中，require()的功能与 include()相类似，两者的区别是什么呢？

解答：两者最大的区别是提供两种不同的使用方法，具体说明如下所示。

- require 的使用方法如 require("MyRequireFile.php")。这个函数通常放在 PHP 程序的最前面，PHP 程序在执行前，就会先读入 require 所指定引入的档案，使它变成 PHP 程序的一部分。常用的函数也可以将这个方法引入到网页中。
- include 的使用方法如 include("MyIncludeFile.php")。这个函数一般是放在流程控制的处理区段中。当 PHP 程序读取 include 文件时才将它读进来。这种方式可以把程序执行时的流程简单化。

4.9 课后练习

（1）编写一段程序：首先定义一个名为 writeMsg 的函数，功能是在页面中显示“Hello world!”。然后通过“writeMsg()”代码调用函数，能够在页面中显示文本“Hello world!”。

（2）编写一段程序：在函数中使用文件包含功能。

（3）编写一段程序：首先定义函数 zidingyi()，执行后打印输出数字 7；然后定义函数 shi()，执行后打印输出数学中“3!”的值。

第5章

数　　组

数组是对大量数据进行有效组织和管理的手段之一，通过数组的强大功能，可以对大量数据类型相同的数据进行存储、排序、插入及删除等操作，从而可以有效地提高程序开发效率及改善程序代码的编写方式。PHP 作为市面上流行的 Web 开发语言之一，凭借其代码开源、升级速度快等特点，对数组的操作能力更为强大，为程序开发人员提供了大量方便、易懂的数组操作函数，更使 PHP 深受广大 Wcb 开发人员的青睐。在本章的内容中，将向大家详细讲解 PHP 数组的基础知识，为读者步入本书后面知识的学习打下基础。

5.1　声 明 数 组

视频讲解：第 5 章\声明数组.mp4

在 PHP 语言中，数组就是一组数据的集合，把一系列数据组织起来，形成一个可操作的整体。数组实际上就是把相同类型的数据放在一起，这样就形成了数组，数组可以方便、快速地处理大量的相同类型的数据。在 PHP 程序中，一维数组是最为简单的数组。一维数组就是一组相同类型的数据的线性集合，当在程序中遇到需要处理一组数据，或者传递一组数据时，可以应用到这种类型的数组。

5.1.1　声明一维数组

在 PHP 程序中，声明数组的格式如下所示。

```
array array ( [mixed ...] )
```

在上述格式中，参数“mixed”的语法为“key=>value”，多个参数 mixed 之间用逗号分开，分别定义索引和值。索引可以是字符串或数字。如果省略了索引，则会自动产生从 0 开始的整数索引。如果索引是整数，则下一个产生的索引将是目前最大的整数索引+1。如果定义了两个完全一样的索引，则后面一个会覆盖前一个。数组中的各数据元素的数据类型可以不同，也可以是数组类型。当 mixed 是数组类型时，就是二维数组。当使用函数 array 声明数组时，数组下标既可以是数字索引也可以是关联索引。下标与数组元素值之间用“=>”进行连接，不同数组元素之间用逗号进行分割。例如下面的实例演示了声明并使用一维数组的过程。

实例 5-1　声明并使用一维数组

源码路径　daima\5\5-1

实例文件 index.php 的主要实现代码如下所示。

```
<?php
$array=array("0"=>"中","1"=>"华","2"=>"大","3"=>"团","4"=>"结");     //定义数组并赋值
print_r($array);              //输出数组内容
echo "<br>";                  //换行
echo $array[0];               //数组内第1个元素
echo "<br>";                  //换行
echo $array[1];               //数组内第2个元素
echo "<br>";                  //换行
echo $array[2];               //数组内第3个元素
echo "<br>";                  //换行
echo $array[3];               //数组内第4个元素
echo "<br>";                  //换行
echo $array[4];               //数组内第5个元素
?>
```

执行效果如图 5-1 所示。

```
Array ( [0] => 中 [1] => 华 [2] => 大 [3] => 团 [4] => 结 )
中
华
大
团
结
```

图 5-1　执行效果

在 PHP 程序中，使用 array()函数定义数组的用法比较灵活，可以在函数体中只给出数组元素值，而不必给出键值。在实现一维数组的

声明时，希望读者注意如下 3 点。

（1）数组 a 的下标是从 0 开始，也就是说，数组下标为 0 的是数组第一个元素，以此类推。

（2）通过“index => values”进行赋值。

（3）数组可以不赋值，也可以赋值一部分。

也许有的读者禁不住要问：在前面的实例中，定义的数组是一个拥有 5 个元素的数组，并且每一个数组都为其赋值，用户可以对数组进行赋值，它是如何实现的呢？其实实现方法很简单，我们只需写出赋值下标和值就可以。例如在下面的实例代码中，演示了对数组进行赋值操作的具体过程。

实例 5-2　对数组进行赋值

源码路径　daima\5\5-2

实例文件 index.php 的主要实现代码如下所示。

```
<?php
 //定义数组并赋值
$b=array("0"=>"中","2"=>"大","4"=>"结");
print_r($b);           //输出数组的值
echo "<br>";           //输出换行
echo $b[0];            //输出数组内的第1个元素值
echo "<br>";           //输出换行
echo $b[2];            //输出数组内的第3个元素值
echo "<br>";           //输出换行
echo $b[4];            //输出数组内的第5个元素值
?>
```

执行效果如图 5-2 所示。

```
Array ( [0] => 中 [2] => 大 [4] => 结 )
中
大
结
```

图 5-2　执行效果

5.1.2　使用数组定位函数

在 PHP 程序中，为了提高程序的开发效率，提供了大量的和数组操作有关的函数，接下来讲解几个常用的数组操作函数。

1. 返回数组中所有的下标

在 PHP 程序中，经常需要返回数组中的下标。因为在程序中可以不写数组的下标，所以在很多程序中的数组看上去有点混乱，这时候用户就可以返回数组的所有下标，通过下标可以得到对应具体的值。在 PHP 程序中，返回数组中所有下标的语法格式如下所示：

```
array array_keys ( array input [, mixed search_value [, bool strict]] )
```

函数 array_keys()用于返回数组 input 中的数字或者字符串的下标。如果指定了可选参数 search_value，则只返回该值的下标。否则数组 input 中的所有下标都会被返回。自 PHP 5.0 起，可以用参数 strict 进行全等比较“===”。例如在下面的实例代码中，演示了返回数组中元素下标的方法。

实例 5-3　返回数组中所有元素的下标

源码路径　daima\5\5-3

实例文件 index.php 的主要实现代码如下所示。

```
<?php
$array = array(0 => 100, "color" => "red");
//定义数组并赋值
print_r(array_keys($array)); //输出数组
$array = array("blue", "red", "green",
"blue", "blue");
```

```
print_r(array_keys($array, "blue")); //输出数组
$array = array("color" => array("blue", "red", "green"),
               "size"  => array("small", "medium", "large"));
print_r(array_keys($array));                    //输出数组
?>
```

执行效果如图 5-3 所示。

```
Array ( [0] => 0 [1] => color ) Array ( [0] => 0 [1] =>
    3 [2] => 4 ) Array ( [0] => color [1] => size )
```

图 5-3 返回数组中所有元素的下标

2. 定位数组元素

在开发 PHP 程序的过程中，经常需要定位数组元素，这时可以利用函数 in_array()来实现此功能。使用函数 in_array()的语法格式如下所示。

```
bool in_array ( mixed needle, array haystack [, bool strict] )
```

函数 in_array()的功能是在 haystack 中搜索 needle，如果找到则返回 true，否则返回 false。如果第三个参数 strict 的值为 true，则函数 in_array()会检查 needle 的类型是否和 haystack 中的相同。例如在下面的实例代码中，演示了定位数组元素的过程。

实例 5-4 定位数组元素

源码路径 daima\5\5-4

实例文件 index.php 的主要实现代码如下所示。

```
<?php
$os = array("Mac", "NT", "Irix", "Linux");//定义数组并赋值
if (in_array("Irix", $os)) {//定位数组中是否有“Irix”
   echo "Got Irix";
}
if (in_array("mac", $os)) {//定位数组中是否有“mac”
   echo "Got mac";
}
?>
```

执行效果如图 5-4 所示。

```
Got Irix
```

图 5-4 定位数组元素

3. 返回数组中的所有元素值

在 PHP 程序中，函数 array array_values ()可以返回数组中的所有元素，其语法格式如下所示。

```
array array_values ( array input )
```

函数 array_values()能够返回 input 数组中所有的值并给其建立数字索引。例如在下面的实例代码中，演示返回数组中所有元素值的具体过程。

实例 5-5 返回数组中的所有元素值

源码路径 daima\5\5-5

实例文件 index.php 的主要实现代码如下所示。

```
<?php
 //定义数组并赋值
$array = array("size" => "XL", "color" => "gold");
print_r(array_values($array));//显示数组中的元素值
?>
```

执行效果如图 5-5 所示。

```
Array ( [0] => XL [1] => gold )
```

图 5-5 返回数组中的所有元素值

5.1.3 二维数组

在 PHP 程序中，二维数组中的下标是由两个元素组成的，二维数组元素就像一个围棋棋盘，元素放在棋盘的交叉点。要想指出棋盘中的某个元素，就必须指出元素的具体坐标，二维数组就是利用这个原理进行定义的。例如在下面的实例代码中，演示了使用二维数组的具体过程。

实例 5-6 使用二维数组

源码路径 daima\5\5-6

实例文件 index.php 的主要实现代码如下所示。

```
<?php
 //定义二维数组并赋值
$fruits = array (
   "fruits"  => array("a" => "orange", "b" => "banana", "c" => "apple"),
   "numbers" => array(1, 2, 3, 4, 5, 6),
   "holes"   => array("first", 5 => "second", "third")
);
print_r(array_values($fruits));             //输出数组中的元素
?>
```

执行效果如图 5-6 所示。

```
Array ( [0] => Array ( [a] => orange [b] => banana [c] => apple ) [1]
=> Array ( [0] => 1 [1] => 2 [2] => 3 [3] => 4 [4] => 5 [5] => 6 ) [2]
=> Array ( [0] => first [5] => second [6] => third ) )
```

图 5-6 二维数组

注意：二维数组实际上就是一维数组的嵌套。

5.1.4 数字索引数组和关联数组

PHP 语言支持两种数组，分别是数字索引数组（indexed array）和关联数组（associative array），其中前者使用数字作为键，后者使用字符串作为键。

1. 数字索引数组

PHP 数字索引一般表示数组元素在数组中的位置，它由数字组成，下标从 0 开始。数字索引数组的默认索引值从数字 0 开始，不需要特别指定，PHP 会自动为索引数组的键名赋一个整数值，然后从这个值开始自动增量，当然也可以指定从某个位置开始保存数据。数组可以构造成一系列“键-值（key-value）”对，其中每一对都是数组的一个项目或元素（element）。对于数组中的每个项目，都有一个与之关联的键（key）或索引（index）相对应。PHP 语言的数字索引键值如表 5-1 所示。

表 5-1 **PHP 数字索引键值**

键	值
0	Low
1	Aimee Mann
2	Ani DiFranco
3	Spiritualized
4	Air

2. 关联数组

在 PHP 程序中，关联数组的键名可以是数字和字符串混合的形式，而不像数字索引数组的键名只能为数字。在一个 PHP 数组中，只要在键名中有一个不是数字，那么这个数组就称为关联数组。关联数组使用字符串索引（或键）来访问存储在数组中各元素的值，关联索引的数组对于数据库层交互非常有用。

5.2　对数组进行简单的操作

视频讲解：第 5 章\对数组进行简单的操作.mp4

在本章前面已经详细讲解了数组和数组定位的基本知识，接下来将详细讲解简单操作数组的基本知识，为读者步入本书后面知识的学习打下基础。

5.2.1　删除数组中的重复元素

在数组中经常会出现元素重复的问题，这时可以把多余的元素删除。在 PHP 程序中，可以使用函数 array_unique()删除数组中重复的元素，使用函数 array_unique()的语法格式如下所示。

```
array array_unique ( array array) ;
```

函数 array_unique()接受 array 作为输入并返回没有重复值的新数组，其下标保留不变。array_unique()先将值作为字符串排序，然后对每个值只保留第一个遇到的下标，而忽略后面所有的下标。例如在下面的实例代码中，演示了删除数组中的重复元素的过程。

实例 5-7　删除数组中的重复元素

源码路径　daima\5\5-7

实例文件 index.php 的主要实现代码如下所示。

```
<?php
$a = array ("1" => "苹果", "橘子","鸭梨", "a" =>
"橘子", "香蕉", "苹果") ;   //定义数组并赋值
$b = array_unique ( $a ) ;//在变量b中删除数组元素“a”
print_r ( $a ) ;           //输出变量a
echo "<br>";               //输出换行
print_r ( $b ) ;           //输出变量b
?>
```

执行效果如图 5-7 所示。

```
Array ( [1] => 苹果 [2] => 橘子 [3] => 鸭梨 [a] => 橘子 [4] => 香蕉 [5] => 苹果 )
Array ( [1] => 苹果 [2] => 橘子 [3] => 鸭梨 [4] => 香蕉 )
```

图 5-7　删除重复的数组元素

5.2.2　删除数组中的元素或删除整个数组

在开发 PHP 程序过程中，经常需要删除数组变量中的某个元素以满足项目要求。通过使用函数 unset()能够释放指定的变量，可以释放各种变量和数组的值，其语法格式如下。

```
unset (mixed var [,mixed var [, ...]]) ;
```

各个参数的具体说明如下所示。

（1）第一个参数为要删除的变量名。

（2）第二个参数为要指定删除的数组元素，可以删除单个变量和单个数组元素，也可以删除多个变量和多个数组元素。

例如在下面的实例代码中，演示了删除数组中某个元素的具体过程。

实例 5-8　删除数组中的元素

源码路径　daima\5\5-8

实例文件 index.php 的主要实现代码如下所示。

```
<?php
$shucai = array ("番茄","萝卜","黄瓜") ; //声明数组
print_r ($shucai );                //输出数组元素值
echo "<br>";
Unset ($shucai[1] ) ;              //删除单个数组元素
print_r ( $shucai ) ;              //输出数组元素值
echo "<br>" ;
foreach ($shucai as $i=>$value){
   unset ($shucai[$i]) ;
//删除所有元素,但保持数组本身的结构
}
print_r ($shucai );                //输出数组元素值
?>
```

执行效果如图 5-8 所示。

```
Array ( [0] => 番茄 [1] => 萝卜 [2] => 黄瓜 )
Array ( [0] => 番茄 [2] => 黄瓜 )
Array ( )
```

图 5-8 删除数组中的元素

在 PHP 程序中，删除整个数组的方法非常简单，只需直接调用函数 unset()进行删除即可。例如在下面的实例代码中，演示了删除整个数组的具体过程。

实例 5-9 删除整个数组

源码路径 daima\5\5-9

实例文件 index.php 的主要实现代码如下所示。

```
<?php
$shi = array ("苹果","橘子","葡萄") ;
//声明数组并赋值
unset ( $shi ) ;               //删除整个数组
print_r ( $shi ) ;             //输出数组元素
?>
```

执行后将显示一片空白，因为整个数组都被删除了。

5.2.3 遍历数组元素

遍历数组元素是指在数组中寻找指定的元素，好比去商场找东西，寻找商品的过程就相当于遍历数组的操作。在 PHP 程序中，使用函数 array_walk()遍历整个数组，其语法格式如下。

```
array_walk (array array, callback function [ , mixed userdata ] ) ;
```

各个参数的具体说明如下所示。

(1) 函数 array_walk()对第 1 个参数传递过来的数组中的每个元素执行第 2 个参数定义的函数 function()。在典型情况下，function()接受两个参数，其中数组名 array 的值为第 1 个参数，而数组下标或下标名为第 2 个参数。

(2) 如果提供可选参数 userdata，将作为第 3 个参数传递给 function()。函数执行成功返回 true，否则返回 false。

例如在下面的实例代码中，演示了遍历数组元素的具体过程。

实例 5-10 遍历数组元素

源码路径 daima\5\5-10

实例文件 index.php 的主要实现代码如下所示。

```
<?php
//定义数组并赋值
$fruits = array("d" => "lemon", "a" => "orange", "b" => "banana", "c" => "apple");
function test_alter(&$item1, $key, $prefix)     //定义函数
```

```
{
    $item1 = "$prefix: $item1"; //定义变量
}
function test_print($item2, $key)//定义打印函数
{
    echo "$key. $item2<br />\n"; //输出变量
}
echo "Before ...:\n";
array_walk($fruits, 'test_print');//输出数组内的所有元素
array_walk($fruits, 'test_alter', 'fruit');
echo "... and after:\n";
array_walk($fruits, 'test_print');//输出数组内的所有元素
?>
```

执行效果如图 5-9 所示。

```
Before ...: d. lemon
a. orange
b. banana
c. apple
... and after: d. fruit: lemon
a. fruit: orange
b. fruit: banana
c. fruit: apple
```

图 5-9　遍历数组

5.2.4　向数组中添加新元素

在 PHP 程序中，有时需要向数组中添加新的数据元素，此时可以向数组中直接添加数据，新元素的下标是从原数组下标最大值之后开始的。PHP 语言通过函数 array_unshift()在数组的开头添加一个或多个元素，其语法格式如下所示。

```
int array_unshift ( array &array, mixed var [,mixed ...]) ;
```

通过使用函数 array_unshift()，可以将传入的元素插入到 array 数组的开头。这里的元素是作为整体被插入的，传入元素将保持同样的顺序。所有的数值下标将从 0 开始重新计数，文字下标保持不变。

提示：除了函数 array_unshift()外，还可以使用函数 array_push()将数组的元素添加到数组的末尾，具体语法格式如下。

```
int array_push ( array &array, mixed var [, mixed ...]) ;
```

函数 array_push()将 array 当成一个栈，并将传入的变量添加到 array 的末尾，该函数返回数组新的单元总数。

5.2.5　改变数组的大小

在 PHP 程序中使用数组时，如果发现数组的大小不符合自己的要求，则需要及时改变数组的大小，这个功能可以通过 PHP 的内置函数实现。在 PHP 程序中，可以通过函数 array_pad()或函数 array_splice()改变数组的大小。

1. 函数 array_pad()

使用函数 array_pad()的语法格式如下。

```
array array_pad (array input,int pad_size,mixed pad_value) ;
```

（1）第一个参数是要操作的数组。

（2）第二个参数 pad_size 是增加后的数组长度，如果 pad_size 为正，则数组被填补到右侧，如果为负则从左侧开始填补。

（3）第三个参数 pad_value 给出所要增加的数据的值。函数执行后返回被更改以后的 input 数组。

例如在下面的实例代码中，演示了使用函数 array_pad()的具体过程。

实例 5-11 使用函数 array_pad()

源码路径 daima\5\5-11

实例文件 index.php 的主要实现代码如下所示。

```
<?php
$input = array ( 4,5,9 ,09) ;   //定义数组并赋值
print_r($input) ;               //输出数组元素值
echo "<br>" ;
//操作数组$input,增加后的长度-5,要增加的数值-7
$result = array_pad ($input,-5,-7);//改编数组元素
print_r($result) ;              //输出变量$result
echo "<br>" ;
//增加后的长度+7,要增加的数值+noop
$result = array_pad ($input,7,"noop" ) ;
print_r ( $result ) ;
 ?>
```

执行效果如图 5-10 所示。

```
Array ( [0] => 4 [1] => 5 [2] => 9 [3] => 0 )
Array ( [0] => -7 [1] => 4 [2] => 5 [3] => 9 [4] => 0 )
Array ( [0] => 4 [1] => 5 [2] => 9 [3] => 0 [4] => noop [5] => noop [6] => noop )
```

图 5-10 改变数组

2. 函数 array_splice()

函数 array_splice()的主要功能是删除数组中的部分元素，然后用其他一部分元素进行替代，具体语法格式如下。

```
array array_splice ( array &input, int offset [, int length [, array replacement]] )
```

input：是要操作的数组。

offset：是要删除的数组元素的起始下标，如果为空，则从第一个元素开始。如果 offset 为正，则从 input 数组中该值指定的偏移量开始移除。如果 offset 为负，则从 input 末尾倒数该值指定的偏移量开始删除。

length：指出要删除掉多少元素，如果为空，则删除掉从 offset 到数组的最后一个元素。如果指定了 length 并且为正值，则删除与 length 值同等个数的单元。如果指定了 length 为负值，则删除从 offset 到数组末尾倒数 length 为止中间所有的单元。

replacement：用于替换被删除的那部分数组，函数执行后返回被更改以后的 input 数组。

例如在下面的实例代码中，演示了使用函数 array_splice()的具体过程。

实例 5-12 使用函数 array_splice()

源码路径 daima\5\5-12

实例文件 index.php 的主要实现代码如下所示。

```
<?php
//定义数组并赋值
$input = array("red", "green", "blue", "yellow");
array_splice($input, 2);                          //删除指定的数组元素
print_r ($input);                                 //输出数组元素值
echo "<br>" ;
$input = array("red", "green", "blue", "yellow");//定义数组并赋值
array_splice($input, 1, -1);                      //删除指定的数组元素
print_r ($input);                                 //输出数组元素值
echo "<br>" ;
$input = array("red", "green", "blue", "yellow");//定义数组并赋值
array_splice($input, 1, count($input), "orange");//删除指定的数组元素
```

```
print_r ($input);                                          //输出数组元素值
echo "<br>" ;
$input = array("red", "green", "blue", "yellow");          //定义数组并赋值
array_splice($input, -1, 1, array("black", "maroon"));     //删除指定的数组元素
print_r ($input);                                          //输出数组元素值
echo "<br>" ;
$input = array("red", "green", "blue", "yellow");          //定义数组并赋值
array_splice($input, 3, 0, "purple");                      //删除指定的数组元素
print_r ($input);                                          //输出数组元素值
?>
```

执行效果如图 5-11 所示。

```
Array ( [0] => red [1] => green )
Array ( [0] => red [1] => yellow )
Array ( [0] => red [1] => orange )
Array ( [0] => red [1] => green [2] => blue [3] => black [4] => maroon )
Array ( [0] => red [1] => green [2] => blue [3] => purple [4] => yellow )
```

图 5-11　执行效果

5.2.6　合并两个数组

在 PHP 程序中，如果需要合并两个相同类型的数组，可以通过函数 array_merge()或函数 array_merge_recursive()实现此功能。

1. 函数 array_merge()

在 PHP 程序中使用函数 array_merge()的语法格式如下所示：

```
array array_merge (array array1,array array2 [,array...]) ;
```

函数 array_merge()能够将一个或多个数组的单元合并起来，一个数组中的值附加在前一个数组的后面，返回作为结果的数组。如果输入的数组中有相同的字符串下标，则该下标后面的值将覆盖前一个值。然而，如果数组包含数字下标，后面的值将不会覆盖原来的值，而是附加到后面。例如在下面的实例代码中，演示了使用函数 array_merge()的具体过程。

实例 5-13　使用函数 array_merge()

源码路径　daima\5\5-13

实例文件 index.php 的主要实现代码如下所示。

```
<?php
$array1 = array("color" => "red", 2, 4);          //定义第1个数组并赋值
//定义第2个数组并赋值
$array2 = array("a", "b", "color" => "green", "shape" => "trapezoid", 4);
$result = array_merge($array1, $array2);          //合并两个数组
print_r($result);                                 //输出合并结果
?>
```

在上述代码中，使用函数 array_merge() 将一个或多个数组的单元合并起来，一个数组中的值附加在前一个数组的后面，返回作为结果的数组。执行效果如图 5-12 所示。

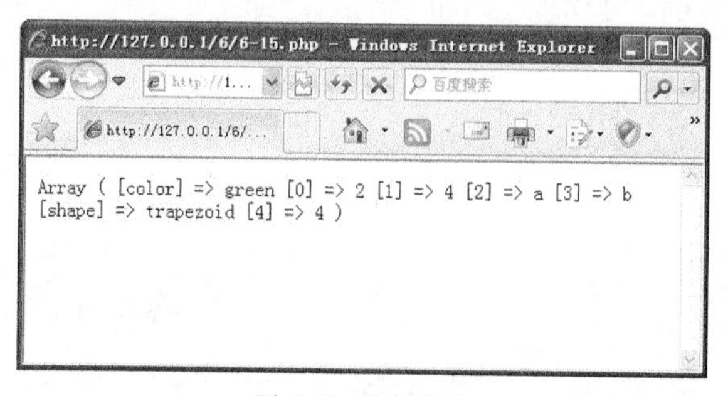

图 5-12　执行效果

2. 函数 array_merge_recursive()

在 PHP 程序中，函数 array_merge_recursive()的功能是将一个或多个数组的单元合并起来，一个数组中的值附加在前一个数组的后面。函数 array_merge_recursive()的功能与函数 array_merge()相似，但是它可以保留同时出现在两个数组中相同字符键值上的元素。使用函数 array_merge_recursive()的语法格式如下。

```
array array_merge_recursive ( array array1 [, array ...] )
```

如果输入的数组中有相同的字符串下标，则这些值会被合并到一个数组中去，这将递归下去，因此如果一个值本身是一个数组，函数 array_merge_recursive()将按照相应的条目把它合并为另一个数组。但是，如果数组具有相同的数组下标，后一个值将不会覆盖原来的值，而是附加到后面。

例如在下面的实例代码中，演示了使用函数 array_merge_recursive()的过程。

实例 5-14 使用函数 array_merge_recursive()

源码路径 daima\5\5-14

实例文件 index.php 的主要实现代码如下所示。

```
<?php
$ar1 = array("color" => array("favorite" => "red"), 5);                    //定义第1个数组并赋值
$ar2 = array(10, "color" => array("favorite" => "green", "blue"));//定义第2个数组并赋值
$result = array_merge_recursive($ar1, $ar2);                               //合并两个数组
print_r ($result );                                                        //输出合并结果
?>
```

执行效果如图 5-13 所示。

```
Array ( [color] => Array ( [favorite] => Array ( [0] => red [1] =>
green ) [0] => blue ) [0] => 5 [1] => 10 )
```

图 5-13 执行效果

5.2.7 反转一个数组

在 PHP 程序中，反转数组是指将数组中的最后一个的值放到第一位，将第一个的值放到最后一位，中间的值也依次类推。在 PHP 程序中，通过函数 array_reverse()可以实现反转数组功能，将数组的元素进行颠倒，其语法格式如下所示。

```
array_reverse(array,preserve)
```

参数 array：被翻转的数组。

参数 preserve：如果为 true 则保留原来的下标，否则下标和值将同时对应反转。

例如在下面的实例代码中，演示了反转一个数组的具体过程。

实例 5-15 反转一个数组

源码路径 daima\5\5-15

实例文件 index.php 的主要实现代码如下所示。

```
<?php
    $input = array ("php5",5.1,array ("1","2"));
    //定义数组并赋值
    $result = array_reverse ( $input ) ; //反转数组
    print_r ( $result ) ;                //输出数组元素值
    echo "<br>" ;
    $result_keys = array_reverse ( $input,TRUE );
    //反转数组
    print_r ( $result_keys ) ;           //输出数组元素值
?>
```

执行效果如图 5-14 所示。

```
Array ( [0] => Array ( [0] => 1 [1] => 2 ) [1] => 7.01 [2] => php7 )
Array ( [2] => Array ( [0] => 1 [1] => 2 ) [1] => 7.01 [0] => php7 )
```

图 5-14　执行效果

5.2.8　数组输出

在 PHP 程序中输出数组元素时，可以通过输出语句来实现，例如 echo 语句、print 语句等。但使用这种输出方式只能对数组中某一元素进行输出，而通过函数 print_r()可以对数组结构进行输出。在本章前面的内容中，已经多次用到了函数 print_r()，其具体语法格式如下。

```
bool print_r(mixed expression)
```

如果函数 print_r()的参数 expression 为普通的整型、字符型或实型变量，则输出该变量本身。如果该参数为数组，则按键值和元素的顺序输出该数组中的所有元素。例如在下面的实例代码中，演示了输出数组中的元素的具体过程。

实例 5-16　输出数组中的元素

源码路径　daima\5\5-16

实例文件 index.php 的主要实现代码如下所示。

```
<?php
//定义数组并赋值
 $array=array(1=>"PHP7",2=>"大话",3=>"开发教程");
 print_r($array);                //输出数组元素
?>
```

执行效果如图 5-15 所示。

```
Array ( [1] => PHP7 [2] => 大话 [3] => 开发教程 )
```

图 5-15　执行效果

5.3　其他数组函数

视频讲解：第 5 章\其他数组函数.mp4

除了本章前面介绍的函数外，在 PHP 程序中还有许多操作数组的函数。在本节的内容中，将简要介绍几个和数组操作相关的函数。

5.3.1　对所有的数组元素进行求和

在数组中一般存储了大量相同类型的数据，例如数值类型。当程序要求计算出数组元素的和时，可以通过函数 array_sum 实现这个功能。函数 array_sum()能够将数组中的所有值的和以整数或浮点数的结果返回，其语法格式如下所示。

```
number array_sum ( array array )
```

例如在下面的实例代码中，演示了计算数组元素的和的过程。

实例 5-17　计算数组元素的和

源码路径　daima\5\5-17

实例文件 index.php 的主要实现代码如下所示。

```
<?php
$a = array(2, 4, 6, 8);          //定义数组并赋值
echo "sum(a) = " . array_sum($a) . "\n";
//求和数组元素
$b = array("a" => 1.2, "b" => 2.3, "c" => 3.4);
//定义数组并赋值
```

```
echo "sum(b) = " . array_sum($b) . "\n";      //求和数组元素
?>
```

执行效果如图 5-16 所示。

```
sum(a) = 20 sum(b) = 6.9
```

图 5-16 计算数组中的元素和

5.3.2 将一个数组拆分成多个数组

在 PHP 程序中，通过函数 array_chunk()可以将一维数组拆成多个数组，其语法格式如下所示：

```
array_chunk ( array input, int size [, bool preserve_keys] )
```

函数 array_chunk()能够将一个数组分割成多个数组，其中每个数组的单元数目由 size 决定。经过函数 array_chunk()的处理后，最后一个数组的单元数目可能会少几个。得到的数组是一个多维数组中的单元，其索引从零开始，将可选参数 preserve_keys 设为 true，可以使 PHP 保留输入数组中原来的下标。如果指定了 false，那么每个结果数组将用从 0 开始的新数字索引。默认值是 false。

例如在下面的实例代码中，演示了将一个数组拆分成多个数组的过程。

实例 5-18 将一个数组拆分成多个数组

源码路径 daima\5\5-18

实例文件 index.php 的主要实现代码如下所示。

```
<?php
$input_array = array('a', 'b', 'c', 'd', 'e');
print_r(array_chunk($input_array, 2));
print_r(array_chunk($input_array, 2, true));
?>
```

执行效果如图 5-17 所示。

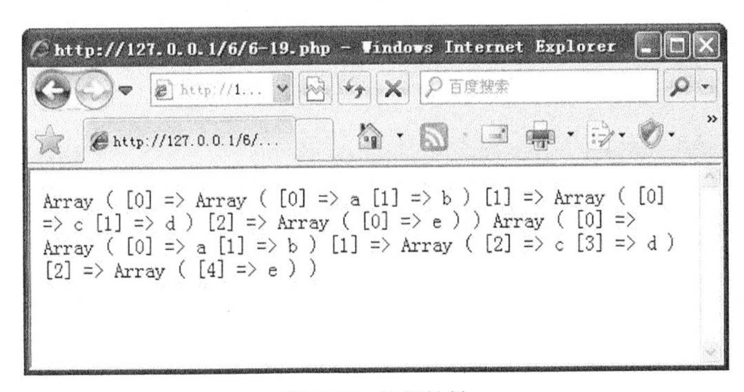

图 5-17 执行效果

5.3.3 对数组元素进行随机排序

在 PHP 程序中，提供了实现随机功能的函数 bool shuffle()，其语法格式如下所示。

```
bool shuffle (array input-array)
```

其中参数 input-array 表示要进行随机排序的数组。例如在下面的实例代码中，演示了对数组元素进行随机排序的过程。

实例 5-19 对数组元素进行随机排序

源码路径 daima\5\5-19

实例文件 index.php 的主要实现代码如下所示。

```
<?php
 $b=array("1","2","3","4","A","B","D","H","J","L","5");
 shuffle($b);
 for($i=0;$i<count($b);$i++){
    echo $b[$i]."  ";
 }
?>
```

执行效果如图 5-18 所示。

刷新页面打开后显示图 5-19 所示的效果。

L 4 3 H A D B 2 1 5 J

图 5-18　执行效果

2 3 D 5 L A 1 B H J 4

图 5-19　随机产生的数组元素

注意：随机产生的数组元素，很难让两次相同的结果放在一起，同样的代码，执行的结果也许不同，这就是这个函数的功能，整个过程是随机的，没有任何规律可循。

5.3.4　使用函数 list()遍历数组

在 PHP 程序中，函数 list()能够把数组中的值赋给一些变量。与函数 array()类似，list()不是真正的函数，而是一种语言结构。函数 list()仅能用于数字索引且索引值从 0 开始的数组，其语法格式如下所示。

```
void list(mixed ...)
```

其中参数 mixed 表示被赋值的变量名称。例如在下面的实例代码中，演示了使用函数 list()遍历数组的具体过程。

实例 5-20　使用函数 list()遍历数组

源码路径　daima\5\5-20

实例文件 index.php 的主要实现代码如下所示。

```
<form name="form1" method="post">
    <table width="323" border="1" cellpadding="1" cellspacing="1" bordercolor="#66CC33"
    bgcolor="#FFFFFF">
      <tr>
        <td width="118" height="24" align="right" bgcolor="#CCFF33">用户名：</td>
        <td width="192" height="24" bgcolor="#CCFF33"><input name="user" type="text"
        class="inputcss" id="user" size="24"></td>
      </tr>
      <tr>
        <td height="24" align="right" bgcolor="#CCFF33">密  码：</td>
        <td height="24" bgcolor="#CCFF33"><input name="pwd" type="password" class=
        "inputcss" id="pwd" size="24"></td>
      </tr>
      <tr align="center" bgcolor="#CCFF33">
        <td height="24" colspan="2"><input name="submit" type="submit"  value="登录"></td>
      </tr>
  </table>
</form>
<?php
//输出用户登录信息
while(list($name,$value)=each($_POST)){
 if($name!="submit"){
       echo "$name=$value<br>";
 }
}
?>
```

在上述代码中，首先建立了一个用户登录表单，用于实现用户登录信息的录入，然后使用函数 each()提取全局数组$_POST 中的内容，最后使用 while 语句循环输出用户所提交的注册信息。执行效果如图 5-20 所示。

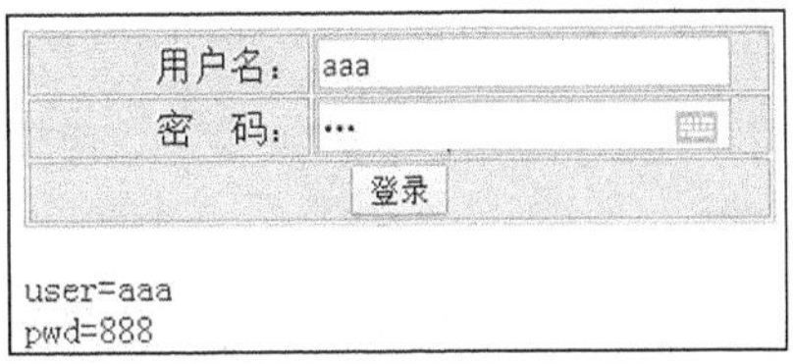

用户名:	aaa
密 码:	···
	登录

user=aaa
pwd=888

图 5-20 执行效果

5.3.5 将字符串转换成数组

在 PHP 程序中，可以使用函数 explode()将字符串转换成数组，此函数能够将字符串依指定的字符串或字符(separator)切开。具体语法格式如下。

```
array explode(string separator, string string [,int limit])
```

函数 explode()能够返回由字符串组成的数组，每个数组元素都是指定字符串 string 的一个子串，它们被字符串 separator 作为边界点分隔出来。如果设置了 limit 参数，则返回的数组包含最多 limit 个元素，而最后那个元素将包含 string 的剩余部分；如果 separator 为空字符串，函数 explode()将返回 false。如果 separator 所包含的值在 string 中找不到，那么函数 explode()将返回包含 string 单个元素的数组；如果参数 limit 是负数，则返回除了最后的 limit 个元素外的所有元素。

下面的实例代码演示了将字符串转换成数组的具体过程。

实例 5-21 将字符串转换成数组
源码路径 daima\5\5-21

实例文件 index.php 的主要实现代码如下所示。

```
<?php
$str = "时装、体闲、职业装";      //定义一个字符串
$strs = explode("、", $str);
//应用explode()函数将字符串转换成数组
print_r($strs);                  //输出数组元素
```

执行效果如图 5-21 所示。

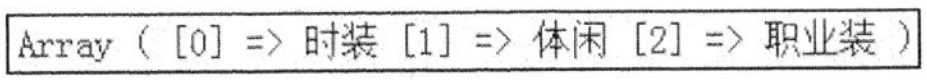

Array ([0] => 时装 [1] => 体闲 [2] => 职业装)

图 5-21 执行效果

5.3.6 获取数组中的最后一个元素

在 PHP 程序中，通过函数 array_pop()可以获取数组中的最后一个元素。此函数获取并返回数组的最后一个元素，并将数组的长度减 1，如果数组为空（或者不是数组）则返回 null。使用函数 array_pop()的语法格式如下所示。

```
mixed array_pop(array array)
```

其中参数 array 表示输入的数组。例如下面实例的功能是获取数组中的最后一个元素。

实例 5-22 获取数组中的最后一个元素
源码路径 daima\5\5-22

实例文件 index.php 的主要实现代码如下所示。

```
<?php
$arr = array ("学习asp.net", "学习java", "学习javaweb", "学习php", "学习vb"); //定义数组
$array = array_pop ($arr);                    //获取数组中最后一个元素
echo "被弹出的单元是: $array <br />";        //输出最后一个元素值
```

```
print_r($arr);                          //输出数组结构
?>                                      //输出数组元素
?>
```

执行效果如图 5-22 所示。

```
被弹出的单元是：学习vb
Array ( [0] => 学习asp.net [1] => 学习java [2] => 学习javaweb [3] => 学习php )
```

图 5-22　执行效果

5.4　技 术 解 惑

（1）读者疑问：在本章讲解了一维数组和二维数组，请问除此之外，还有其他类型的数组吗？

解答：答案是肯定的，除了这两种数组，还有三维数组和四维数组。在前面一章已经讲解了数据类型，其实数组实际上也是一种数据类型，它只是把相同的属性数组放在一起，在 PHP 开发中，一般都是使用一维数组、二维数组，很少使用多维数组。

（2）读者疑问：除了前面讲解了这些函数可以对数组进行操作，还有没有其他函数对数组进行操作，我该如何操作它呢？

解答：在前面一章中，我们已经为读者讲解了使用 PHP 函数手册，就是希望读者去使用这个函数手册，操作数组的函数自然很多，用户如果需要可以去查找手册，如果不会用 PHP 手册，可以翻阅上一章的最后一节学习。

5.5　课 后 练 习

（1）编写一个程序：首先定义一个数组，设置里面有 3 个元素，冬瓜、西瓜和南瓜。然后编写函数 array_walk()，遍历输出数组中的元素。

（2）编写一个程序：首先定义一个数组，然后向数组中添加新的元素。

（3）编写一个程序：首先定义一个二维数组，然后打印输出数组中的元素。

（4）编写一个程序：首先设计一个 HTML 用户登录表单，然后使用 list()函数和 each()函数获取表单中的登录信息。

（5）编写一个程序：使用函数 array_unique()删除数组中的重复元素。

第 6 章

操作字符串

在开发 PHP 动态 Web 程序的过程中，经常会大量地处理和生成字符串。在本书前面的内容中，已经讲解了字符串的基本知识。在本章将详细讲解操作字符串的知识，通过字符串操作实现更加复杂的功能，为读者步入本书后面知识的学习打下基础。

6.1　删除特殊字符

视频讲解：第 6 章\删除特殊字符.mp4

在 PHP 程序中，字符串是数据类型的一种，是指由零个或多个字符构成的一个集合，这里所说的字符主要包含以下几种类型。

(1) 数字类型：如 1、2、3 等。

(2) 字母类型：如 a、b、c、d 等。

(3) 特殊字符：如#、$、%、&等。

(4) 不可见字符：如\n（换行符）、\r（回车符）、\t（Tab 字符）等，这是一种比较特殊的一组字符，用来控制字符串格式化输出，在浏览器上不可见，只能看到字符串输出的效果。

在 PHP 程序中可以对字符串进行操作，例如可以删除一些不需要的字符串。用户在输入信息的过程，常常会无意地输入一些不必要的字符，例如空格，此时根据程序的需要，可以删除这些空格字符串。

6.1.1　删除多余的字符

在一些应用程序中，字符串不允许出现空格。在 PHP 程序中，可以使用 trim()函数和 ltrim()函数删除这些空格。其中使用函数 trim()的语法格式如下。

```
string trim ( string str [, string charlist] )
```

在默认情况下，函数 trim()能够删除如下所示的字符。

" " (ASCII 32 (0x20))：空格。

"\t" (ASCII 9 (0x09))：Tab 字符。

"\n" (ASCII 10 (0x0A))：换行符。

"\r" (ASCII 13 (0x0D))：回车符。

"\0" (ASCII 0 (0x00))：空字节。

"\x0B" (ASCII 11 (0x0B))：垂直制表符。

在 PHP 语言中，函数 ltrim()能够去除字符串左边的空格或者指定字符串。在默认情况下，此函数和 trim()函数的功能一样，其语法格式如下。

```
string ltrim ( string str [, string charlist] );
```

例如在下面的实例代码中，演示了删除点和空格字符串的过程。

实例 6-1　删除点和空格

源码路径　daima\6\6-1

实例文件 index.php 的主要实现代码如下所示。

```
<?php
$text = "  ...我喜欢你，你不知道吗 :) ...";
//定义变量并赋值
$trimmed = ltrim($text);          //删除特殊字符
echo $trimmed;
echo "<br>";
$trimmed = ltrim($text, ". ");  //删除.和空格
echo $trimmed;
?>
```

执行效果如图 6-1 所示。

图 6-1 执行效果

6.1.2 格式化字符串

在程序开发的过程中，经常需要按照指定的格式输出一些字符。在 PHP 程序中，可以使用函数 sprintf()向网页中输出一个格式化字符串，其语法格式如下。

```
string spintf(string format,mixed[args]…);
```

参数 format 用于指定输出字符串的格式，该参数由普通字符和格式转换符组成，其中的普通字符按原样输出，格式转换符以“%”号开头，格式化字符则由后面的参数替代输出。要想格式化掉一些字符，必须使用一些符号来实现，这些符号的具体说明如表 6-1 所示。

表 6-1 类型符号描述

符 号	说 明
%	表示不需要参数
b	参数被转换成二进制整型
c	参数被转变成整型，且以 ASCII 码字符显示
d	参数被转换为十进制整型
f	参数被转换为浮点型
o	参数被转换为八进制整型

例如在下面的实例代码中，演示了使用函数 sprintf()的过程。

实例 6-2 使用函数 sprintf()

源码路径 daima\6\6-2

实例文件 index.php 的主要实现代码如下所示。

```
<?php
$name= "重庆工商大学";          //定义变量并赋值
$xue= 4500.56;                  //定义变量并赋值
$za= 2388.45;                   //定义变量并赋值
$zong= $xue+$za;                //变量合并
echo sprintf("%s您应交的费用总额￥%0.01f元",$name,$zong);
?>
```

执行效果如图 6-2 所示。

重庆工商大学您应交的费用总额￥6889.0元

图 6-2 执行效果

6.2 使用单引号和双引号

视频讲解：第 6 章\使用单引号和双引号.mp4

在 PHP 程序中，字符串经常以“串”的整体作为操作对象，一般使用双引号或者单引号的方式来标识一个字符串。实际上这两种方式在使用上是有一定的区别的，下面通过一个具体实例进行说明。

实例 6-3　单引号和双引号

源码路径　daima\6\6-3

实例文件 index.php 的主要实现代码如下所示。

```
<?php
$strs = "深爱着PHP";         //应用双引号定义一个字符串
$stres = '深爱着PHP这门语言';//应用单引号定义一个字符串
echo $strs;                 //输出变量strs
echo "<br>";                //换行
echo $stres;                //输出单引号中的字符串
?>
```

执行效果如图 6-3 所示。

深爱着PHP
深爱着PHP这门语言

图 6-3　执行效果

在普通文字的字符串中，双引号和单引号是看不出区别的。但是如果通过变量进行处理，却有着很大的区别，下面通过一个具体实例来说明两者的区别。

实例 6-4　单引号和双引号的区别

源码路径　daima\6\6-4

实例文件 index.php 的主要实现代码如下所示。

```
<body>
<?php
$test = "他的国";                      //定义变量并赋值
$strs = "我期待《.$test.》的问世";      //定义变量并赋值
$stres = '我期待$test的问世';          //定义变量并赋值
echo $strs;                           //输出双引号中的字符串
echo "<br>";
echo $stres;                          //输出单引号中的字符串
?>
</body>
```

执行效果如图 6-4 所示。

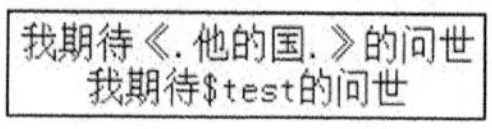

我期待《.他的国.》的问世
我期待$test的问世

图 6-4　执行效果

由此可见，双引号中的内容是经过 PHP 语法分析器解析的，在双引号中的任何变量都会被转换为它本身的值进行输出。而单引号的内容是“所见即所得”的，无论是否有变量，都被当作普通字符串原样输出。

6.3　字母大小写互相转换

视频讲解：第 6 章\字母大小写互相转换.mp4

在 PHP 字符串中通常有许多大小写字母，而在有些软件项目中有时需要实现字母的大小写转换。在 PHP 语言中提供了实现字母大小转换的功能，在下面的内容中将讲解相关的知识。

6.3.1　将字符串转换成小写

有时出于某种需求，在程序中需要将字符转换成小写形式。在 PHP 程序中，可以使用函数 strtolower()将传入的所有的字符串全部转换成小写，并以小写形式返回这个字符串。使用函数 strtolower()的语法格式如下。

```
string strtolower(string str)
```

例如在下面的实例代码中，演示了使用函数 strtolower()的具体过程。

实例 6-5 使用函数 strtolower()

源码路径 daima\6\6-5

实例文件 index.php 的主要实现代码如下所示。

```
<?php
$str = "I want To FLY";           //定义变量并赋值
echo $str;                        //输出变量值
echo "<br>";
$str = strtolower($str);          //转换成小写
echo $str;                        //输出变量值
?>
```

执行效果如图 6-5 所示。

```
I want To FLY
i want to fly
```

图 6-5 执行效果

6.3.2 将字符串转换成大写

有时出于某种需求，需要将所有字母转换成大写形式。在 PHP 程序中，可以通过函数 strtoupper()将传入的所有的字符串全部转换成大写，并以大写形式返回这个字符串。使用函数 strtoupper()的语法格式如下。

```
string strtoupper(string str)
```

例如在下面的实例代码中，演示了使用函数 strtoupper()的具体过程。

实例 6-6 使用函数 strtoupper()

源码路径 daima\6\6-6

实例文件 index.php 的主要实现代码如下所示。

```
<?php
$str = "I love you";         //定义变量并赋值
echo $str;                   //输出变量值
echo "<br>";                 //换行
$str = strtoupper($str);     //转换成大写
echo $str;                   //输出变量值
?>
```

执行效果如图 6-6 所示。

```
I love you
I LOVE YOU
```

图 6-6 执行效果

6.3.3 将字符转换成大写

在 PHP 程序中，可以使用函数 ucfirst()将字符串中的第一个字符转换成大写，并返回首字符大写的字符串。使用函数 ucfirst()的语法格式如下。

```
string ucfirst(string str)
```

例如在下面的实例代码中，演示了将字符转换成大写格式的过程。

实例 6-7 将字符转换成大写

源码路径 daima\6\6-7

实例文件 index.php 的主要实现代码如下所示。

```
<?php
$foo = 'hello world!';     //定义变量并赋值，原来首字符小写
$foo = ucfirst($foo);      //首字母转换成大写形式
```

```
echo $foo . "<br>";     //输出变量值
$bar = 'HELLO WORLD!'; //定义变量并赋值，首字符大写
$bar = ucfirst($bar);  //首字母转换成大写形式
echo $bar . "<br>";
//将所有字符变成小写后，再将首字符大写
$bar = ucfirst(strtolower($bar));//输出 Hello world!
echo $bar . "<br>";
?>
```

执行效果如图 6-7 所示。

```
Hello world!
HELLO WORLD!
Hello world!
```

图 6-7　将字符串首字母转换成大写

6.3.4　将每个单词的首字母转换成大写形式

在 PHP 程序中，可以使用函数 ucwords()将字符串中的每个单词的首字符转换成大写形式，并返回每个单词首字符大写的字符串。使用函数 ucwords()的语法格式如下。

```
string ucwords(string str)
```

例如在下面的实例代码中，演示了将字符串中每个单词的首字母转换成大写格式的过程。

实例 6-8　将字符每个单词的首字母转换成大写

源码路径　daima\6\6-8

实例文件 index.php 的主要实现代码如下所示。

```
<?php
$foo = 'hello world!';   //定义变量并赋值，小写形式
$foo = ucwords($foo);    //转换成大写
echo $foo . "<BR>";      //输出变量值
$bar = 'HELLO WORLD!';   //定义变量并赋值，大写形式
$bar = ucwords($bar);    //转换成大写
echo $bar . "<BR>";      //输出变量值
//全部转换成小写再将首字符转换成大写
$bar = ucwords(strtolower($bar)); // 输出 Hello World!
echo $bar . "<BR>";      //输出变量值
?>
```

执行效果如图 6-8 所示。

```
Hello World!
HELLO WORLD!
Hello World!
```

图 6-8　将每个字母的大小写进行转换

6.4　获取字符串的长度

视频讲解：第 6 章\获取字符串的长度.mp4

在开发 PHP 的程序过程中，很多时候需要知道字符串的长度。比如在一个会员注册页面，需要获取用户输入的相关注册信息，而这些相关的信息中可能有中文、英文以及数字。那么如何才能更准确地计算出这些文件内容的长度呢？在 PHP 程序中，可以通过函数 strlen()准确地计算出字符串的实际长度，此函数的语法格式如下。

```
int strlen(string str);
```

由此可见，函数 strlen()的主要功能是返回字符串 str 的长度。

例如在下面的实例代码中，演示了通过函数 strlen()获取字符串长度的过程。

实例 6-9 通过函数 strlen()获取字符串长度
源码路径 daima\6\6-9

实例文件 index.php 的主要实现代码如下所示。

```
<?php
$str = 'abcdef';                //定义变量并赋值
echo strlen($str);              //获取字符串长度, 6
echo "<br>";                    //换行
$str = ' ab cd ';               //定义变量并赋值
echo strlen($str);              //获取字符串长度, 7
?>
```

执行效果如图 6-9 所示。

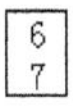

注意：在 PHP 程序中，汉字的计算和字母、数字不同，一个汉字相当于两个字符。读者朋友一定要注意，数字、字母默认情况是半角，如果不小心弄成全角，那么一个字母也相当于两个字符。例如“１”和“1”，前者是全角，是两个字符，后者是半角，是一个字符。

6
7

图 6-9 求字符串长度

6.5 查找和替换字符串

视频讲解：第 6 章\查找和替换字符串.mp4

相信读者在使用记事本和 Word 时经常用到查找功能，其中的字符串的查找和搜索功能提高了我们的办公效率。在 PHP 程序中，也提供了实现字符串的查找与替换功能的函数，在本节将一一讲解这些函数的具体用法。

6.5.1 查找字符串

在 PHP 程序中提供了许多方便的字符查找函数，具体说明如下所示。

1. 函数 strstr()

在 PHP 程序中，函数 strstr()的功能是在一个字符串中查找匹配的字符或者字符串，其语法格式如下所示。

```
string strstr ( string haystack, string needle )
```

stringhaystack：表示需要查找的字符串。

string needle：查找的关键字。

例如在下面的实例代码中，演示了通过函数 strstr()查找字符串的过程。

实例 6-10 通过函数 strstr()查找字符串
源码路径 daima\6\6-10

实例文件 index.php 的主要实现代码如下所示。

```
<?php
$email = 'user@example.com';      //定义变量并赋值
$domain = strstr($email, '@');    //查找字符串“@”
echo $domain;                     //显示查找结果
?>
```

执行效果如图 6-10 所示。

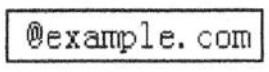

2. 函数 stristr()

虽然前面介绍的函数 strstr()具有查找功能，但是它对大小写十分敏感。在 PHP 程序中，函数 stristr()也能够实现查找功能，并且对大小写不敏感，其语法格式如下。

@example.com

图 6-10 查找字符串

```
string stristr ( string haystack, string needle )
```

string haystack：表示需要查找的字符串。

string needle：查找的关键字。

例如在下面的实例代码中，演示了使用函数 stristr()查找字符串的过程。

实例 6-11　使用函数 stristr()查找字符串

源码路径　daima\6\6-11

实例文件 index.php 的主要实现代码如下所示。

```
<?php
  $email = 'USER@EXAMPLE.com';  //定义变量并赋值
  echo stristr($email, 'e');    //输出查找结果
?>
```

执行效果如图 6-11 所示。

```
ER@EXAMPLE.com
```

图 6-11　不区分大小写查找字符串

3. 函数 strrchr()

函数 strrchr()的用法和前面的两个函数大致相同，只是这个函数它从最后一个被搜索到的字符串中开始返回，其语法格式如下。

```
string strrchr ( string haystack, string needle )
```

string haystack：表示需要查找的字符串。

string needle：查找的关键字。

6.5.2　定位字符串

在上一节介绍的字符串函数中，函数的执行结果都是返回字符串。接下来介绍的函数虽然也能够查找字符串，但是函数返回的是字符串所在的位置。

1. 函数 strpos()

在 PHP 程序中，函数 strpos()能够查找字符串第一次出现的位置，其语法格式如下。

```
int strpos ( string haystack, mixed needle [, int offset] )
```

上述格式的含义是能够返回 needle 在 haystack 中首次出现的数字位置。各个参数的具体说明如下所示。

haystack：在该字符串中进行查找。

needle：如果 needle 不是一个字符串，那么它将被转换为整型并被视为字符的顺序值。

offset：如果提供了此参数，搜索会从字符串该字符数的起始位置开始统计。和函数 strrpos()、strripos()不一样，这个偏移量不能是负数。

例如在下面的实例代码中，演示了使用函数 strpos()实现定位字符串功能的方法。

实例 6-12　使用函数 strpos()定位字符串

源码路径　daima\6\6-12

实例文件 index.php 的主要实现代码如下所示。

```
<?php
$mystring = 'abc';                  //定义变量并赋值
$findme   = 'a';                    //定义变量并赋值
$pos = strpos($mystring, $findme);  //查找第1次出现的地方
// 注意判断返回值，要用恒等表达式===
//因为如果查找到为第1个字符，其位置索引为0，和false是一样的
if ($pos === false) {               //如果没有找到
   echo "没有找到字符串 $findme";
} else {                            //如果找到了
```

```
    echo "找到子字符串$findme";
    echo " 其位置为 $pos<br>";
}
// 设定起始搜索位置
$newstring = 'abcdef abcdef';
$pos = strpos($newstring, 'a', 1); // $pos = 7
echo "设定初始查询位置：";
echo $pos;                              //显示初始查询位置
?>
```

执行效果如图 6-12 所示。

找到子字符串a 其位置为 0
设定初始查询位置：7

图 6-12 定位字符串

2. 返回最后一个被查询字符串的位置

在 PHP 程序中，可以通过 strrpos()函数返回最后一个被查询字符串的位置，具体语法格式如下：

```
int strrpos ( string haystack, string needle [, int offset]
```

例如在下面的实例代码中，演示了通过函数 strrpos()返回最后一个被查询字符串位置的过程。

实例 6-13 通过函数 strrpos()返回最后一个被查询字符串的位置

源码路径 daima\6\6-13

实例文件 index.php 的主要实现代码如下所示。

```
<?php
$mystring="adsfdgq4ertadbasdbbasdb";//定义变量并赋值
$pos = strrpos($mystring, "b");
//最后一个被查询字符串的位置
if ($pos === false)                  //如果没有找到字符 b
    echo "没有找到字符 b";
else                                 //如果找到了字符 b
  echo "b最后出现的位置为 $pos";
?>
```

执行效果如图 6-13 所示。

b最后出现的位置为 22

图 6-13 定位字符串

提示：在查询字符串的过程中，如果被查询的字符串不在原始字符串中，则函数 strpos()和函数 strrpos()都会返回 false，因为 PHP 中 false 等价于 0。也就是说，字符串的第一个字符，为了避免这个问题，采用“===”来测试返回值，判断返回是否为 false，即“if ($result===false)”。

3. 函数 strripos()

在 PHP 程序中，函数 strripos()能够返回最后一次将出现查询字符串的位置，该函数区分大小写，其语法格式如下。

```
int strripos ( string haystack, string needle [, int offset] )
```

例如在下面的实例代码中，演示了使用函数 strripos()的具体过程。

实例 6-14 使用函数 strripos()

源码路径 daima\6\6-14

实例文件 index.php 的主要实现代码如下所示。

```
<?php
$haystack = 'ababcd';              //定义变量并赋值
$needle   = 'aB';                  //定义变量并赋值
$pos      = strripos($haystack, $needle);
if ($pos === false) {              //如果没有找到
    echo "Sorry, we did not find ($needle) in
($haystack)";
} else {                           //如果找到了
    echo "Congratulations!\n";
    echo "We found the last ($needle) in
($haystack) at position
```

```
    ($pos)";
}
?>
```

执行效果如图 6-14 所示。

```
Congratulations! We found the last (aB) in (ababcd) at position (2)
```

图 6-14　执行效果

6.5.3　字符串替换

字符串替换功能很容易理解，在 Word 和记事本中也有该功能。替换是指将查找到的内容进行更改，修改为自己需要的内容。

1. 函数 str_replace()

在 PHP 程序中，函数 str_replace()能够用新的字符串替换原始字符串中被指定的字符串，其语法格式如下。

```
mixed str_replace ( mixed search, mixed replace, mixed subject [, int &count] )
```

上述格式中各个参数的具体说明如下所示。

search：表示要替换的目标字符串。

replace：表示替换后的新字符串。

subject：表示原始字符串。

&count：表示被替换的次数。

注意：在使用函数 str_replace()时，用户一定要注意下面的情况。

（1）如果 secarh 是数组，replace 是字符串，使用 str_replace 函数将会用 replace 替换 secrch 数组中的所有成员。

（2）如果 search 和 replace 都是数组，则会替换对应的成员。

例如在下面的实例代码中，演示了使用函数 str_replace()的具体过程。

实例 6-15　使用函数 str_replace()

源码路径　daima\6\6-15

实例文件 index.php 的主要实现代码如下所示。

```
<?php
$var = 'ABCDEFGH:/MNRPQR/';       //定义变量并赋值
echo "原始字符串 : $var<hr />\n";//显示变量值
/* 下面两句替换整个字符串 */
echo substr_replace($var, 'bob', 0) . "<br />";
echo substr_replace($var, 'bob', 0, strlen($var)) .
 "<br />";
/* 在句首插入字符串，即被替换的字符串为空 */
echo substr_replace($var, 'bob', 0, 0) . "<br />";
/* 下面两句用'bob'替换'MNRPQR'  */
echo substr_replace($var, 'bob', 10, -1) . "<br />";
echo substr_replace($var, 'bob', -7, -1) . "<br />";
/* 删除'MNRPQR' */
echo substr_replace($var, '', 10, -1) . "<br />";
?>
```

执行效果如图 6-15 所示。

```
原始字符串 : ABCDEFGH:/MNRPQR/
bob
bob
bobABCDEFGH:/MNRPQR/
ABCDEFGH:/bob/
ABCDEFGH:/bob/
ABCDEFGH://
```

图 6-15　字符串替换

2. 函数 substr_replace()

在 PHP 程序中，函数 substr_replace()的功能和前面介绍的函数 str_replace()十分相似，只是该函数增加了限制的条件，将用户原始字符串中的部分子字符进行查找和替换。使用函数 substr_replace()的语法格式如下所示。

```
mixed substr_replace ( mixed string, string replacement, int start [, int length] )
```

上述格式中各个参数的具体说明如下所示。

string：表示原始字符串。

replacement：表示替换后的新字符串。

start：表示要替换的目标字符串的起始位置。

length：表示被替换的字符串的长度。

注意：在上述参数中，其中 start 和 length 可以是负数，如果 start 为正数，表示从字符串的开始处计算。如果是一个负数，则从末尾开始的一个偏移量计算。length 如果为整数，则表示从 start 开始的被替换字符串的长度，如果为负数，则表示从原始字符串末尾开始，到 length 个字符串停止替换。

例如在下面的实例代码中，演示了使用函数 substr_replace()的过程。

实例 6-16 使用函数 substr_replace()

源码路径 daima\6\6-16

实例文件 index.php 的主要实现代码如下所示。

```
<?php
$var = 'ABCDEFGH:/MNRPQR/';        //定义变量并赋值
echo "原始字符串 : $var<hr />\n"; //输出变量值
/* 下面两句替换整个字符串 */
echo substr_replace($var, 'bob', 0) . "<br />";
echo substr_replace($var, 'bob', 0, strlen($var)) . "<br />";
/* 在句首插入字符串，即被替换的字符串为空 */
echo substr_replace($var, 'bob', 0, 0) . "<br />";
/* 下面两句用'bob'替换'MNRPQR'  */
echo substr_replace($var, 'bob', 10, -1) . "<br />";
echo substr_replace($var, 'bob', -7, -1) . "<br />";
/* 删除'MNRPQR' */
echo substr_replace($var, '', 10, -1) . "<br />";
?>
```

执行效果如图 6-16 所示。

```
原始字符串 : ABCDEFGH:/MNRPQR/
bob
bob
bobABCDEFGH:/MNRPQR/
ABCDEFGH:/bob/
ABCDEFGH:/bob/
ABCDEFGH://
```

图 6-16 substr_replace 函数

3. 函数 str_ireplace()

在 PHP 程序中，函数 str_ireplace()同函数 str_replace()的功能和用法大致相同，只是该函数对大小写不敏感，其语法格式如下所示。

```
mixed str_ireplace ( mixed search, mixed replace, mixed subject [, int &count] )
```

上述格式中各个参数的具体说明如下所示。

search：表示要替换的目标字符串。

replace：表示替换后的新字符串。

subject：表示原始字符串。

&count：表示被替换的次数。

例如在下面的实例代码中，演示了使用函数 str_ireplace()的具体过程。

实例 6-17　使用函数 str_ireplace()
源码路径　daima\6\6-17

实例文件 index.php 的主要实现代码如下所示。

```
<?php
//替换字符串处理
$bodytag = str_ireplace("%body%", "black", "<body text=%BODY%>");
echo htmlspecialchars($bodytag);     //输出替换后的结果
?>
```

执行效果如图 6-17 所示。

```
<body text=black>
```

图 6-17　执行效果

6.6　ASCII 编码与字符串

视频讲解：第 6 章\ASCII 编码与字符串.mp4

ASCII 编码是计算机中用来显示字符的编码，它的取值范围是 0～255，包括了标点、字母、数字、汉字等。在 PHP 编程过程中，经常需要把指定的字符转化为 ASCII 码进行比较。在本节下面的内容中，将详细讲解通过 PHP 函数获取 ASCII 编码的方法。

6.6.1　函数 chr()

在 PHP 程序中，函数 chr()用于将 ASCII 编码值转化为字符串，其语法格式如下所示。

```
string chr ( int ascii )
```

其中参数 ascii 是 ASCII 码，能够返回规定的字符。例如在下面的实例代码中，演示了使用函数 chr()的具体过程。

实例 6-18　使用函数 chr()
源码路径　daima\6\6-18

实例文件 index.php 的主要实现代码如下所示。

```
<?php
$str = "The string ends in escape: ";//定义变量并赋值
echo $str;                            //输出变量值
echo "<br>";
$str .= chr(27); /* 在 $str 后边增加换码符 */
echo $str  ;                          //输出变量值
echo "<br>";
//输出结果
$str = sprintf("The string ends in escape: %c", 27);
echo $str;                            //输出变量值
echo "<br>";
$str = "The string ends in escape: ";
$str .= chr(254);                     /* 在 $str 后边增加换码符 */
echo $str  ;                          //输出变量值
?>
```

执行效果如图 6-18 所示。

```
The string ends in escape:
The string ends in escape:
The string ends in escape:
The string ends in escape: �
```

图 6-18　将 ACSII 转换为字符串

6.6.2 函数 ord()

在 PHP 程序中，函数 ord()的功能是获取字符的 ACSII 编码，其语法格式如下。

```
int ord ( string string )
```

例如在下面的实例代码中，演示了使用函数 ord()的具体过程。

实例 6-19 使用函数 ord()

源码路径 daima\6\6-19

实例文件 index.php 的主要实现代码如下所示。

```
<?php
$str1=chr(88);              //定义变量并赋值
echo $str1;                 //返回值为X
echo "\t";
$str2=ord('S');             //定义变量并赋值
echo $str2;                 //返回值为83
?>
```

执行效果如图 6-19 所示。

X 83

图 6-19 获取 ACSII 编码

6.7 分解字符串

视频讲解：第 6 章\分解字符串.mp4

在 PHP 程序中，通过函数 split()可以实现分解字符串的功能，能够把一个字符串通过指定的字符分解为多个子串，并分别存入到数组中。使用函数 split()的语法格式如下。

```
split(string pattern,string str[,int limit]);
```

上述格式中各个参数的具体说明如下所示。

pattern：用于指定作为分解标识的符号，注意该参数区分大小写。

str：欲处理的字符串。

limit：返回分解子串个数的最大值，缺省时为全部返回。

提示：在 PHP 程序中，函数 preg_split()也能实现分解字符串功能，此函数使用了 Perl 兼容正则表达式语法，这通常是比 split() 函数方式更快的替代方案。如果不需要正则表达式的威力，则使用 explode() 函数更快，这样不会导致正则表达式引擎的浪费。

例如在下面的实例代码中，演示了使用函数 split()的具体过程。

实例 6-20 使用函数 split()

源码路径 daima\6\6-20

实例文件 index.php 的主要实现代码如下所示。

```
<?php
$date="2016-10-12 16:50:49";                                            //定义变量并赋值
list($year,$month,$day,$hour,$minute,$second)=split('[-: ]',$date);      //分解处理
echo"北京时间：{$year}年{$month}月{$day}日{$hour}时{$minute}分{$second}秒"; //显示分解结果
?>
```

执行效果如图 6-20 所示。

北京时间：2016年10月12日16时50分49秒

图 6-20 分解字符串

6.8　加入和去除转义字符“\”

视频讲解：第 6 章\加入和去除转义字符“\”.mp4

在 PHP 程序的字符串中，不可避免地会存在一些特殊字符，这些字符需要加入转义字符才能实现需要的功能。转义字符就是用反斜杠放在需要转义的一个字符前，表示那个字符要看作一个普通字符。在 ASCII 中有一些非打印字符，例如换行和回车等，这些字符必须直接写入 ASCII 值才可以输出。这些 ASCII 值之间没有任何规律，可读性不高，不方便记忆。所以通过转义字符来代替 ASCII 码值，可以解决 ASCII 的上述缺点。PHP 语言中的转义字符如表 6-2 所示。

表 6-2　PHP 语言中的转义字符

序　列	含　义
\n	换行
\r	回车
\t	水平制表符 Tab
\\	反斜线
\$	美元符号
\"	双引号
\[0-7]{1,3}	匹配一个用八进制符号表示的字符
\x[0-9A-Fa-f]{1,2}	匹配一个用十六进制符号表示的字符

在 PHP 程序中，为了让用户快速地使用 PHP 字符串，特意引入了一些去除和加入转义字符的函数，具体说明如下所示。

addcslashes()函数：该函数用于加入字符串中的“\”，其函数的声明格式为 string addcslashes (string str,string charlist)。

stripcslashes()函数：该函数用于去掉字符串中的“\”。该函数的声明为 string stripcslashes(string str)。

例如在下面的实例代码中，演示了使用转义函数的具体过程。

实例 6-21　使用转义函数

源码路径　daima\6\6-21

实例文件 index.php 的主要实现代码如下所示。

```
<?php
$str="谁能告诉我^告诉我";          //定义变量并赋值
$str1=addcslashes($str,"^");     //加入转义字符
echo $str1."<br>";               //输出变量值
$str2=stripcslashes($str1);      //去掉转义字符
echo $str2;                      //输出变量值
?>
```

执行效果如图 6-21 所示。

```
谁能告诉我\^告诉我
谁能告诉我^告诉我
```

图 6-21　转义字符

6.9　技 术 解 惑

（1）读者疑问：在本章中讲解了许多字符串的操作，有没有一种方法可以对 HTML 元素进

行操作和转换？

解答：有，只是很少使用。读者可以尝试使用 htmlspecialchars()函数和 htmlentities()函数，这些函数都可以对 HTML 元素进行操作，至于具体用法读者可以去查询 PHP 函数使用手册。

（2）读者疑问：我在学习的过程中，发现字符串常常有一些匹配的内容，如网站地址，如邮箱地址，这些内容都是固定的格式，对于字符串有没有特殊的操作？

解答：这些字符串是一种特殊的字符串，对于 PHP 也是十分的重要，它实际上是正则表达式。正则表达式的内容将会在本书后面章节进行讲解，这里不再赘述。

6.10 课后练习

（1）编写一个程序：过滤字符串中的“\t\t”。

（2）编写一个程序：输出显示汉字字符串的长度。

（3）编写一个程序：使用函数 substr()查找指定的字符串。

（4）编写一个程序：在指定字符串中查找指定字符，如果找不到则输出“not found in string”。

（5）编写一个程序：使用函数 split()处理指定的字符串。

第 7 章

使用 PHP 操作 Web 网页

PHP 程序与 Web 页面交互是学习 PHP 语言开发的基础。使用 PHP 语言开发动态 Web 网页的过程，实际上就是使用 PHP 程序获取 HTML 表单数据的过程。在本章的内容中，将向大家详细讲解使用 PHP 操作 Web 网页的基础知识，为读者步入本书后面知识的学习打下基础。

7.1 初步认识表单

视频讲解：第 7 章\初步认识表单.mp4

在网页程序中，表单不仅仅是为了显示一些信息，而是具有深层的意义，那就是为实现动态网页做好准备。在设计网页时为了满足动态数据的交互需求，需要使用表单来处理这些数据。通过页面表单，可以将数据进行传递处理，实现页面间的数据交互。例如，通过会员注册表单可以将会员信息在站点内保存，通过登录表单可以对用户数据进行验证。从总体上说，现实中常用的创建表单字段标记有如下 3 类。

Textarea：功能是定义一个终端用户可以键入多行文本的字段。

Select：功能是允许终端用户在一个滚动框或弹出菜单中的一些选项中做出选择。

Input：功能是提供所有其他类型的输入。例如，单行文本、单选按钮、提交按钮等。

7.1.1 使用 form 标记

在 HTML 网页中，form 标记出现在任何一个表单窗体的开始，其功能是设置表单的基础数据。使用 form 标记的语法格式如下所示。

```
<form action="" method="post" enctype="application/x-www-form-urlencoded" name="form1"
target="_parent">
```

在上述语法格式中，“name”表示表单的名字，“method”是数据的传送方式，“action”是处理表单数据的页面文件，“enctype”是传输数据的 MIME 类型，“target”是处理文件的打开方式。

另外，在 PHP 中有如下两种传输数据的 MIME 类型。

application/x-www-form-urlencode：默认方式，通常和 post 一起使用。

multipart/form-data：上传文件或图片时的专用类型。

在表单中有如下两种传送数据的方式。

post：从发送表单内直接传输数据。

get：将发送表单数据附加到 URL 的尾部。

7.1.2 使用文本域

文本域的功能是收集页面的信息，它包含了获取信息所需的所有选项。例如，在会员登录中我们需要输入用户名文本字段和登录口令字段。文本域的功能是通过标记<input>实现的，具体语法格式如下所示。

```
<label>我们的数据
<input type="类型" name="文本域" id="标识" >
</label>
```

其中，“name”是文本域的名字，“type”是文本域内的数据类型，“id”是文本域的标识。

7.1.3 使用文本区域

文本区域的功能是收集页面的多行文本信息，它也包含了获取信息所需的所有选项。例如，留言内容和商品评论等。在文本区域内可以键入多行文本信息。文本区域功能是通过标记<textarea>实现的，使用此标记的语法格式如下所示。

```
<label>我们的数据
<textarea name="文本域" id="值" cols="宽度" rows="行数"></textarea>
</label>
```

其中，“name”是文本区域的名字，“cols”是文本区域内每行显示的字符数，“rows”是文本区域内每行显示的字符行数，“id”是文本区域的标识。

7.1.4　使用按钮

按钮是表单交互中的重要元素之一，当用户在表单内输入数据后，可以通过单击按钮来激活处理程序，实现对数据的处理。在网页中加入按钮的方法有多种，其中最为通用的语法格式如下所示。

```
<label>我们的数据
<input type="类型" name="名称" id="标识" value="值">
</label>
```

其中“name”表示文按钮的名字，“type”表示按钮的类型，“value”表示在按钮上显示的文本，“id”是按钮的标识。

按钮有如下 3 种常用的 type 类型。

button：按钮的通用表示方法，表示是一个按钮。

submit：设置为提交按钮，单击后数据将被处理。

reset：设置为重设按钮，单击后将表单数据清除。

注意：灵活控制按钮的事件处理。

按钮的主要作用是激活事件，激发某个处理程序来实现一个特定的功能。但是有时为了特殊的需要，要为按钮实现超级链接的功能，即单击按钮后实现超级链接的功能，来到指定的目标链接页面上。通常可以使用下面的代码实现按钮的超级链接功能。

（1）如果让本页转向新的页面则用下面的代码实现。

```
<input type=button onclick="window.location.href('连接地址')">
```

（2）如果需要打开一个新的页面进行转向，则用下面的代码实现。

```
<input type=button onclick="window.open('连接地址')">
```

另外，在 HTML 中<input >的 id 属性作用是给每个单元（元素、标签）一个独一无二的标识或标记，让流览器在分析处理网页时找到 id 所在的地方。常用于如下 4 种情况。

（1）元素的风格（style sheet）选择。

（2）实现<A..>的链接，可以跳到这个 id 所在的地方。

（3）脚本语言用它作为表记，找到 id 所在的单元。

（4）用作声明 OBJECT 的单元的标识。

如果想区别不同的<input>，可以给它们加 id，例如下面的代码。

```
<INPUT id="s1" type="radio" name="sex" value="Male"> Male<BR>
<INPUT id="s2"type="radio" name="sex" value="Female"> Female<BR>
```

另外，id 是 DOM 对象用来识别节点的，根据 id 可以获得当前对象，可以用下面的代码获得。

```
document.getElementById("IdName")
```

7.1.5　使用单选按钮和复选框

单选按钮和复选框是表单交互过程中的重要元素之一。在页面中通过提供单选按钮和复选框，使用户可以选择页面中某些数据，帮助用户快速地传送数据。例如在注册会员时，在性别一栏中会让我们选择性别是男还是女。单选按钮是指只能在选择时只有一项相关设置，具体语法格式如下所示。

```
<label>我们的数据
<input type="radio" name="名字" id="标识" value="值">
</label>
```

在上述语法格式中，“name”是文按钮的名字，“type="radio"”标示按钮的类型是单选按钮，“value”是在按钮上传送的数据值，“id”是按钮的标识。如何使用复选框按钮呢？

复选框是指能够同时提供多项相关设置，用户可以随意选择，具体语法格式如下所示。

```
<label>我们的数据
<input type="checkbox" name="名字" id="标识" value="值" >
</label>
```

在上述语法格式中，“name”是文按钮的名字，“type=" checkbox "”标示按钮的类型是复选框，“value”是在复选框上传送的数据值，“id”是按钮的标识。

7.1.6 使用列表菜单

列表和菜单是页面表单交互过程中的重要元素之一。列表和菜单能够在页面中提供下拉样式的表单效果，并且在下拉框内可以提供多个选项，帮助用户快速地实现数据传送处理。使用列表菜单标记的语法格式如下所示。

```
<label>我们的数据
<select name="11" id="11">
  <option value="值">选择选项1</option>
  <option value="值">选择选项2</option>
  …
</select>
</label>
```

其中“name”是列表菜单的名字，“选择选项”表示列表菜单中某选项的名称，“value”是在菜单上传送的数据值，“id”是菜单的标识。

7.1.7 使用文件域

前面介绍的表单只能处理文本数据，其实还可以使用表单传输文件数据，例如传输一个文件夹或一个压缩包。使用表单文件域传输文件数据的语法格式如下所示。

```
<label>我们的数据
<input name="名" type="file" id="标识" size="宽度" maxlength="最多字符数">
</label>
```

其中“name”是文件域的名字，“type="file"”表示表单数据类型是文件，“size”是表单上的字符宽度值，“id”是文件域的标识，“maxlength”设置最多的字符数。

7.1.8 使用图像域

为了使页面更加美观大方，可以在表单中插入图像。使用图像域标记的语法格式如下所示。

```
<label>我们的数据
<input name="名字" type="image" id="标识" src="文本" alt="显示" align="middle" height="值" width="值">
</label>
```

其中“name”是文件域的名字，“type=" image"”表示表单数据类型是图像，“align”是图像对齐方式，“id”是文件域的标识，“src”设置当图片不能显示时的显示数据，“height”和“width”设置图像的大小。

7.1.9 使用隐藏域

有时为了满足特定的功能需求，需要将特定的传送表单隐藏起来进行数据传输。例如最常见的登录密码，我们在登录表单中输入一串密码时，显示的时候却是一串星号。隐藏域的目的是将在页面中的指定表单设置为不可见状态，以实现特殊的数据传输处理。使用隐藏域标记的语法格式如下所示。

```
<label>我们的数据
<input name="名" type="hidden" id="标识" value="值">
</label>
```

其中“name”是隐藏域的名字，“type="hidden"”表示表单数据类型是隐藏状态，“id”是隐藏域的标识，“value”是隐藏域表单传送的数据。

7.1.10　使用单选组按钮

单选组按钮实质上是 7.1.5 节中介绍的单选按钮的集合。在网页程序中，可以通过选组按钮在页面中同时创建多个选项的单选按钮。因为单选组按钮是多个单选按钮的集合，所以使用单选组按钮的语法格式如下所示。

```
<label>我们的数据
<input type="radio" name="名" value="值" id="标识">
…
<input type="radio" name="名" value="值" id="标识">
</label>
```

其中“name”是按钮的名字，“type="radio"”表示表单数据类型是单选按钮，“id”是按钮选项的标识，“value”是按钮选项传送的数据。

7.1.11　体验第一个 PHP 表单程序

例如在下面的实例代码中，演示了创建第一个 PHP 表单程序的具体过程。

实例 7-1　体验第一个 PHP 表单程序

源码路径　daima\7\7-1

实例文件 index.php 是用 HTML 编写的表单页面，主要实现代码如下所示。

```
<body>
输入您的个人资料：<br>
<form method=post action="showdetail.php">
账号：<INPUT maxLength=25 size=16 name=login><br>
姓名：<INPUT size=19 name=yourname ><br>
密码：<INPUT type=password size=19 name=passwd ><br>
确认密码：<INPUT type=password size=19 name=passwd ><br>
查询密码问题：<br>
<select name=question>
    <option selected value="">--请您选择--</option>
    <option value="我的宠物名字？">我的宠物名字？</option>
    <option value="我最好的朋友是谁？">我最好的朋友是谁？</option>
    <option value="我最喜爱的颜色？">我最喜爱的颜色？</option>
    <option value="我最喜爱的电影？">我最喜爱的电影？</option>
    <option value="我最喜爱的影星？">我最喜爱的影星？</option>
    <option value="我最喜爱的歌曲？">我最喜爱的歌曲？</option>
    <option value="我最喜爱的食物？">我最喜爱的食物？</option>
    <option value="我最大的爱好？">我最大的爱好？</option>
</select>
<br>
查询密码答案：<input name=question2 size=18><br>
出生日期：
        <select name="byear" id="BirthYear" tabindex=8>
            <script language="JavaScript">
                var tmp_now = new Date();
                for(i=1930;i<=tmp_now.getFullYear();i++){
                    document.write("<option value='"+i+"' "+(i==tmp_now.getFullYear()-
                    24?"selected":"")+">"+i+"</option>")
                }
                </script>
        </select>
          年
          <select name="bmonth">
        <option value="01" selected>1</option>
        <option value="02">2</option>
        ……
        <option value="11">11</option>
        <option value="12">12</option>
          </select>
```

```
        月
    <select name=bday tabindex=10  alt="日:无内容">
        <option value="01" selected>1</option>
        <option value="02">2</option>
        <option value="03">3</option>
        ……
        <option value="29">29</option>
        <option value="30">30</option>
        <option value="31">31</option>
    </select>
<br>
性别：<input type="radio" name="gender" value="1" checked>
      男
      <input type="radio" name="gender" value="2" >
      女
<br>
请选择你的爱好：
<br>
<input type="checkbox" name="hobby[]" value="dance" >跳舞<br>
<input type="checkbox" name="hobby[]" value="tour" >旅游<br>
<input type="checkbox" name="hobby[]" value="sing" >唱歌<br>
<input type="checkbox" name="hobby[]" value="dance" >打球<br>
<input type="submit"  value="提交">
<input type="reset"  value="重填">
<br>
</body>
<html>
```

上述代码的执行效果如图 7-1 所示。

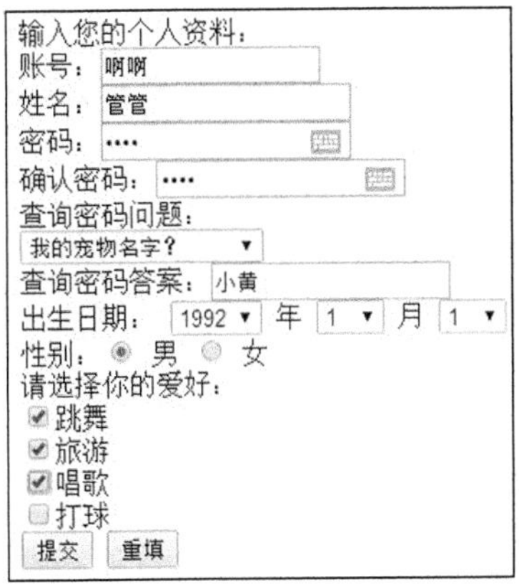

图 7-1　表单页面

当用户在上述表单页面中填写个人资料，单击“提交”按钮后会调用文件 showdetail.php 进行处理，将获取用户刚输入的表单信息，并显示在页面中。文件 showdetail.php 的主要实现代码如下所示。

```
<?php
 echo("你的账号是：" . $_POST['login']);                    //输出账号
 echo("<br>");
 echo("你的姓名是：" .$_POST['yourname'] );                 //输出姓名
 echo( "<br>");
 echo("你的密码是：" . $_POST['passwd']  );                 //输出密码
 echo("<br>");
 echo("你的查询密码问题是：" . $_POST['question']  );       //查询密码问题
 echo("<br>");
 echo("你的查询密码答案是：" . $_POST['question2']   );     //查询密码答案
 echo("<br>");
```

```
    echo("你的出生日期是：" . $_POST['byear'] ."年". $_POST['bmonth'] . "月" . $_POST
['bday'] . "日"   );                                          //出生日期
    echo("<br>");
    echo("你的性别是：" . $_POST['gender']);                  //性别
    echo("<br>");
    echo("你的爱好是：<br>"  );                                //爱好
    foreach ($_POST['hobby'] as $hobby)
        echo($hobby . "<br>");
?>
```

填写完表单信息并单击“提交”按钮后的效果如图 7-2 所示。

```
你的账号是：啊啊
你的姓名是：管管
你的密码是：888
你的查询密码问题是：我的宠物名字？
你的查询密码答案是：小黄
你的出生日期是：1992年01月01日
你的性别是：1
你的爱好是：
dance
tour
sing
```

图 7-2　获取并显示表单中的数据

上面的功能展示了一个表单数据获取，实际上编写网页程序，就是处理页面信息，用户获取表单数据是其中的一个，在实际的过程中，还需要将数据赋值给变量，然后提交给数据库，将变量赋值给数据库将在后面进行讲解。

7.2　表单数据的提交方式

视频讲解：第 7 章\表单数据的提交方式.mp4

在动态 Web 页面中，表单通常用两种方式来提交数据，分别是 GET 方法和 POST 方法，其中最常用的是 POST 方法，接下来将详细讲解这两种方式的具体用法。

7.2.1　GET 方法

在 PHP 程序中，GET 方法是<form>表单中 method 属性的默认方法。使用 GET 方法提交的表单数据被附加到 URL，并作为 URL 的一部分发送到服务器端。在 PHP 程序的开发过程中，由于 GET 方法提交的表单数据是附加到 URL 上发送的，因此在 URL 的地址栏中将会显示“URL+用户传递的参数”。在 PHP 程序中，使用 GET 方法传递参数的格式如下。

```
http://url?name=value1&name2=value2…
    URL           参数1       参数2，也称查询字符串
```

参数“url”为表单响应地址（如 127.0.0.l/index.php），“name”为表单元素的名称，“value1”为表单元素的值。“url”和表单元素之间用“？”隔开，而多个表单元素之间用“&”隔开，每个表单元素的格式都是“name=value”，这是固定不变的。

在 PHP 程序中，GET 方法本质上是将数据通过链接地址的形式传递到下一个页面，实现 GET 方法提交有两种途径，一种是通过表单的方式，另一种是通过直接书写超级链接的形式，具体语法格式如下所示。

```
<form method=post action="index.php">
```

method：提交方式。

action：处理页面。

例如在下面的实例代码中，演示了使用 GET 方法传递数据的过程。

实例 7-2 使用 GET 方法传递数据

源码路径 daima\7\7-2

实例文件 index.php 是用 HTML 编写的表单页面，主要实现代码如下所示。

```
<body>
请输入账号和密码：<br>
<form method=get action="get.php">
账号：<INPUT maxLength=25 size=16 name=login ><br>
密码：<INPUT type=password size=19 name=passwd ><br>
<input type="submit" name="submit" value="提交">
<input type="reset" name="reset" value="重填">
<br>
</body>
```

单击“提交”按钮后将会调用文件 get.php 进行处理，处理页面的实现代码如下。

```
<body>
要相信我啊，我是通过GET方法提交过来的！
</body>
```

执行效果如图 7-3 所示。

单击提交按钮后将会打开处理页面，如图 7-4 所示。

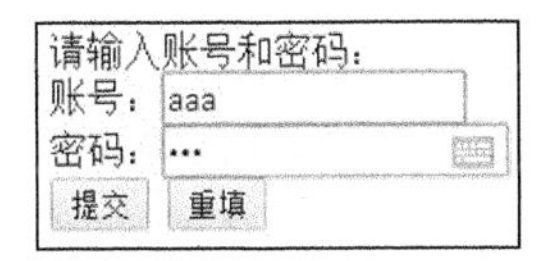

图 7-3 处理页面

要相信我啊，我是通过GET方法提交过来的！

图 7-4 GET 方法

上述实例并没有讲解如何获取表单元素的方法，这里只是提交并没有获取它的值，通过这种方法提交后，浏览器的地址栏将会发生变化，地址将变为：

```
http://localhost:8080/book/7/7-2/get.php?login=aaa&passwd=888&submit=%E6%8F%90%E4%BA%A4
```

这说明刚才在表单中输入的账号是“aaa”，密码是“888”。读者在使用此方法传递参数时，一定要注意地址栏的变化。

7.2.2 POST 方法

当在 PHP 程序中使用 POST 方法时，只需将<form>表单中的属性 method 设置成 POST 即可。POST 方法不依赖于 URL，不会显示在地址栏。POST 方法可以没有限制地传递数据到服务器，所有提交的信息在后台传输，用户在浏览器端是看不到这一过程的，安全性高。所以 POST 方法比较适合用于发送一个保密的（如信用卡号）或者容量较大的数据到服务器。例如在下面的实例代码中，演示了使用 POST 方法的过程。

实例 7-3 使用 POST 方法

源码路径 daima\7\7-3

实例文件 index.php 是用 HTML 编写的表单页面，主要实现代码如下所示。

```
<body>
请输入账号和密码：<br>
<form method=post action="post.php">
账号：<INPUT maxLength=25 size=16 name=login ><br>
密码：<INPUT type=password size=19 name=passwd ><br>
<input type="submit" name="submit" value="提交">
<input type="reset" name="reset" value="重填">
<br>
</body>
```

单击“提交”按钮后将会调用文件 post.php 进行处理，处理页面的实现代码如下。

```
<body>
POST方法是提交表单大量数据的利器，一定要相信我哟！
</body>
```

执行效果如图 7-5 所示。

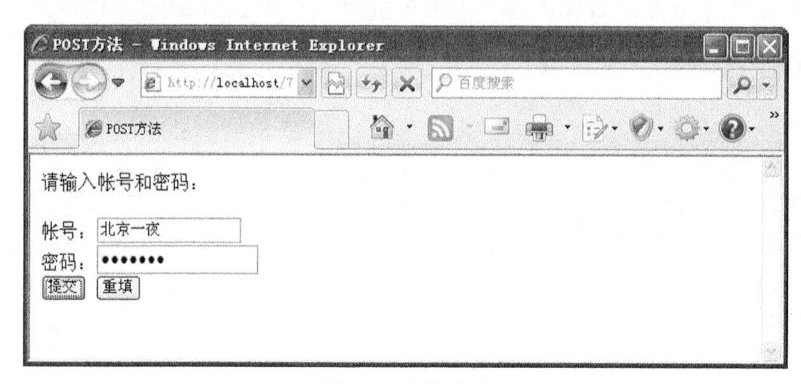

图 7-5　表单页面

单击“提交”按钮后将会打开如图 7-6 所示的页面，此时的页面网址是 http://localhost:8080/book/7/7-3/post.php，这和 GET 方式有很大的区别。

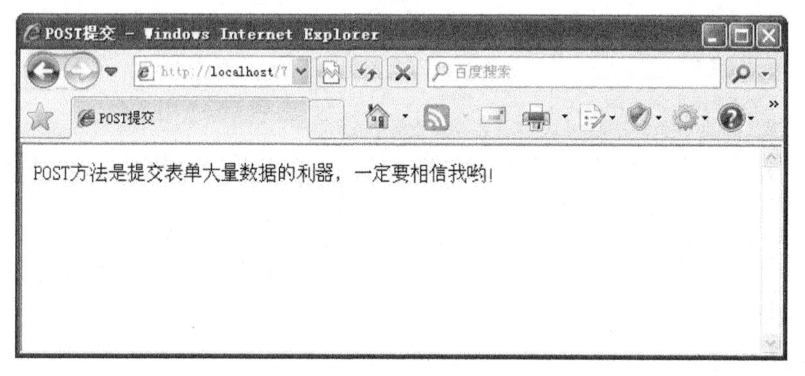

图 7-6　提交后的页面

由此可见，POST 方法提交的都是数据块，其本质是将所有的数据作为一个单独的数据块提交到服务器，并且每个字段间会有特定的分隔符。

注意：GET 方法和 POST 方法的区别。

在 PHP 程序中，GET 方法可以通过连接提交数据，而 POST 方法则不可以，它只能通过表单提交数据。

7.2.3　传递参数

在 PHP 语言中有 3 种传递参数的常用方法，分别是$POST[]、$_GET[]、$_SESSION[]，分别用于获取表单、URL 与 Session 变量的值。

（1）$POST[]全局变量方式

在 PHP 程序中，使用$POST[]预定义变量可以获取表单元素的值，语法格式为：

```
$_POST[name]
```

例如建立一个表单，设置 method 属性为 POST，添加一个文本框命名为 user，获取表单元素的代码如下。

```
<?php
$user=$_POST["user"];// 应用$POST[]全局变量获取表单元素中文本框的值
```

```
?>
```

（2）$_GET[]全局变量方式

在 PHP 程序中，使用$_GET[]全局变量可以获取通过 GET()方法传过来的表单元素的值，语法格式为：

```
$_GET[name]
```

这样可以直接使用名字为 name 的表单元素的值。例如建立一个表单，设置 method 属性为 GET，添加一个文本框，命名为 user，获取表单元素的代码如下。

```
<?php
$user=$_GET["user"];//应用$_GET[]全局变量获取表单元素中文本框的值
?>
```

PHP 可以应用$_Post[]或$_GET[]全局变量来获取表单元素的值。但是值得注意的是，获取的表单元素名称区别字母大小写。如果读者在编写 Web 程序时疏忽了字母大小写，那么在程序运行时将获取不到表单元素的值或弹出错误提示信息。

（3）$_SESSION[]变量方式

在 PHP 程序中，使用$_SESSION[]变量可以获取表单元素的值，语法格式为：

```
$_SESSON[name]
```

例如建立一个表单，添加一个文本框，命名为 user，获取表单元素的代码如下。

```
$user=$__SESSION["user"]
```

当使用$_SESSION[]传递参数的方法获取变量值时，保存之后在任何页面都可以使用。但这种方法很耗费系统资源，建议读者慎重使用。

7.3 获取表单中的数据元素

视频讲解：第 7 章\获取表单中的数据元素.mp4

在 PHP 程序中，将表单提交后一定要及时获取表单的数据，否则表单将没有任何意义。在本节的内容中，将详细讲解获取表单中的数据元素的知识。

7.3.1 获取按钮的数据

在表单程序中通常有两种功能的按钮，一种是重置按钮，另一种是提交按钮。实际上在前面一节的内容中，用户已经接触到按钮的相关知识。例如下面实例的功能是获取按钮的数据。

实例 7-4　获取按钮的数据

源码路径　daima\7\7-4

实例文件 index.php 的主要实现代码如下所示。

```
<script>
 function chg(){
     document.form1.content.value="我要改变信息";
     return false;
 }
</script>
</head>
<body>
<center>
<form name="form1" method="get" action="index.php">
 <input type="text" name="content" value="请输入信息" />
 <input type="button" name="change" value="提交" onclick="return chg();"/>
 <input type="reset" name="rest" value="重置" />
</form>
</center>
```

执行效果如图 7-7 所示。

在文本框中输入信息，单击“提交”按钮将会提交输入的信息，打开图 7-8 所示的页面。

图 7-7　运行的结果　　　　图 7-8　提交后的信息

单击重置按钮，将会产生和图 7-7 一样的效果，因为重置的意义就是使表单回到初始化状态。

7.3.2　获取文本框的数据

在 PHP 程序中，文本框是表单中最为常见的元素，只需在提交处理页面输入下面的代码即可获取文本框的数据。

```
<?php
if($Submit=="提交"){
$username=$_POST[username];
}
```

其中参数“$username”表示文本的变量名。然后用户再输入下面的代码，就可以将变量名显示出来。

```
<?php
echo "管理员:$username"
?>
```

提示：这种提交的方法必须是 POST。

例如在下面的实例代码中，演示了获取文本框中数据的过程。

实例 7-5　获取文本框中的数据

源码路径　daima\7\7-5

实例文件 index.php 的主要实现代码如下所示。

```
<body>
<form name="form1" method="post" action="">
<table width="509" border="0">
  <tr>
    <td>用户名：</td>
    <td><input type="text" name="user" size="20" ></td>
    <td> 密  码：</td>
    <td><input name="pwd" type="password" id="pwd" size="20" ></td>
    <td><input name="submit" type="submit" id="submit" value="登录" /></td>
  </tr>
</table>
</form>
<?php
if($_POST["submit"]=="登录"){
 echo "您输入的用户名为：".$_POST[user]."  密码为：".$_POST[pwd];
}
?>
</body>
```

执行效果如图 7-9 所示。

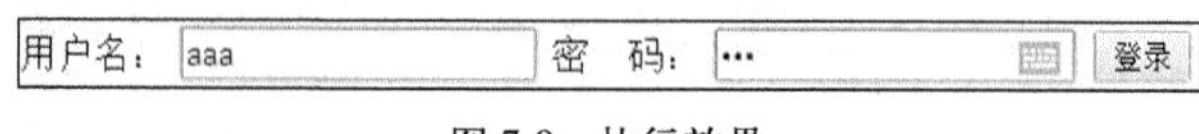

图 7-9　执行效果

输入用户名和密码，单击“登录”按钮后会在下方显示输入的登录信息，如图 7-10 所示。

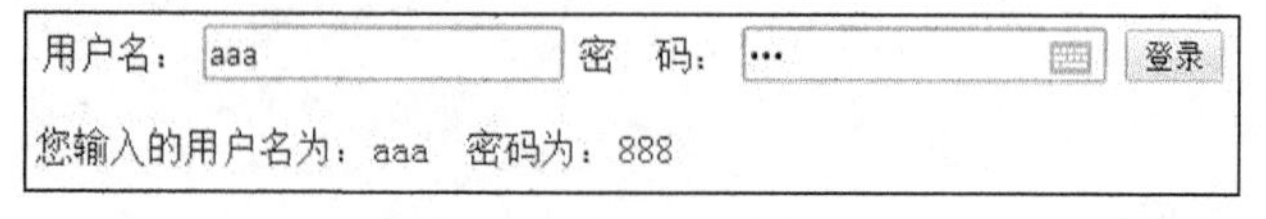

图 7-10　显示登录信息

7.3.3 获取单选按钮的数据

单选按钮一般是由多个按钮组成，具有相同的 name 值，和不同的 value 值。单选按钮表示从多个选项中选择一个。在一般情况下，同一组单选按钮的名称是一样的，假如有多个单选按钮，在实际提交数据的时候，PHP 只会分配一个变量给该组单选按钮。例如在下面的代码中，创建了一组两个单选按钮，按钮的名称是“RadioGroup1”。

```
<input type="radio" name="RadioGroup1" value="1" id="RadioGroup1_0" />
<input type="radio" name="RadioGroup1" value="2" id="RadioGroup1_1" />
```

在上述代码中，按钮的 Value 值有两个，分别为“1”和“2”。当提交表单后，假如用户选择了“1”，则该变量的值就是 1，如果为“2”，则该变量值为 2，依此类推。要在 PHP 程序中获取单选按钮的值，可以采用下面两种方法实现。

（1）用 GET 方法提交的表单数据：通过“$_GET[“RadioGroup1”]”获取单选按钮的值。

（2）用 POST 方法提交的表单数据：通过“$_POST[“RadioGroup1”]”获取单选按钮的值。

例如在下面的实例代码中，演示了获取单选按钮数据的过程。

实例 7-6　获取单选按钮的数据

源码路径　daima\7\7-6

实例文件 index.php 的主要实现代码如下所示。

```
<body>
<form action="" method="post" name="form1">
性别：
<input name="sex" type="radio" value="男" checked>男
      <input type="radio" name="sex" value="女">女
<input type="submit" name="Submit" value="提交">
</form>
<?php
echo "您选择的性别为：".$_POST["sex"];
?>
</body>
```

执行效果如图 7-11 所示。选择一个性别，单击“提交”按钮后会在下方显示选择的值。如图 7-12 所示。

性别：◉男 ○女 提交
您选择的性别为：

图 7-11　执行效果

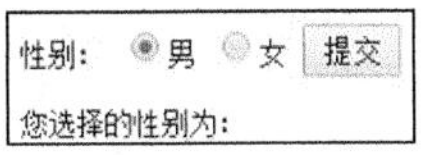

性别：◉男 ○女 提交
您选择的性别为：

图 7-12　显示选择的值

7.3.4 获取复选框的数据

复选框允许浏览多个选项，用户可以根据自己的需要选择选项。同一组复选框的名称是不一样的，但是也可以都设置一样的值。例如在下面的实例代码中，演示了获取复选框中数据的过程。

实例 7-7　获取复选框的数据

源码路径　daima\7\7-7

实例文件 index.php 是用 HTML 编写的表单页面，主要实现代码如下所示。

```
<title>
您喜欢吃什么水果
</title>
</head>
<body>
你爱的水果：<br>
<form method=get action="showcheckbox.php">
<input type="checkbox" name="dance" value="苹果" >苹果<br>
```

```
<input type="checkbox" name="tour" value="梨" >梨<br>
<input type="checkbox" name="sing" value="桃子" >桃子<br>
<input type="checkbox" name="ball" value="栗子" >栗子<br>
<input type="submit" name="submit" value="提交">
<input type="reset" name="reset" value="重填">
<br>
</body>
```

单击“提交”按钮后将会调用文件 showcheckbox.php 进行处理，此文件需要用条件语句 if 来实现。具体实现代码如下。

```
<?php
if (!empty($_GET['dance']))                   //如果苹果不为空
 echo $_GET['dance'] . "<br>";                //获取并输出对应的值
if (!empty($_GET['tour']))                    //如果梨不为空
 echo $_GET['tour'].  "<br>";                 //获取并输出对应的值
if (!empty($_GET['sing']))                    //如果桃子不为空
 echo $_GET['sing'] . "<br>";                 //获取并输出对应的值
if (!empty($_GET['ball']))                    //如果栗子不为空
 echo $_GET['ball'] . "<br>";                 //获取并输出对应的值
?>
```

执行效果如图 7-13 所示。选择复选框中的选项，单击“提交”按钮后将会显示图 7-14 所示的页面。

图 7-13　选择自己的选项

苹果
桃子

图 7-14　复选框的数据

提示：在复选框中，用户千万不能写成获取文本框数据的样式，例如写成下面的代码。

```
<?php
echo $_GET['dance'];
echo $_GET['tour'];
echo $_GET['sing'];
echo $_GET['ball'];
?>
```

这是错误的，因为它没有判断复选框是不是为空，只有上面的处理才是正确，因为它判断了复选框的选项是不是为空，获取复选框的值的关键也在这里。

7.3.5　获取列表框的数据

列表框能够让用户进行单项选择或者多项选择，在 PHP 程序中可以通过 select 或 option 关键字来创建一个列表框。例如在下面的实例代码中，演示了获取列表框中的数据的过程。

实例 7-8　获取列表框的数据

源码路径　daima\7\7-8

实例文件 index.php 是用 HTML 语言编写的表单页面，主要实现代码如下所示。

```
<body>
选择月份：<br>
<form method=post action="showselect.php">
        <select name="bmonth">
     <option value="01" selected>1</option>
     <option value="02">2</option>
     ……
     <option value="11">11</option>
     <option value="12">12</option>
```

```
        </select>
    <input type="submit" name="submit" value="提交">
    <input type="reset" name="reset" value="重填">
    <br>
    </body>
```

单击“提交”按钮后将会调用文件 showselect.php 进行处理，具体实现代码如下所示。

```
<?php
 echo "你选择的月份是：<BR>";
 echo $_POST['bmonth']  . "   月";
?>
```

执行效果如图 7-15 所示。

选择一个月份，单击“提交”按钮后的效果如图 7-16 所示。

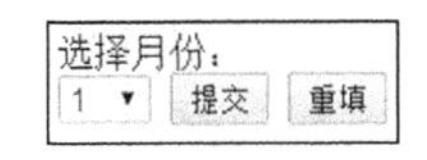

图 7-15　表单页面

你选择的月份是：
01 月

图 7-16　单击“提交”按钮后的效果

7.3.6　获取隐藏字段的值

隐藏字段允许用户把辅助信息附加到窗体上的完全不可见的控件，也就是说隐藏字段将出现在浏览器窗口中，但是用户无法修改。例如在下面的实例代码中，演示了获取隐藏字段值的方法。

实例 7-9　获取列表框的数据

源码路径　daima\7\7-9

实例文件 index.php 是用 HTML 编写的表单页面，主要实现代码如下所示。

```
<body>
<?php
 $username="dog";
?>
<form method=get action="showhide.php">
账号：<INPUT maxLength=25 size=16 name=login ><br>
<input type="hidden" name="hidename" value="<?php
print 'hello'; ?>">
<input type="submit" name="submit" value="提交">
<input type="reset" name="reset" value="重填">
</body>
```

单击“提交”按钮后将会调用文件 showhide.php 进行处理，具体实现代码如下所示。

```
<?php
 echo "你的隐藏字段信息为：<br>";
 echo $_GET['hidename'] ;                    //获取隐藏字段信息
?>
```

执行效果如图 7-17 所示。输入账号信息，单击“提交”后的效果如图 7-18 所示。其中文本“hello”就是隐藏的信息。

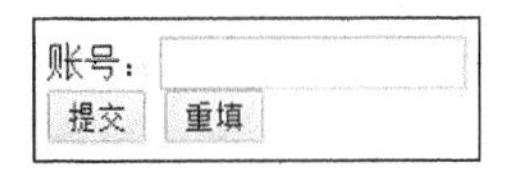

图 7-17　获取隐藏字段

你的隐藏字段信息为：
hello

图 7-18　获取隐藏域的值

7.3.7　获取文件域的值

文件域的作用是实现文件或图片的上传。在 PHP 程序中，文件域有一个特有的属性 accept，用于指定上传的文件类型，如果需要限制上传文件的类型，则可以通过设置该属性完成。例如

在下面的实例代码中，演示了获取列表框中数据的过程。

实例 7-10　获取文件域的值

源码路径　daima\7\7-10

实例文件 index.php 的主要实现代码如下所示。

```
<body>
<form name="form1" method="post" action="index.php">
<input type="file" name="file" size="15" >
<input type="submit" name="upload" value="上传" >
</form>
<?php
 echo $_POST[file];    //输出要上传文件的绝对路径
?>
</body>
</html>
```

执行效果如图 7-19 所示。

单击“选择”按钮选择需要上传的文件，单击“上传”按钮，就会在上方显示要上传文件的绝对路径。如图 7-20 所示。

图 7-19　执行效果　　图 7-20　显示上传文件

7.4　对表单传递的变量值进行编码与解码

视频讲解：第 7 章\对表单传递的变量值进行编码与解码.mp4

对于一个国内网站来说，网上的信息大多数都是使用汉字来展示。但是 HTTP 在传送数据的时候只能识别 ASCII 码，如果是空格、标点或者汉字被传递，很可能会发生不可预知的错误。为了保障信息能够得到正常的传输，需要在 PHP 网页中使用 URL 编码和 BASE64 编码，下面将分别对这两种编码进行讲解。

7.4.1　对 URL 传递的参数进行编码

使用 URL 传递参数数据，就是在 URL 地址后面加上适当的参数。URL 实体对这些参数进行处理。使用格式如下所示。

```
http://url?name=value1&name2=value2…
//其中URL传递的参数，也被称为查询字符串
```

这非常明显，这种方法会将参数暴露。所以下面我将针对该问题讲述一种 URL 编码方式，对 URL 传递的参数进行编码。

URL 编码是一种浏览器用来打包表单输入数据的格式，是对用地址栏传递参数的一种编码规则，例如在参数中带有空格，则传递参数时就会发生错误，而使用 URL 编码处理后，空格变成了 20%，这样错误就不会发生了，中文也是同样的道理。用户在进行编码的时候，可以使用 UrlEncode 函数，其语法格式如下。

```
string UrlEncode ( string str ) ;
```

在 PHP 程序中，UrlEncode 函数能够返回一个加密的信息。UrlEncode 函数返回的字符串中除了“-”“_”“.”之外，所有非字母数字字符都被替换成百分号“%”后跟两位十六进制数的格式，空格被编码为加号“+”。此函数便于将字符串编码并将其用于 URL 的请求部分，同时还便于将变量传递给下一页。

例如在下面的实例代码中，演示了对 URL 传递的参数进行编码的过程。

实例 7-11 对 URL 传递的参数进行编码

源码路径 daima\7\7-11

实例文件 index.php 的主要实现代码如下所示。

```
<body>
   <a href="index.php?id=<?php echo urlencode("程序开发");?>">PHP程序开发</a>
</body>
```

单击“大话 PHP 程序开发”链接后的执行效果如图 7-21 所示。

PHP程序开发

图 7-21 执行效果

从执行结果可以看出，对字符串“大话程序开发”进行了编码，在 IE 浏览器地址栏中显示的是编码后的信息。

```
http://localhost:8080/book/7/7-11/index.php?id=%E5%A4%A7%E8%AF%9D%E7%A8%8B%E5%BA%8F%E5
%BC%80%E5%8F%91
```

7.4.2 对 URL 传递的参数进行解码

在 PHP 程序中，除了可以使用编码函数进行编码外，还可以用 UrlDecode 函数进行解码，其语法格式如下所示。

```
string urldecode ( string str) ;
```

例如在下面的实例代码中，演示了对 URL 传递的参数进行解码的过程。

实例 7-12 对 URL 传递的参数进行解码

源码路径 daima\7\7-12

实例文件 index.php 的主要实现代码如下所示。

```
<body>
   <a href="index.php?id=<?php echo urlencode("程序开发");?>">PHP程序开发</a>
   <?php echo "您提交的查询字符串的内容是:".urldecode($_GET[id]);?>
</body>
```

在上述代码中，使用 urlencode()函数对字符串“程序开发”进行编码，将编码后的字符串传给变量 id。然后使用函数 urldecode()对获取的变量 id 进行解码，将解码后的结果输出到浏览器。单击“PHP 程序开发”链接后的执行效果如图 7-22 所示。

PHP程序开发 您提交的查询字符串的内容是:程序开发

图 7-22 执行效果

7.4.3 实现 BASE64 编码/解码

在下面的内容中，我将简要介绍对 BASE64 实现编码和解码的基本知识。

（1）BASE64 编码

在 PHP 程序中，通过函数 base64_encode()使用 MIME base64 对数据进行编码。具体语法格式如下所示。

```
string base64_encode ( string $data )
```

data：要编码的数据。

返回值：编码后的字符串数据，或者在失败时返回 FALSE。

设计此种编码方式是为了使二进制数据可以通过非纯 8-bit 的传输层传输，例如电子邮件的主体。但是 Base64-encoded 数据要比原始数据多占用 33%左右的空间。

（2）BASE64 解码

在 PHP 程序中，通过函数 base64_decode()使用 MIME base64 对数据进行解码。具体语法格式如下所示：

```
string base64_decode ( string $data [, bool $strict = false ] )
```

data：要编码的数据。

strict：如果输入的数据超出了 base64 字母表，则返回 FALSE。

返回值：返回原始数据，或者在失败时返回 FALSE。返回的数据可能是二进制的。

7.5　技 术 解 惑

（1）读者疑问：本章讲解了提取表单的两种方法，一种是 GET 方法，另一种是 POST 方法，那什么时候用 POST 方法呢？什么时候用 GET 方法呢？对于初学者来讲，应该如何灵活应用这两种方法呢？

解答：在网站的开发过程中，很少使用 GET 方法，绝大多数使用 POST 方法提交数据。因为 GET 方法在提交表单数据中的数据比较多的时候，特别容易出问题，所以建议初学者使用 POST 方法来提交表单。

（2）读者疑问：在实际的开发过程中，是不是获取表单数据也是跟本章的一样，然后将它显示出来，这样做有什么意义呢？

解答：这个问题问得很好，实际开发过程中并不是这样的，在本章将表单元素的数据显示出来，主要是让读者能够看到效果。在实际的开发过程中，当然有的时候也会显示，但是通常将用变量去接收每一个表单的元素的值，然后连接数据库、打开数据库中的表，将表单中的数据进行处理，添加到数据库中去。而 PHP 与 MYSQL 是黄金搭档，通常来讲，就是将表单数据添加到 MySQL 数据中去，这些知识将在后面讲解。

（3）读者疑问：在表单元素中，复选框的功能和列表框有相似之处，是不是可以随意应用？

解答：这个答案是肯定的，一个设计者在设计网站时，需要从这样方式去思考问题，这个功能怎么实现，用哪种实现的方法更好？这两个表单元素各有千秋，用户可根据自己的需要随意使用。

7.6　课 后 练 习

（1）编写一个程序：编写一个网页文件，尝试获取列表框中定义的多项数据。

（2）编写一个程序：使用 POST 方法发送表单中的订单号到服务器。

（3）编写一个程序：使用 GET 方法发送表单中的用户名和密码信息到服务器。

（4）编写一个程序：单击按钮后输出显示表单中的用户名和密码信息。

（5）编写一个程序：单击按钮后输出显示下拉列表框的值。

第 8 章

使用会话管理技术

会话管理是指当客户端浏览器浏览网站后，对浏览器的一些信息进行处理。当访问某个站点时，某个网页会发送到浏览器中一小段信息，它可以以脚本的形式在客户端计算机上保存。通常使用 Cookie 或 Session 技术记录客户的用户 ID、密码、浏览过的网页和停留的时间等信息。当我们再次访问该网站时，网站只需读取 Cookie 或 Session 便可以得到相关信息，并做出相应的动作（例如自动登录）。在本章的内容中，将向大家详细讲解使用 PHP 技术实现会话管理的基础知识，为读者步入本书后面知识的学习打下基础。

8.1　Cookie 会话控制

视频讲解：第 8 章\Cookie 会话控制.mp4

PHP 程序中的数据可以和网页进行会话交流，会话管理就是用于管理 PHP 程序和基本网页之间的对话交流信息，这对于网页编程来说十分重要。在 PHP 程序中，可以使用 Cookie 实现会话管理。Cookie 是指在 HTTP 协议下，通过服务器或脚本语言维护客户浏览器上信息的一种方式。在现实应用中，许多提供个人化服务的网站都是利用 Cookie 来区别不同用户，以显示与用户相应的内容。例如 Web 接口的免费 E-mail 网站，就需要用到 Cookie 技术。

8.1.1　Cookie 概述

在 PHP 程序中，Cookie 是实现会话控制的核心技术之一，有效使用 Cookie 和会话控制可以完成很多复杂的内容。Cookie，有时也用其复数形式 Cookies，指某些网站为了辨别用户身份而储存在用户本地终端上的数据（通常经过加密）。Cookie 是网景公司的前雇员 Lou Montulli 在 1993 年 3 月发明的。服务器可以利用 Cookie 包含信息的任意性来筛选并经常性维护这些信息，以判断在 HTTP 传输中的状态。Cookie 最典型的应用是判定注册用户是否已经登录网站，用户可能会得到提示，是否在下一次进入此网站时保留用户信息以便简化登录手续，这些都是 Cookie 的作用。另一个重要应用场合是“购物车”之类处理。用户可能会在一段时间内在同一家网站的不同页面中选择不同的商品，这些信息都会写入 Cookie，以便在最后付款时提取信息。

Cookie 可以保持登录信息到用户下次与服务器的会话，换句话说，在下次访问同一网站时，用户不必输入用户名和密码就可以登录。而还有一些 Cookie 在用户退出会话的时候就被删除了，这样可以有效保护个人隐私。

举一个简单的例子，如果用户的系统盘为 C 盘，操作系统为 Windows XP/7，当使用 IE 浏览器访问 Web 网站时，Web 服务器会自动以上述的命令格式生成相应的 Cookie 文本文件，并存储在用户硬盘的指定位置。在 Cookie 文件夹中，每个 Cookie 文件都是一个简单而又普通的文本文件，而不是程序。因为 Cookie 文件中的内容大多都经过了加密处理，所以在表面看来只是一些字母和数字组合，而只有服务器的 CGI 处理程序才知道它们真正的含义。

Web 服务器可以通过 Cookie 包含的信息来筛选或维护这些信息，以判断在 HTTP 传输中的状态。在 PHP 开发领域，Cookie 经常用于如下所示的 3 个方面。

（1）记录访客的某些信息。如可以利用 Cookie 记录用户访问网页的次数，或者记录访客曾经输入过的信息。另外，某些网站可以使用 Cookie 自动记录访客上次登录的用户名。

（2）在页面之间传递变量。浏览器并不会保存当前页面上的任何变量信息，当页面被关闭时页面上的所有变量信息将随之消失。如果用户声明一个变量 id=8，要把这个变量传递到另一个页面，可以把变量 id 以 Cookie 形式保存下来，然后在下一页通过读取该 Cookie 来获取该变量的值。

（3）将所查看的 Internet 页存储在 Cookie 临时文件夹中，可以提高以后浏览的速度。

注意：在现实应用中，一般不用 Cookie 保存数据集或其他大量数据。因为并非所有的浏览器都支持 Cookie，并且数据信息是以明文文本的形式保存在客户端机器中，所以最好不要保存敏感的、未加密的数据，否则会影响网络的安全性。

8.1.2 创建 Cookie

在 PHP 程序中，可以通过函数 setcookie()创建并设置 Cookie，具体语法格式如下所示。

```
bool setcookie ( string name [ , string value [ , int expire [ , string path [ , string domain [ , int secure ]]]]])
```

函数 setcookie()定义了一个和 HTTP 头一起发送的 Cookie，它必须最先输出，在任何脚本输出之前，包括<html>和<head>标签。如果在 setcookie()之前有任何的输出，那么 setcookie()就会失败并返回 FASLE。函数 setcookie()中各个参数的具体说明如表 8-1 所示。

表 8-1　　setcookie 的参数

参　数	说　明	范　例
name	Cookie 的名字	可以通过$_COOKIE["CookieName"]调用名字是 CookieName 的 Cookie
value	Cookie 的值，该值保存在客户端，不能用来保存敏感数据	可以通过$_COOKIE["CookieName"]获取名为“CookieName”的值
expire	Cookie 的过期时间	如果不设置失效日期，那么 Cookie 将永远有效，除非手动将它删除
path	Cookie 在服务器端的有效路径	如果该参数设置为“/”，那它就在整个 domain 内有效，如果设置为“/07”，它就在 domain 下的/07 目录及子目录内有效。默认是当前目录
domain	该 Cookie 有效的域名	如果要使 Cookie 在 sina.com 域名下的所有子域都有效，应该设置为“sina.com”
secure	指明 Cookie 是否仅通过安全的 HTTPS 连接传送。当设成 true 时，Cookie 仅在安全的连接中被设置。默认值为 FALSE	0 或 1

例如在下面的实例代码中，演示了创建一个 Cookie 的具体过程。

实例 8-1　创建一个 Cookie

源码路径　daima\8\8-1

实例文件 index.php 的主要实现代码如下所示。

```
<?php
setcookie("TMCookie",'www.chubanbook.com');
setcookie("TMCookie", 'www.chubanbook.com', time()+60);  //设置cookie有效时间为60秒
//设置有效时间为60秒，有效目录为“/tm/”,有效域名为“chubanbook.com”及其所有子域名
setcookie("TMCookie", $value, time()+3600, "/tm/",". chubanbook.com", 1);
?>
<?php
date_default_timezone_set("Etc/GMT-8");//设置时区
//显示当前时间
echo "<br>当前时间: " , date("Y-m-d H:i:s") , "<br>";
echo $_COOKIE['TMCookie'];
?>
```

文件 datetime.js 的功能是显示当前的时间，主要实现代码如下所示。

```
//输出显示日期的容器
document.write("<span id=labTime width='118px' Font-Size='9pt'></span>");
//每1000毫秒(即1秒) 执行一次本段代码
setInterval("labTime.innerText=new Date().toLocaleString()",1000);
```

执行效果如图 8-1 所示。

Thu Jul 21 2016 14:51:16 GMT+0800 (中国标准时间)
当前时间：2016-07-21 14:48:52

图 8-1　执行效果

8.1.3　读取 Cookie

在 PHP 程序中，可以直接通过超级全局数组$COOKIE[]来读取浏览器端的 Cookie 值。例如在下面的实例代码中，演示了读取创建的 Cookie 的过程。

实例 8-2　读取一个 Cookie

源码路径　daima\8\8-2

实例文件 index.php 的主要实现代码如下所示。

```
<?php
date_default_timezone_set("Etc/GMT-8");
if(!isset($_COOKIE["visittime"])){                          //如果Cookie不存在
      setcookie("visittime",date("y-m-d H:i:s"));
                                                            //设置一个Cookie变量
echo "欢迎您第一次访问网站! "."<br>";                          //输出欢迎字符串
}else{                                                      //如果Cookie存在
setcookie("visittime",date("y-m-d H:i:s"),time()+60);      //设置带Cookie失效时间的变量
  echo "您上次访问网站的时间为: ".$_COOKIE["visittime"];      //输出上次访问网站的时间
echo "<br>";                                                //换行
}
echo "您本次访问网站的时间为:  ".date("y-m-d H:i:s");        //输出当前的访问时间
?>
```

执行效果如图 8-2 所示。

```
您上次访问网站的时间为：16-07-21 14:55:57
您本次访问网站的时间为： 16-07-21 14:56:00
```

图 8-2　执行效果

8.1.4　删除 Cookie

当 Cookie 被创建后，如果没有设置它的失效时间，其 Cookie 文件会在关闭浏览器时被自动删除。如果要在关闭浏览器之前删除 Cookie 文件，可以通过两种方法实现：一种是使用函数 setcookie()删除，一种是在浏览器中手动删除 Cookie。

（1）使用函数 setcookie()删除

在 PHP 程序中，删除 Cookie 和创建 Cookie 的方式基本类似，删除 Cookie 也使用 setcookie()函数实现。在删除 Cookie 时只需要将 setcookie()函数中的第二个参数设置为空值，将第 3 个参数 Cookie 的失效时间设置为小于系统的当前时间即可。假设将 Cookie 的失效时间设置为当前时间减 1 秒，则实现代码如下：

```
setcookie("name", "", time()-1);
```

在上述代码中，time()函数返回以秒表示的当前时间戳，把当前时间减 1 秒就会得到过去的时间，从而删除了 Cookie。另外，把失效时间设置为 0，也可以直接删除 Cookie。例如下面的实例删除了一个 Cookie。

实例 8-3　删除一个 Cookie

源码路径　daima\8\8-3

实例文件 index.php 的主要实现代码如下所示。

```
<?php
setcookie("TestCookie", "", time() - 3600);  //注意，第2个参数为空
                                             //输出testcookie
if (!empty($_COOKIE["TestCookie"]))          //如果Cookie不为空
 echo "testcookie值为: ".$_COOKIE["TestCookie"] . "<br>"; //显示Cookie的值
else                                         //如果Cookie为空
 echo "testcookie1被注销。<br>";               //显示被注销
                                             //输出testcookie1
print_r($_COOKIE);                           //输出所有cookie
?>
```

执行效果如图 8-3 所示。

（2）在浏览器中手动删除

在使用 Cookie 时，Cookie 自动生成一个文本文件存储在 IE 浏览器的 Cookies 临时文件夹

中。在浏览器中删除 Cookie 文件是一种非常便捷的方法。具体操作步骤如下。

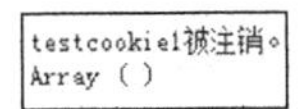

图 8-3 执行效果

启动 IE 浏览器，依次选择“工具”/“Internet 选项”命令，打开“Internet 选项”对话框，如图 8-4 所示。在“常规”选项卡中单击“删除”按钮，将弹出图 8-5 所示的“删除浏览历史记录”对话框，勾选“Cookie 和网站数据”复选框，然后单击“删除”按钮，即可成功删除全部 Cookie 文件。

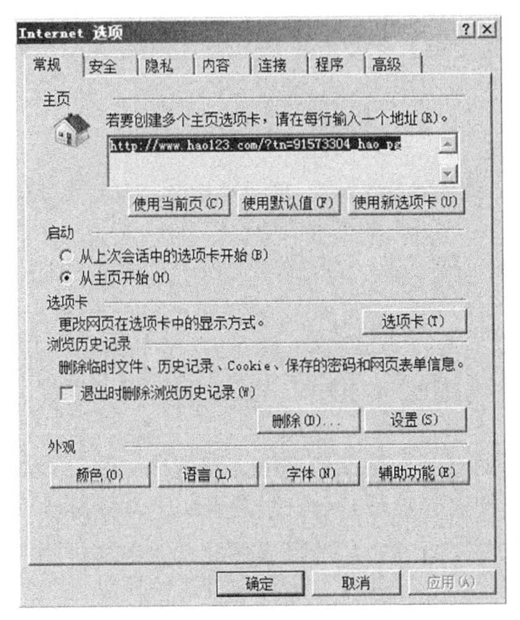

图 8-4 “Internet 选项”对话框

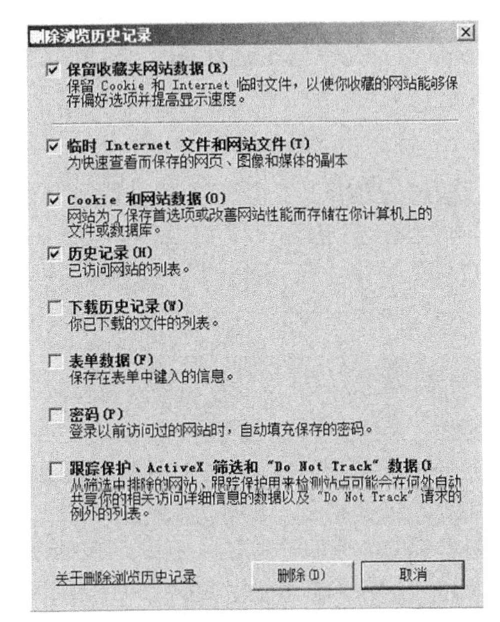

图 8-5 “删除浏览历史记录”对话框

8.1.5 创建 Cookie 数组

在 PHP 程序中，可以根据需要创建 Cookie 数组。例如下面的实例演示了创建 Cookie 数组的过程。

实例 8-4 创建 Cookie 数组

源码路径 daima\8\8-4

实例文件 index.php 的主要实现代码如下所示。

```
<?php
// 设定 cookie
setcookie("cookie[three]", "cookiethree");
//第1个Cookie数组
setcookie("cookie[two]", "cookietwo");
//第2个Cookie数组
setcookie("cookie[one]", "cookieone");
//第3个Cookie数组
// 刷新页面后，显示出来
if (isset($_COOKIE['cookie'])) {
    foreach ($_COOKIE['cookie'] as $name => $value) {
        echo "$name : $value <br />\n";          //逐一显示Cookie的值
    }
}
?>
```

执行效果如图 8-6 所示。

```
three : cookiethree
two : cookietwo
one : cookieone
```

图 8-6 创建数组

由此可见，创建 Cookie 数组的方法十分简单，如果执行后没有图 8-6 所示的结果，需要刷一下页面后才会有效果。

8.2　使用 Session

视频讲解：第 8 章\使用 Session.mp4

和前面介绍的 Cookie 相比，在 Session 会话文件中保存的数据在 PHP 脚本中是以变量的形式创建的，创建的会话变量在生命周期（20 分钟）中可以被跨页的请求所引用。另外，Session 会话是存储在服务器端的，所以相对比较安全，并且不像 Cookie 那样有存储长度的限制。

8.2.1　什么是 Session

Session 被译为“会话”，意思是有始有终的一系列动作/消息，如打电话时从拿起电话拨号到挂断电话这一系列过程可以称为一个 Session。在计算机专业术语中，Session 是指一个终端用户与交互系统进行通信的时间间隔，通常指从注册进入系统到注销退出系统所经过的时间。因此，Session 实际上是一个特定的时间概念。

当启动一个 Session 会话时，会生成一个随机且唯一的 session_id，也就是 Session 的文件名，此时 session_id 存储在服务器的内存中。当关闭页面时会自动注销这个 id。当重新登录此页面时，会再次生成一个随机且唯一的 id。

Session 在动态 Web 技术中非常重要，由于网页是一种无状态的连接程序，因此无法得知用户的浏览状态。通过 Session 则可记录用户的有关信息，以供用户再次以此身份对 Web 服务器提交要求时作确认。例如，在电子商务网站中，通过 Session 记录用户登录的信息，以及用户所购买的商品，如果没有 Session，那么用户每进入一个页面都需要登录一次用户名和密码。

另外，Session 会话适用于存储信息量比较少的情况。如果用户需要存储的信息量相对较少，并且对存储内容不需要长期存储，那么使用 Session 把信息存储到服务器端比较合适。

8.2.2　创建 Session 会话

在 PHP 程序中，创建一个会话的基本步骤如下所示。

```
启动会话---注册会话---使用会话---删除会话
```

（1）启动会话

有两种启动 PHP 会话的方式，一种是使用 session_start()函数，另一种是使用 session_register()函数为会话创建一个变量来隐含地启动会话。函数 session_start()通常在页面开始位置调用，然后会话变量被登录到数据$_SESSION。

在 PHP 程序中有两种可以启动会话的方法，具体说明如下所示。

① 通过 session_start()函数启动会话，具体语法格式如下。

```
bool session_start(void) ;
```

在使用 session_start()函数之前，浏览器不能有任何输出，否则会产生错误。

② 通过 session_register()函数创建会话。

函数 session_register()用来为会话创建一个变量来隐含地启动会话，但要求设置 php.ini 文件的选项，将 register_globals 指令设置为 on，然后重新启动 Apache 服务器。

在使用 session_register()函数时，不需要调用 session_start()函数，PHP 会在创建变量之后隐式地调用 session_start()函数。

（2）注册会话

创建会话变量后，会全部被保存在数组$_SESSION 中。通过数组$_SESSION 可以很容易地创建一个会话变量，只要直接给该数组添加一个元素即可。例如启动会话，创建一个 Session

变量并赋空值的代码如下。

```
<?php
session_start();//启动Session
$_SESSION["admin"]=null;      //声明一个名为admin的变量，并赋空值
? >
```

（3）使用会话

首先需要判断会话变量是否有一个会话 ID 存在，如果不存在则新创建一个，并且使其能够通过全局数组$_SESSION 进行访问。如果已经存在，则将这个已创建的会话变量载入以供用户使用。例如，判断存储用户名的 Session 会话变量是否为空，如果不为空则将该会话变量赋给$myvalue，对应代码如下所示。

```
<?php
if( !empty($_SESSION['session_name']))      //判断用于存储用户名的Session会话变量是否为空
   $myvalue= $_SESSION['session_name'];    //将会话变量赋给一个变量$myvalue
?>
```

（4）删除会话

删除会话的方法主要有删除单个会话、删除多个会话和结束当前会话 3 种。

① 删除单个会话

删除单个会话即删除单个会话变量，同数组的操作一样，直接注销$_SESSION 数组的某个元素即可。例如，注销$_SESSION['user']变量，可以使用 unset()函数实现。

```
unset ( $_SESSION['user'] ) ;
```

在使用 unset()函数时，需要注意$SESSION 数组中元素不能省略，即不可以一次注销整个数组，因为这样会禁止整个会话的功能，如 unset($_SESSION)函数会将全局变量$SESSION 销毁，而且没有办法将其恢复。这样以后用户也不能再注册$_SESSION 变量。如果要删除多个或全部会话，可采用下面的两种方法。

② 删除多个会话

删除多个会话即一次注销所有的会话变量，可以通过将一个空的数组赋值给$_SESSION 来实现，代码如下。

```
$_SESSION= array();
```

③ 结束当前会话

如果整个会话已经结束，首先应该注销所有的会话变量，然后使用函数 session_destroy()删除当前的会话，并清空会话中的所有资源，彻底销毁 Session，实现代码如下。

```
session_destroy()
```

8.2.3 使用 Session 设置时间

在大多数使用 PHP 语言开发的论坛中，都可以在登录时对失效时间进行选择，例如保存一个星期、保存一个月等，这时就可以通过 Cookie 设置登录的失效时间。在 PHP 程序中，使用 Session 设置失效时间的方法主要有以下两种。

1. 客户端没有禁止 Cookie

（1）使用函数 session_set_cookie_params()设置 Session 的失效时间，此函数是 Session 结合 Cookie 设置失效时间，例如设置 Session 在 1 分钟后失效。在下面的实例代码中，演示了使用函数 session_set_cookie_params()的过程。

实例 8-5 使用函数 session_set_cookie_params()

源码路径 daima\8\8-5

实例文件 index.php 的主要实现代码如下所示。

```
<?php
$time = 1 * 60;                        //变量赋值
```

```
session_set_cookie_params($time);   //使用函数设置session失效时间
session_start();                    //服务器端初始化Session
$_SESSION[username] = 'chubanbook';//设置保存的“username”
if ($_SESSION[username] != "")      //如果“username”不为空
{
 echo "<a href='session.php'>请单击我查看是否失效！</a>";
}else                               //如果“username”不为空
{
 echo "没有设置SESSION";
}
?>
```

执行效果如图 8-7 所示。

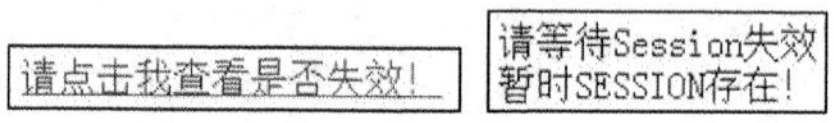

请点击我查看是否失效!　请等待Session失效 暂时SESSION存在!

图 8-7　执行效果

注意：在 PHP 程序中，不推荐使用此函数，因为此函数在某些浏览器上会出现问题。

（2）使用函数 setcookie()设置 Session 的失效时间，例如让 Session 在 1 分钟后失效。在下面的实例代码中，演示了使用函数 setcookie()的过程。

实例 8-6　使用函数 setcookie()

源码路径　daima\8\8-6

实例文件 index.php 的主要实现代码如下所示。

```
<?php
session_start();                    //服务器端初始化session
$time = 1 * 60;                     //设置session失效时间变量
//使用setcookie手动设置session失效时间
setcookie(session_name(),session_id(),time()+$time,"/");
$_SESSION['user'] = "toppr";        //设置保存的“username”
$expiry = date("H:i:s");            //获取服务器时间
if (!empty($_SESSION))              //如果SESSION不为空
{
 echo "<a href='session.php?time=$expiry'>存在SESSION请单击我！</a>";
}else                              //如果SESSION为空
{
 echo "SESSION不存在";
}
?>
```

执行效果如图 8-8 所示。

存在SESSION请点击我!　传送页面时间：18:23:01 18:23:03 toppr

图 8-8　执行效果

2. 客户端禁止 Cookie

当客户端禁用 Cookie 时，Session 页面间传递会失效，可以将客户端禁止 Cookie 想象成一家大型连锁超市，如果在其中一家超市内办理了会员卡，但是超市之间并没有联网，那么会员卡就只能在办理的那家超市使用。解决这个问题有 4 种方法。

（1）在登录之前提醒用户必须打开 Cookie，这是很多论坛的做法。

（2）设置文件 php.ini 中的 session.use_ trans_sid=1，或者在编译时打开-enable-trans-sid 选项，

让 PHP 自动跨页面传递 session_id。

（3）通过 GET 方法，隐藏表单传递 session_id。

（4）使用文件或者数据库存储 session_id，在页面间传递中手动调用。

本书对上述第 2 种方法将不做详细介绍，因为用户不能修改服务器中的 php.ini 文件。第 3 种方法不可以使用 Cookie 设置失效时间，但是登录情况没有变化。第 4 种也是最为重要的一种，在开发企业级网站时，如果遇到 Session 文件使服务器速度变慢，就可以使用。例如在下面的实例代码中，演示了第 3 种方法使用 GET 方法传输的过程。

实例 8-7 第 3 种方法使用 GET 方法传输

源码路径 daima\8\8-7

实例文件 index.php 的主要实现代码如下所示。

```
    <tr>
      <td height="214" valign="top" background="images/index_01.jpg">
  <form id="form1" name="form1" method="post" action="common.php?<?=session_name(); ?>=<
?=session_id(); ?>">
  <table width="100%" height="171" border="0" cellpadding="0" cellspacing="0">
      <tr>
        <td width="200" height="60"></td>
        <td> </td>
      </tr>
      <tr>
        <td align="right" class="white12">用户名: </td>
        <td>
           <input name="username" type="text" size="15" />
        </td>
      </tr>
      <tr>
        <td align="right" class="white12">密  码: </td>
        <td><input name="password" type="password" size="15" /></td>
      </tr>
      <tr>
        <td> </td>
        <td valign="bottom"><input type="submit" name="Submit" value="登 录" />
          <input type="reset" name="Submit2" value="取 消" /></td>
      </tr>
    </table>
   </form>
  </td>
  </tr>
```

文件 connect.php 的主要实现代码如下所示。

```
<?php
error_reporting(0);              //错误处理函数
$sess_name = session_name();     //用户名信息赋值
$sess_id = $_GET[$sess_name];    //获取用户名信息
session_id($sess_id);            //session_id
session_save_path('./tmp/');     //保存Session数据的路径位置
session_start();                 //服务器端初始化session
if ($_SESSION['admin'] == "")    //如果admin为空
{
 echo "<script>alert('对不起，你没有权限');location.href='index.php'</script>";
}
?>
```

执行效果如图 8-9 所示。

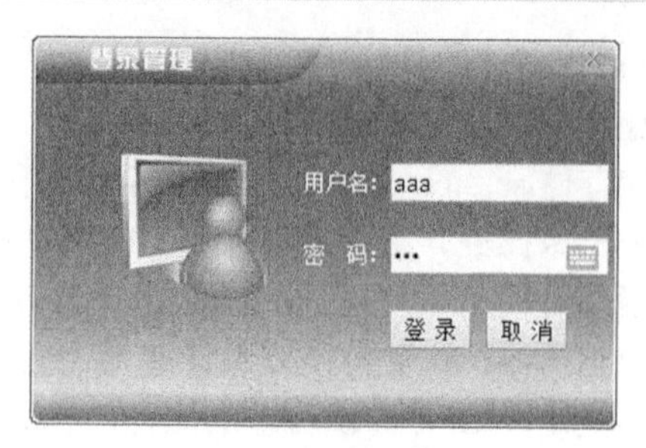

图 8-9　执行效果

8.2.4　Session 临时保存文件

如果在服务器中将所有用户的 Session 都保存到临时目录中，会降低服务器的安全性和效率，打开服务器存储的站点会非常慢。在 PHP 程序中，可以使用函数 session_save_path()解决这个问题。例如在下面的实例代码中，演示了使用函数 session_save_path()的具体过程。

实例 8-8　使用函数 session_save_path()

源码路径　daima\8\8-8

实例文件 index.php 的主要实现代码如下所示。

```
<?php
$path = './tmp/';            // 设置Session存储路径
session_save_path($path);
session_start();             // 初始化Session
$_SESSION[username] = true;
echo "Session文件名称为: sess_" , session_id();
?>
```

在上述代码中，使用 PHP 函数 session_save_path()存储 Session 临时文件，可缓解因临时文件的存储导致服务器效率降低和站点打开缓慢的问题。执行效果如图 8-10 所示。

```
Session文件名称为: sess_j80k7ivtu24gk5286nh93jcqq3
```

图 8-10　执行效果

8.2.5　使用 Session 缓存

Session 缓存能够将网页中的内容临时存储到 IE 客户端的 Temporary Internet Files 文件夹下，并且可以设置缓存的时间。当用户第一次浏览网页后，页面的部分内容在规定的时间内就被临时存储在客户端的临时文件夹中，这样在下次访问这个页面时，就可以直接读取缓存中的内容，从而提高网站的浏览效率。

在 PHP 程序中，使用函数 session_cache_limiter()实现 Session 缓存，其语法格式如下所示。

```
string session_cache_limiter ([ string $cache_limiter ] )
```

如果指定了参数 cache_limiter，则使用指定值作为缓存限制器的值。其可选值如表 8-2 所示。

表 8-2　**参数 cache_limiter 的可选值**

值	发送的响应头
public	Expires：(根据 session.cache_expire 的设定计算得出) Cache-Control： public, max-age=（根据 session.cache_expire 的设定计算得出） Last-Modified：(会话最后保存时间)
private_no_expire	Cache-Control: private, max-age=（根据 session.cache_expire 的设定计算得出），pre-check=（根据 session.cache_expire 的设定计算得出） Last-Modified:（会话最后保存时间）

续表

值	发送的响应头
private	Expires: Thu, 19 Nov 1981 08:52:00 GMT Cache-Control: private, max-age=（根据 session.cache_expire 的设定计算得出），pre-check=（根据 session.cache_expire 的设定计算得出） Last-Modified:（会话最后保存时间）
nocache	Expires: Thu, 19 Nov 1981 08:52:00 GMT Cache-Control: no-store, no-cache, must-revalidate, post-check=0, pre-check=0 Pragma: no-cache

缓存限制器定义了向客户端发送的 HTTP 响应头中的缓存控制策略。客户端或者代理服务器通过检测这个响应头信息来确定对于页面内容的缓存规则。设置缓存限制器为 nocache 会限制客户端或者代理服务器缓存内容，public 表示允许客户端或代理服务器缓存内容，private 表示允许客户端缓存，但是不允许代理服务器缓存内容。

在 private 模式下，包括 Mozilla 在内的一些浏览器可能无法正确处理 Expire 响应头，通过使用 private_no_expire 模式可以解决这个问题。在这种模式下，不会向客户端发送 Expire 响应头。

当请求开始的时候，缓存限制器会被重置为默认值，并且存储在 session.cache_limiter 配置项中。因此，如果要设置缓存限制器，对于每个请求，都需要在调用 session_start()函数之前，调用 session_cache_limiter()函数来进行设置。例如在下面的实例代码中，演示了使用函数 session_cache_limiter()的过程。

实例 8-9　使用函数 session_cache_limiter()

源码路径　daima\8\8-9

实例文件 index.php 的主要实现代码如下所示。

```
<?php
session_cache_limiter('private');              //设置为private模式
$cache_limit = session_cache_limiter();        //实现Session缓存
session_cache_expire(30);                      //设置缓存时间
$cache_expire = session_cache_expire();        //以分钟数指定缓存的会话页面的存活期
session_start();                               //服务器端初始化session
?>
```

执行效果如图 8-11 所示。

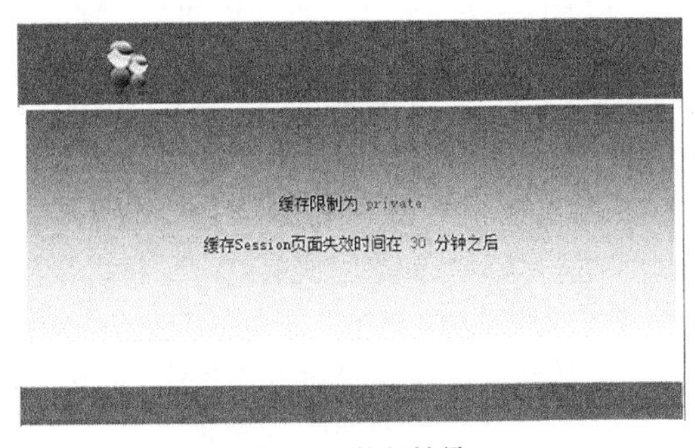

图 8-11　执行效果

8.3　会话控制

视频讲解：第 8 章\会话控制.mp4

在 PHP 程序中，通过使用 Cookie 可以实现会话功能，但是因为 Cookie 可以在客户端保存有限数量的会话状态，这使得它在控制会话方面不现实，因此开发者需要重新掌握一种方法去实现会话控制的功能。在 PHP 语言中，可以通过标记将客户信息返回服务器的数据库，这样可以无限量地进行会话控制。

8.3.1　两种会话方式

会话的基本方式有会话 ID 的传送和会话 ID 的生成两种，下面将详细介绍这两种方式。

（1）会话 ID 的传送。会话 ID 的传送有两种方式，一种是 Cookie 方式，另一种是 URL 方式。

① Cookie 传送方式：是最简单的方式，但是有些客户端可能限制使用 Cookie。如果在客户端限制 Cookie 的条件下继续工作，那就要通过其他方式来实现了。

② URL 传送方式：在该方式中，URL 本身用来传送会话。会话标志被简单地附加在 URL 的尾部，或者作为窗体中的一个变量来传递。

（2）会话 ID 的生成。PHP 的会话函数会自动处理 ID 的创建。但也可以通过手工方式来创建会话 ID。它必须是不容易被人猜出来的，否则会有安全隐患。

在 PHP 程序中，一般推荐生成会话 ID 使用随机数发生器函数 srand()，该函数语法格式如下所示。

```
srand ((double) microtime () *1000000 ) ;
```

在调用该函数之后，要想生成一个唯一的会话 ID，还必须使用下面的语句实现。

```
md5( uniqid ( rand ())) ;
```

最安全的方法是让 PHP 自己生成会话 ID。

8.3.2　创建会话

要想实现一个简单的会话，通常需要通过如下所示的几个步骤。

（1）启动一个会话，注册会话变量，使用会话变量和注销会话变量。

（2）注册会话变量，会话变量被启动后，全部保存在数组$_SESSION 中。通过数组$_SESSION 创建一个会话变量很容易，只要直接给该数组添加一个元素即可。

（3）使用会话变量。

（4）注销会话变量。

在接下来的内容中，将详细讲解上述 4 个步骤的基本知识。

1．启动一个会话

在 PHP 程序中有两种可以创建会话的方法，具体说明如下所示。

（1）通过 session_start ()函数创建会话。session_start ()函数用于创建会话，此函数声明如下所示。

```
bool  session_start (void) ;
```

函数 session_start ()可以判断是否有一个会话 ID 存在，如果不存在就创建一个，并且使其能够通过全局数组$_SESSION 进行访问。如果已经存在，则将这个已注册的会话变量载入以供使用。

（2）通过设置 php.ini 自动创建会话。设置 php.ini 文件中的 session.auto_start 选项，激活该选项后即可自动创建会话。但是当使用该方法启动 auto_start 时，会导致无法使用对象作为会话变量。

2．注册会话变量

会话变量被启动后，全部保存在数组$_SESSION 中。通过数组$_SESSION 创建一个会话变量很容易，只要直接给该数组添加一个元素即可，如下面的代码。

```
$_session ['session_name' ] = session_value ;
```

3．使用会话变量

使用会话变量的功能就是如何获取它的值，应该使用如下语句来实现。

```
if ( !empty ( $_SESSION['session_name']))
```

```
$myvalue = $_SESSION['session_name'] ;
```

4. 注销会话变量

注销会话变量的方法同数组的操作一样，只需直接注销$_SESSION 数组的某个元素即可。如果要注销$_SESSION['session_name']变量，可以使用如下语句实现。

```
unset ( $_SESSION['session_name'] ) ;
```

不可以一次注销整个数组，那样会禁止整个会话的功能。如果想要一次注销所有的会话变量，可以将一个空的数组赋值给$_SESSION，具体代码如下所示。

```
$_SESSION = array () ;
```

如果整个会话已经结束，首先应该注销所有的会话变量，然后使用 session_destroy()函数清除会话 ID，具体代码如下所示。

```
session_destroy () ;
```

例如在下面的实例代码中，演示了实现会话操作的具体过程。

实例 8-10　实现会话操作过程

源码路径　daima\8\8-10

新建第 1 个页面，文件名为 session_1.php，其代码如下所示。

```
<?php
//session_1.php
session_start();                                //服务器端初始化Session
echo '欢迎来到本页';
$_SESSION['favcolor'] = 'green';                //第1个Session值
$_SESSION['animal']   = 'cat';                  //第2个Session值
$_SESSION['time']     = time();                 //第3个Session值
// 设置链接，进入到第2页
echo '<br /><a href="session_2.php">第2页 </a>';
?>
```

新建第 2 个页面，文件名为 session_2.php，其代码如下所示。

```
<?php
//session_2.php
session_start();                                //服务器端初始化Session
echo '欢迎到第2页<br />';
echo  $_SESSION['favcolor']."<br>";             //输出第1个Session值
echo $_SESSION['animal']."<br>";                //输出第2个session值
echo date('Y m d H:i:s', $_SESSION['time']); //显示时间
echo '<br /><a href="session_3.php">第3页</a>';
?>
```

新建第 3 个页面，文件名为 session_3.php，其代码如下所示。

```
<?php
//session_2.php
session_start();                                //服务器端初始化Session
echo '欢迎到第3页<br />';
unset($_SESSION['favcolor']);                   //输出第1个session值
if (!empty($_SESSION['favcolor']))              //如果“favcolor”不为空
 echo  "SESSION['favcolor']的值是: ".$_SESSION['favcolor']."<br>"; // 输出session
else                                            //如果“favcolor”为空
 echo "SESSION['favcolor']的值被删除了!";
session_destroy();                              //注销会话ID
echo '<br /><a href="session_1.php">第1页</a>';
?>
```

执行效果如图 8-12 所示。单击“第 2 页”超级链接，将会得到图 8-13 所示的效果。

欢迎来到本页
第2页

图 8-12　执行效果

单击“第 3 页”超级链接后的效果如图 8-14 所示。

欢迎到第2页
green
cat
2016 07 21 16:39:52
第3页

图 8-13　单击“第 2 页”后的结果

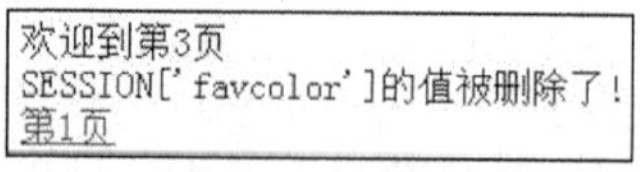

欢迎到第3页
SESSION['favcolor']的值被删除了！
第1页

图 8-14　单击“第 3 页”链接后的效果

8.4　技术解惑

（1）读者疑问：在使用 unset()函数后会立刻删除记录信息，但使用了 session_destroy()函数后，为什么不能删除呢？

解答：使用 unset()函数后，Session 会立即删除，但是使用 session_destroy()函数在本页不会生效，刷新一次或者跳转在其他页面才会生效。

（2）读者疑问：当删除一个 Cookie 后，为什么它的值仍然有效，并且不能从页面消除，这是为什么呢？

解答：当删除一个 Cookie 后，它的值在当前页面仍然有效，因为只有刷新页面后才会失效，这是它的特性。

（3）读者疑问：网页流量是网站设计师最为关注的问题，为了保证网页访问量的真实性，需要防止网络中的恶意刷新行为，请问有什么好的方法可以解决这个问题？

解答：可以通过如下两种方法实现禁止使用页面刷新功能。

① 将刷新功能屏蔽

② 设置 session 变量

8.5　课后练习

（1）编写一个 PHP 程序：尝试实现简单的会话管理功能。

（2）编写一个 PHP 程序：尝试创建一个 Cookie 数组，刷新页面后可以显示 Cookie 中的内容。

（3）编写一个 PHP 程序：尝试禁止用户使用页面刷新功能。

（4）登录验证功能在实际项目中非常常见，为了保障后台的安全，常常使用验证登录功能，确保只有是系统合法的用户才能登录某个页面，例如后台管理页面。请编写一个 PHP 程序，演示验证用户登录功能的实现过程。

第9章

文 件 操 作

文件是用来存取数据的方式之一，任何数据信息都以文件的形式保存在存储设备上，在存储设备上通常存在不同的目录。PHP 不但可以对计算机中系统的文件实现访问、读取、写入和定位操作，而且还可以对文件目录实现打开、关闭、创建与删除等操作。这些操作知识非常重要，读者掌握这些操作知识后，可以很灵活地操作文件与目录。在本章的内容中，将详细讲解使用 PHP 语言操作文件和文件夹目录的基本知识，为读者步入本书后面知识的学习打下基础。

9.1 文件访问

视频讲解：第 9 章\文件访问.mp4

文件访问类似去图书馆查阅资料，首先检查书架是否有所要查阅的图书类型（例如计算机类、文学类），再找到具体某本书，最后查看具体内容。接下来将详细讲解 PHP 对文件进行访问的知识，包括检测文件或者目录是否存在、打开文件与关闭文件等操作。

9.1.1 判断文件或目录是否存在

在对文件或者目录进行操作之前，需要首先判断它们是否存在。在 PHP 程序中，通过 file_exists()函数来判断某个文件是否存在，该函数的语法格式如下。

```
bool file_exists ( string filename ) ;
```

参数 filename 用于指定要查看的文件或者目录，如果文件或者目录存在返回 true，否则返回 false。当在 Windows 系统中要访问网络中的共享文件时，应该使用“//computername/share/filename”格式。例如下面实例的功能是使用函数 file_exists()判断文件或者目录是否存在。

实例 9-1 使用函数 file_exists()判断文件或者目录是否存在

源码路径 daima\9\9-1

实例文件 index.php 的主要实现代码如下所示。

```
<?php
$filename = "test/text.txt " ;                 //定义变量，设置文件的名字
      $direct = "test" ;                       //定义变量，设置目录
      if ( file_exists( $filename ))           //如果文件存在
       {
      print $filename."文件存在!<br>" ;        //输出提示
      }else{                                   //如果文件不存在
      print $filename."文件不存在!<br>";       //输出提示
       }
      if ( file_exists ( $direct))             //如果目录存在
      {                                        //输出提示
      print $direct."目录存在!<br>" ;
      }else{                                   //如果目录不存在
      print $direct. "目录不存在!<br>" ;       //输出提示
      }
?>
```

执行效果如图 9-1 所示。

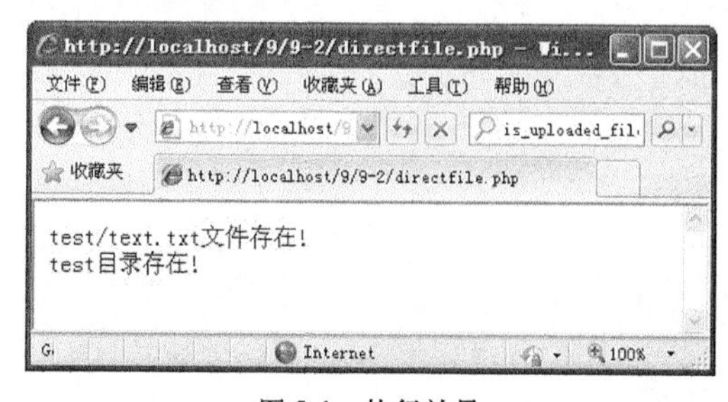

图 9-1 执行效果

注意：通过使用 PHP 的目录或者文件检测功能，可以解决很多实际问题。文件始终是放在目录下面，先判断目录是否存在，再判断文件是否存在。比如文件很有可能不在本地，需要通过远程方式打开。这是编程中应该采用的逻辑判断流程，这样可以减少出错的机率。

9.1.2 打开文件

在操作任何文件之前首先需要打开这个文件，在 PHP 程序中通过 fopen()函数来打开一个文件，使用该函数的语法格式如下。

```
int fopen (string filename,string mode [, int use_include_path [ ,resourcezcontext]]);
```

（1）第一个参数 filename：表示要打开的包含路径的文件名，可以是绝对路径或相对路径。如果参数 filename 以“http://”开头，则打开的是 Web 服务器上的文件；如果以“ftp://”开头，则打开的是 FTP 服务器上的文件，并需要与指定服务器建立 FTP 连接；如果没有任何前缀则表示打开的是本地文件。

（2）第二个参数 mode：表示打开文件的方式，具体取值如表 9-1 所示。

（3）第三个参数 use_include_path：是一个可选参数，按照由该参数指定的路径查找文件。如果在文件 php.ini 中设置的 include_path 路径中进行查找，则只需将参数设置成 1 即可。

表 9-1 参数 mode 的取值信息

mode	模 式 名 称	说　明
r	只读	读模式，文件指针位于文件的开头
r+	读写	读写模式，文件指针位于文件的开头
w	只写	写模式，文件指针指向文件头。如果该文件存在，则文件的内容全部被删除；如果文件不存在，则函数将创建这个文件
w+	读写	读写模式，文件指针指向文件头。如果该文件存在，则有文件的全部内容被删除；如果该文件不存在，则函数将创建这个文件
a	写入	写模式，文件指针指向文件尾。从文件末尾开始追加；如果该文件不存在，则函数将创建这个文件
a+	读写	读写模式，文件指针指向文件头。从文件末尾开始追加或者读取；如果该文件不存在，则函数将创建这个文件
x	特殊	写模式打开文件，仅能用于本地文件，从文件头开始写。如果文件已经存在，则 fopen()返回调用失败，函数返回 false，PHP 将产生一个警告
x+	特殊	读/写模式打开文件，仅能用于本地文件，从文件头开始读写。如果文件已经存在，则 fopen()返回调用失败，函数返回 false，PHP 将产生一个警告
b	二进制	二进制模式，主要用于与其他模式连接。推荐使用这个选项，使程序获得最大程度的可移植性，所以它是默认模式。如果文件系统能够区分二进制文件和文本文件，可能会使用它。Windows 可以区分；Unix 则不区分
t	文本	用于与其他模式的结合。曾经使用了 b 模式否则不推荐，这个模式只是 Windows 下的一个选项

提示：Web 服务器也称为 WWW(WORLD WIDE WEB)服务器，主要功能是提供网上信息浏览服务。FTP 服务器是支持 FTP 协议的服务器。

9.1.3 关闭文件

在打开某个文件并操作完毕之后，应该及时关闭这个文件，否则会引起程序错误。在 PHP 程序中，可以使用函数 fclose()来关闭一个文件。使用该函数的语法格式如下。

```
bool  fclose ( resource handle ) ;
```

参数“handle”指向被关闭的文件指针，成功返回 true，否则返回 false。文件指针必须是有效的，并且是通过 fopen()函数成功打开文件的指针。

例如在下面的实例代码中，演示了打开文件并关闭文件的过程。

实例 9-2　打开文件并关闭文件

源码路径　daima\9\9-2

实例文件 index.php 的主要实现代码如下所示。

```
<?php
      $filename1 = "/text.txt" ;                    //定义变量，设置文件的名字
         $direct = "test" ;                          //定义目录变量并赋值
         $Absolutely=$direct.$filename1;           //定义变量，赋值“目录加文件名”的形式
      if(!$file1 = fopen ( $Absolutely,'r' ))//只读方式打开指定的文件，如果不能打开
      {
        print"不能打开 $Absolutely<br>" ;         //不能打开提示
        exit ;
      }else{                                         //只读方式打开指定的文件，如果能打开
        print"文件打开成功！<br>" ;                //能打开提示
      }
       if(!$file2 = fopen ( "test/AtiHDAud.inf",'r' )){    //只读方式打开文件，如果不能打开
         print"不能打开 AtiHDAud.inf<br>" ;      //不能打开提示
         exit ;
       }else{                                        //只读方式打开文件，如果能打开
         print"文件打开成功！<br>" ;               //能打开提示
       }
       fclose ( $file1 ) ;                           //关闭文件
       echo "test.txt关闭成功!<br>" ;               //关闭成功提示
       fclose ( $file2 ) ;                           //关闭文件
       echo " AtiHDAud.inf关闭成功!<br>" ;        //关闭成功提示
 ?>
```

执行效果如图 9-2 所示。

```
文件打开成功!
文件打开成功!
test.txt关闭成功!
AtiHDAud.inf关闭成功!
```

图 9-2　执行效果

通过上面的实例，读者学习到本地文件的打开与关闭流程。在实际应用过程中，文件可能是远程的，比如 FTP 服务器，Web 服务器等。这时更体现文件在操作前应该检查文件是否存在，能否访问到，以免引起一些莫名其妙的错误。读者在学习 PHP 文件操作时，应注意养成良好的编程习惯，为深入地学习 PHP 打下良好的基础。

9.2　读 写 文 件

视频讲解：第 9 章\读写文件.mp4

在计算机系统中，数据以文件的方式保存在储存设备上，通过编程的方式可以将数据保存到文件中。在 PHP 程序中，读写文件是 PHP 文件操作的主要功能之一，接下来将详细讲解使用 PHP 读写文件的方法。

9.2.1　写入数据

在 PHP 程序中，通过函数 fwrite()和函数 fputs()向文件中写入数据。函数 fputs()是函数 fwrite()的别名，两者的用法相同。使用函数 fwrite()的语法格式如下所示。

```
int  fwrite ( resource handle, string [ , int length ] ) ;
```

（1）第 1 个参数：将要被写入信息的文件指针 handle。

（2）第 2 个参数：指定写入的信息。

（3）第 3 个参数：写入的长度 length，每次写入 length 个字节，如果 string 的长度小于 length

的情况下写完了 string 时，则停止写入。

（4）函数返回值为写入的字节数，出现错误时返回 false。

例如在下面的实例代码中，演示了向文件中写入数据的过程。

实例 9-3 向文件中写入数据

源码路径 daima\9\9-3

实例文件 index.php 的主要实现代码如下所示。

```
<?php
  $hello = "test/write.txt" ;  //定义变量，设置文件的名字
       $php = "Hello  PHP!" ; //定义字符串变量
       if ( !$yes = fopen ( $hello,'a' ))//使用添加模式打开文件,文件指针指在表尾，如果打开失败
       {
       print"不能打开$hello" ; //输出提示
       exit ;
       }else{                  //如果打开成功
       print"打开成功! <br>" ;  //输出提示
        }
       if(!fwrite($yes,$php)) //将$php写入到文件夹中，如果写入失败
        {
       print "不能写入$php" ;  //输出提示
       exit ;
        }
       print "写入成功!<br>";  //输出提示
       fclose ( $yes ) ;       //关闭操作
?>
```

执行效果如图 9-3 所示。

打开成功!
写入成功!

图 9-3 PHP 文件写入

在上述实例代码中，只写入了一行数据，操作非常简单。在实际文件写入应用中，往往需要写入很多行，那时读者一定注意不同的操作系统具有不同的行结束规则。当写入一个文本并想插入一个新行时，需要使用符合操作系统的行结束符。基于 Windows 的系统使用\r\n 作为行结束符，基于 Linux 的系统使用\n 作为行结束符。如果没有注意上述规则，写入后的文件效果可能与读者原来的意思不相符合。

9.2.2 读取数据

读取数据操作是文件处理应用中非常重要的功能之一，在 PHP 语言中有很多种读取文件数据的方式，例如读取一个字符、多个字符与整行字符等。

1. 读取一个或多个字符

（1）读取一个字符的函数 fgetc()

如果想对某一个字符进行查找和修改操作，需要针对某个字符进行读取操作。在 PHP 程序中，通常使用 fgetc()函数实现字符读取功能，其语法格式如下。

```
string fgetc ( resource handle ) ;
```

参数“handle”表示将要被读取的文件指针，能够从 handle 所指文件中返回一个包含有一个字符的字符串。

例如下面实例的功能是使用函数 fgetc()读取数据。

实例 9-4 使用函数 fgetc()

源码路径 daima\9\9-4

实例文件 index.php 的主要实现代码如下所示。

```
<?php
    $file = fopen("test/readone.txt","r" ) ;//打开指定的文件
       if (!$file)                          //如果文件不存在
        {
```

```
        echo "不能打开文件!" ;                         //输出提示
        }
        while (false !==($shi =fgetc($file)))//如果文件存在
        { //从文件中逐一读取每个字符
        echo "$shi" ;                                  //显示读取的内容
        }
        fclose ($file) ;                               //关闭操作
?>
```

执行效果如图 9-4 所示。

图 9-4　执行效果

注意：函数 fgetc()一次只能操作一个字符，汉字占用两个字符的位置。所以在读取一个汉字的时候，如果只读取一个字符就会出现乱码。

（2）读取任意长度字符的函数 fread()

在 PHP 程序中，可以使用函数 fread()从指定文件中读出指定长度的字符，其语法格式如下所示。

```
string fread ( int handle ,int length ) ;
```

两个参数的具体说明如下所示。

参数 handle：是将要被读取的文件指针。

参数 length：从指针 handle 所指文件中读取 length 个字节。

如果到达文件结尾时就会停止读取文件，函数 fread()还可以读取二进制文件。例如下面的实例演示了使用函数 fread()的过程。

实例 9-5　使用函数 fread()

源码路径　daima\9\9-5

实例文件 index.php 的主要实现代码如下所示。

```
<?php  $yes = fopen ( "test/readany.txt","r+" ) ;
        //打开指定的文件
        $ten = fread ( $yes,10 ) ;
        //读取文件readany.txt中的10个字节
        echo $ten."<br>" ;   //显示读取内容
        fclose ( $yes );     //关闭文件
 ?>
```

执行效果如图 9-5 所示。

图 9-5　执行效果

2．读取一行或多行字符

（1）fgets()函数

在 PHP 程序中，函数 fgets()可以一次读取一行数据，其语法格式如下。

```
string fgets ( int handle [ ,int length ]) ;
```

两个参数的具体说明如下所示。

参数 handle 是将要被读取的文件指针。

可选参数 length 是要读取字节长度。

函数 fgets()能够从 handle 指向文件中读取一行，并返回长度最多为 length-1 个字节的字符串。遇到换行符、EOF 或者读取了 length-1 个字节后停止。如果没有指定 length 的长度，默认值是 1KB。出错时返回 false。

（2）fgetss ()函数

在 PHP 程序中，函数 fgetss ()是函数 fgets()的变体，同样用于读取一行数据，但是函数 fgetss()会过滤掉被读取内容中的 HTML 和 PHP 标记。其语法格式如下。

```
string fgetss ( resource handle, [, int $length [, string $allowable_tags]]) ;
```

函数 fgetss()有 3 个参数，其中前两个参数与 fgets()函数的意义一样。第 3 个参数 allowable_tags 可以控制哪些标记不被去掉，从读取的文件中去掉所有 HTML 和 PHP 标记。使用参数 allowable_tags 可以防止一些恶意的 PHP 和 HTML 代码执行产生破坏作用。例如在下面的实例代码中，演示了使用函数 fgetss()的过程。

实例 9-6　使用函数 fgetss()

源码路径　daima\9\9-6

实例文件 index.php 的主要实现代码如下所示。

```
<?php
    $file = "test/readoneandany.txt" ;                    //定义变量，设置文件的名字
    $yes = fopen ( $file,"w" ) ;                          //打开文件
    fwrite ( $yes,"<b> 这是我的第一个PHP程序!</b>\r\n" ) ;     //向文本中输入3段数据
    fwrite ( $yes,"<br><b>这是我的第二个PHP程序!</b>\r\n<br>" ) ;
     fwrite ( $yes,"<b>这是我的第三个PHP程序!</b>\r\n" ) ;
    fclose ( $yes ) ;
    $files = fopen ( "test/readoneandany.txt","r" ) ;          //重新打开文本
    while (!feof($files))                              //输出文本中所有的行，直到文件结束为止
     {
    $line = fgets ($files,1024);                       //通过fgets函数打开文件
    echo $line;
     }
    $files = fopen ( "test/readoneandany.txt","r" ) ;      //打开指定文件
    while ( !feof ( $files ))
    //输出文本中所有的行，直到文件结束为止
     {
    $line = fgetss ( $files,1024 ) ;
    //通过fgetss函数打开文本
    echo $line;
     }
    fclose ( $files ) ;
?>
```

执行效果如图 9-6 所示。从运行结果可以看出，fgets()函数可以读取一行数据，其中“<b></b>和
”标记中的内容被读取了，不但进行换行而且让字体加粗。后面的 fgetss()函数也能读取一行数据，但是没有对字体进行加粗。

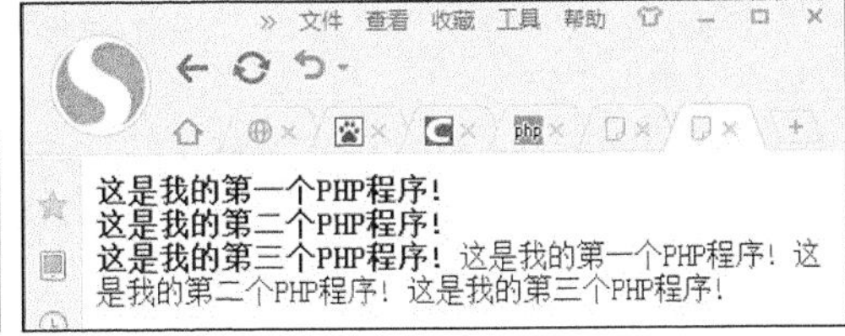

图 9-6　执行效果

(3) fgetcsv()函数

在 PHP 程序中，fgetcsv()函数也是 fgets()函数的变体，该函数是从文件中读取一行并解析 CVS（CVS 是一个服务器与客户端系统，简称 C/S 系统，是一个常用的代码版本控制软件，主要在开源软件管理中使用）字段，其语法格式如下。

```
array fgetcsv ( int handle,int length [, string delimiter [ , string enclosure ]]) ;
```

第一个参数 handle：将要被读取的文件指针。

第二个参数 length：要读取字节长度。该函数解析读入的行并找出 CVS 格式的字段，最后返回一个包含这些字段的数组。

后两个参数 delimiter 和 enclosure 都是可选的，其值分别是逗号和双引号，两者都被限制为一个字符。如果是多余一个字符，则只能使用第一个字符。为了便于处理行结束字符，length 参数值必须大于 CVS 文件中长度最大的行。文件结束或者该函数遇到错误都会返回 false。例如下面的实例演示了使用函数 fgetcsv()的过程。

实例 9-7 使用函数 fgetcsv()

源码路径 daima\9\9-7

实例文件 index.php 的主要实现代码如下所示。

```
<?php  $row = 1 ;
       $shili = fopen ( "test/fgetcsv.txt","r" ) ;          //打开指定的文件
       while ( $shi = fgetcsv ( $shili,1000, "\t" ))        //从文件指针中读取一行
      {
       $num = count( $shi ) ;                               //统计操作
       print "<p> 在第 $row 行的字段 : <br>";                 //显示第几行的提示
       $row++ ;                                             //逐行读取
       for ( $c=0; $c<$num; $c++ )
     print $shi[$c] . "<br>";                               //显示每一行的内容
      }
       fclose ( $shili ) ;                                  //关闭操作
?>
```

执行效果如图 9-7 所示。

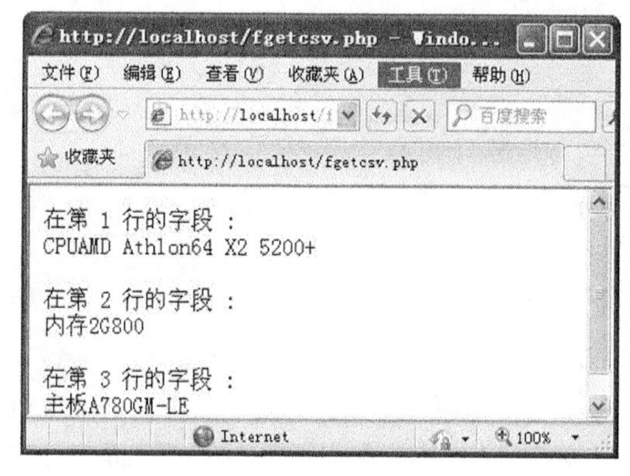

图 9-7 执行效果

注意：在 CVS 文件中的空行将返回为包含有单个 Null 字段的数组，而不会被当成错误。

3. 读取整个文件

上面介绍的函数都只能单个、多行读取文件中的数据信息。有时我们需要读取整个文件的信息，在 PHP 语言中提供了如下 4 个不同的函数来读取整个文件的信息。

(1) 函数 readfile()，其格式如下。

```
int readfile ( string filename [ , bool use_include_path [ , resource context ]] ) ;
```

函数 readfile()用于读入一个文件并将其写入到输出缓冲。第一参数 filename 是将要读取的包含路径的文件名，返回从文件中读入的字节数。如果出错返回 false，如果以@readfile()形式调用，即在 readfile 前面加@，则不会显示错误信息。第二个参数可选，如果想在 include_path 中搜寻文件，可以将可选参数 use_include_path 设为“1”。该函数使用前不用打开文件或者使用完后也不必关闭文件，直接从文件中读取内容输出到标准输出设备上。

（2）函数 fpassthru()，其格式如下。

```
int fpassthru (resource handle) ;
```

函数 fpassthru()只有一个参数，参数 handle 用于指向将要被输出的文件指针。该函数输出从文件指针开始的所有剩余数据，一直读取到文件 EOF，并把结果写到输出缓冲区，返回从 handle 读取并传递到输出的字符数目。发生错误时，返回 false。

注意：当在 Windows 系统中用函数 fpassthru()读取二进制文件时，要确保用 fopen()打开这个文件，并且在 mode 中附加“b”选项来将文件以二进制方式打开。在处理二进制文件时使用“b”标志，这样可以使脚本的移植性更好。

（3）函数 file_get_contents()，其格式如下。

```
string file_get_contents ( string $filename [ , bool $use_include_path [ , resource $c
ontext [,int $offset[, int $maxlen]]] ] ;
```

函数 file_get_contents()适用于二进制对象，可以将整个文件的内容读入到一个字符串中，从参数 offset 所指定的位置开始，读取长度为“maxlen”的内容。失败时返回 false。

（4）函数 file()，其格式如下。

```
array file ( string filename [ , int use_include_path [,resource context]]) ;
```

函数 file()将文件作为一个数组返回，数组中每个单元都是文件中相应的一行，包括换行符在内。失败时返回 false。如果想在 filename 中搜寻文件，可以将可选参数 use_include_path 设为“1”。

例如在下面的实例代码中，演示了读取整个文件内容的过程。

实例 9-8　读取整个文件内容

源码路径　daima\9\9-8

实例文件 index.php 的主要实现代码如下所示。

```
<?php
$file = "test/a.jpg" ;                             //定义文件名变量
        $yes = fopen ($file ,"rb" ) ;             //打开文件
        header ( "content-type:image/png" ) ;//二进制读取数据
         //发送html头,表示发送二进制数据
        header( "content_length:".filesize ( $file ));
         //获取文件的大小
        fpassthru ( $yes ) ;
        exit ;
        fclose($yes);
?>
```

执行效果如图 9-8 所示。

图 9-8　读取整个文件

9.3　文件指针

视频讲解：第 9 章\文件指针.mp4

在本章前面的内容中，已经讲解了读写文件中单个字符、单行、多行与整个文件的操作。但是读者有时希望从文件中指定位置处开始对文件进行读写，这应该如何实现呢？在 PHP 语言中提供了文件指针来解决这个问题，这也被称为文件定位。在 PHP 程序中，实现文件内容定位的函数有 ftell()、rewind()和 fseek()。

9.3.1　使用函数 ftell()

在 PHP 程序中，函数 ftell()的主要功能是返回当前文件指针在文件中的位置，不起其他任何作用，也可以称为文件流中的偏移量，出错则返回 false。使用函数 ftell()的语法格式如下。

```
int ftell ( resource handle ) ;
```

函数 ftell()只有一个参数 handle，指向将被操作的文件指针。例如下面实例的功能是，使用 ftell()函数输出文本文件 readany.txt 中文件指针的位置。

实例 9-9　使用 ftell()函数输出文本文件 readany.txt 中文件指针的位置
源码路径　daima\9\9-9

实例文件 index.php 的主要实现代码如下所示。

```
<?php
    $file = fopen ( "test/readany.txt","r" ) ;       //打开指定的文件
       $yes = fgets( $file,4 ) ;                      //读取4个字节
       echo "$yes<br>";
       echo ftell ( $file ) ;                         //返回当前文件指针在文件中的位置
       fclose ( $file ) ;                             //关闭操作
?>
```

执行效果如图 9-9 所示。

图 9-9　文件指针

9.3.2　使用函数 rewind()

在 PHP 程序中，函数 rewind()的主要功能是将文件指针位置设为文件的开头。使用 rewind()函数操作文件，文件指针必须合法，所以文件必须用函数 fopen()打开。该函数成功时返回 true，失败时返回 false。使用函数 rewind()的语法格式如下所示。

```
int rewind ( resource handle ) ;
```

函数 rewind()只有一个参数 handle，用于指向将被操作的文件指针。例如下面的实例演示了使用函数 rewind()的过程。

实例 9-10　使用函数 rewind()
源码路径　daima\9\9-10

实例文件 index.php 的主要实现代码如下所示。

```
<?php
$file = fopen ( "test/writes.txt","r" ) ;       //首先打开一个文件
       $row = fgets ( $file ,1024 ) ;           //读取文件中的第一行
       echo $row ."<br>" ;
       $row = fgets ( $file ,1024 ) ;           //读取文件中的第二行,现在指针位于第二行
       echo $row ."<br>" ;
       rewind ( $file ) ;                       //将指针重新定位到第一行
       $row = fgets ( $file ,1024 ) ;           //读取数据仍旧是第一行
       echo $row."<br>" ;
       fclose ( $file ) ;                       //关闭操作
?>
```

执行效果如图 9-10 所示。

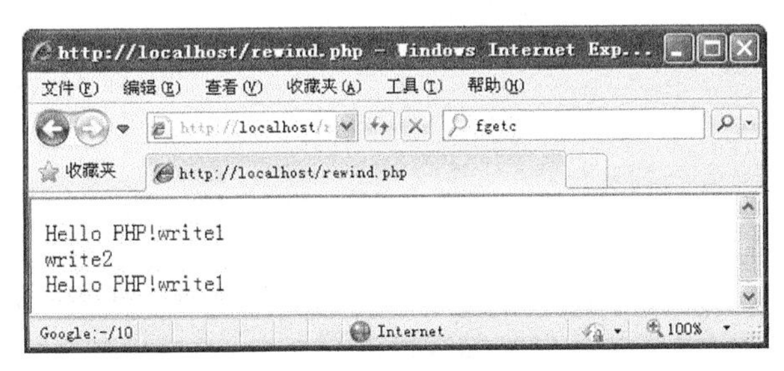

图 9-10 执行效果

注意：如果文件以“a”模式（追加模式）打开，写入文件的任何数据总是会被附加在文件的后面，忽略文件指针的位置。

9.3.3 使用函数 fseek()

在 PHP 程序中，函数 fseek()的功能是移动文件指针，执行成功时返回 0，否则返回-1。使用函数 fseek()的语法格式如下。

```
int fseek ( resource handle , int offset [, int whence]) ;
```

函数 fseek()有如下所示的 3 个参数。

（1）第一个参数 handle：指向将被操作的文件指针。

（2）第二个参数 offset：表示指针移动字节数。

（3）第三个参数 whence：文件指针当前的位置，whence 参数值的具体取值如下所示。

Whence：缺省，则该参数的默认值为 SEEK_SET。

SEEK_SET：指定指针位置等于 offset 字节。

SEEK_CUR：指定指针位置为当前位置加上 offset。

SEEK_END：指定指针位置为文件尾加上 offset（如果想移动指针到文件尾之前的位置，则需要给 offset 传递一个负值）。

例如在下面的实例代码中，演示了使用函数 fseek()的过程。

实例 9-11 使用函数 fseek()

源码路径 daima\9\9-11

实例文件 index.php 的主要实现代码如下所示。

```
<?php
      $file = fopen ( "test/fgetcsv.txt","r" ) ;      //打开一个指定的文件
       fseek ( $file, 6, SEEK_CUR ) ;          //把文件指针定位到第6个字符
       $yes = fgets ( $file, 1024 ) ;          //读取文件,从第6个字符后开始
       echo $ yes."<br>" ;
       fseek ( $file, 0 ) ;                    //移动文件指针，使用默认值,指定位置
       $yes = fgets ( $file, 1024 ) ;          //从文件指针中读取一行，要读取的字节数是 1024
       echo $ yes. "<br>" ;
```

```
        fclose ( $file ) ;                                  //关闭操作
?>
```

执行效果如图 9-11 所示。

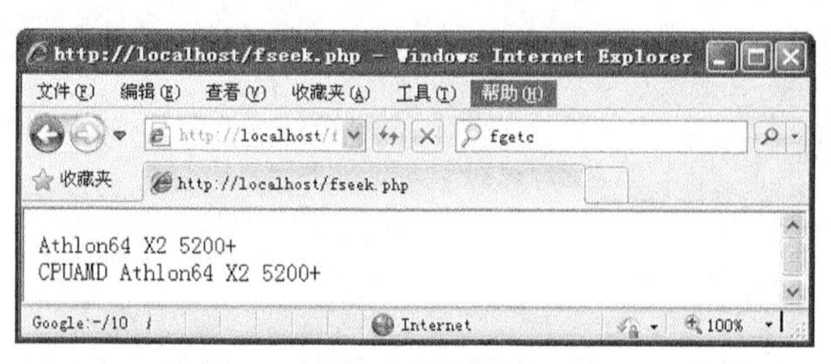

图 9-11　执行效果

9.4　目 录 操 作

视频讲解：第 9 章\目录操作.mp4

在计算机系统中，数据文件被存放在储存设备的文件系统中。文件系统就像一棵树的形状，而目录就好像树的枝干，每个文件都被保存在目录中。在目录中还可以继续包含子目录，在这些子目录中还可以包含文件和其他子目录，PHP 语言是如何处理这目录的呢？在本节的内容中，将详细讲解使用 PHP 语言操作目录的基本知识。

9.4.1　打开目录

目录作为一种特殊的文件，在操作之前同样需要检查其合法性，实现打开与关闭目录操作。在 PHP 程序中，使用函数 opendir()打开某个目录，使用函数的语法格式如下：

```
resource opendir ( string path ) ;
```

函数 opendir()非常简单，只有一个参数，参数 path 是指向一个合法的目录路径，执行成功后返回目录的指针。参数 path 不是一个合法的目录时，如果因为文件系统错误或权限而不能打开目录，函数 opendir()返回 false，同时产生 E_WARNING 的错误信息。在函数 opendir()前面加上“@”符号来控制错误信息的输出。

例如下面的实例演示了使用函数 opendir()打开一个目录的过程。

实例 9-12　使用函数 opendir()打开一个目录

源码路径　daima\9\9-12

实例文件 index.php 的主要实现代码如下所示。

```
<?php
 $file = "test" ;                  //定义变量并赋值
 if (is_dir( $file ))              //检测目录是否合法
if ( $yes=opendir( $file )) //合法则打开这个目录
 {
 echo $yes."<br>";                 //输出目录指针
 echo "目录合法<br>";              //输出提示
 }else                             //如果不合法
{
 echo "目录不合法<br>";            //输出提示
 }
 closedir( $yes) ;                 //关闭目录
?>
```

执行效果如图 9-12 所示。

```
Resource id #3
目录合法
```

图 9-12　执行效果

9.4.2 遍历目录

在目录中可以包含子目录或者是文件，在 PHP 程序中可以使用 readdir ()函数来遍历目录，读取指定目录下面的子目录与文件。使用 readdir ()函数的语法格式如下所示。

```
string readdir ( resource dir_handle )
```

参数 dir_handle 指向 readdir()函数打开文件路径返回的目录指针，当执行 readdir()函数后，会返回目录中下一个文件的文件名，文件名以在文件系统中的排序返回，读取结束时返回 false。例如下面的实例演示了遍历一个目录的过程。

实例 9-13　遍历一个目录

源码路径　daima\9\9-13

实例文件 index.php 的主要实现代码如下所示。

```
<?php
 $dir = "test" ;                                                  //定义变量并赋值
        $i = 0;                                                   //定义变量并赋值
        if ( is_dir ( $dir ))                                     //检测是否是合法目录
         {
           if ($handle = opendir ( $dir ))
           //合法则打开目录
            {
             while (false !== ($file = readdir($handle))) //读取目录
              {
                 $i++ ;                                            //逐一读取目录中的文件
             echo "$file <br> " ;
               }
           echo  "该目录下有子目录与文件个数: ".$i;               //显示目录中的文件个数
              /* 这是错误地遍历目录的方法 */
              while ($file = readdir($handle))                    //读取目录
               {
             echo "$file\n";
               }
           }
        }
        closedir ( $handle ) ;                                    //输出目录中的内容
 ?>
```

执行效果如图 9-13 所示。

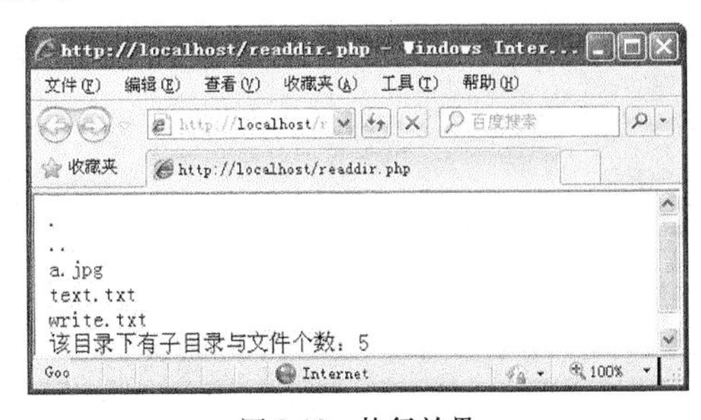

图 9-13　执行效果

9.4.3 目录的创建、合法性与删除

（1）创建目录函数 mkdir()

在 PHP 程序中，通过函数 mkdir()新建一个目录，使用函数 mkdir()的语法格式如下。

```
bool mkdir ( string pathname [ , int mode ] ) ;
```

函数 mkdir()可以创建一个由 pathname 指定的目录。其中 mode 是指操作的权限，默认的 mode 是 0777，表示最大可能的访问权。

提示：mode 在 Windows 下被忽略，默认的 mode 是 0777。

（2）检查目录合法性函数 is_dir()

在 PHP 程序中，通过函数 is_dir()可以判断给定文件名是否是一个目录，使用函数 is_dir()的语法格式如下。

```
bool is_dir ( string filename )
```

函数 is_dir()能够检查 filename 参数指定的目录名，如果文件名存在并且为目录则返回 true。如果 filename 是一个相对路径，则按照当前工作目录检查其相对路径。

（3）删除目录函数 rmdir()

在 PHP 程序中，通过函数 rmdir()可以删除一个目录，使用函数 rmdir()的语法格式如下。

```
bool rmdir ( string pathname)
```

函数 rmdir()可以删除由 pathname 指定的目录。如果要删除 pathname 所指定的目录，该目录必须是空的，而且要有相应的权限。如果成功返回 true，失败则返回 false。

例如在下面的实例代码中，演示了实现目录的创建、检查与删除操作的过程。

实例 9-14　实现目录的创建、检查与删除

源码路径　daima\9\9-14

实例文件 index.php 的主要实现代码如下所示。

```
<?php
      $direct = "test" ;                              //定义目录变量并赋值
      $hello = "test/otherdir1/writes.txt" ; //定义文件名变量并赋值
      $php = "Hello  PHP!" ;
     if ( is_dir ( $direct ))                         //检测是否是一个合法的目录
     {
      if ( $shi = opendir ( $direct ))          //如果是合法目录则打开这个目录
           {
                echo "目录指针$shi<br>" ;       //输出目录指针
                   if(mkdir("test/otherdir1",0700)&&mkdir("test/otherdir2",0700)&& mkdir
                   ("test/otherdir3", 0700))  //创建一个新的目录
              {
                   echo "创建otherdir1\otherdir2\otherdir3目录成功! <br>";
                  }
                   if (!$yes = fopen($hello,'a' )){//如果不能打开文件
                   print"不能打开$hello" ;      //输出提示
                   exit ;
                   }
                   if(!fwrite($yes,$php))       //如果能打开文件，但是不能写入内容
                   {
                   print "不能写入$php" ;        //输出提示
                   exit ;
                   }
                 if(@rmdir("test/otherdir1") )//删除第1个目录
              {
                   echo "删除目录成功! <br>";
                 }else{                              //如果删除失败
                  echo "删除目录失败，请检查目录是否为空! <br>";  //输出提示
                   }
                  if(@rmdir("test/otherdir2") )//删除第2个目录
              {
                   echo "删除目录成功! <br>";   //输出提示
                  }else{                             //如果删除失败
                     echo "删除目录失败，请检查目录是否为空! <br>";
                   }
```

```
            fclose ( $yes ) ;    //关闭文件
          echo "关闭文件! <br>";  //输出提示
          closedir ( $shi ) ;   //关闭目录
          echo "关闭目录! <br>";  //输出提示
      }else{
        print "目录打开失败! <br>"; //输出提示
      }
    }else{
      echo "不是合法目录<br>" ;    //输出提示
    }
?>
```

执行效果如图 9-14 所示。

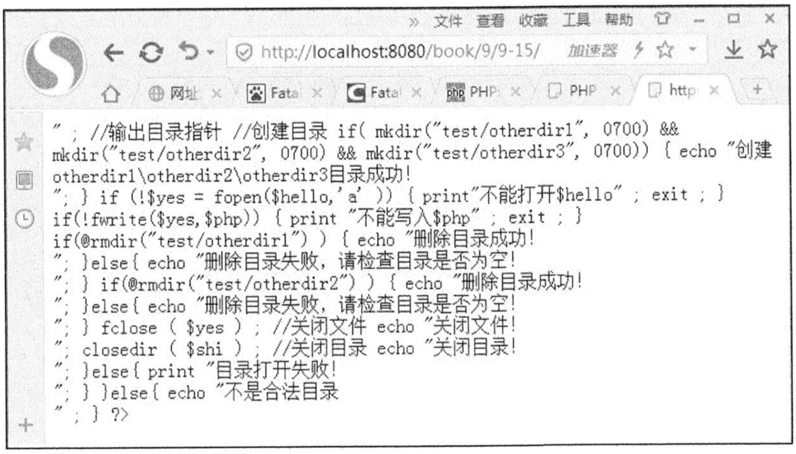
» 文件 查看 收藏 工具 帮助
http://localhost:8080/book/9/9-15/
" ; //输出目录指针 //创建目录 if(mkdir("test/otherdir1", 0700) &&
mkdir("test/otherdir2", 0700) && mkdir("test/otherdir3", 0700)) { echo "创建
otherdir1\otherdir2\otherdir3目录成功!
"; } if (!$yes = fopen($hello,'a')) { print"不能打开$hello" ; exit ; }
if(!fwrite($yes,$php)) { print "不能写入$php" ; exit ; }
if(@rmdir("test/otherdir1")) { echo "删除目录成功!
"; }else{ echo "删除目录失败，请检查目录是否为空!
"; } if(@rmdir("test/otherdir2")) { echo "删除目录成功!
"; }else{ echo "删除目录失败，请检查目录是否为空!
"; } fclose ($yes) ; //关闭文件 echo "关闭文件!
"; closedir ($shi) ; //关闭目录 echo "关闭目录!
"; }else{ print "目录打开失败!
"; } }else{ echo "不是合法目录
" ; } ?>

图 9-14　执行效果

9.5　实现文件上传功能

视频讲解：第 9 章\实现文件上传功能.mp4

要想在 PHP 程序中实现文件上传功能，首先需要在配置文件 php.ini 中对上传功能进行相应设置，然后通过设置预定义变量$_FILES 的值对上传文件做一些限制和判断，最后使用 move_uploaded_file()函数实现上传功能。

9.5.1　配置 php.ini 文件

要想在 PHP 程序中顺利地实现上传功能，首先要在 php.ini 中开启文件上传，并对其中的一些参数做出合理的设置。找到 File Uploads 项，可以看到如下所示的 3 个属性。

file_uploads：如果值为 on，说明服务器支持文件上传；如果为 0 行，则不支持。

upload_tmp_dir：上传文件临时目录。在文件被成功上传之前，文件首先存放到服务器端的临时目录中。如果想要指定位置，可在这里设置。否则使用系统默认目录即可。

upload_ max_ filesize：服务器允许上传的文件的最大值，以 MB 为单位。系统默认为 2MB，用户可以自行设置。

除了可以设置 File Uploads 选项外，在 PHP 中还有如下两个属性也会影响到上传文件的功能。

max_execution_time：PHP 中一条指令所能执行的最长时间，单位是秒。

memory_limit：PHP 中一条指令所分配的内存空间，单位是 MB。

注意：如果要上传超大文件，需要对文件 php.ini 中的一些参数进行修改。通过 upload_max_filesize 设置服务器允许上传文件的最大值，通过 max_execution_time 设置一条指令所能执行的最长时间，通过 memory_limit 设置一条指令所分配的内存空间。

9.5.2　预定义变量$_FILES

在 PHP 程序中，变量$_FILES 存储的是和上传文件相关的信息，这些信息对于上传功能有很大的作用。变量$_FILES 是一个二维数组，变量中各个元素的具体说明如表 9-2 所示。

表 9-2　　预定义变量$-FILES 的元素说明

元　素　名	说　　明
$ FILES[filename][name]	存储了上传文件的文件名。如 exam.txt、myDream.jpg 等
$ FILES[filename][size]	存储了文件大小。单位为字节
$ FILES[filename][tmp_name]	文件上传时，首先在临时目录中被保存成一个临时文件
$_FILES[filename] [type]	上传文件的类型
$ FILES[filename][error]	存储了上传文件的结果。如果值为 0，说明文件上传成功

例如在下面的实例代码中，演示了通过$_FILES 变量输出上传文件信息的过程。

实例 9-15　通过$_FILES 变量输出上传文件的信息

源码路径　daima\9\9-15

实例文件 index.php 的主要实现代码如下所示。

```
<form action="" method="post" enctype="multipart/form-data">
  <tr>
    <td width="150" height="30" align="right" valign="middle">请选择上传文件：</td>
    <td width="250"><input type="file" name="upfile"/></td>
    <td width="100"><input type="submit" name="submit" value="上传" /></td>
  </tr>
</form>
</table>
<?php
 if(!empty($_FILES)){
     foreach($_FILES['upfile'] as $name => $value)     //遍历显示上传文件信息
         echo $name.' = '.$value.'<br>';
 }
?>
```

执行效果如图 9-15 所示。

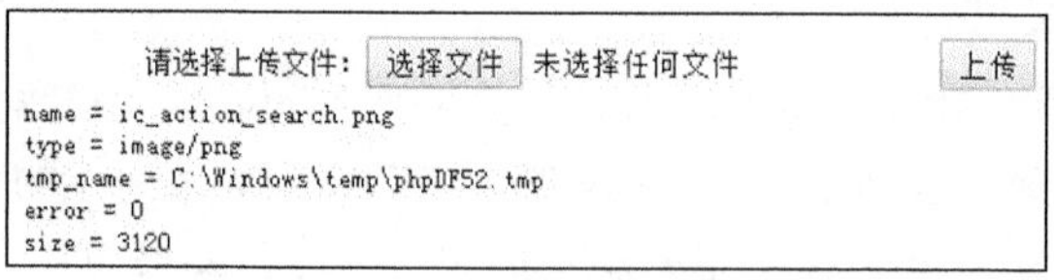

请选择上传文件：选择文件 未选择任何文件 上传
name = ic_action_search.png
type = image/png
tmp_name = C:\Windows\temp\phpDF52.tmp
error = 0
size = 3120

图 9-15　执行效果

9.5.3　文件上传函数

在 PHP 程序中，使用函数 move_uploaded_file()上传一个文件，函数 move_uploaded_file()能够将上传文件存储到指定的位置。如果成功返回 true，否则返回 false。使用函数 move_uploaded_file()的语法格式如下所示。

```
bool move_uploaded_file(string filename, string destination)
```

上述两个参数的具体说明如下所示。

（1）参数 filename：上传文件的临时文件名，即$_FILES[tmp_name]。

（2）参数 destination：上传后保存的新路径和名称。

例如下面实例的功能是使用函数 move_uploaded_file()上传文件。

实例 9-16 使用函数 move-uploaded-file()上传文件

源码路径 daima\9\9-16

实例文件 index.php 的主要实现代码如下所示。

```
<?php
 if(!empty($_FILES[up_file][name])){                //如果选择的上传文件不为空
 $fileinfo = $_FILES[up_file];                      //文件信息变量
     if($fileinfo['size'] < 1000000 && $fileinfo['size'] > 0){      //文件大小处理
         //将上传文件存储到指定的位置
         move_uploaded_file($fileinfo['tmp_name'],$fileinfo['name']);
         echo '上传成功';                           //上传成功提示
     }else{
         echo '文件太大或未知';                     //上传失败提示
     }
 }
?>
<table width="385" height="185" border="0" cellpadding="0" cellspacing="0" background=
"images/bg.JPG">
  <tr>
    <td width="142" height="80"> </td>
    <td width="174"> </td>
    <td width="69"> </td>
  </tr>
<form action="" method="post" enctype="multipart/
form-data" name="form">
  <tr>
    <td height="30"> </td>
    <td align="left" valign="middle"><input name="up_file" type="file" size="12" /></td>
    <td> </td>
  </tr>
  <tr>
    <td height="27" align="right"> </td>
    <td align="center" valign="top">  <input type="image" name="imageField"
src="images/fg.bmp"></td>
    <td> </td>
  </tr>
  </form>
```

在上述代码中使用函数 move_uploaded_file()实现了文件上传功能，在使用此函数时，必须将表单的 enctype 属性设置为“multipart/form-data”。执行效果如图 9-16 所示。

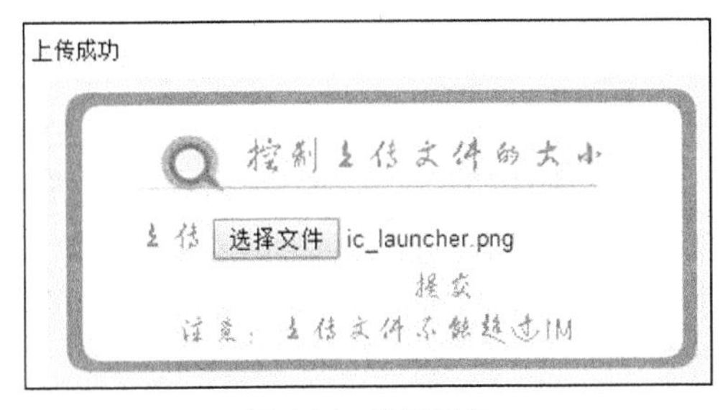

图 9-16　执行效果

9.5.4 多文件上传

在 PHP 程序中可以同时上传多个文件，此时只需要在表单中使用数组命名文件上传域即可。例如下面实例的功能是同时上传多个文件。

实例 9-17　同时上传多个文件

源码路径　daima\9\9-17

实例文件 index.php 的主要实现代码如下所示。

```
</form>
<?php
if(!empty($_FILES[u_file][name])){
 $file_name = $_FILES[u_file][name];
 $file_tmp_name = $_FILES[u_file][tmp_name];
 for($i = 0; $i < count($file_name); $i++){
     if($file_name[$i] != ''){
 move_uploaded_file($file_tmp_name[$i],$i.$file_name[$i]);
         echo '文件'.$file_name[$i].'上传成功。更名为'.$i.$file_name[$i].'<br>';
     }
 }
}
?>
```

在上述代码中设置了 4 个文件上传域，文件域的名字为 u_file[]，提交后上传的文件信息都被保存到$_FILES [u_file]中，生成多维数组。最后读取数组信息，并上传文件。执行效果如图 9-17 所示。

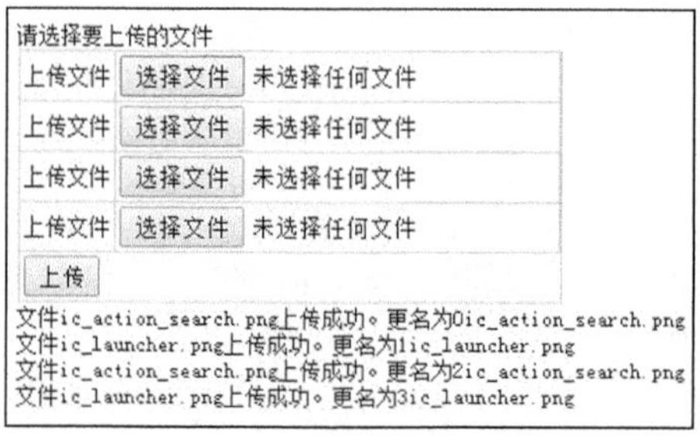

图 9-17　执行效果

9.6　技术解惑

（1）读者疑问：本章在学习 PHP 文件操作时，曾经提到打开远程服务器上的文件。那么 PHP 是如何实现远程文件上传与管理的呢？

解答：函数 is_uploaded_file()能够判断文件是否是通过 HTTP POST 上传。函数 is_uploaded_file()的声明格式如下。

```
bool is_uploaded_file ( string filename )
```

该函数参数 filename 判断给出文件是否通过 HTTP POST 上传的，是返回 true。这样可以用来确保恶意的用户无法用欺骗脚本去访问本不能访问的文件。

函数 move_uploaded_file()能够将上传的文件移动到新位置，其声明格式如下。

```
bool move_uploaded_file ( string filename, string destination )
```

该函数检查并且保证由 filename 指定的文件是合法的上传文件（即通过 PHP 的 HTTP POST 上传机制所上传的）。如果文件合法，则将其移动为由 destination 指定的文件下。

如果 filename 不是合法的上传文件，不会出现任何操作，该函数将返回 false；如果 filename 是合法的上传文件，但出于其他原因无法移动，同样也不会出现任何操作，move_uploaded_file()将返回 false。此外还会发出一条警告。

这种检查显得格外重要，如果上传的文件对用户或本系统的其他用户造成影响，通过这种方式可以加以限制。

（2）读者疑问：在向一个文本文件写入内容时，需要先锁定该文件，以防止其他用户同时修改此文件内容。在PHP程序中应该如何锁定一个文本文件？

解答：在PHP程序中使用函数flock()锁定文件，其语法格式如下。

```
bool flock(resource handle, int operation)
```

其中参数handle表示一个已经打开的文件指针，参数operation的具体取值如表9-3所示。

表9-3 operation的参数值

参数值	说明
LOCK SH	取得共享锁定（读取文件）
LOCK EX	取得独占锁定（写入文件）
LOCK UN	释放锁定
LOCK NB	防止flock()在锁定时堵塞

9.7 课后练习

（1）编写一个程序：分别实现目录存在检测、文件打开和文件写入操作。

（2）编写一个程序：将指定的文本字符串写入到目标文件中。

（3）编写一个程序：输出显示某个目录中的所有文件名。

（4）编写一个程序：复制某个目录中的文件到另一个目录中。

（5）编写一个程序：锁定某个文件以防止其他用户修改此文件内容。

第 10 章

实现图形图像处理

PHP 语言不但能够输出 HTML 页面元素，而且还可以创建并操作多种不同格式的图像文件，例如 GIF、PNG、JPG、WBMP 和 XPM。更为方便的是，PHP 可以直接将图像流输出到浏览器。在本章的内容中，将向大家详细讲解 PHP 处理图形图像的基础知识，为读者步入本书后面知识的学习打下基础。

10.1 使用图像函数库 GD

视频讲解：第 10 章\使用图像函数库 GD

要想在 PHP 程序中处理图像，需要在编译 PHP 程序时加载图像函数库 GD。通过使用库 GD，PHP 语言可以根据程序需要实现图形图像处理。因为 PHP 处理图像功能并不是服务器默认开启的，所以如果用户需要使用图像处理功能，需要修改配置文件 php.ini 中的环境。

注意：如果读者安装了 PHPNOW 安装包，则不需要任何修改。

10.1.1 GD 库介绍

GD 库是一个开放的、动态创建图像的、源代码公开的函数库，其可以从 boutell 官方网站下载。目前，GD 库支持 GIF、PNG、JPEG、WBMP 和 XBM 等多种图像格式，用于对图像的处理。GD 库在 PHP 7 中是默认安装的，但要激活 GD 库，必须设置 php.ini 文件。即将该文件中的“;extension=php_gd2.dll”选项前的分号“;”删除。保存修改后的文件并重新启动 Apache 服务器即可生效。

在成功加载 GD2 函数库后，可以通过文件 phpinfo.php 获取 GD2 函数库的安装信息，验证 GD 库是否安装成功。在 IE 浏览器的地址栏中输入“127.0.0.1/phpinfo.php”并按 Enter 键，在打开的页面中如果检索到图 10-1 所示的 GD 库的安装信息，即说明 GD 库安装成功。

GD Support	enabled
GD Version	bundled (2.1.0 compatible)
FreeType Support	enabled
FreeType Linkage	with freetype
FreeType Version	2.6.2
GIF Read Support	enabled
GIF Create Support	enabled
JPEG Support	enabled
libJPEG Version	9 compatible
PNG Support	enabled
libPNG Version	1.5.26
WBMP Support	enabled
XPM Support	enabled
libXpm Version	30411
XBM Support	enabled
WebP Support	enabled

Directive	Local Value	Master Value
gd.jpeg_ignore_warning	0	0

图 10-1 GD 库信息

10.1.2 使用 GD 库

例如在下面的实例代码中，简单演示了使用 GD 库的过程。

实例 10-1 使用 GD 库
源码路径 daima\10\10-1

实例文件 index.php 的主要实现代码如下所示。

```
<?php
// 建立一幅 100×30 的图像
$im = imagecreatetruecolor(100, 30);
// 设置背景颜色
$bg = imagecolorallocate($im, 0, 0, 0);
//设置字体颜色
$textcolor = imagecolorallocate($im, 0, 255, 255);
// 把字符串写在图像左上角
imagestring($im, 5, 0, 0, "Hello world!", $textcolor);
// 输出图像
header("Content-type: image/jpeg");
imagejpeg($im);
?>
```

在上述代码中用 GD 库绘制了一幅图像，执行效果如图 10-2 所示。

图 10-2　执行效果

10.2　简易图形图像处理

视频讲解：第 10 章\简易图形图像处理.mp4

在 PHP 程序中，要想实现图形图像处理功能，首先需要找到可以绘制的画布，然后才可以在画布上绘制简单的图形，例如直线、背景、文字颜色的设置。

10.2.1　创建画布

在绘制图像时一定要先创建画布，就像自己绘制画一样，一定要有绘制的内容。在 PHP 程序中，可以使用 imagecreate()函数来创建画布，建立一张全空的新图像，参数 x_size、y_size 为图像的尺寸，单位为像素（pixel）。使用函数 imagecreate()的语法格式如下。

```
int imagecreate(int x_size, int y_size);
```

例如下面的实例演示了使用函数 imagecreate()的过程。

实例 10-2　使用函数 imagecreate()

源码路径　daima\10\10-2

实例文件 index.php 的主要实现代码如下所示。

```
<?php
$image=imagecreate(400,800);      //新建画布
echo "画布的宽:".imagesX($image)."<br>";//画布的宽400
echo "画布的高:".imagesY($image);//画布的高800
?>
```

执行效果如图 10-3 所示。

画布的宽:400
画布的高:800

图 10-3　画布的创建

10.2.2　设置图像的颜色

在创建画布后，接下来可以在画布里面填充图形。在 PHP 程序中，可以使用函数 imagecolorallocate()实现填充图形功能，其语法格式如下。

```
int imagecolorallocate ( resource image, int red, int green, int blue )
```

函数 imagecreate()执行后返回一个标识符，表示由给定的 RGB 成分组成的颜色。参数 red、green 和 blue 分别表示了颜色中红、绿、蓝的成分。这些参数是 0 到 255 的整数或者十六进制

的 0X00 到 0XFF。函数 imagecolorallocate()被调用后开始创建每一种用在 image 所代表的图像中的颜色。例如下面的实例演示了使用函数 imagecolorallocate()的过程。

实例 10-3 使用函数 imagecolorallocate()

源码路径 daima\10\10-3

实例文件 index.php 的主要实现代码如下所示。

```
<?php
header('Content-type:image/gif');                    //设置图片的类型
$mi = imagecreate(300,150);                          //创建一个画布
$white = imagecolorallocate($mi,229,425,306);  //设置画布的背景颜色为浅绿色
imagegif($mi);                                       //输出图像
?>
```

执行效果如图 10-4 所示。

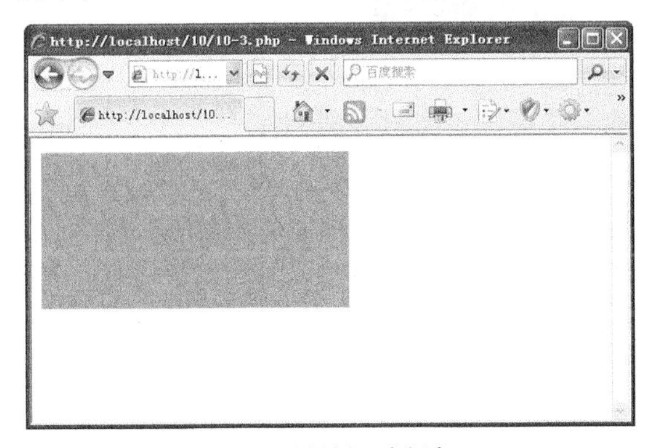

图 10-4 设置画布颜色

10.2.3 创建图像

在 PHP 程序中，在 GD2 库中有许多图形图像处理的函数，下面将以创建一个简单的图形为例，向读者介绍创建并输出图的方法。

实例 10-4 创建一个图像

源码路径 daima\10\10-4

实例文件 index.php 的主要实现代码如下所示。

```
<?php
// 建立多边形各顶点坐标的数组
$values = array(
          40,  50,  // Point 1 (x, y)
          40,  240, // Point 2 (x, y)
          60,  60,  // Point 3 (x, y)
          240, 20,  // Point 4 (x, y)
          80,  40,  // Point 5 (x, y)
          50,  10   // Point 6 (x, y)
          );
// 创建图像
$image = imagecreatetruecolor(250, 250);
// 设定颜色
$bg   = imagecolorallocate($image, 150, 220, 100);
$blue = imagecolorallocate($image, 0, 0, 255);
// 绘制一个多边形
imagefilledpolygon($image, $values, 6, $blue);
// 输出图像
header('Content-type: image/png');
imagepng($image);
```

```
imagedestroy($image);
?>
```

执行效果如图 10-5 所示。

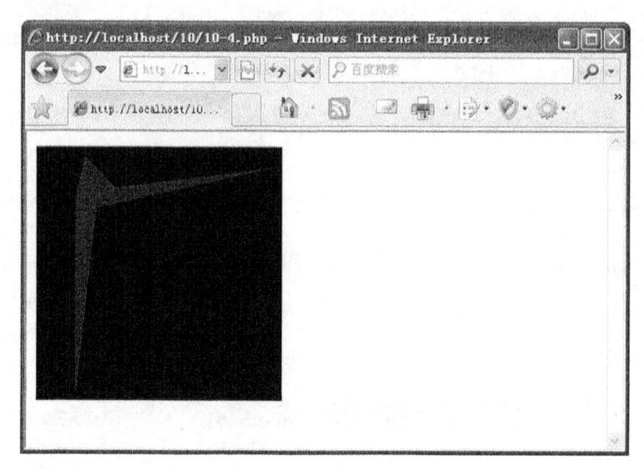

图 10-5　创建的图形

10.2.4　绘制几何图形

要想绘制复杂的图形图像，必须先学会如何绘制简单的几何图形。在 PHP 程序中，读者需要学会绘制圆、三角形等常规图形，下面将详细讲解绘制常规几何图形的方法。

1. 绘制一个圆

在众多几何图形中，圆是一种必不可少的几何图形。例如下面实例的功能是绘制一个圆。

实例 10-5　绘制一个圆

源码路径　daima\10\10-5

实例文件 index.php 的主要实现代码如下所示。

```
<?php
 //1.创建画布
$im = imagecreatetruecolor(300,200);//新建一个真彩色图像，默认背景是黑色，返回图像标识符。另外还
                                    //有一个函数 imagecreate 已经不推荐使用。
//2.绘制所需要的图像
$red = imagecolorallocate($im,255,0,0);//创建一个颜色，以供使用
imageellipse($im,30,30,40,40,$red);//画一个圆。参数说明：30，30为圆形的中心坐标；40，40为宽和高，
                                   //不一样时为椭圆；$red为圆形的颜色（框颜色）
//3.输出图像
header("content-type: image/png");
 imagepng($im);//输出到页面。如果有第二个参数[,$filename],则表示保存图像
//4.销毁图像，释放内存
imagedestroy($im);
 ?>
```

执行效果如图 10-6 所示。

图 10-6　绘制一个圆

2. 绘制一个矩形

在 PHP 程序中，矩形也是比较常见的几何图形之一，使用函数 imagerectangle()可以绘制一个矩形，语法格式如下所示。

```
bool imagerectangle ( resource image, int x1, int y1, int x2, int y2, int col )
```

上述语法表示，函数 imagerectangle()用 col 设置的颜色在 image 图像中画一个矩形，其左上角坐标为 x1、y1，右下角坐标为 x2、y2。图像的左上角坐标为 0, 0。例如下面实例的功能是绘制一个矩形。

实例 10-6　绘制一个矩形

源码路径　daima\10\10-6

实例文件 index.php 的主要实现代码如下所示。

```
<?php
function draw_grid(&$img, $x0, $y0, $width, $height, $cols, $rows, $color) {
    //绘制外边框
    imagerectangle($img, $x0, $y0, $x0+$width*$cols, $y0+$height*$rows, $color);
    //绘制水平线
    $x1 = $x0;
    $x2 = $x0 + $cols*$width;
    for ($n=0; $n<ceil($rows/2); $n++) {
       $y1 = $y0 + 2*$n*$height;
       $y2 = $y0 + (2*$n+1)*$height;
       imagerectangle($img, $x1,$y1,$x2,$y2, $color);
    }
    //绘制竖线
    $y1 = $y0;
    $y2 = $y0 + $rows*$height;
    for ($n=0; $n<ceil($cols/2); $n++) {
       $x1 = $x0 + 2*$n*$width;
       $x2 = $x0 + (2*$n+1)*$width;
       imagerectangle($img, $x1,$y1,$x2,$y2, $color);
    }
 }

//绘制实例
$img = imagecreatetruecolor(300, 200);     //建立一幅大小为300×200黑色图像(默认为黑色),
$red   = imagecolorallocate($img, 255,   0,   0);     //分配一个新颜色：红色
draw_grid($img, 0,0,15,20,20,10,$red);
header("Content-type: image/png");
imagepng($img);
imagedestroy($img);
?>
```

执行效果如图 10-7 所示。

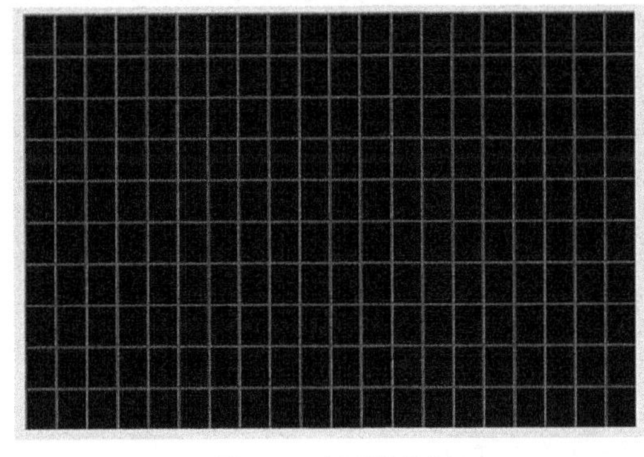

图 10-7　矩形的绘制

3. 绘制其他几何图形

在 PHP 程序中还可以绘制其他的图形，例如三角形、椭圆形等。例如下面实例的功能是绘制其他类型的几何图形。

实例 10-7　绘制其他类型的几何图形

源码路径　daima\10\10-7

实例文件 index.php 的主要实现代码如下所示。

```
<?php
$im = imagecreate(550,180);                                     //创建一个画布
$bg = imagecolorallocate($im, 80,220, 30);                      //设置背景颜色
$color = imagecolorallocate($im, 255, 0, 0);                    //第1种颜色
$color1 = imagecolorallocate($im, 255, 255, 255);               //第2种颜色
$color2 = imagecolorallocate($im, 255, 220, 42);                //第3种颜色
$color3 = imagecolorallocate($im, 99, 85, 25);                  //第4种颜色
$color4 = imagecolorallocate($im, 215, 115, 75);                //第5种颜色
imagepolygon($im,array (20, 20,90, 160,160, 20,90,70),4,$color);  //绘制一个多边形
imagerectangle($im,200,10,500,35,$color1);                      //绘制一个矩形
imagearc($im, 200, 100, 100, 100, 0, 360, $color2);             //绘制一个圆
imagearc($im, 300, 100, 120, 50, 0, 360, $color3);              //绘制一个椭圆
imagesetthickness($im,5);                                       //设置椭圆弧边线的宽度
imagearc($im, 450, 100, 180, 100, 180, 360, $color4);           //绘制一个椭圆弧
header("Content-type: image/png");                              //设置图片格式
imagepng($im);                                                  //生成PNG格式的图像
imagedestroy($im);                                              //释放内存
?>
```

执行效果如图 10-8 所示。

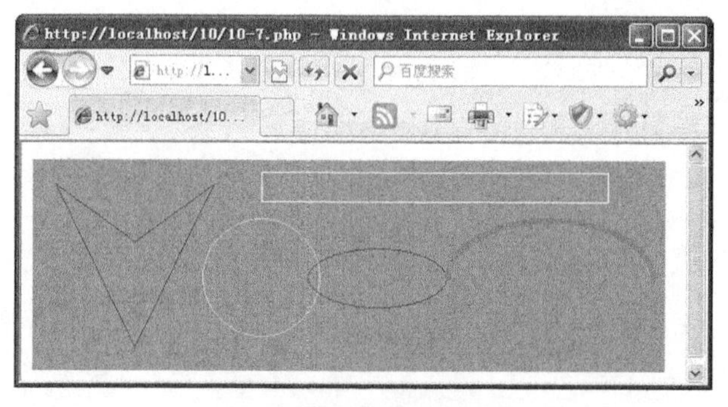

图 10-8　绘制各种几何图形

10.3　填充几何图形

视频讲解：第 10 章\填充几何图形.mp4

在 PHP 程序中，经常会遇到向几何图形中填充内容的情形。例如在一个表示销售统计的饼图中，需要使用不同的颜色进行填充。在本节的内容中，将详细讲解填充几何图形的知识。

10.3.1　进行区域填充

在图形填充应用中，使用最多的是区域填充。在 PHP 程序中，可以使用函数 imagefill()和函数 imagefilltoborder()实现区域填充功能。

1. 函数 imagefill()

使用函数 imagefill()的语法格式如下。

```
bool imagefill ( resource image, int x, int y, int color )
```

上述各个参数的具体说明如下所示。

x：横坐标。

y：纵坐标。

color：颜色执行区域填充，即与 x、y 点颜色相同且相邻的点都会被填充。

例如下面的实例演示了使用函数 imagefill()的过程。

实例 10-8　使用函数 imagefill()

源码路径　daima\10\10-8

实例文件 index.php 的主要实现代码如下所示。

```
<?php
header('Content-type: image/png');
$smile=imagecreate(400,400);                            //创建指定大小的绘制区域
$kek=imagecolorallocate($smile,0,0,255);                //为图像分配第1种颜色
$feher=imagecolorallocate($smile,255,255,255);          //为图像分配第2种颜色
$sarga=imagecolorallocate($smile,255,255,0);            //为图像分配第3种颜色
$fekete=imagecolorallocate($smile,0,0,0);               //为图像分配第4种颜色
imagefill($smile,0,0,$kek);                             //填充指定的颜色
imagearc($smile,200,200,300,300,0,360,$fekete);         //绘制圆弧
imagearc($smile,200,225,200,150,0,180,$fekete);         //绘制圆弧
imagearc($smile,200,225,200,123,0,180,$fekete);         //绘制圆弧
imagearc($smile,150,150,20,20,0,360,$fekete);           //绘制圆弧
imagearc($smile,250,150,20,20,0,360,$fekete);           //绘制圆弧
imagefill($smile,200,200,$sarga);                       //填充指定的颜色
imagefill($smile,200,290,$fekete);                      //填充指定的颜色
imagefill($smile,155,155,$fekete);                      //填充指定的颜色
imagefill($smile,255,155,$fekete);                      //填充指定的颜色
imagepng($smile);                                       //生成一张PNG格式的图像
?>
```

执行效果如图 10-9 所示。

图 10-9　填充图形

2. 函数 imagefilltoborder()

在 PHP 程序中，函数 imagefilltoborder()也能够实现图形填充功能，可以实现区域填充到指定颜色的边界为止，其语法格式如下。

```
bool imagefilltoborder ( resource image, int x, int y, int border, int color )
```

函数 imagefilltoborder()可以从“x，y”（图像左上角为 0，0）点开始用 color 颜色执行区域填充，直到遇到颜色为 border 的边界为止，并且边界内的所有颜色都会被填充。如果指定的边界色和该点颜色相同，则没有填充。如果图像中没有该边界色，则整幅图像都会被填充。

例如下面的实例演示了使用函数 imagefilltoborder()的过程。

实例 10-9　使用函数 imagefilltoborder()

源码路径　daima\10\10-9

实例文件 index.php 的主要实现代码如下所示。

```
<?php
   Header ("Content-type: image/png");                       //设置图片类型
   $im = ImageCreate (80, 25);                               //创建指定大小的图像区域
   $blue  = ImageColorAllocate ($im, 0, 0, 255);             //为图像分配颜色
   $white  = ImageColorAllocate ($im, 255, 255, 255);        //为图像分配颜色
   ImageArc($im, 12, 12, 23, 26, 90, 270, $white);           //绘制第1个圆弧
   ImageArc($im, 67, 12, 23, 26, 270, 90, $white);           //绘制第2个圆弧
   ImageFillToBorder ($im, 0, 0, $white, $white);            //绘制第3个圆弧
   ImageFillToBorder ($im, 79, 0, $white, $white);           //绘制第4个圆弧
   ImagePng ($im);              //创建图像
   ImageDestroy ($im);          //销毁操作
?>
```

执行效果如图 10-10 所示。

图 10-10　填充图形

10.3.2　矩形、多边形和椭圆形的填充

在 PHP 中提供了很多实现基本图形填充功能的函数，分别是 imagefilledrectangle()、imagefilledpolygon()和 imagefilledellipse()，下面将对这些函数进行详细讲解。

1. 函数 imagefilledrectangle()

函数 imagefilledrectangle()的功能是绘制一矩形并填充，其语法格式如下。

```
bool imagefilledrectangle ( resource image, int x1, int y1, int x2, int y2, int color )
```

函数 imagefilledrectangle()可以在 image 图像中绘制一个以 color 颜色填充了的矩形，其左上角坐标为 *x*1、*y*1，右下角坐标为 *x*2、*y*2。0，0 是图像的最左上角。

2. 函数 imagefilledpolygon()

函数 imagefilledpolygon()可以绘制一个多边形并填充，其语法格式如下。

```
bool imagefilledpolygon ( resource image, array points, int num_points, int color )
```

（1）imagefilledpolygon()函数在 image 图像中画一个填充了的多边形。

（2）points 参数是一个按顺序包含有多边形各顶点的 *x* 和 *y* 坐标的数组。

（3）num_points 参数是顶点的总数，必须大于 3。

3. 函数 imagefilledellipse()

函数 imagefilledellipse()可以绘制一个椭圆并实现填充，其语法格式如下。

```
bool imagefilledellipse ( resource image, int cx, int cy, int w, int h, int color )
```

函数 imagefilledellipse()可以在 image 所代表的图像中以 cx，cy（图像左上角为 0, 0）为中心画一个椭圆。w 和 h 分别代表椭圆的宽和高。椭圆以 color 颜色填充。如果成功则返回 true，失败则返回 false。

实例 10-10　实现矩形和椭圆的填充

源码路径　daima\10\10-10

实例文件 index.php 的主要实现代码如下所示。

```
<?php
$image = imagecreatetruecolor(400, 300);                        //新建一个真彩色图像变量
$bg = imagecolorallocate($image, 0, 0, 0);                      //新建颜色变量
$col_ellipse = imagecolorallocate($image, 255, 255, 255);       //颜色设置
```

```
    imagefilledellipse($image, 200, 150, 300, 200, $col_ellipse);     //绘制椭圆并填充颜色
    header("Content-type: image/png");                                //设置图像类型
    imagepng($image);                                                 //创建图像
    ?>
```

执行效果如图 10-11 所示。

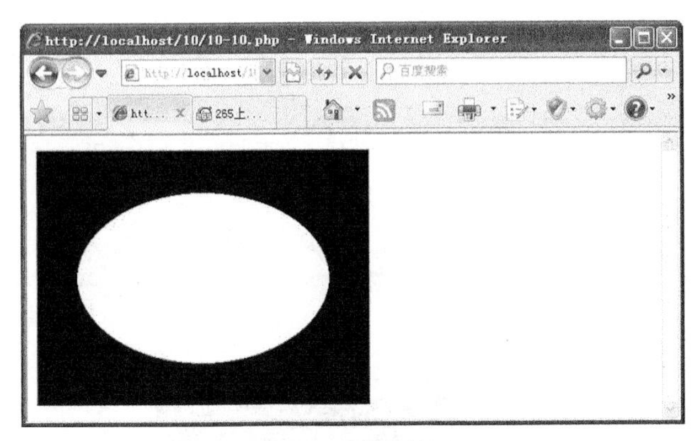

图 10-11　填充椭圆

10.3.3　圆弧的填充

在 PHP 程序中，可以使用函数 imagefilledarc()填充一个圆弧，其语法格式如下所示。

```
    bool imagefilledarc ( resource image, int cx, int cy, int w, int h, int s, int e, int
color, int style )
```

上述格式表示函数 imagefilledarc()在 image 所代表的图像中，以“cx，cy”（图像左上角为 0, 0）绘制一个椭圆弧。如果成功返回 true，失败则返回 false。w 和 h 分别指定了椭圆的宽和高，s 和 e 参数以角度指定了起始点和结束点。style 可以是下列值按位或（OR）后的值：

IMG_ARC_PIE

IMG_ARC_CHORD

IMG_ARC_NOFILL

IMG_ARC_EDGED

注意：IMG_ARC_PIE 和 IMG_ARC_CHORD 是互斥的，IMG_ARC_CHORD 只是用直线连接了起始和结束点，IMG_ARC_PIE 则是产生圆形边界，如果两个都用时只有 IMG_ARC_CHORD 生效。IMG_ARC_NOFILL 指明弧或弦只有轮廓，不填充。IMG_ARC_EDGED 指明用直线将起始和结束点与中心点相连，和 IMG_ARC_NOFILL 一起使用画饼状图轮廓的方法而不用填充。

例如下面的实例演示了绘制一个圆弧的过程。

实例 10-11　绘制一个圆弧

源码路径　daima\10\10-11

实例文件 index.php 的主要实现代码如下所示。

```
<?php
//创建画布，返回一个资源类型的变量$image，并在内存中开辟一个临时区域
$image = imagecreatetruecolor(300, 300);          //新建一个真彩色图像变量，画布大小为300×300
//设置图像中所需的颜色，相当于在画画时准备的染料盒
$white     = imagecolorallocate($image, 0xFF, 0xFF, 0xFF); //设置颜色1，白色
$gray      = imagecolorallocate($image, 0xC0, 0xC0, 0xC0); //设置颜色2，灰色
$darkgray = imagecolorallocate($image, 0x90, 0x90, 0x90); //设置颜色3，暗灰色
$navy      = imagecolorallocate($image, 0x00, 0x00, 0x80); //设置颜色4，深蓝色
```

```
$darknavy = imagecolorallocate($image, 0x00, 0x00, 0x50); //设置颜色5，暗深蓝色
$red      = imagecolorallocate($image, 0xFF, 0x00, 0x00); //设置颜色6，红色
$darkred  = imagecolorallocate($image, 0x90, 0x00, 0x00); //设置颜色7，暗红色

for ($i = 60; $i > 50; $i--) {                      //使用for循环，循环10次画出3D立体效果
  imagefilledarc($image, 50, $i, 100, 50, 0, 45, $darknavy, IMG_ARC_PIE);
  imagefilledarc($image, 50, $i, 100, 50, 45, 75 , $darkgray, IMG_ARC_PIE);
  imagefilledarc($image, 50, $i, 100, 50, 75, 360 , $darkred, IMG_ARC_PIE);
}
imagefilledarc($image, 50, 50, 100, 50, 0, 45, $navy, IMG_ARC_PIE);   //画一椭圆弧且填充
imagefilledarc($image, 50, 50, 100, 50, 45, 75 , $gray, IMG_ARC_PIE); //画一椭圆弧且填充
imagefilledarc($image, 50, 50, 100, 50, 75, 360 , $red, IMG_ARC_PIE); //画一椭圆弧且填充
header('Content-type: image/png');                 //向浏览器中输出一个png格式的图片
imagepng($image);                                  //向浏览器输出图像
imagedestroy($image);                              //销毁图像释放资源
?>
```

执行效果如图 10-12 所示。

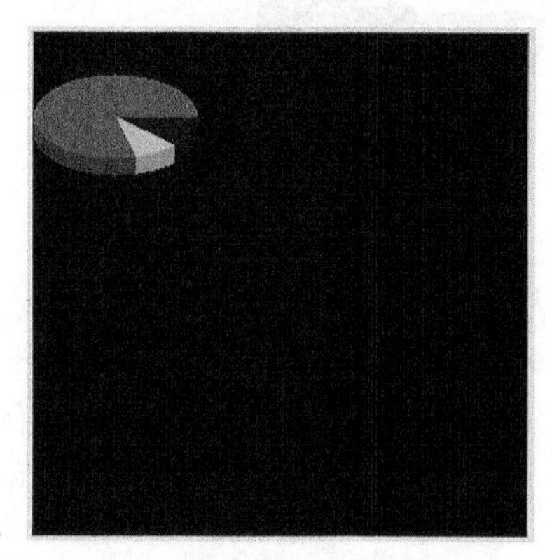

图 10-12　绘制一个圆弧

10.4　输 出 文 字

视频讲解：第 10 章\输出文字.mp4

在 PHP 程序中，开发者可以将文字添加到绘制的图形中，例如英文和中文。在本节的内容中，将详细讲解使用 PHP 语言在图像中绘制文字的知识。

10.4.1　输出英文

在 PHP 程序中，可以使用函数 imagestring()和 imagestringup()实现输出英文功能，由于它们的基本功能和用法都相同，本书只讲解函数 imagestring()。

使用函数 imagestring()的语法格式如下所示。

```
bool imagestring ( resource image, int font, int x, int y, string s, int col )
```

上述格式表示函数 imagestring()用 col 颜色将字符串 s 画到 image 所代表的图像的 *x*、*y* 坐标处（这是字符串左上角坐标，整幅图像的左上角为 0，0）。如果 font 是 1、2、3、4 或 5，则使用内置字体。

例如下面的实例演示了使用函数 imagestring()的过程。

实例 10-12　使用函数 imagestring()

源码路径　daima\10\10-12

实例文件 index.php 的主要实现代码如下所示。

```
<?php
// 建立一幅 100×30 的图像
$im = imagecreatetruecolor(100, 30);
// 黑色背景和白色文本
$bg = imagecolorallocate($im, 255, 255, 255);
$textcolor = imagecolorallocate($im, 0, 0, 255);
// 把字符串写在图像左上角
imagestring($im, 5, 0, 0, "china", $textcolor);
// 输出图像
header("Content-type: image/jpeg");
imagejpeg($im);
?>
```

执行效果如图 10-13 所示。

图 10-13 输出英文

10.4.2 输出中文

当大家开发国内 Web 网站时，经常需要在图像中输出中文文本。在 PHP 程序中，可以使用 imagettftext()函数实现中文输出功能，其语法格式如下。

```
array imagettftext ( resource image, float size, float angle, int x, int y, int color, string fontfile, string text )
```

各个参数的具体说明如下所示。

image：图像资源。

size：字体大小。根据 GD 版本不同，应该以像素大小（GD1）或点大小（GD2）指定。

angle：角度制表示的角度，0 度为从左向右读的文本。更高数值表示逆时针旋转。例如 90 度表示从下向上读的文本。

x：由 x、y 所表示的坐标定义了第一个字符的基本点（大概是字符的左下角）。这和 imagestring()不同，其 x、y 定义了第一个字符的左上角。例如“top left”为“0, 0”。

y：y 坐标。它设定了字体基线的位置，不是字符的最底端。

color：颜色索引。使用负的颜色索引值具有关闭防锯齿的效果。

fontfile ：是想要使用的 TrueType 字体的路径。

例如下面实例演示了使用函数 imagettftext()的过程。

实例 10-13 使用函数 imagettftext()

源码路径 daima\10\10-13

实例文件 index.php 的主要实现代码如下所示。

```
<?php
header("content-type:image/jpeg");                    //定义输出为图像类型
$im=imagecreatefromjpeg("images/photo.jpg");          //载入照片
$textcolor=imagecolorallocate($im,56,73,136);         //设置字体颜色为蓝色，值为RGB颜色值
$fnt="c:/windows/fonts/simhei.ttf";                   //定义字体
$motto=iconv("gb2312","utf-8","长白山天池");            //定义输出字体串
imageTTFText($im,220,0,480,340,$textcolor,$fnt,$motto);     //将TTF文字写入到图中
imagejpeg($im);                                       //建立JPEG图形
imagedestroy($im);                                    //结束图形，释放内存空间
?>
```

执行效果如图 10-14 所示。

图 10-14　输出中文

10.5　复杂图形的处理

视频讲解：第 10 章\复杂图形的处理.mp4

在本章前面的内容中，已经学习了图形操作的基本知识。在本节的内容中，将介绍几种常用图形的绘制方法，以加深大家对 GD2 库的认识和理解。

10.5.1　圆形的重叠

可以使用 PHP 语言实现圆的重叠效果，例如下面的实例实现了 3 个圆的重叠效果。

实例 10-14　实现 3 个圆的重叠效果

源码路径　daima\10\10-14

实例文件 index.php 的主要实现代码如下所示。

```
<?php
$size = 300;
$image=imagecreatetruecolor($size, $size);
// 用白色背景加黑色边框画个方框
$back = imagecolorallocate($image, 255, 255, 255);
$border = imagecolorallocate($image, 0, 0, 0);
imagefilledrectangle($image, 0, 0, $size - 1, $size - 1, $back);
imagerectangle($image, 0, 0, $size - 1, $size - 1, $border);
$yellow_x = 100;
$yellow_y = 75;
$red_x    = 120;
$red_y    = 165;
$blue_x   = 187;
$blue_y   = 125;
$radius   = 150;
// 用 alpha 值分配一些颜色
$yellow = imagecolorallocatealpha($image, 255, 255, 0, 75);
$red    = imagecolorallocatealpha($image, 255, 0, 0, 75);
$blue   = imagecolorallocatealpha($image, 0, 0, 255, 75);
// 画3个交迭的圆
imagefilledellipse($image, $yellow_x, $yellow_y, $radius, $radius, $yellow);
imagefilledellipse($image, $red_x, $red_y, $radius, $radius, $red);
imagefilledellipse($image, $blue_x, $blue_y, $radius, $radius, $blue);
// 不要忘记输出正确的 header!
header('Content-type: image/png');
// 最后输出结果
imagepng($image);
//imagepng($image,"exam01.png");
imagedestroy($image);
?>
```

执行效果如图 10-15 所示。

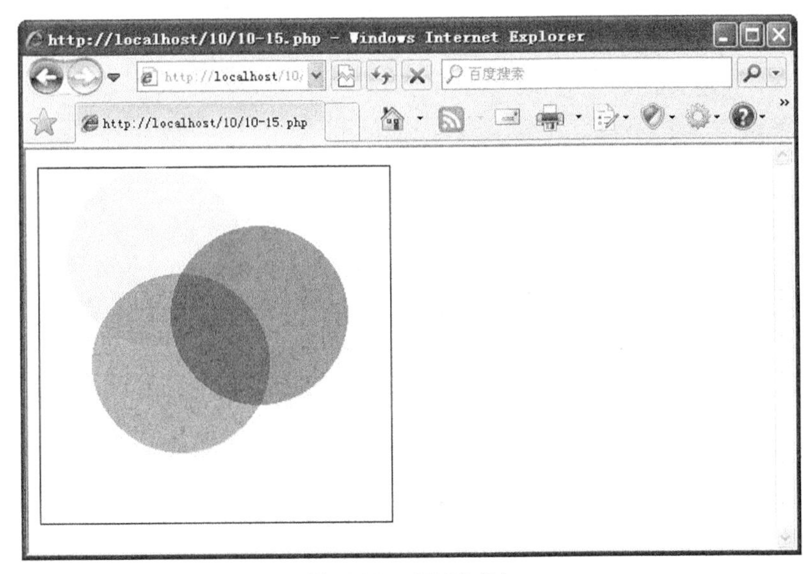

图 10-15 圆形的叠加

10.5.2 生成图形验证码

在 Web 页面中实现验证码的方法有很多，例如有数字验证码、图形验证码和文字验证码等。在下面的实例代码中，演示了使用图像处理技术生成验证码的方法。

实例 10-15 生成图形验证码

源码路径 daima\10\10-15

实例文件 checks.php 的主要实现代码如下所示。

```
<?php
session_start();
header("content-type:image/png");                  //设置创建图像的格式
$image_width=70;                                   //设置图像宽度
$image_height=18;                                  //设置图像高度
srand(microtime()*100000);                         //设置随机数的种子
for($i=0;$i<4;$i++){                               //循环输出一个4位的随机数
   $new_number.=dechex(rand(0,15));
}
$_SESSION[check_checks]=$new_number;     //将获取的随机数验证码写入到SESSION变量中

$num_image=imagecreate($image_width,$image_height);  //创建一个画布
imagecolorallocate($num_image,255,255,255);           //设置画布的颜色
for($i=0;$i<strlen($_SESSION[check_checks]);$i++){   //循环读取SESSION变量中的验证码
   $font=mt_rand(3,5);                                //设置随机的字体
   $x=mt_rand(1,8)+$image_width*$i/4;                 //设置随机字符所在位置的X坐标
   $y=mt_rand(1,$image_height/4);                     //设置随机字符所在位置的Y坐标
   $color=imagecolorallocate($num_image,mt_rand(0,100),mt_rand(0,150),mt_rand(0,200));
 //设置字符的颜色
   imagestring($num_image,$font,$x,$y,$_SESSION[check_checks][$i],$color);//水平输出字符
}
imagepng($num_image);                                 //生成PNG格式的图像
imagedestroy($num_image);                             //释放图像资源
?>
```

执行效果如图 10-16 所示。

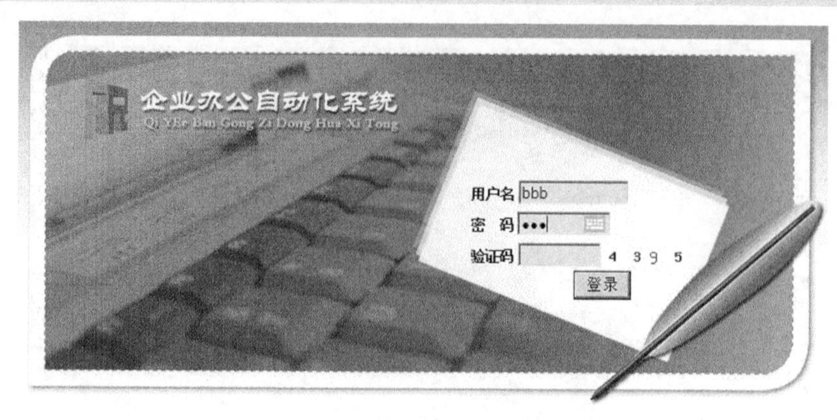

图 10-16　圆形的叠加

10.6　技 术 解 惑

（1）读者疑问：本章主要讲解了使用 PHP 中的 GD 绘制图形的知识，用了许多函数，哪些函数需要记住呢？

解答：在实际的开发过程中，用到 GD 功能的次数有限，读者只需要借助函数手册进行使用即可。

（2）读者疑问：在输出文字应用时，曾经讲解了既可以输入英文，也可以输入中文，PHP 可以输出其他文字吗，例如日文？

解答：可以的，用户可以根据自己的需求去查找相关的函数，只是对于大多数人来说，除了英文和中文，很少涉及其他类型的文字。

10.7　课 后 练 习

（1）编写一个程序：使用 GD2 函数在图片中添加指定的文字。

（2）编写一个程序：使用 GD2 函数生成字母和数字混搭的验证码。

（3）编写一个程序：使用 GD2 函数生成一个图书销量统计柱形图。

（4）编写一个程序：使用 GD2 函数生成一个图书销量统计折线图。

第 11 章

面 向 对 象

面向对象是高级开发语言的一个主要特点之一，如 Java、C++和 C#等。PHP 是一门优秀的程序设计语言，从 PHP 5 开始便全面支持面向对象。在本章的内容中，将向大家详细讲解 PHP 面向对象的基础知识，为读者步入本书后面知识的学习打下基础。

11.1　什么是面向对象

视频讲解：第 11 章\什么是面向对象.mp4

在目前的软件开发领域有两种主流的开发方法，分别是结构化开发方法和面向对象开发方法。早期的编程语言如 C、Basic、Pascal 等都是结构化编程语言，随着软件开发技术的逐渐发展，人们发现面向对象可以提供更好的可重用性、可扩展性和可维护性，于是催生了大量的面向对象的编程语言，例如 C++、Java、C#和 Ruby 等。

面向对象程序设计即 OOP，是 Object-Oriented Programming 的缩写。面向对象编程技术起源于 20 世纪 60 年代的 Simula 语言，是发展已经将近 60 年的程序设计思想。其自身理论已经十分完善，并被多种面向对象程序设计语言（Object-Oriented Programming Language，以下简称 OOPL）实现。如果把 Unix 系统看成是国外在系统软件方面的文化根基，那么 Smalltalk 语言无疑在 OOPL 领域和 Unix 有相同地位。由于很多原因，国内大部分程序设计人员并没有很深的 OOP 以及 OOPL 理论，很多人从一开始学习到工作很多年都只是接触到 C/C++、Java、VB 和 Delphi 等静态类型语言，而对纯粹的 OOP 思想以及作为 OOPL 根基的 Smalltalk 以及动态类型语言知之甚少，不知道其实世界上还有一些可以针对变量不绑定类型的编程语言。在面向对象编程语言中，对象的产生通常基于两种基本方式，分别是以原型对象为基础产生新的对象和以类为基础产生新对象，具体说明如下所示。

（1）基于原型

原型的概念已经在认知心理学中被用来解释概念学习的递增特性，原型模型本身就是企图通过提供一个有代表性的对象为基础来产生各种新的对象，并由此继续产生更符合实际应用的对象。而原型-委托也是 OOP 中的对象抽象，是代码共享机制中的一种。

（2）基于类

一个类提供了一个或多个对象的通用性描述。从形式化的观点看，类与类型有关，因此一个类相当于是从该类中产生的实例的集合。而在一种所有同对象的世界观背景下，在类模型基础上还诞生出了一种拥有元类的新对象模型，即类本身也是一种其他类的对象。

在 PHP 程序中，万物皆为对象，面向对象是 PHP 语言的核心，在编程时必须遵循面向对象编程思想来编写代码。

11.2　使　用　类

视频讲解：第 11 章\使用类.mp4

在 PHP 程序中，类只是具备某项功能的抽象模型。在实际应用中使用类时，需要先对类进行实例化操作，被实例化后的类被称为对象。对象是类进行实例化后的产物，是一个实体。假如以人为例，“黄种人是人”这句话没有错误，但反过来说“人是黄种人”这句话一定是错误的。因为除了有黄种人，还有黑人、白人等。那么“黄种人”就是“人”这个类的一个实例对象。可以这样理解对象和类的关系：对象实际上就是“有血有肉的、能摸得到看得到的”一个类。类（class）是对象概念在面向对象编程语言中的反映，被认为是相同对象的集合。类描述了一系列在概念上具有相同含义的对象，为这些对象统一定义了编程语言语义上的属性和方法。

11.2.1 创建一个类

在 PHP 程序中，创建类的方法十分简单，具体语法格式如下所示。

```
class classname
{
}
```

class：类的关键字。

classname：类名，类名的选择尽量让类具有一定的意义。

在上述格式中，两个大括号中间的部分是类的全部内容。classname 是一个最简单的类，仅有一个类的骨架，什么功能都没有实现，但这并不影响它的存在。

11.2.2 创建成员属性

在 PHP 程序中，属性是构成类的重要成员之一，每个类都有自己的属性。按照前面介绍的语法格式创建的类是一个空类，空类没有任何意义。用户可以继续在这个类中添加属性，其代码如下所示。

```
class classname
{
var $myname;
var $myage;
}
```

提示：创建类的属性的方法十分简单，只需要在类中输入名称即可。

11.2.3 创建类的方法

在 PHP 程序中，当为类创建了属性后，用户还需要创建类的方法，方法在非面向对象编程语言中被称为函数。通常将类中的函数称为成员方法。函数和成员方法唯一的区别是，函数实现的是某个独立的功能，而成员方法是实现类的一个行为，是类的一部分。在 PHP 程序中创建方法的过程十分简单，例如在下面的实例中创建了一个完整的类。

实例 11-1　创建一个完整的类

源码路径　daima\11\11-1

实例文件 index.php 的主要实现代码如下所示。

```
<?php
class A {                        //定义类A
    function example() {        //定义类中的函数
       echo "我是基类的函数A::example().<br />";       //函数能够输出文本
    }
}

class B extends A {              //定义类B，类B继承于类A
    function example() {        //定义类中的函数
       echo "我是子类中的函数B::example().<br />\n";//函数能够输出文本
       A::example();             //调用父类的函数
    }
}
// A 类没有对象实例，直接调用其方法 example
A::example();
// 建立一个类B的对象
$b = new B;
//调用类B中的函数example
$b->example();
?>
```

执行效果如图 11-1 所示。

```
我是基类的函数A::example().
我是子类中的函数B::example().
我是基类的函数A::example().
```

图 11-1　类

注意：在创建类的时候，一定要将一个类放在一个 php 标记中，不要将它放在多个“php”标记中，这种方法是完全错误的，例如下面的代码是错误的做法。

```
<?php
class A {
}
?>
<?php
function example()
 {
       echo "我是基类的函数A::example().<br />";
   }
?>
```

11.2.4　类的实例化

当在 PHP 程序中声明了一个类后，如果需要使用这个类，就必须先创建该类的实例。类只是具备某项功能的抽象模型，在实际应用中还需要对类进行实例化，这样就引入了对象的概念。举个例子，假设创建一个运动员类，包括 5 个属性，即姓名、身高、体重、年龄和性别，然后定义 4 个方法，即踢足球、打篮球、举重和跳高。接下来我们需要实例化上述创建的运动员类，调用运动员类中的打篮球方法，判断提交的实例对象是否符合打篮球的条件。根据实例化对象，调用打篮球方法，并向其中传递参数（库里，185cm，80kg，20 周岁，男），在打篮球方法中判断这个对象是否符合打篮球的条件。

在 PHP 程序中，实例化一个类的方法非常简单，只需使用关键字“new”即可创建一个类实例。具体语法格式如下所示。

```
对象名.>成员方法
```

由此可见，类是一个抽象的描述，是功能相似的一组对象的集合。如果想用到类中的方法或变量，首先就要把它具体落实到一个实体，也就是对象上。

例如下面的实例演示了实现类的实例化过程。

实例 11-2　实现类的实例化

源码路径　daima\11\11-2

实例文件 index.php 的主要实现代码如下所示。

```
<?php
class myName                        //定义类myName
{
 function __construct($myName)   //定义构造函数
 {
     echo("我的名字是：$myName<br>");
     //函数能够输出文本
 }
}
//下面创建类实例
$name1=new myName("小狗");//创建第1个类实例
$name2=new myName("小猫");//创建第2个类实例
$name3=new myName("小马");//创建第3个类实例
?>
```

执行效果如图 11-2 所示。

```
我的名字是：小狗
我的名字是：小猫
我的名字是：小马
```

图 11-2 实例化对象

11.2.5 成员变量

在 PHP 程序中，类中的变量也被称为成员变量，有时也被称为属性或字段。成员变量用来保存数据信息，或与成员方法进行交互来实现某项功能。定义成员变量的语法格式如下。

```
关键字 成员变量名
```

在上述格式中，关键字可以是 public、private、protected、static 和 final 中的任意一个，相关信息将在本书后面的内容中进行讲解。在 PHP 程序中，访问成员变量和访问成员方法是一样的，只要把成员方法换成成员变量即可，具体语法格式如下。

```
对象名 ->成员变量
```

请看下面的实例，演示了使用成员变量的过程。

实例 11-3 使用成员变量

源码路径 daima\11\11-3

实例文件 index.php 的主要实现代码如下所示。

```
<?php
class SportObject{
 public $name;                                          //定义成员变量
 public $height;                                        //定义成员变量
 public $avoirdupois;                                   //定义成员变量

 public function bootFootBall($name,$height,
     $avoirdupois){                                     //声明成员方法
     $this->name=$name;
     $this->height=$height;
     $this->avoirdupois=$avoirdupois;
     if($this->height<185 and $this->avoirdupois<85){
         return $this->name."，符合踢足球的要求！";        //方法实现的功能
     }else{
         return $this->name."，不符合踢足球的要求！";      //方法实现的功能
     }
 }
}
$sport=new SportObject();                               //实例化类，并传递参数
echo $sport->bootFootBall('库里','185','80');            //执行类中的方法
?>
```

在上述代码中首先定义了运动类 SportObject，声明了 3 个成员变量$name、$height 和$avoirdupois。然后定义了一个成员方法 bootFootBall()，用于判断申请的运动员是否适合这个运动项目。最后实例化类，通过实例化返回对象调用指定的方法，根据调用方法的参数，判断申请的运动员是否符合要求。执行效果如图 11-3 所示。

```
库里，不符合踢足球的要求！
```

图 11-3 执行效果

11.2.6 类常量

既然在类中存在变量，那么也会存在常量这一概念。常量是指不会发生改变的量，是一个恒值，例如圆周率是众所周知的一个常量。在 PHP 程序中使用关键字 const 定义常量，例如下面的代码定义了常量 PI。

```
const PI=3.14159;
```

例如在下面的代码中使用了类常量。

实例 11-4　使用类常量

源码路径　daima\11\11-4

实例文件 index.php 的主要实现代码如下所示。

```
<?php
class SportObject{
 public $name;                                          //定义成员变量
 public $height;                                        //定义成员变量
 public $avoirdupois;                                   //定义成员变量
 public function bootFootBall($name,$height,
     $avoirdupois){                                     //声明成员方法
     $this->name=$name;
     $this->height=$height;
     $this->avoirdupois=$avoirdupois;
     if($this->height<185 and $this->
     avoirdupois<85){
         return $this->name."，符合踢足球的要求！";          //方法实现的功能
     }else{
         return $this->name."，不符合踢足球的要求！";        //方法实现的功能
     }
 }
}
$sport=new SportObject();                               //实例化类，并传递参数
echo $sport->bootFootBall('库里','185','80');            //执行类中的方法
?>
```

在上述代码中先声明了一个常量，然后又声明了一个变量，实例化对象后分别输出两个值。执行效果如图 11-4 所示。

计算机图书->PHP类

图 11-4　执行效果

11.2.7　构造方法和析构方法

（1）构造方法

在 PHP 程序中，在类中创建与类名同名的方法即为构造方法。构造方法可以带有参数，也可以不带有参数。在类中构造方法是固定的，即方法名称为_construct()，这是 PHP 5 及其后面版本中的重要特性。构造方法可以传递参数，这些参数可以在调用类的时候传递。在 PHP 程序中，定义构造方法的语法格式如下所示。

```
class classname
{
function_construct($param)
{
}
}
```

请看下面的实例，演示了使用构造方法的过程。

实例 11-5　使用构造方法

源码路径　daima\11\11-5

实例文件 index.php 的主要实现代码如下所示。

```
<?php
class SportObject{
 public $name;                          //定义成员变量
 public $height;                        //定义成员变量
 public $avoirdupois;                   //定义成员变量
 public $age;                           //定义成员变量
 public $sex;                           //定义成员变量
 public function __construct($name,$height,$avoirdupois,$age,$sex){      //定义构造方法
     $this->name=$name;                 //为成员变量赋值
     $this->height=$height;             //为成员变量赋值
     $this->avoirdupois=$avoirdupois;   //为成员变量赋值
```

```
        $this->age=$age;                                    //为成员变量赋值
        $this->sex=$sex;                                    //为成员变量赋值
    }
    public function bootFootBall(){                         //声明成员方法
        if($this->height<185 and $this->avoirdupois<85){
            return $this->name."，符合踢足球的要求!";        //方法实现的功能
        }else{
            return $this->name."，不符合踢足球的要求!";      //方法实现的功能
        }
    }
}
$sport=new SportObject('库里','185','80','20','男');  //实例化类，并传递参数
echo $sport->bootFootBall();                            //执行类中的方法
?>
```

执行效果如图 11-5 所示。

库里，不符合踢足球的要求!

图 11-5　执行效果

（2）析构方法

除了构造函数外，在 PHP 中还有一个方法也十分重要，那就是析构方法。析构方法是一种当对象被销毁时，无论使用 unset()或者简单地脱离范围，都会被自动调用的方法。析构方法允许在销毁一个类之前操作或者完成一些功能。在 PHP 程序中，一个类的析构方法名称必须是_destruct()。例如在下面的实例中演示了使用析构方法的过程。

实例 11-6　使用析构方法

源码路径　daima\11\11-6

实例文件 index.php 的主要实现代码如下所示。

```
<?php
class SportObject{
    public $name;                                           //定义成员变量
    public $height;                                         //定义成员变量
    public $avoirdupois;                                    //定义成员变量
    public $age;                                            //定义成员变量
    public $sex;                                            //定义成员变量
    public function __construct($name,$height,$avoirdupois,$age,$sex){
    定义构造方法
        $this->name=$name;                                  //为成员变量赋值
        $this->height=$height;                              //为成员变量赋值
        $this->avoirdupois=$avoirdupois;                    //为成员变量赋值
        $this->age=$age;                                    //为成员变量赋值
        $this->sex=$sex;                                    //为成员变量赋值
    }
    public function bootFootBall(){                         //声明成员方法
        if($this->height<185 and $this->avoirdupois<85){
            return $this->name."，符合踢足球的要求!";        //方法实现的功能
        }else{
            return $this->name."，不符合踢足球的要求!";      //方法实现的功能
        }
    }
    function __destruct(){                                  //析构函数
        echo "<p><b>对象被销毁，调用析构函数。</b></p>";     //方法实现的功能
    }
}
$sport=new SportObject('库里','185','80','20','男'); //实例化类，并传递参数
//unset($sport);
?>
```

执行效果如图 11-6 所示。

对象被销毁，调用析构函数。

图 11-6　执行效果

11.2.8　类的访问控制

在 PHP 程序中引入了类的访问控制符这一概念，这样可以控制类的属性和方法的可见法。PHP 语言支持 3 种访问控制符，具体说明如下所示。

public 控制符：该控制符是默认的，如果不指定一个属性的访问控制，则默认是 public。public 表示该属性和方法在类的内部或者外部都可以被直接访问。

private 控制符：该控制符说明属性或者方法只能够在类的内部进行访问。如果没有使用_get()和_set()方法，可以对所有的属性都使用这个关键字，也可以选择使用私有的属性和方法。注意，私有属性和方法不能被继承。

protected 控制符：能被同类中的所有方法和继承类中的所有方法访问到，除此之外不能被访问。

请看下面的实例，演示了类的访问控制的过程。

实例 11-7　类的访问控制

源码路径　daima\11\11-7

实例文件 index.php 的主要实现代码如下所示。

```
<?php
class calendar
{
//创建一个日历类
public function getDayNames()
{
//获取属性值的函数
   return $this->$dayNames;
 //返回该属性值
}
public function setDayNames($names)
{      //设置属性值的函数
    $this->dayNames=$names;
//设置属性值
}
}
?>
```

在上面这段代码中，每一个成员都有一个修饰符，说明了它是公有的还是私有的。在此可以不添加 public 修饰符，因为默认的控制符就是 public。

11.3　面向对象的高级编程

视频讲解：第 11 章\面向对象的高级编程.mp4

通过本章前面内容的学习，相信大家已经了解了类在 PHP 程序中的重要作用。在接下来的内容中，将详细讲解面向对象的高级编程的基本知识。面向对象的高级性主要表现在类的继承、接口的实现和类的多态性这 3 个方面。

11.3.1　类的继承

无论任何编程语言，只要有类这一概念，它的类就可以从其他的类中扩展出来，PHP 语言也不例外。在 PHP 语言中使用关键字“extends”来扩展一个类，即指定该类派生于哪个基类。扩展或派生出来的类拥有其基类（这称为“继承”）的所有变量和函数，并包含所有派生类中定义的部分。类中的元素不可能减少，也就是说不可以注销任何存在的函数或者变量。一个扩充类总是依赖于一个单独的基类，即不支持多继承。例如下面的实例演示了实现类的继承的过程。

实例 11-8　实现类的继承

源码路径　daima\11\11-8

实例文件 index.php 的主要实现代码如下所示。

```
<?php
/*  父类  */
class SportObject{
 public $name;                                          //定义姓名成员变量
 public $age;                                           //定义年龄成员变量
 public $avoirdupois;                                   //定义体重成员变量
 public $sex;                                           //定义性别成员变量
 public function __construct($name,$age,$avoirdupois,$sex){        //定义构造方法
     $this->name=$name;                                 //为成员变量赋值
     $this->age=$age;                                   //为成员变量赋值
     $this->avoirdupois=$avoirdupois;                   //为成员变量赋值
     $this->sex=$sex;                                   //为成员变量赋值
 }
 function showMe(){                                     //定义普通函数
     echo '这句话不会显示。';                            //输出
 }
}
/*  子类BeatBasketBall  */
class BeatBasketBall extends SportObject{               //定义子类BeatBasketBall，继承父类
 public $height;                                        //定义身高变量
 function __construct($name,$height){                   //定义构造方法
     $this -> height = $height;                         //为成员变量赋值
     $this -> name = $name;                             //为成员变量赋值
 }
 function showMe(){                                     //定义方法
     if($this->height>185){
         return $this->name."，符合打篮球的要求！";       //方法实现的功能
     }else{
         return $this->name."，不符合打篮球的要求！";     //方法实现的功能
     }
 }
}
/*  子类WeightLifting  */
class WeightLifting extends SportObject{                //继承父类
 function showMe(){                                     //定义普通方法
     if($this->avoirdupois<85){
         return $this->name."，符合举重的要求！";         //方法实现的功能
     }else{
         return $this->name."，不符合举重的要求！";       //方法实现的功能
     }
 }
}
//实例化对象
$beatbasketball = new BeatBasketBall('库里','190'); //实例化子类
$weightlifting = new WeightLifting('汤普森','185','80','20','男');
echo $beatbasketball->showMe()."<br>";                  //输出结果
echo $weightlifting->showMe()."<br>";                   //输出结果
?>
```

在上述代码中用 SportObject 类生成了两个子类：BeatBasketBall 和 WeightLifting，两个子类使用不同的构造方法实例化了两个对象 beatbasketball 和 weightlifting，并输出信息。执行效果如图 11-7 所示。

库里，符合打篮球的要求！
汤普森，符合举重的要求！

图 11-7　执行效果

11.3.2　实现多态

多态是对象的一种能力，它可以在运行时根据传递的对象参数，将同一操作使用于不同的对象。可以有不同的解释，以产生不同的执行结果，这就是多态性。多态好比有一个成员方法

是让大家去游泳，这时有的人带游泳圈，还有人拿浮板，还有人什么也不带。虽然是同一种方法，却产生了不同的形态，这就是多态。

多态有两种存在形式，分别是覆盖和重载，具体说明如下所示。

（1）所谓覆盖就是在子类中重写父类的方法，而在子类的对象中虽然调用的是父类中相同的方法，但返回的结果是不同的。例如，在前面的实例 11-8 中，虽然在两个子类中都调用了父类中的方法 showMe()，但是返回的结果并不相同。

（2）重载是类的多态的另一种实现，函数重载是指一个标识符被用作多个函数名，并且能够通过函数的参数个数或参数类型将这些同名的函数区分开来，以使调用不发生混淆。重载的好处是可以实现代码重用，即不用为了对不同的参数类型或参数个数而写多个函数。

在 PHP 程序中，多态通常使用派生类重载基类中的同名函数来实现，PHP 的多态性分为以下两种类型。

（1）编译时的多态性。编译时的多态性是通过重载来实现的。系统在编译时，根据传递的参数、返回的类型等信息决定实现何种操作。

（2）运行时的多态性。运行时的多态性是指直到系统运行时才根据实际情况决定实现何种操作。编译时的多态性提供了运行速度快的特点，而运行时的多态性则带来了高度灵活和抽象的特点。

11.3.3　实现接口

在 PHP 程序中，由于类是单继承的关系，所以不能满足设计的需求。PHP 学习了 Java 语言的优点，引入了一个新的概念：接口。接口是一个没有具体处理代码的特殊对象，它仅定义了一些方法的名称及参数。这样对象就可以方便地使用关键字“implement”把需要的接口整合起来，然后加入具体的执行代码中就可以实现高级功能了。

在 PHP 程序中，接口类通过关键字 interface 进行声明，并且在类中只能包含未实现的方法和一些成员变量，具体语法格式如下所示。

```
interface 接口名
{
    function 接口函数1();
    function 接口函数2();
…
}
```

在上述格式中，接口指定了一个实现了该接口的必须实现的一系列函数。请看下面的实例，演示了在 PHP 程序中使用接口的过程。

实例 11-9　使用接口

源码路径　daima\11\11-9

实例文件 index.php 的主要实现代码如下所示。

```
<?php
//定义接口
interface User{
   function getDiscount();                        //第1个接口函数
   function getUserType();                        //第2个接口函数
}
//VIP用户 接口实现
class VipUser implements User{
   // VIP 用户折扣系数
   private $discount = 0.8;                       //8折折扣系数
   function getDiscount() {                       //定义实现第1个接口函数
      return $this->discount;
   }
```

```
    function getUserType() {                     //定义实现第2个接口函数
        return "VIP用户";
    }
}
class Goods{                                     //定义商品类Goods
    var $price = 100;                            //定义价格变量
    var $vc;
    //定义 User 接口类型参数，这时并不知道是什么用户
    function run(User $vc){
        $this->vc = $vc;
        $discount = $this->vc->getDiscount();
 $usertype = $this->vc->getUserType();
        echo $usertype."商品价格: ".$this->price*$discount;
    }
}
$display = new Goods();                          //新建商品对象
$display ->run(new VipUser);                     //可以是更多其他用户类型
?>
```

执行效果如图 11-8 所示。

VIP用户商品价格：80

图 11-8　执行效果

11.3.4 使用“::”运算符

在 PHP 程序中，子类不仅可以调用自己的变量和方法，而且也可以调用父类中的变量和方法，对于其他不相关的类成员同样可以调用。PHP 是通过伪变量“$this.>”和作用域操作符“::”来实现这些功能的。“::”运算符可以在没有任何声明、任何实例的情况下，访问基本类函数中的变量。使用“::”运算符的语法格式如下所示。

```
关键字::变量名/常量名/方法名
```

上述格式中的“关键字”分为以下 3 种情况。

parent：可以调用父类中的成员变量、成员方法和常量。

self：可以调用当前类中的静态成员和常量。

类名：可以调用本类中的变量、常量和方法。

例如下面的实例演示了使用“::”运算符的过程。

实例 11-10　使用“::”运算符

源码路径　daima\11\11-10

实例文件 index.php 的主要实现代码如下所示。

```
<?php
class A {                      //定义类A
    function example() {       //定义类中的函数
        echo "我是基类的函数A::example().<br />";
    }
}
class B extends A {            //定义子类B
    function example() {       //定义类中的函数
        echo "我是子类中的函数B::example().<br />\n";
        A::example();          //调用父类的函数
    }
}
// A 类没有对象实例，直接调用其方法 example
A::example();
// 建立一个 B 类的对象
$b = new B;
```

```
//调用B的函数example
$b->example();
?>
```

执行效果如图 11-9 所示。

```
我是基类的函数A::example().
我是子类中的函数B::example().
我是基类的函数A::example().
```

图 11-9　类的::运算符

11.3.5　使用伪变量$this>

在类进行实例化操作时，使用对象名加方法名的格式（对象名->方法名）实现，但是在定义类时（如 SportObject 类）无法得知对象的名称是什么。如果此时想调用本类中的方法，就需要使用伪变量“$this->”。“$this->”的意思就是本身，所以“$this->”只可以在类的内部使用。例如下面的实例演示了使用伪变量“$this>”的过程。

实例 11-11　使用伪变量$this>

源码路径　daima\11\11-11

实例文件 index.php 的主要实现代码如下所示。

```
<?php
 class example{                          //定义类example
     function exam(){                    //定义类中的函数
         if(isset($this)){               //使用伪变量
             echo '$this的值为：'.get_class($this); //显示变量的值
         }else{                          //如果未定义
             echo '$this未定义';          //显示提示文本
         }
     }
 }
 $class_name = new example();           //新建实例
 $class_name->exam();                   //执行函数
?>
```

在上述代码中，当类被实例化后，$this 同时被实例化为本类的对象，这时对$this 使用 get_class()函数返回本类的类名。执行效果如图 11-10 所示。

```
$this的值为：example
```

图 11-10　执行效果

11.3.6　使用 parent 关键字

在 PHP 程序中，可能会发现自己写的代码访问了基类的变量和函数，尤其在派生类非常精炼或者基类非常专业化的时候，所以不要使用代码中基类文字上的名字，应该使用特殊的名字 parent，它指的是派生类在 extends 声明中所指的基类的名字，这样做可以避免在多个地方使用基类的名字。如果在实现继承的过程中需要修改，只需要简单地修改类中 extends 声明的部分。例如下面的实例演示了使用关键字 parent 的过程。

实例 11-12　使用关键字 parent

源码路径　daima\11\11-12

实例文件 index.php 的主要实现代码如下所示。

```
<?php
class A {                                    //定义类A
```

```
    function example() {                    //定义类函数
        echo "I am A::example() and provide basic functionality.<br/>\n";
    }
}
class B extends A {                         //定义子类B
    function example() {                    //定义子类函数
        echo "I am B::example() and provide additional functionality.<br />\n";
        parent::example();                  //使用关键字parent指明是使用基类
    }
}
$b = new B;                                 //创建对象实例
// 下面将调用 B::example()，而它会去调用 A::example()
$b->example();
?>
```

执行效果如图 11-11 所示。

```
I am B::example() and provide additional functionality.
I am A::example() and provide basic functionality.
```

图 11-11　parent 关键字

11.3.7　使用 final 关键字

英文“final”的中文含义是“最终的”或“最后的”。被 final 修饰过的类和方法就是“最终的版本”。在 PHP 程序中，当在一个函数声明前使用 final 关键字时，这个被修饰的函数不能被任何函数重载。当一个类被 final 修饰后，说明该类不可以再被继承，也不能再有子类。当一个方法被 final 修饰后，说明该方法在子类中不可以进行重写，也不可以被覆盖。例如下面的实例演示了使用 final 关键字的过程。

实例 11-13　使用 final 关键字

源码路径　daima\11\11-13

实例文件 index.php 的主要实现代码如下所示。

```
<?php
class BaseClass                             //定义类
 {
   public function test()                   //定义函数
 {
       echo "BaseClass::test() called\n";
   }
   final public function moreTesting()  //使用final关键字限制了类的方法
 {
       echo "BaseClass::moreTesting() called\n";      //输出提示
   }
}
class ChildClass extends BaseClass {        //定义子类
   public function moreTesting() {          //定义子类函数
       echo "ChildClass::moreTesting() called\n";     //输出提示
   }
}
BaseClass::moreTesting()                    //想执行父类函数
?>
```

执行上述代码后会产生错误，因为已经使用 final 关键字限制了类的方法，但是在子类中继续被调用。执行效果如图 11-12 所示。

```
Fatal error: Cannot override final method BaseClass::moreTesting()
in H:\AppServ\www\book\11\11-13\index.php on line 18
```

图 11-12　产生的错误页面

提示：在 PHP 的编程过程中，可以将“final”关键字用于类、属性和方法中，用于保护类。如果要实现继承功能，则不能使用此关键字。在 PHP 程序中，private 关键字也十分重要，它只能用于类的属性和方法。倘若在一个类中看到这个关键字 protected，这个类的属性和方法仍然可以被继承，但是在它的外部不可见。

11.3.8　使用 static 关键字

在 PHP 程序中，不是所有的变量（方法）都要通过创建对象来调用。可以通过给变量（方法）加上 static 关键字的方式来直接调用。调用静态成员的语法格式如下。

```
关键字::静态成员
```

上述格式中的“关键字”可以是。

Self：在类内部调用静态成员时所使用。

静态成员所在的类名：在类外调用类内部的静态成员时所使用。

在 PHP 程序中，关键字 static 适用于允许在未经初始化类的情况下，调用该类的属性和方法，该关键字有点像前面讲解的“::”运行符。

例如下面的实例演示了使用 static 关键字的过程。

实例 11-14　使用 static 关键字

源码路径　daima\11\11-14

实例文件 index.php 的主要实现代码如下所示。

```
<?php
class Foo  //定义基类
{
 //使用static关键字定义变量
   public static $my_static = 'foo';
   public function staticValue() {
       return self::$my_static;
   }
}
class Bar extends Foo  //创建基类
{
   public function fooStatic() {
      return parent::$my_static;          //返回基类的变量$my_static
   }
}

//打印基类的$my_static变量
//虽然没有创建类实例，但是可以直接访问static变量
print 'Foo::$my_static结果为'.Foo::$my_static . "<br>";
$foo = new Foo();                              //创建基类实例
print $foo->staticValue() . "<br>";         //通过方法放回static变量
//通过子类访问$my_static
print Bar::$my_static . "<br>";
$bar = new Bar();
print $bar->fooStatic() ;                      //返回父类的static变量
?>
```

执行效果如图 11-13 所示。

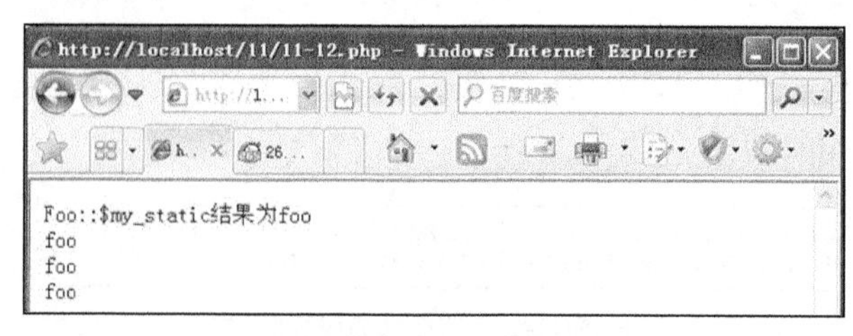

图 11-13　static 关键字

11.3.9 克隆对象

在 PHP 5 及其以后的程序中，对象被当作普通的数据类型来使用。如果想引用对象，需要使用“&”来声明，否则会按照 PHP 4 的默认方式来按值传递对象。例如下面的实例演示了克隆对象的过程。

实例 11-15 克隆对象

源码路径 daima\11\11-15

实例文件 index.php 的主要实现代码如下所示。

```
<?php
class SportObject{                      //类SportObject
 private $object_type = 'book';    //声明私有变量$object_type，并赋初值等于“book”
 public function setType($type){  //声明成员方法setType，为变量$object_type赋值
      $this -> object_type = $type;
 }
 public function getType(){
 //声明成员方法getType，返回变量
$object_type的值
     return $this -> object_type;
 }
}
$book1 = new SportObject();          //实例化对象$book1
$book2 = $book1;                     //使用普通数据类型的方法给对象$book2赋值
$book2 -> setType('computer');      //改变对象$book2的值
echo '对象$book1的值为: '.$book1 -> getType();      //输出对象$book1的值
?>
```

在上述代码中，首先实例化一个 SportObj ect 类的对象$bookl，$bookl 的默认值为 book，然后将对象$bookl 使用普通数据类型的赋值方式给对象$book2 赋值。改变$book2 的值为 computer，再输出对象$bookl 的值。执行效果如图 11-14 所示。

对象$book1的值为：computer

图 11-14 执行效果

上述实例代码在 PHP 5 及其以后版本中的返回值为“对象$bookl 的值为：computer”，这是因为$book2 只是$bookl 的一个引用；而在 PHP 4 版本中的返回值是“对象$bookl 的值为：book”，因为对象$book2 是$bookl 的一个备份。

在 PHP 5 及其以后版本中，如果需要将对象复制，也就是克隆一个对象，需要使用关键字 clone 来实现。克隆对象的格式为：

```
$object1 = new ClassName()
$object2 = clone $object1;
```

在上述实例代码中，只需将“$book2=$bookl”修改为“$book2=clone $bookl”，即可返回 PHP 4 版本中的结果。

11.4 技术解惑

（1）读者疑问：在创建类并进行实例化操作时，当输入 function __construct($myname)并运行的时候，为什么总是提示错误？

解答：在此提醒读者，即使这样的函数也同样会犯错，出错最多的原因是“__”，实际上它是两个下画线，而不是一个，希望读者仔细检查。

（2）读者疑问：既然面向对象编程方法是开发 PHP 程序的指导思想，那么在 PHP 程序中应该如何使用面向对象技术？

解答：当使用 PHP 进行编程时，应该遵循如下所示的流程。

第 1 步：首先利用对象建模技术（OMT）来分析目标问题，抽象出相关对象的共性，对它

们进行分类，并分析各类之间的关系。

第 2 步：然后用类来描述同一类对象，归纳出类之间的关系。Coad（世界上杰出的软件设计师之一）和 Yourdon（国际公认的专家证人和电脑顾问）在对象建模技术、面向对象编程和知识库系统的基础之上设计了一整套面向对象的方法，具体来说分为面向对象分析（OOA）和面向对象设计（OOD）。对象建模技术、面向对象分析和面向对象设计共同构成了系统设计的过程，如图 11-15 所示。

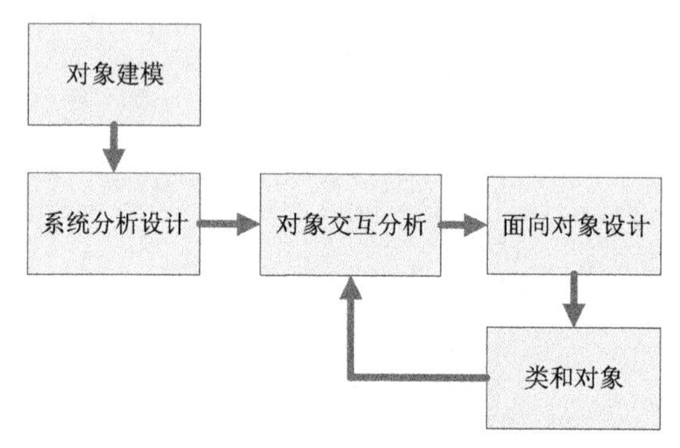

图 11-15　系统设计处理流程

11.5　课 后 练 习

（1）编写一个 PHP 程序：尝试使用关键字“final”限制一个类的功能。

（2）有时除了单纯地克隆对象外，还需要克隆出来的对象可以拥有自己的属性和方法。这时就可以使用_clone()方法来实现。方法_clone()能够在克隆对象的过程中调用_clone()方法，可以使克隆出来的对象保持自己的一些方法及属性。编写一个 PHP 程序：尝试使用_clone()方法实现克隆处理。

（3）编写一个 PHP 程序：在一个类中定义如下所示的函数。

- 函数 getfilesource()：功能是得到指定文件的内容。
- 函数 writefile()：功能是创建新文件，并写入内容，如果指定文件名已存在，那将直接覆盖。
- 函数 movefile()：功能是移动文件。
- 函数 move()：功能是移动文件或目录。
- 函数 movedir()：这是前面函数 move()的附助函数，功能就是移动目录。
- 函数名 delforder()：功能是删除目录，不管该目录下是否有文件或子目录，全部删除。
- 函数名:notfate_mkdir()：功能是创建新目录，这是来自 php.net 的一段代码，弥补 mkdir 的不足。
- 函数名:notfate_any_mkdir()：功能是创建新目录，与上面的 notfate_mkdir 有点不同，因为它多了一个 any，即可以创建多级目录。

（4）编写一个 PHP 程序：演示使用类的继承的方法。

（5）当一个类继承另外一个类后，它将具备这个类所有特性。类的继承是面向对象中的一个重要特性，读者需要明白哪些东西在子类存在，应该如何使用。编写一个 PHP 类的继承程序，加深读者对类的继承的理解。

第 12 章

正则表达式

正则表达式又被称为规则表达式，英语名是 Regular Expression，在代码中通常简写为 regex、regexp 或 RE。正则表达式是计算机科学中的一个概念，通常被用来检索、替换那些符合某个模式（规则）的文本。在本章的内容中，将详细讲解在 PHP 程序中使用正则表达式的知识，为读者步入本书后面知识的学习打下基础。

12.1　正则表达式基础

视频讲解：第 12 章\正则表达式基础.mp4

正则表达式（Regular Expression）描述了一种字符串的匹配模式，可以实现如下所示的功能。

（1）检查一个字符串是否含有某种子串。

（2）将匹配的子串进行替换。

（3）从某个字符串中取出符合某个条件的子串。

正则表达式是一种描述字符串结构的语法规则，是一个特定的格式化模式，可以匹配、替换、截取匹配的字串。对于用户来说，可能以前接触过 DOS，如果想匹配当前文件夹下所有的文本文件，可以输入“dir *.txt”命令，按 Enter 键后所有“.txt”文件都会被列出来。这里的“dir *.txt”即可理解为一个简单的正则表达式。由此可见，正则表达式是用某种模式去匹配一类字符串的一个公式。

注意：在初学者看来正则表达式比较古怪并且复杂，其实正则表达式很简单，只要读者经过一点点练习之后，就会觉得这些复杂的表达式其实相当简单。而且一旦你弄明白之后，可以把数小时才能完成的文本处理工作在几分钟（甚至几秒钟）内完成。

在学习正则表达式之前，需要先了解一下正则表达式中的几个容易混淆的术语，这对于学习正则表达式有很大的帮助。下面是 PHP 正则表达式中的常用专业术语。

（1）grep。grep 是一个用来在一个或者多个文件或者输入流中使用 RE 进行查找的程序。grep 的 name 编程语言可以用来针对文件和管道进行处理。读者可以从 PHP 手册中得到 grep 的完整信息。

（2）egrep。egrep 是 grep 的一个扩展版本，在它的正则表达式中可以支持更多的元字符。

（3）POSIX（Portable Operating System Interface of Vnix，可移植操作系统接口）。在 grep 发展的同时，其他一些开发人员也按照自己的喜好开发出了具有独特风格的版本。但问题也随之而来，有的程序支持某个元字符，而有的程序则不支持。因此就有了 POSIX，POSIX 是一系列标准，确保了操作系统之间的可移植性。但 POSIX 和 SQL 一样，没有成为最终的标准而只能作为一个参考。

（4）Perl（Practical Extraction and Reporting Language，实际抽取与汇报语言）。1987 年，Larry Wall 发布了 Perl。在随后的 7 年时间里，Perl 经历了从 Perl 1 到现在的 Perl 5 的发展，最终 Perl 成为了 POSIX 之后的另一个标准。

（5）PCRE。Perl 的成功，让其他的开发人员在某种程度上要兼容 Perl，包括 C/C++、Java、Python 等都有自己的正则表达式。1997 年，Philip Hazel 开发了 PCRE 库，这是兼容 Perl 正则表达式的一套正则引擎，其他开发人员可以将 PCRE 整合到自己的语言中，为用户提供丰富的正则功能。许多语言都使用 PCRE，PHP 正是其中之一。

12.2　正则表达式组成元素

视频讲解：第 12 章\正则表达式组成元素.mp4

正则表达式描述了一种字符串匹配的模式，可以用来检查一个字符串是否含有某种子串，能够将匹配的子串进行替换或者从某个串中取出符合某个条件的子串等。正则表达式是由普通字符（例如 A～Z）以及特殊字符（例如*、/等元字符）组成的文字模式。正则表达式作为一个模板，可以将某个字符模式与所搜索的字符串进行匹配。

12.2.1　普通字符

普通字符就是由所有未显式指定为元字符的打印和非打印字符组成。这包括所有的大写和小写字母字符、所有数字、所有标点符号以及其他一些符号。正则表达式的普通字符如表 12-1 所示。

表 12-1　　正则表达式普通字符

字　符	匹　配	字　符	匹　配
[···]	位于括号之内的任意字符	\s	任何 Unicode 空白符
[^···]	不在括号之中的任意字符	\S	任何非 Unicode 空白符，注意\w 和\s 不同
.	除换行符和其他 Unicode 行终止符之外的任意字符	\d	任何 ASCII 数字，等价于[0～9]
\w	匹配包括下划线的任何单词字符。等价于'[A～-Za～z0～9_]	\D	除了 ASCII 数字之外的任何字符，等价于[^0～9]
\W	匹配任何非单词字符。等价于'[^A～Za～z0～9_]	[\b]	匹配一个字边界，即字与空格间的位置

12.2.2　特殊字符

特殊字符就是一些有特殊含义的字符，如“*.doc”中的*。简单地说，特殊字符就是表示任何字符串。如果要查找文件名中有“*”的文件，则需要对“*”进行转义，即在前面加一个反斜杠“\”，如表 12-2 所示。

图 12-2　　特殊字符

字　符	匹　配	字　符	匹　配
^	定义字符串头部	?	定义包含 0 或 1 个字符
$	定义字符串尾部	\	将下一个字符标记为特殊字符（或原义字符、或向后引用、或八进制转义符）
()	标记一个子表达式的开始和结束位置	[	标记一个中括号表达式的开始
*	定义包含 0～n 个字符	{	标记限定符表达式的开始
+	定义包含 1～n 个字符	|	指明两项之间的一个选择
.	定义包含任意字符		

12.2.3　限定符

限定符用来指定正则表达式的一个给定组件必须要出现多少次才能满足匹配。PHP 中的限定符有*、+、？、{n}、{n,}、{n,m}共 6 种。具体说明如表 12-3 所示。

表 12-3　　限定符

字　符	匹　配	字　符	匹　配
*	定义包含 0～n 个字符	{n}	n 是一个非负整数。匹配确定的 n 次
+	定义包含 1～n 个字符	{n,}	n 是一个非负整数。至少匹配 n 次
?	定义包含 0 或 1 个字符	{n,m}	m 和 n 均为非负整数，其中 n<m，最少匹配 n 次，最多匹配 m 次

12.2.4　重要元字符介绍

一个完整的正则表达式由两部分构成，分别是元字符和文本字符。元字符就是具有特殊含义的字符，例如本节前面表 12-1～表 12-3 列出的都是元字符。文本字符就是普通的文本，如字母和数字等。PCRE 风格的正则表达式一般都放置在定界符“/”中间。为了便于读者理解，除了个别实例外，本节内容中的表达式不给出定界符“/”。

（1）普通字符

由所有未显式指定为元字符的打印和非打印字符组成。这包括所有的大写和小写字母字符、所有数字、所有标点符号以及一些符号。

（2）非打印字符

非打印字符的具体说明如表 12-4 所示。

表 12-4 非打印字符说明

字 符	含 义
\cx	匹配由 x 指明的控制字符。例如，\cM 匹配一个 Control-M 或回车符。x 的值必须为 A～Z 或 a～z 之一。否则，将 c 视为一个原义的 'c' 字符
\f	匹配一个换页符。等价于 \x0c 和 \cL
\n	匹配一个换行符。等价于 \x0a 和 \cJ
\r	匹配一个回车符。等价于 \x0d 和 \cM
\s	匹配任何空白字符，包括空格、制表符、换页符等等。等价于 [\f\n\r\t\v]
\S	匹配任何非空白字符。等价于 [^ \f\n\r\t\v]
\t	匹配一个制表符。等价于 \x09 和 \cI
\v	匹配一个垂直制表符。等价于 \x0b 和\cK

（3）特殊字符

12.2.2 节介绍过特殊字符，就是一些有特殊含义的字符。表 12-5 列出了特殊字符更加详细说明。

表 12-5 特殊字符

特别字符	说 明
$	匹配输入字符串的结尾位置。如果设置了 RegExp 对象的 Multiline 属性，则 $ 也匹配“\n”或“\r”。要匹配 $ 字符本身，请使用 \$
( )	标记一个子表达式的开始和结束位置。子表达式可以获取供以后使用。要匹配这些字符，请使用 \(和 \)
*	匹配前面的子表达式零次或多次。要匹配 * 字符，请使用 *
+	匹配前面的子表达式一次或多次。要匹配 + 字符，请使用 \+
.	匹配除换行符 \n 之外的任何单字符。要匹配 .，请使用 \
[	标记一个中括号表达式的开始。要匹配 [，请使用 \[
?	匹配前面的子表达式零次或一次，或指明一个非贪婪限定符。要匹配 ? 字符，请使用 \?
\	将下一个字符标记为或特殊字符、或原义字符、或向后引用、或八进制转义符。例如，“n” 匹配字符 “n”。“\n” 匹配换行符。序列 “\\” 匹配 “\”，而 “\(” 则匹配 “(”
^	匹配输入字符串的开始位置，除非在方括号表达式中使用，此时它表示不接受该字符集合。要匹配 ^ 字符本身，请使用 \^
{	标记限定符表达式的开始。要匹配 {，请使用 \{
|	指明两项之间的一个选择。要匹配 |，请使用 \\|

注意：构造正则表达式的方法和创建数学表达式的方法一样。也就是用多种元字符与操作符将小的表达式结合在一起来创建更大的表达式。正则表达式的组件可以是单个的字符、字符集合、字符范围、字符间的选择或者所有这些组件的任意组合。

（4）限定符

限定符用来指定正则表达式的一个给定组件必须要出现多少次才能满足匹配，限定符有“*”

“+”“? ”“{n}”“{n,}”“{n,m}”6 种。“*”“+”“?”限定符都是贪婪的，因为它们会尽可能多地匹配文字，在它们的后面加上一个“?”就可以实现非贪婪或最小匹配。正则表达式的限定符信息如表 12-6 所示。

表 12-6　限定符信息

字　符	描　述
*	匹配前面的子表达式零次或多次。例如，zo* 能匹配“z”以及“zoo”。*等价于{0,}
+	匹配前面的子表达式一次或多次。例如，“zo+”能匹配“zo”以及“zoo”，但不能匹配“z”。+ 等价于 {1,}
?	匹配前面的子表达式零次或一次。例如，“do(es)?”可以匹配“do”或“does”中的“do”。?等价于 {0,1}
{n}	n 是一个非负整数。匹配确定的 n 次。例如，“o{2}”不能匹配“Bob”中的“o”，但是能匹配“food”中的两个 o
{n,}	n 是一个非负整数。至少匹配 n 次。例如，“o{2,}”不能匹配“Bob”中的“o”，但能匹配“foooood”中的所有 o。“o{1,}”等价于“o+”。“o{0,}”则等价于“o*”
{n,m}	m 和 n 均为非负整数，其中 n <= m。最少匹配 n 次且最多匹配 m 次。例如，“o{1,3}”将匹配“fooooood”中的前 3 个 o。“o{0,1}”等价于“o?”。请注意在逗号和两个数之间不能有空格

（5）定位符

定位符用来描述字符串或单词的边界，“^”和“$”分别指字符串的开始与结束，“\b”描述单词的前或后边界，“\B”表示非单词边界。读者需要注意，不能对定位符使用限定符。

（6）选择

用圆括号将所有选择项括起来，相邻的选择项之间用“|”分隔。但用圆括号会有一个副作用，是相关的匹配会被缓存，此时可用“?:”放在第一个选项前来消除这种副作用。其中“?:”是非捕获元之一，还有两个非捕获元是“?=”和“?!”，这两个还有更多的含义，前者为正向预查，在任何开始匹配圆括号内的正则表达式模式的位置来匹配搜索字符串，后者为负向预查，在任何开始不匹配该正则表达式模式的位置来匹配搜索字符串。

（7）后向引用

对一个正则表达式模式或部分模式两边添加圆括号将导致相关匹配存储到一个临时缓冲区中，所捕获的每个子匹配都按照在正则表达式模式中从左至右所遇到的内容存储。存储子匹配的缓冲区编号从 1 开始，连续编号直至最大 99 个子表达式。每个缓冲区都可以使用“\n”访问，其中 n 为一个标识特定缓冲区的一位或两位十进制数。可以使用非捕获元字符“?:”“?=”或“?!”来忽略对相关匹配的保存。

12.3　正则表达式的匹配

视频讲解：第 12 章\正则表达式的匹配.mp4

在 PHP 程序中，使用正则表达式进行匹配操作是必不可少的，读者可以通过内置函数来匹配正则表达式，下面将详细讲解 PHP 正则表达式的匹配知识。

12.3.1　搜索字符串

在 PHP 程序中，通过函数 preg_match()可以搜索指定的字符串，其语法格式如下所示。

```
int preg_match ( string pattern, string subject [, array matches [, int flags]] )
```

通过使用上述格式，在 subject 字符串中可以搜索出与 pattern 给出的正则表达式相匹配的内容。如果提供了 matches，则会被搜索的结果填充。$matches[0]包含与整个模式匹配的文本，$matches[1] 包含与第一个捕获的括号中的子模式所匹配的文本，以此类推下去。如果设定了标记 PREG_OFFSET_CAPTURE，对每个出现的匹配结果也同时返回其附属的字符串偏移量。注意这改变了返回的数组的值，使其中的每个单元也是一个数组，其中第一项为匹配字符串，第二项为其偏移量。preg_match() 返回 pattern 所匹配的次数。要么是 0 次（没有匹配）或 1 次，因为 preg_match() 在第一次匹配之后将停止搜索。preg_match_all()则相反，会一直搜索到 subject 的结尾处。如果出错 preg_match()则返回 FALSE。例如在下面的实例中，搜索出了指定的字符。

实例 12-1　搜索指定的字符

源码路径　daima\12\12-1

实例文件 index.php 的主要实现代码如下所示。

```
<?php
// 模式定界符后面的 "i" 表示不区分大小写字母的搜索
if (preg_match ("/love/i", "I love you.")) {      //如果找到
   print "找到匹配.";
} else {                                          //如果没有找到
   print "没找到匹配.";
}
?>
```

执行效果如图 12-1 所示。

找到匹配.

图 12-1　执行效果

12.3.2　从 URL 取出域名

在 PHP 程序中，使用函数 preg_match()可以根据需要取出一个网页地址的域名。例如下面实例的功能是从 URL 中取出域名。

实例 12-2　从 URL 取出域名

源码路径　daima\12\12-2

实例文件 index.php 的主要实现代码如下所示。

```
<?php
// 从 URL 中取得主机名
preg_match("/^(http:\/\/)?([^\/]+)/i",
   "http://adsfile.qq.com/web/a.html? loc=QQ_BackPopWin&oid=1117705&cid=98288&type=fla
sh&resource_url=http%3A%2F%2Fadsfile.qq.com%2Fweb%2Ft_hsjjhk.swf&link_to=http%3A%2F%2Fadscl
ick.qq.com%2Fadsclick%3Fseq%3D20090401000058%26loc%3DQQ_BackPopWin%26url%3Dhttp%3A%2F%2Fall
yesbjafa.allyes.com%2Fmain%2Fadfclick%3Fdb%3Dallyesbjafa%26bid%3D127284%2C61637%2C486%26cid
%3D63663%2C2191%2C1%26sid%3D123548%26show%3Dignore%26url%3Dhttp%3A%2F%2Fwww.vancl.com%2F%3F
source%3Dqq74&width=750&height=500&cover=true",
   $matches);
   //获取主机名
   $host = $matches[2];
   // 从主机名中取得后面两段得到域名
   preg_match("/[^\.\/]+\.[^\.\/]+$/", $host, $matches);
   echo "域名为: {$matches[0]}\n";
   ?>
```

上面代码中的网址是腾讯公司的一个网页地址，通过上述代码可以获取这个网页的地址域名，执行效果如图 12-2 所示。

域名为: qq.com

图 12-2　获取域名

12.3.3 匹配单个字符

最基本的正则表达式是匹配其自身的单个字符，比如匹配“china”单词中的“h”。接下来将讲解一个十分有用的元字符“.”，意思是“匹配除换行符之外的任一字符”。例如下面实例的功能是使用元字符“.”匹配单个字符。

实例 12-3 使用元字符“.”匹配单个字符

源码路径 daima\12\12-3

实例文件 index.php 的主要实现代码如下所示。

```
<?php
$pattern="/P.P/";                  //定义模式变量
$str="PHP,How are you";            //定义字符串变量
if (preg_match($pattern,$str))  //如果发现匹配
 print("发现匹配!");              //输出提示
?>
```

执行效果如图 12-3 所示。

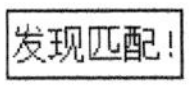

发现匹配!

图 12-3 单个字符匹配

12.3.4 使用插入符“^”

在锁定一个字符时必须使用插入符“^”，这个元字符能够使用正则表达式匹配本行起始处出现的字符，可以使得正则表达式“/^china/”在某个字符串成功找到一个匹配。例如下面的实例中使用了插入符“^”。

实例 12-4 使用插入符“^”

源码路径 daima\12\12-4

实例文件 index.php 的主要实现代码如下所示。

```
<?php
$str="PHP is the best scripting language";     //字符串变量
$pattern="/^PHP/";                              //使用插入符
if (preg_match($pattern,$str))                  //如果发现匹配
 print("发现匹配");                              //输出提示
?>
```

执行效果如图 12-4 所示。

发现匹配!

图 12-4 执行效果

12.3.5 美元“$”的应用

在 PHP 正则表达式应用中，美元符号“$”的功能是把一个模式锁定一行的尾端。例如在下面的实例中使用了美元符号“$”。

实例 12-5 使用美元符号“$”

源码路径 daima\12\12-5

实例文件 index.php 的主要实现代码如下所示。

```
<?php
$str="I like PHP";                              //定义字符串变量
$pattern="/PHP$/";                              //使用美元符号
if (preg_match($pattern,$str))                  //如果发现匹配
 print("发现匹配!");                             //输出提示
?>
```

执行效果如图 12-5 所示。

发现匹配!

图 12-5　使用美元符号

12.3.6　使用“|”实现替换匹配

在正则表达式中有一个管道元字符“|”，管道元字符在正则表达式中有“或者”之意。通过管道元字符，可以匹配管道元字符的左边。例如在下面的实例中使用“|”实现了替换匹配功能。

实例 12-6　使用“|”实现替换匹配

源码路径　daima\12\12-6

实例文件 index.php 的主要实现代码如下所示。

```
<?php
$pattern="/(dog|cat)\.$/";        //使用替换匹配
$str="I like dog.";               //定义字符串变量
if (preg_match($pattern,$str))    //如果发现匹配
 print("发现匹配!");              //输出提示
?>
```

执行效果如图 12-6 所示。

发现匹配!

图 12-6　替换匹配

12.4　处理正则表达式的函数

视频讲解：第 12 章\处理正则表达式的函数.mp4

在 PHP 程序中提供了专门用于处理正则表达式的内置函数，在本节下面的内容中，将详细讲解这些内置函数的基本用法，以让读者熟练操作正则表达式的知识。

12.4.1　函数 ereg()和函数 eregi()

(1) 函数 ereg()

使用函数 ereg()的语法格式如下所示。

```
int ereg(string pattern, string string, array [regs]);
```

函数 ereg()能够以区分大小写的方式在 string 中寻找与给定的正则表达式 pattern 所匹配的子串。如果找到与 pattern 中圆括号内的子模式相匹配的子串，并且函数调用给出了第三个参数 regs，则匹配项将被存入 regs 数组中。$regs[1] 包含第一个左圆括号开始的子串，$regs[2] 包含第二个子串，以此类推。在$regs[0]中包含整个匹配的字符串。

(2) 函数 eregi()

函数 eregi()能够不区分大小写的正则表达式匹配，其语法格式如下所示。

```
bool eregi ( string pattern, string string [, array regs] )
```

函数 eregi()的功能和上面介绍的函数 ereg()类似，除了大小写的区别不同。例如下面的实例演示了使用函数 ereg()和函数 eregi()的过程。

实例 12-7　使用函数 ereg()和函数 eregi()

源码路径　daima\12\12-7

实例文件 index.php 的主要实现代码如下所示。

```
<?php
 $ereg = 'tm';                                          //要匹配的字串
 $str = 'hello,tm,Tm,tM.';                              //要查找的文本
 $rep_str = eregi_replace($ereg,'TM',$str);  //使用eregi_replace()函数进行替换
 echo $rep_str;                                         //输出替换后的文本
?>
```

通过上述代码，将字符串中所有非大写的tm都换成大写TM。执行效果如图12-7所示。

hello,TM,TM,TM.

图12-7　执行效果

12.4.2　使用函数ereg_replace()

函数ereg_replace()的功能是替换文本，其语法格式如下所示。

```
string ereg_replace ( string pattern, string replacement, string string )
```

当参数pattern与参数string中的字串匹配时，原字符串将被参数replacement的内容所替换，该函数区分大小写。如果没有可供替换的匹配项则会返回原字符串。如果pattern包含有括号内的子串，则replacement可以包含形如“\\digit”的子串，这些子串将被替换为数字表示的第几个括号内的子串；“\\0”则包含了字符串的整个内容。最多可以用9个子串。括号可以嵌套，此情形下以左圆括号来计算顺序。例如在下面的实例中使用了函数ereg_replace()。

实例12-8　使用函数ereg_replace()

源码路径　daima\12\12-8

实例文件index.php的主要实现代码如下所示。

```
<?php
//定义要操作的字符串，设置将要显示的格式
$weather = "『天气预报』 今天:{1} 天气:<font color=red>{2}</font> 风向:{3} 气温:{4}";
//定义保存天气状况数据的变量
$daytype = array( 1 => "10月14日",
                  2 => "多云转晴",
                  3 => "东北风2-3级",
                  4 => "12℃-3℃" );
while (ereg ("{([0-9])}", $weather, $regs)) {
 $found = $regs[1];
 $weather = ereg_replace("\{".$found."\}", $daytype[$found], $weather); //替换操作处理
}
echo "$weather";
?>
```

执行效果如图12-8所示。

『天气预报』今天:10月14日 天气:多云转晴 风 向:东北风2-3级 气温:12℃-3℃

图12-8　使用ereg_replace()函数

12.4.3　使用函数split()

在PHP正则表达式应用中，函数split()以参数pattern作为分界符，可以从参数string中获取行等一系列子串，并将它们存入到字符串数组中。使用函数split()的语法格式如下所示。

```
array split(string pattern,string string[,int limit]);
```

参数limit用于限定生成数组的大小。函数split()能够返回生成的字符串数组，如果有一个错误，则返回false。例如在下面的代码中使用了函数split()。

实例 12-9　使用函数 split()

源码路径　daima\12\12-9

实例文件 index.php 的主要实现代码如下所示。

```
<?php
$email="tanzhenjun@qq.com";    //定义操作字符串变量
$array=split("\.|@",$email); //使用split()函数
while(list($key,$value)=each ($array)){
echo"$value"."<br>";}          //输出分解后的字符
?>
```

执行效果如图 12-9 所示。

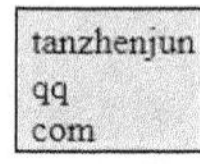

图 12-9　split()函数

12.4.4　使用函数 spliti()

函数 spliti()和函数 split()的功能类似，用法也相同。不同之处在于函数 spliti()不区分大小写。使用函数 spliti()的语法格式如下所示。

```
array spliti(string pattern,string string[,int limit]);
```

例如在下面的代码中用到了函数 spliti()。

实例 12-10　使用函数 spliti()

源码路径　daima\12\12-10

实例文件 index.php 的主要实现代码如下所示。

```
<?php
 $ereg = 'is';                         //定义分解标志
 $str = 'This is a register book.';
 //定义操作字符串变量
 $arr_str = spliti($ereg,$str); //实现分解处理
 var_dump($arr_str);               //输出分解结果
?>
```

执行效果如图 12-10 所示。

array(4) { [0]=> string(2) "Th" [1]=> string(1) " " [2]=> string(6) " a reg" [3]=> string(9) "ter book." }

图 12-10　spliti()函数

12.4.5　使用函数 preg_grep()

在 PHP 程序中，函数 preg_grep()是实现 PCRE 风格的正则表达式的函数，无论从执行效率还是从语法支持上，PCRE 函数都要略优于 POSIX 函数。本节前面的函数都是 POSIX 函数，从现在开始，后面介绍的函数都是 PCRE 函数。使用函数 preg_grep()的语法格式如下。

```
array preg_grep(string pattern, array input)
```

上述格式表示函数 preg_grep()使用数组 input 中的元素去一一匹配表达式 pattern，最后返回由所有相匹配的元素所组成的数组。例如在下面的实例中使用了函数 preg_grep()。

实例 12-11　使用函数 preg_grep()

源码路径　daima\12\12-11

实例文件 index.php 的主要实现代码如下所示。

```
<?php
```

```
 $preg = '/\d{3,4}-?\d{7,8}/';          //定义匹配表达式
//定义数组变量arr
 $arr = array('043212345678','0531-5131400','12345678');
 $preg_arr = preg_grep($preg,$arr);     //使用函数preg_grep()
 var_dump($preg_arr);                   //输出结果
?>
```

在上述代码中，在数组$arr 中匹配具有正确格式的电话号（010-1234****等），并保存到另一个数组中。执行效果如图 12-11 所示。

array(2) { [0]=> string(12) "043212345678" [1]=> string(12) "0531-5131400" }

图 12-11　执行效果

12.4.6　使用函数 preg_match()和函数 preg match_all()

在 PHP 程序中，函数 preg_match()和函数 preg_match_all()的语法格式如下。

```
int preg_match/preg_match_all(string pattern, string subject [, array matches])
```

上面使用一行格式讲解了这两个函数，这意味着上述两个函数的功能是相似的。函数 preg_match()和函数 preg_match_all()的功能相似，都能够在字符串 subject 中匹配表达式 pattern，返回匹配的次数。如果有数组 matches，那么每次匹配的结果都将被存储到数组 matches 中。函数 preg_match()的返回值是 0 或 1，因为该函数在匹配成功后就停止继续查找了，而函数 preg_match_all()则会一直匹配到最后才会停止，所以参数 array matches 对于 preg_match_all()函数是必须有的，而对前者则可以省略。例如在下面的实例中同时使用了函数 preg_match()和函数 preg_match_all()。

实例 12-12　使用函数 preg_match()和函数 preg_match_all()

源码路径　daima\12\12-12

实例文件 index.php 的主要实现代码如下所示。

```
<?php
   $str = 'This is an example!';     //定义字符串变量
   $preg = '/\b\w{2}\b/';            //定义匹配表达式
   $num1 = preg_match($preg,$str,$str1);//实现匹配操作
   echo $num1.'<br>';
   var_dump($str1);                  //显示结果
   $num2 = preg_match_all($preg,$str,$str2);//实现匹配操作
   echo '<br>'.$num2.'<br>';
   var_dump($str2);                  //显示结果
?>
```

在上述代码中，使用 preg_match()函数和 preg_match_all()函数来匹配字串$str，并返回各自的匹配次数。执行效果如图 12-12 所示。

1
array(1) { [0]=> string(2) "is" }
2
array(1) { [0]=> array(2) { [0]=> string(2) "is" [1]=> string(2) "an" } }

图 12-12　执行效果

12.4.7　使用函数 preg_quote()

在 PHP 程序中，使用函数 preg_quote()的语法格式如下。

```
string preg_quote(string str [, string delimiter])
```

函数 preg_quote()的功能是将字符串 str 中的所有特殊字符进行自动转义。如果有参数 delimiter，那么该参数所包含的字符串也将被转义。函数 preg_quote()返回转义后的字符串。

例如在下面的实例中使用了函数 preg_quote()。

实例 12-13　使用函数 preg_quote()

源码路径　daima\12\12-13

实例文件 index.php 的主要实现代码如下所示。

```
<?php
   $str = '!、$、^、*、+、.、[、]、\\、/、b、<、>';      //字符串变量
   $str2 = 'b';              //字母b将被转义
   $match_one = preg_quote($str,$str2);              //转义操作
   echo $match_one;                                  //输出结果
?>
```

上述代码输出了常用的特殊字符，并将字母“b”也作为特殊字符输出。执行效果如图 12-13 所示。

```
\!、\$、\^、\*、\+、\.、\[、\]、\\、/、\b、\<、\>
```

图 12-13　执行效果

12.4.8　使用函数 preg_replace()

在 PHP 程序中，函数 preg_replace()的功能是搜索 subject 中匹配 pattern 的部分，以 replacement 进行替换。使用函数 preg_replace 的语法格式如下所示。

```
   mixed preg_replace ( mixed $pattern , mixed $replacement , mixed $subject [, int $limi
t = -1 [, int &$count ]] )
```

各个参数的具体说明如下所示。

（1）参数 pattern

表示要搜索的模式，可以是一个字符串或字符串数组。可以使用一些 PCRE 修饰符， 包括被弃用的'e'(PREG_REPLACE_EVAL)，可以为这个函数指定。

（2）参数 replacement

表示用于替换的字符串或字符串数组。如果这个参数是一个字符串，并且 pattern 是一个数组，那么所有的模式都使用这个字符串进行替换。如果 pattern 和 replacement 都是数组，每个 pattern 使用 replacement 中对应的元素进行替换。如果 replacement 中的元素比 pattern 中的少，多出来的 pattern 使用空字符串进行替换。

在 replacement 中可以包含后向引用\\n（php 4.0.4 以上可用）或$n，语法上首选后者。每个这样的引用将被匹配到的第 n 个捕获子组捕获到的文本替换。n 可以是 0～99，\\0 和$0 代表完整的模式匹配文本。捕获子组的序号计数方式为，代表捕获子组的左括号从左到右，从 1 开始数。如果要在 replacement 中使用反斜线，必须使用 4 个（"\\\\"，注意，因为这首先是 PHP 的字符串，经过转义后是两个，再经过正则表达式引擎后才被认为是一个原文反斜线）。

当在替换模式下工作并且后向引用后面紧跟着需要是另外一个数字（如在一个匹配模式后紧接着增加一个原文数字），不能使用\\1 这样的语法来描述后向引用。比如，\\11 将会使 preg_replace()不能理解你希望的是一个\\1 后向引用紧跟一个原文 1，还是一个\\11 后向引用后面不跟任何东西。这种情况下解决方案是使用\${1}1。这创建了一个独立的$1 后向引用，一个独立的原文 1。

当使用被弃用的 e 修饰符时，这个函数会转义一些字符（即'、"、\和 NULL）然后进行后向引用替换。当这些完成后请确保后向引用解析完后没有单引号或双引号引起的语法错误（比如'strlen(\'$1\')+strlen("$2")'）。确保符合 PHP 的字符串语法，并且符合 eval 语法。因为在完成替换后，引擎会将结果字符串作为 PHP 代码使用 eval 方式进行评估并将返回值作为最终参与替换的字符串。

（3）参数 subject

要进行搜索和替换的字符串或字符串数组。如果 subject 是一个数组，搜索和替换会在 subject

的每一个元素上进行，并且返回值也会是一个数组。如果 subject 是一个数组，则函数 preg_replace()返回一个数组，其他情况下返回一个字符串。如果匹配被查找到，替换后的 subject 被返回，其他情况下返回没有改变的 subject。如果发生错误则返回 NULL。

（4）参数 limit

每个模式在每个 subject 上进行替换的最大次数，默认是-1（无限）。

（5）参数 count

如果指定此参数，将会被填充为完成的替换次数。

请看下面的实例，演示了使用函数 preg_replace()的过程。

实例 12-14 使用函数 preg_replace

源码路径 daima\12\12-14

实例文件 index.php 的主要实现代码如下所示。

```
<?php
   $string = '[b]粗体字[/b]';          //定义字符串变量
   $b_rst = preg_replace('/\[b\](.*)\[\/b\]/i','<b>$1</b>',$string);     //开始匹配操作
   echo $b_rst;                      //显示结果
?>
```

上述代码实现了一个常见的 UBB 代码转换功能，将输入的“[b]…[/b]、[i][/i]”等类似的格式转换为 html 能识别的标签。执行效果如图 12-14 所示。

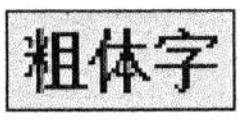

粗体字

图 12-14 执行效果

12.4.9 使用函数 preg_replace_callback()

在 PHP 程序中，使用函数 preg_replace_callback()的语法格式如下所示。

```
mixed preg_replace_callback(mixed pattern, callback callback, mixed subject [, int limit])
```

函数 preg_replace_callback()与函数 preg_replace()的功能相似，都能够用于查找和替换字串。两者不同点在于函数 preg_replace_callback()使用一个回调函数（callback）来代替 replacement 参数。例如下面的实例演示了使用函数 preg_replace_callback()的过程。

实例 12-15 使用函数 preg_replace_callback()

源码路径 daima\12\12-15

实例文件 index.php 的主要实现代码如下所示。

```
<?php
function c_back($str){          //定义功能函数
   $str = "<font color=$str[1]>$str[2]</font>";
   //字符串变量
   return $str;
}
$string = '[color=blue]字体颜色[/color]';//字符串变量
//替换操作
echo preg_replace_callback('/\[color=(.*)\](.*)\[\/color\]/i',"c_back",$string);
?>
```

上述代码使用回调函数实现了 UBB 功能，执行效果如图 12-15 所示。

字体颜色

图 12-15 执行效果

12.4.10　使用函数 preg_split()

在 PHP 程序中，函数 preg_split()的功能是使用表达式 pattern 来分割字符串 subject。如果有参数 limit，那么数组最多有 limit 个元素。该函数与 split()函数的使用方法相同，使用函数 preg_split()的语法格式如下所示。

```
array preg_split ( string $pattern , string $subject [, int $limit = -1 [, int $flags = 0 ]] )
```

函数 preg_split()能够返回一个使用 pattern 边界分隔 subject 后得到子串组成的数组，上述各个参数的具体说明如下所示。

（1）参数 pattern：用于搜索的模式，字符串形式。

（2）参数 subject：输入字符串。

（3）参数 limit：如果指定，将限制分隔得到的子串最多只有 limit 个，返回的最后一个子串将包含所有剩余部分。当 limit 值为-1、0 或 null 时都代表“不限制”，作为 PHP 的标准，可以使用 null 跳过对 flags 的设置。

（4）参数 flags：可以是任何下面标记的组合（以位或运算“|”组合）。

① PREG_SPLIT_NO_EMPTY：如果这个标记被设置，函数 preg_split()将返回分隔后的非空部分。

② PREG_SPLIT_DELIM_CAPTURE：如果这个标记被设置，用于分隔的模式中的括号表达式将被捕获并返回。

③ REG_SPLIT_OFFSET_CAPTURE：如果这个标记被设置，对于每一个出现的匹配返回时将会附加字符串偏移量。

注意：这将会改变返回数组中的每一个元素，使其每个元素成为一个由第 0 个元素为分隔后的子串，第 1 个元素为该子串在 subject 中的偏移量组成的数组。

请看下面的实例，演示了使用分割字符串的过程。

实例 12-16　获取搜索字符串的部分

源码路径　daima\12\12-16

实例文件 index.php 的主要实现代码如下所示。

```
<?php
//使用逗号或空格(包含" ", \r, \t, \n, \f)分隔短语
$keywords = preg_split("/[\s,]+/", "hypertext language, programming");
print_r($keywords);
?>
```

执行效果如图 12-16 所示。

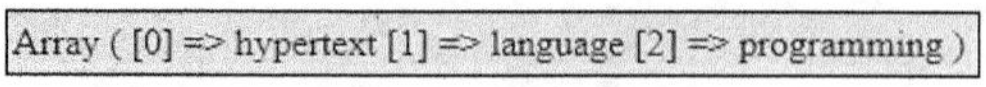

Array ([0] => hypertext [1] => language [2] => programming)

图 12-16　执行效果

12.5　技术解惑

（1）读者疑问：正则表达式是不是也可以应用于 JavaScript 中？

解答：答案是正确的，可以在 JavaScript 中使用正则表达式判断邮箱地址是不是合法。例如通过下面的函数 checkemail()（用 JavaScript 正则表达式代码编写的），可以检测 E-mail 地址是否正确。该函数只有一个参数 email，用于获取输入的 E-mail 地址，返回值为 true 或 false。此函数的代码如下所示。

```
<script language="javascript">
function checkemail(email){
   var str=email;
    //在JavaScript中，正则表达式只能使用“/”开头和结束，不能使用双引号
   var Expression=/\w+([-+.']\w+)*@\w+([-.]\w+)*\.\w+([-.]\w+)*/;
   var objExp=new RegExp(Expression);
   if(objExp.test(str)==true){
      return true;
   }else{
      return false;
   }
}
</script
```

(2) 读者疑问：正则表达式的功能强大，但是它用在什么地方呢?

解答：正则表达式应用最广泛的地方就是对表单中提交的数据进行判断，判断提交的数据是否符合要求，还可以将其应用到数据的查询模块中，查询数据中是否有相配的字符。

12.6 课后练习

(1) 编写一个 PHP 程序：尝试使用正则表达式搜索指定的字符串。

(2) 编写一个 PHP 程序：尝试联合使用插入符和美元符。

第 13 章

程序错误调试

在开发 PHP 程序的过程中，程序调试工作是十分重要的一个步骤。特别是在开发大型 PHP 工程的过程中，无论开发者在编码过程中多么小心或多么认真，都会在程序中留下或多或少的各种错误，因此开发者需要对程序进行调试或者处理一些不该发生的异常情况。在本章的内容中，将向大家详细讲解解决常见 PHP 异常和错误的知识，为读者步入本书后面知识的学习打下基础。

13.1 初步认识程序错误

视频讲解：第 13 章\初步认识程序错误.mp4

在实际开发工作过程中，编写任何程序都会不可避免地出现这样或那样的错误。在编写并调试 PHP 程序的过程中，总会遇见这样或那样的错误。下面通过一个简单实例来演示错误调试和异常处理的知识。

实例 13-1　第一个错误程序

源码路径　daima\13\13-1

实例文件 index.php 的主要实现代码如下所示。

```
<?php
require ("debug_100.php");          //一个不存在的文件
?>
```

执行效果如图 13-1 所示。

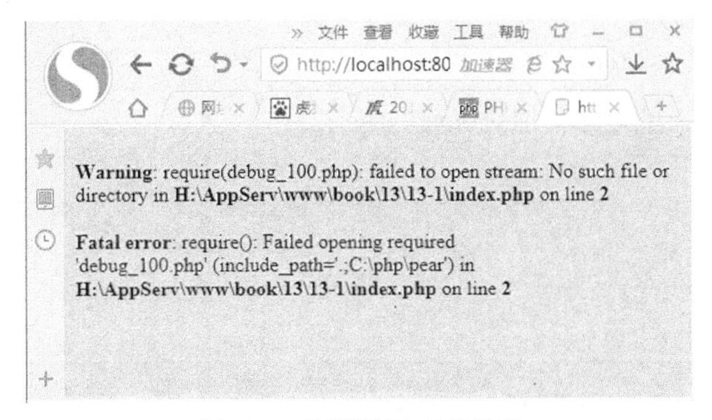

图 13-1　错误调试和异常处理

13.2 错误类型

视频讲解：第 13 章\错误类型.mp4

无论是 PHP 程序还是 Java 程序，程序错误都包括语法错误、运行时错误和逻辑错误这 3 种类型，下面将详细讲解这 3 种错误类型的基本知识。

13.2.1 语法错误

语法错误是指在开发程序过程中使用了不符合某种语法规则的语句而产生的错误，在 PHP 程序中，常见的语法错误有以下几种。

（1）缺少分号或者引号。

（2）关键字输入错误或者缺少错误逻辑结构。

（3）括号不匹配，如大括号、圆括号以及方括号。

（4）忘记使用变量前面的美元符号。

（5）错误地转义字符中的特殊字符。

1．缺少分号

缺少分号是语法解析中出现概率最高的错误，下面将通过一段实例代码来演示。

实例 13-2　缺少分号

源码路径　daima\13\13-2

实例文件 index.php 的主要实现代码如下所示。

```
<?php
 $a=1                          //分号呢?
 $b=6;
 echo "i love php";
?>
```

执行效果如图 13-2 所示。

Parse error: syntax error, unexpected '$b' (T_VARIABLE) in H:\AppServ\www\book\13\13-2\index.php on line 4

图 13-2　缺少分号

2．缺少引号

缺少引号也是常见的错误之一，例如缺少单引号或者双引号。下面将通过一段实例代码来演示。

实例 13-3　缺少引号

源码路径　daima\13\13-3

实例文件 index.php 的主要实现代码如下所示。

```
<?php
 $a=1;
 $b=6;
 echo "how are you;                    //引号呢?
?>
```

执行效果如图 13-3 所示。

Parse error: syntax error, unexpected end of file, expecting variable (T_VARIABLE) or ${ (T_DOLLAR_OPEN_CURLY_BRACES) or {$ (T_CURLY_OPEN) in H:\AppServ\www\book\13\13-3\index.php on line 6

图 13-3　缺少引号

3．缺少关键字或者逻辑结构

缺少关键字也是一种常见的错误，下面将通过一段实例代码来演示。

实例 13-4　缺少关键字

源码路径　daima\13\13-4

实例文件 index.php 的主要实现代码如下所示。

```
<?php
 $A=1;
 do
 {
    echo "i am $A";
    $A++;                        //缺少循环关键字
 }
?>
```

执行效果如图 13-4 所示。

```
Parse error: syntax error, unexpected '?>', expecting while (T_WHILE)
in H:\AppServ\www\book\13\13-4\index.php on line 9
```

图 13-4　缺少关键字

上面的程序缺少了关键字，可以十分简单地把上述程序修改为正确的代码，例如下面代码。

```
<?php
 $A=1;
 do
 {
     echo "i am $A";
     $A++;
 }while($a<10)
?>
```

4. 缺少括号

在代码中可能需要很多括号，如大括号、圆括号以及中括号。当程序中的括号层数比较多的时候，有可能发生缺少括号的错误。下面将通过一段实例代码来演示。

实例 13-5　缺少括号

源码路径　daima\13\13-5

实例文件 index.php 的主要实现代码如下所示。

```
<?php
 $a=1;
 $b=2;
 $c=3;
 $d=4;
 if ((($a>$b) and ($a>$c)) or ($c>$d)
 {
    echo "条件成立!";
 }
 else
 {
    echo "条件不成立!";
 }
?>
```

执行效果如图 13-5 所示。

```
Parse error: syntax error, unexpected '{' in H:\AppServ\www\book\13\13-5\index.php on line 7
```

图 13-5　缺少括号

5. 忘记美元符号$

在 PHP 程序中，必须在变量前加上美元符$，否则将会引起解析错误。下面将通过一段实例代码来演示。

实例 13-6　忘记美元符号$

源码路径　daima\13\13-6

实例文件 index.php 的主要实现代码如下所示。

```
<?php
 for(i=0;i<100;$i++)          //美元符号
 {
    echo "i am $i";
 }
?>
```

执行效果如图 13-6 所示。

Parse error: syntax error, unexpected '=', expecting ';' in **H:\AppServ\www\book\13\13-6\index.php** on line **2**

图 13-6 缺少美元符号

13.2.2 运行错误

运行错误对于语法错误来说是一种复杂的错误，是一件令人头痛的事情。开发者很难检测到错误出现在什么地方，同时也更加难以修改。在一个脚本中可以存在语法上的错误，那是因为在书写时没有注意到，但是在运行时能够检测到该错误。但是如果是运行上的错误，则不一定能查找到具体原因，它可能是由脚本导致的，也可能是在脚本的交互过程中或其他的事件、条件下产生的。通常在下面的情况下容易导致运行时的错误。

在 PHP 程序中，常见的运行错误如下所示。

（1）调用不存在的函数。

（2）读写文件。

（3）包含的文件不存在。

（4）运算的错误。

（5）连接到网络服务。

（6）连接数据库的错误。

1. 调用不存在的函数

在编写程序时，很有可能调用一个不存在的函数，此时就会产生错误，有时在调用一个正确的函数时，使用的参数不对，同样也会产生一个错误，例如在下面的实例代码调用了不存在的文件。

实例 13-7　调用不存在的函数

源码路径　daima\13\13-7

实例文件 index.php 的主要实现代码如下所示。

```
<?php
 trastr();          //此函数不存在
 ?>
```

执行效果如图 13-7 所示。

Fatal error: Call to undefined function trastr() in **H:\AppServ\www\book\13\13-7\index.php** on line **2**

图 13-7 调用函数不存在

2. 读写文件错误

访问文件的错误也是经常出现的，例如硬盘驱动器出错或写满，以及人为操作错误导致目录权限改变等。如果没有考虑到文件的权限问题，直接对文件进行操作就会产生错误。下面将通过一段实例代码来演示。

实例 13-8　读写文件错误

源码路径　daima\13\13-8

实例文件 index.php 的主要实现代码如下所示。

```
<?php
$fp=fopen("test.txt","r");    //r权限错误
fwrite($fp ,"插入到文档中");
fclose($fp);
 ?>
```

执行效果如图 13-8 所示。

```
Warning: fopen(test.txt): failed to open stream: No such file or directory in H:\AppServ\www\book\13\13-8\index.php on line 2

Warning: fwrite() expects parameter 1 to be resource, boolean given in H:\AppServ\www\book\13\13-8\index.php on line 3

Warning: fclose() expects parameter 1 to be resource, boolean given in H:\AppServ\www\book\13\13-8\index.php on line 4
```

图 13-8 缺少文件

解决错误，修改为“w”会自动创建：

```
<?php
$fp=fopen("test.txt","w");
fwrite($fp ,"插入到文档中");
fclose($fp);
 ?>
```

3. 包含文件不存在

在使用函数 include()和函数 require()的时候，如果包含的文件不存在，那么就会产生错误。下面将通过一段实例代码来演示。

实例 13-9 包含文件不存在

源码路径 daima\13\13-9

实例文件 index.php 的主要实现代码如下所示。

```
<?php
require ("de.php");          //包含文件不存在
?>
```

执行效果如图 13-9 所示。

```
Warning: require(de.php): failed to open stream: No such file or directory in H:\AppServ\www\book\13\13-9\index.php on line 2

Fatal error: require(): Failed opening required 'de.php' (include_path='.;C:\php\pear') in H:\AppServ\www\book\13\13-9\index.php on line 2
```

图 13-9 包含不存在

4. 运算错误

在使用 PHP 程序执行一些不符合运算法则的运算时，也会产生运行错误。下面将通过一段实例代码进行演示。

实例 13-10 运算错误

源码路径 daima\13\13-10

实例文件 index.php 的主要实现代码如下所示。

```
<?php
 $a=120 ;
  $b=0 ;
  $c=$a/$b ;                    //除数为0
?>
```

执行效果如图 13-10 所示。

```
Warning: Division by zero in H:\AppServ\www\book\13\13-10\index.php on line 4
```

图 13-10 计算式错误

13.2.3 逻辑错误

逻辑错误是最难发现和清除的错误类型。逻辑错误的代码是完全正确的，而且也是按照正确的程序逻辑执行的，但是结果却是错误的。对于逻辑错误而言，很容易纠正错误，但很难查找出逻辑错误。例如计数错误通常发生在数组编程中，如果程序员把值存储在一个数组的全部 10 个元素中，可是忽略了数组的索引是从 0 开始的，而将数据存进了元素 1～10 中，而索引 0 的元素没有获得赋值。下面将通过一段实例代码进行演示。

实例 13-11　逻辑错误

源码路径　daima\13\13-11

实例文件 index.php 的主要实现代码如下所示。

```
<?php
$data=10 ;
for ( $i=1 ; $i<$data ; $i++)          //没有0
{
        echo "循环第 $i 次." ;
}
 ?>
```

执行效果如图 13-11 所示。

```
循环第 1 次.循环第 2 次.循环第 3 次.循环第 4 次.循环第 5 次.循环第 6
次.循环第 7 次.循环第 8 次.循环第 9 次.
```

图 13-11　逻辑错误

13.3　技术解惑

读者疑问：Zend Studio 和 Eclipse PHP Studio 都是十分优秀的开发工具，该选择哪一个开发工具，哪一个工具会更好呢？

解答：开发 PHP 最好选择 Zend Studio，Eclipse PHP Studio 虽然是国内爱好者对 PHP 的一点贡献，但是有许多地方都不足，不利于 PHP 进行大型项目开发。

13.4　课后练习

(1) 编写一个 PHP 程序：使用 die()函数处理文件不存在时的异常错误。

(2) 编写一个 PHP 程序：通过尝试输出不存在的变量，来测试这个错误处理程序。

(3) 编写一个 PHP 程序：如果 "test" 变量大于 "1"，则发生 E_USER_WARNING 错误。如果发生了 E_USER_WARNING，请使用我们的自定义错误处理程序并结束脚本。

(4) 编写一个 PHP 程序：如果特定的错误发生，将发送带有错误消息的电子邮件，并结束脚本。

第 14 章

数据加密

随着网络的普及，网上购物已经成了大家日常的主要消费方式之一，此时对于注册用户的个人隐私、账号密码等敏感数据的保护变得愈发重要。为了保证重要隐私数据的安全性，PHP 提供了加密和解密技术来保护这些信息。在本章的内容中，将详细讲解 PHP 加密和解密技术的基本知识，为读者步入本书后面知识的学习打下基础。

14.1　使用加密函数

视频讲解：第 14 章\使用加密函数.mp4

数据加密的基本原理就是对原来为明文的文件或数据按某种算法进行处理，使其成为不可读的一段代码，通常称为“密文”，通过这样的途径来达到保护数据不被非法窃取和阅读的目的。在 PHP 语言中提供了能对数据进行加密的函数，主要有 crypt()、md5()和 shal()，还有加密扩展库 Mcrypt 和 Mash。

14.1.1　使用 crypt()函数

在 PHP 程序中，函数 crypt()可以实现单向加密功能，其语法格式如下。

```
string crypt(string str[, string salt])
```

各个参数的具体说明如下所示。

（1）参数 str 是需要加密的字符串。

（2）参数 salt 为加密时使用的干扰串。如果省略参数 salt，则会随机生成一个干扰串。

函数 crypt()支持的 4 种算法和 salt 参数的长度，如表 14-1 所示。

表 14-1　　crypt()函数支持的 4 种算法和 salt 参数的长度

算　法	salt 长度
CRYPT STD DES	2-character（默认）
CRYPT EXT DES	9-character
CRYPT MD5	12-character（以1开头）
CRYPT BLOWFISH	16-character（以2开头）

在默认情况下，PHP 使用一个或两个字符的 DES 干扰串，如果系统使用的是 MD5，则会使用 12 个字符。可以通过变量 CRYPT SALT LENGTH 来查看当前所使用的干扰串的长度。

下面的实例演示了使用 crypt()函数的过程。

实例 14-1　使用 crypt()函数

源码路径　daima\14\14-1

实例文件 index.php 的主要实现代码如下所示。

```
<?php
   $str ='This is an example!';                    //声明字符串变量$str
   echo '加密前$str的值为：'.$str;
   $crypttostr = crypt($str);                      //对变量$str加密
   echo '<p>加密后$str的值为：'.$crypttostr;        //输出加密后的变量
?>
```

在上述代码中，首先声明了一个字符串变量$str，赋值为“This is an example!”，然后使用 crypt()函数进行加密并输出。执行效果如图 14-1 所示。

加密前$str的值为：This is an example!
加密后$str的值为：$1$St3.z6..$N7XaegyyIGrfmF26pcZyy0

图 14-1　执行效果

读者应该会发现，当按 F5 键刷新上述执行页面时，每次生成的加密结果都不相同，那么该如何对加密后的数据进行判断呢？因为函数 crypt()是单向加密的，所以密文不可还原成明文，而每次加密后的数据还不相同，这就是参数 salt 要解决的问题。函数 crypt()用 salt 参数对明文进行加密，在判断时对输出的信息再次使用相同的 salt 参数进行加密，对比两次加密后的结果来进行判断。

例如下面实例的功能是验证用户名是否存在。

实例 14-2　验证用户名是否存在

源码路径　daima\14\14-2

实例文件 index.php 的主要实现代码如下所示。

```
<?php
    $conn = mysql_connect("localhost:8080","root","66688888") or die("数据库链接错误
".mysql_error());
    mysql_select_db("db_database15",$conn) or die("数据库访问错误".mysql_error());
    mysql_query("set names utf-8");
?>
  <form id="form1" name="form1" method="post" action="">
    <table border="0" cellpadding="0" cellspacing="0">
      <tr>
            <td width="100" height="30" align="right" valign="middle" scope="col">用户名: </td>
        <td width="100" height="30" align="left" valign="middle" scope="col">
<label for="textfield"></label>
        <input name="username" type="text" id="username" size="15" /></td>
        <td width="100" align="center" valign="middle" scope="col"><input type="submit"
name="Submit" value="检查" id="Submit" /></td>
      </tr>
    </table>
  </form>
<?php
    if(trim($_POST[username]) != ""){
        $usr = crypt(trim($_POST[username]),"tm");
        $sql = "select * from tb_user where user = '".$usr."'";
        $rst = mysql_query($sql,$conn);
        if(mysql_num_rows($rst) > 0){
            echo "<font color='red'>用户名已存在。</font>";
        }else{
            echo "<font color='green'>恭喜您: 用户名可以使用!</font>";
        }
    }
?>
```

在上述代码中，对输入的用户名进行检测，如果该用户存在，显示“用户名已存在。”，否则显示“恭喜您：用户名可以使用!”。执行效果如图 14-2 所示。

图 14-2　执行效果

14.1.2　使用 md5()函数

在 PHP 程序中，函数 md5()使用 MD5 算法实现加密。MD5 的全称是 Message-Digest Algorithm 5（信息-摘要算法），其功能是把不同长度的数据信息经过一系列的算法计算成一个 128 位的数值，即把一个任意长度的字节串变换成一定长度的大整数。注意这里是“字节串”，而不是“字符串”，因为这种变换只与字节的值有关，与字符集或编码方式无关。使用函数 md5()的语法格式如下所示。

```
strina md5(strinq str [bool raw_output]);
```

各个参数的具体说明如下所示。

（1）参数 str：为要加密的明文。

（2）参数 raw_output：如果设置为 true，则返回一个二进制密文，该参数默认为 false。

很多网站注册用户的密码都是先使用 MD5 加密，然后再保存到数据库中的。在用户登录时，程序将用户输入的密码计算成 MD5 值，然后再去和数据库中保存的 MD5 值进行比较。在这个过程中，程序自身都不会“知道”用户的真实密码，从而保证注册用户的个人隐私，提高程序的安全性。

例如下面的实例实现了一个基本的会员注册登录系统。

实例 14-3　会员注册登录系统

源码路径　daima\14\14-3

本例的功能是实现会员注册和登录的功能，将会员注册的密码通过 md5()函数进行加密处理，然后保存到数据库中。

（1）创建文件 conn.php，完成与数据库 db_database15 的连接。

```
<?php
 $conn=mysql_connect("localhost","root","66688888") or die("数据库连接失败
".mysql_error());     //连接服务器
 mysql_select_db("db_database15",$conn);          //连接数据库
 mysql_query("set names utf-8");                  //设置编码格式
?>
```

（2）创建会员注册页面 register.php，首先创建 form 表单，通过 register()方法对表单元素值进行验证；然后添加表单元素，完成会员名和密码的提交；最后将表单中数据提交到文件 register_ok.php 中，通过面向对象的方法完成会员注册信息的提交操作。其注册页面如图 14-3 所示。

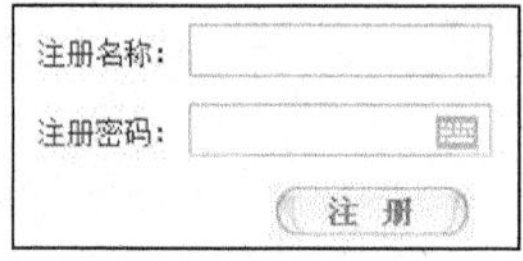

图 14-3　注册页面

（3）创建文件 register_ok.php 获取表单中提交的数据，通过函数 md5()对密码进行加密，使用面向对象的方法提交会员注册信息。文件 register_ok.php 的主要实现代码如下所示。

```
<?php
class chkinput {                         //定义chkinput类
 var $name;                              //定义成员变量
 var $pwd;                               //定义成员变量
 function chkinput($x, $y) {             //定义成员方法
     $this->name = $x;                   //为成员变量赋值
     $this->pwd = $y;                    //为成员变量赋值
 }
 function checkinput() {                 //定义方法，完成用户注册
     include "conn/conn.php";            //通过include调用数据库连接文件
     $info = mysql_query ( "insert into tb_user(user,password)value('" . $this->name . "',
'" . $this->pwd . "')" );
     if ($info == false) {                //根据添加操作的返回结果，给出提示信息
         echo "<script language='javascript'>alert('会员注册失败！');history.back();</script>";
         exit ();
     } else {
         $_SESSION [admin_name] = $this->name;      //注册成功后，将用户名赋给SESSION变量
         echo "<script language='javascript'>alert('恭喜您，注册成功！');window.location.href=
'index.php';</script>";
     }
 }
}
//实例化类
$obj = new chkinput ( trim ( $_POST [name] ), trim ( md5 ( $_POST [pwd] ) ) );
$obj->checkinput ();                    //根据返回对象调用方法执行注册操作
?>
```

（4）实例文件 index_ok.php 实现会员登录验证功能，主要实现代码如下所示。

```
<?php
session_start();                          //初始化SESSION變量
class chkinput{                           //定义类
var $name;                                //定义成员变量
    var $pwd;
    function chkinput($x,$y){             //定义构造方法
        $this->name=$x;                   //为成员变量赋值
    $this->pwd=$y;
    }
    function checkinput(){                //定义方法
    include "conn/conn.php";              //连接数据库
    $sql=mysql_query("select * from tb_user where user='".$this->name."'");//执行查询
    $info=mysql_fetch_array($sql);        //获取查询结果
    if($info==false){                     //判断如果返回结果为空
        echo "<script language='javascript'>alert('不存在此会员！');history.back(); </script>";
        exit;
        }else{
        if($info[password]==$this->pwd){          //判断如果密码相同
            $_SESSION[admin_name]=$info[name];   //则将该用户名存储到SESSION变量中
                echo "<script language='javascript'>alert('恭喜您，登录成功！');window.
location.href='index.php';</script>";
            }else{
                echo "<script language='javascript'>alert('密码输入错误！');history.back();
</script>";
                exit;
        }
        }
    }
}
$obj=new chkinput(trim($_POST[name]),trim(md5($_POST[pwd])));  //实例化类
$obj->checkinput();                                             //调用方法
?>
```

执行效果如图 14-4 所示。

图 14-4　执行效果

在会员注册成功后，可以查看存储在数据库中的数据，会发现通过 MD5 加密后的密码。如图 14-5 所示。

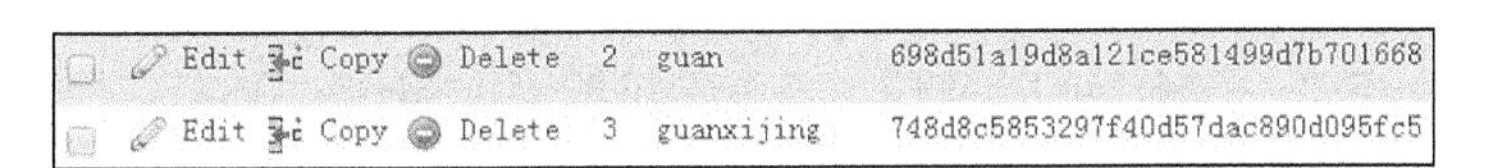

图 14-5　数据库中的数据

14.1.3　使用 shal()函数

在现实应用中，和 MD5 算法功能类似的还有 SHA 算法。SHA 全称为 Secure Hash Algorithm（安全哈希算法）。在 PHP 语言中，函数 shal()使用的就是 SHA 算法，功能是返回 sha1 散列值字符串。此函数的语法格式如下。

```
string sha1 ( string $str [, bool $raw_output = false ] )
```

各个参数的具体说明如下所示。

（1）参数 str：输入字符串。

（2）参数 raw_output：如果可选参数 raw_output 被设置为 TRUE，那么 sha1 摘要将以 20 字符长度的原始格式返回，否则返回值是一个 40 字符长度的十六进制数字。

例如在下面的实例中演示了使用 shal()函数的过程。

实例 14-4　使用 shal()函数

源码路径　daima\14\14-4

实例文件 index.php 的主要实现代码如下所示。

```
<table border="1" cellspacing="0" cellpadding="0">
  <tr>
    <td height="30" colspan="2" align="center" valign="middle" scope="col"><?php echo
'md5()和shal()函数的对比效果'; ?></td>
  </tr>
  <tr>
    <td width="200" height="30" align="right" valign="middle">
      <?php echo '使用md5()函数加密字符串PHPER: ' ?><
    /td>
    <td width="200" height="30" align="center" valign="middle"><?php echo md5('PHPER'); ?></td>
  </tr>
  <tr>
    <td width="200" height="30" align="right" valign="middle"><?php echo '使用shal()函
数加密字符串PHPER: ';
?></td>
    <td width="200" height="30" align="center" valign="middle"><?php echo shal('PHPER');
?></td>
  </tr>
</table>
```

执行效果如图 14-6 所示。

md5()和shal()函数的对比效果	
使用md5()函数加密字符串PHPER:	d0ac6f0fd947a2a5fa1780b52ffba503
使用shal()函数加密字符串PHPER:	2240a7dcc3a0d31f1ffdca9e218774d0b5322e49

图 14-6　执行效果

14.2　使用 Mcrypt 加密扩展库

视频讲解：第 14 章\使用 Mcrypt 加密扩展库.mp4

在 PHP 程序中，除了可以使用内置的加密函数外，还可以使用功能更加全面的加密扩展库 Mcrypt 和 Mhash 实现加密功能。其中 Mcrypt 扩展库可以实现加密解密功能，既能够将明文加密，也可以将密文还原。在本节的内容中，将详细讲解使用 Mcrypt 加密扩展库的方法。

14.2.1　安装 Mcrypt 扩展库

单向加密的优势是密文无法还原为明文，即使数据被截获也不会造成资料外泄。但有时还需将密文还原成明文，这时就需要使用双向加密技术了。Mcrypt 是一个功能十分强大的加密算法扩展库。在标准的 PHP 安装过程中并没有安装 Mcrypt，但是 PHP 的主目录下包含了 libmcrypt.dll。首先将文件复制到系统目录 windows\system 下，然后在文件 php.ini 中找到如下所示的语句。

```
;extension=php_mcrypt.dll
```

将上述语句前面的分号“;”删除，然后重新启动服务器后就可以使用这个扩展库。

14.2.2 使用 Mcrypt 扩展库

为了确保 Mcrypt 扩展库已经安装成功，首先通过下面的实例代码来查看 Mcrypt 库的支持信息。

实例 14-5 查看 Mcrypt 库的支持信息

源码路径 daima\14\14-5

实例文件 index.php 的主要实现代码如下所示。

```
<?php
 $en_dir = mcrypt_list_algorithms();
 echo "Mcrypt支持的算法有：";
 foreach($en_dir as $en_value){
     echo $en_value." ";
}
?>
<?php
 $mo_dir = mcrypt_list_modes();
 echo "<p>Mcrypt支持的加密模式有：";
 foreach($mo_dir as $mo_value){
     echo $mo_value." ";
}
?>
```

Mcrypt 库支持二十多种加密算法和 8 种加密模式，在上述代码中，通过函数 mcrypt_list_algori thms()和 mctypt_list_modes()查看了 Mcrypt 库支持的加密算法和加密模式。执行效果如图 14-7 所示。

Mcrypt支持的算法有：cast-128 gost rijndael-128 twofish cast-256 loki97 rijndael-192 saferplus wake blowfish-compat des rijndael-256 serpent xtea blowfish enigma rc2 tripledes arcfour

Mcrypt支持的加密模式有：cbc cfb ctr ecb ncfb nofb ofb stream

图 14-7 执行效果

当上述实例代码运行成功后，说明当前电脑环境已经支持 Mcrypt 库的功能。

是的，例如下面的实例演示了使用 Mcrypt 库的过程。

实例 14-6 使用 Mcrypt 库

源码路径 daima\14\14-6

实例文件 index.php 的主要实现代码如下所示。

```
<?php
   # --- 加密 ---
   # 密钥应该是随机的二进制数据，
   # 开始使用 scrypt, bcrypt 或 PBKDF2 将一个字符串转换成一个密钥
   # 密钥是十六进制字符串格式
   $key = pack('H*', "bcb04b7e103a0cd8b54763051cef08bc55abe029fdebae5e1d417e2ffb2a00a3");
   # 显示 AES-128, 192, 256 对应的密钥长度:
   #16, 24, 32 字节。
   $key_size =  strlen($key);
   echo "Key size: " . $key_size . "\n";
   $plaintext = "我爱你";
   # 为 CBC 模式创建随机的初始向量
   $iv_size = mcrypt_get_iv_size(MCRYPT_RIJNDAEL_
   128, MCRYPT_MODE_CBC);
   $iv = mcrypt_create_iv($iv_size, MCRYPT_RAND);
   # 创建和 AES 兼容的密文（Rijndael 分组大小 = 128）
   # 仅适用于编码后的输入不是以 00h 结尾的
   # （因为默认是使用 0 来补齐数据）
   $ciphertext = mcrypt_encrypt(MCRYPT_RIJNDAEL_128, $key,
                                $plaintext, MCRYPT_MODE_CBC, $iv);
   # 将初始向量附加在密文之后，以供解密时使用
```

```
    $ciphertext = $iv . $ciphertext;
    # 对密文进行 base64 编码
    $ciphertext_base64 = base64_encode($ciphertext);
    echo  $ciphertext_base64 . "\n";
    # === 警告 ===
    # 密文并未进行完整性和可信度保护，
    # 所以可能遭受 Padding Oracle 攻击。
    # --- 解密 ---
    $ciphertext_dec = base64_decode($ciphertext_base64);
    # 初始向量大小，可以通过 mcrypt_get_iv_size() 来获得
    $iv_dec = substr($ciphertext_dec, 0, $iv_size);
    # 获取除初始向量外的密文
    $ciphertext_dec = substr($ciphertext_dec, $iv_size);
    # 可能需要从明文末尾移除 0
    $plaintext_dec = mcrypt_decrypt(MCRYPT_RIJNDAEL_128, $key,
                          $ciphertext_dec, MCRYPT_MODE_CBC, $iv_dec);
    echo  $plaintext_dec . "\n";
?>
```

执行效果如图 14-8 所示。

Key size: 32 qjxXK1OKePe2iFcIOz0bJLGnTm5ty0yxs5neds1pF/s= 我爱你

图 14-8　执行效果

在上述代码中，函数 mcrypt_encrypt()的功能是使用给定参数加密明文，其语法格式如下所示。

```
    string mcrypt_encrypt ( string $cipher , string $key , string $data , string $mode [,
string $iv ] )
```

函数 mcrypt_encrypt()能加密数据并返回密文，各个参数的具体说明如下。

cipher：MCRYPT_ciphername 常量中的一个，或者是字符串值的算法名称。

key：加密密钥。如果密钥长度不是该算法所能够支持的有效长度，则函数将会发出警告并返回 FALSE。

data：使用给定的 cipher 和 mode 加密的数据。如果数据长度不是 n*分组大小，则在其后使用“\0”补齐。返回的密文长度可能比 data 更大。

mode：MCRYPT_MODE_modename 常量中的一个，或字符串“ecb”、“cbc”、“cfb”、“ofb”、“nofb”和“stream”中的一个。

iv：使用 Mcrypt 进行数据加密、解密之前，首先要创建一个初始化向量（简称 iv）。

14.3　使用 Mhash 加密扩展库

视频讲解：第 14 章\使用 Mhash 加密扩展库.mp4

在 PHP 程序中，Mhash 扩展库包含了 MD5 在内的多种 hash 算法实现的混编函数。在下面的内容中，将详细讲解使用 Mhash 加密扩展库的方法。

14.3.1　安装 Mhash 扩展库

在标准的 PHP 安装过程中并没有安装 Mhash，但是 PHP 的主目录下包含了 libmhash.dll 文件（Mhash 扩展库）。在安装 Mhash 扩展时，首先将文件 libmhash.dll 复制到系统目录“windows\system”下，然后在文件 php.ini 中找到如下所示的语句。

```
    ;extension=php_mhash.dll
```

将上述语句前面的分号“;”删除，然后重新启动服务器后即可使用这个扩展库。

14.3.2　使用 Mhash 扩展库

在 PHP 程序中，Mhash 库支持 MD5、SHA、CRC32 等多种散列算法，可以使用函数 mhash

count()和函数 mhash_get_hash_name()输出支持的算法名称。例如下面实例的功能是输出支持的算法名称。

实例 14-7 输出支持的算法名称

源码路径 daima\14\14-7

实例文件 index.php 的主要实现代码如下所示。

```
<?php
$num = mhash_count();                              //函数返回最大的hash id
echo "Mhash库支持的算法有：";
for($i = 0; $i <= $num; $i++){
 echo $i."=>".mhash_get_hash_name($i)."  ";        //输出每一个hash id 的名称
}
?>
```

执行效果如图 14-9 所示。

```
Mhash库支持的算法有：0=>CRC32 1=>MD5 2=>SHA1 3=>HAVAL256 4=> 5=>RIPEMD160
6=> 7=>TIGER 8=>GOST 9=>CRC32B 10=>HAVAL224 11=>HAVAL192 12=>HAVAL160
13=>HAVAL128 14=>TIGER128 15=>TIGER160 16=>MD4 17=>SHA256 18=>ADLER32
19=>SHA224 20=>SHA512 21=>SHA384 22=>WHIRLPOOL 23=>RIPEMD128
24=>RIPEMD256 25=>RIPEMD320 26=> 27=>SNEFRU256 28=>MD2 29=>FNV132
30=>FNV1A32 31=>FNV164 32=>FNV1A64 33=>JOAAT
```

图 14-9 执行效果

注意：如果在实际应用中使用上面的常量，需要在算法名称前面加上 MHASH 前缀，例如 CRC32 表示为 MHASH CRC32。

例如在下面的实例中演示了使用 Mhash 扩展库的过程。

实例 14-8 使用 Mhash 扩展库

源码路径 daima\14\14-8

实例文件 index.php 的主要实现代码如下所示。

```
<?php
 $filename = '08.txt';                            //定义文件名变量
 $str = file_get_contents($filename);             //把整个文件读入一个字符串中
 $hash = 2;                                       //定义变量hash
 $password = '111';                               //定义变量password
 $salt = '1234';                                  //定义变量hash
 $key = mhash_keygen_s2k(1,$password,$salt,10);
 $str_mhash = bin2hex(mhash($hash,$str,$key));
 echo "文件08.txt的校验码是：".$str_mhash;
?>
```

在上述代码中，首先使用函数 mhash_keygen_s2k()生成一个校验码，然后使用函数 bin2hex()将二进制结果转换为十六进制。执行效果如图 14-10 所示。

```
文件08.txt的校验码是：8c5c00b725dcba55f8cb01b63ef3c12d776da504
```

图 14-10 执行效果

14.4 技术解惑

（1）读者疑问：Mcrypt 扩展库十分重要，如何下载和使用 Mcrypt 扩展库的知识？

解答：网络中有大量的相关教程，例如 jb51.net 网站上有许多资料。

（2）读者疑问：在日常开发应用中，更推荐使用哪一种加密技术？

解答：推荐 phpass！经过实际测试，在存入数据库之前进行哈希保护用户密码的标准方式。

许多常用的哈希算法，如 MD5，甚至是 sha1 对于密码存储都是不安全的，因为黑客能够使用那些算法轻而易举地破解密码。

（3）读者疑问：能不能将编写的 PHP 程序代码加密？

解答：当然可以，可以登录 phpjm.net 网站实现在线加密。

14.5　课后练习

（1）编写一个 PHP 程序：创建一个带密钥的 base64 加密算法函数。

（2）编写一个 PHP 程序：使用 PHP 的内置函数，通过 DES 算法对数据加密和解密。

（3）编写一个 PHP 程序：编写自定义函数加密或解密字符串。

第 15 章

MySQL 数据库基础

PHP 作为一门著名的动态 Web 开发语言，只有与数据库相结合才能充分发挥出动态网页语言的魅力。在现实网站开发应用中，绝大多数动态 Web 程序都是基于数据库实现的。PHP 语言支持多种数据库工具，尤其与 MySQL 被称为黄金组合。在本章将详细介绍使用 MySQL 数据库的基础知识，为读者步入本书后面知识的学习打下基础。

15.1　MySQL 数据库介绍

视频讲解：第 15 章\MySQL 数据库基础.mp4

MySQL 是一个小型关系型数据库管理系统，开发者为瑞典 MySQL AB 公司。在 2008 年 1 月 16 号被 Sun 公司收购。而 2009 年，SUN 又被 Oracle 收购。目前 MySQL 被广泛地应用在 Internet 上的中小型网站中。由于其体积小、速度快、总体拥有成本低，尤其是开放源码这一特点，许多中小型网站为了降低网站总体拥有成本而选择了 MySQL 作为网站数据库。

根据作者的总结，MySQL 数据库的特点如下所示。

（1）功能强大

MySQL 提供了多种数据库存储引擎，各个引擎各有所长，适用于不同的应用场合。用户可以选择最合适的引擎以得到最高性能，这些引擎甚至可以应用于处理每天访问量数亿的高强度 Web 搜索站点。MySQL 支持事务、视图、存储过程和触发器等。

（2）跨平台

MySQL 支持至少 20 种以上的开发平台，包括 Linux、Windows、FreeBSD、IBMAIX、AIX 和 FreeBSD 等。这使得在任何平台下编写的程序都可以进行移植，而不需要对程序做任何修改。

（3）运行速度快

高速是 MySQL 的显著特性。在 MySQL 中，使用了极快的 B 树磁盘表（MyISAM）和索引压缩；通过使用优化的单扫描多连接，能够极快地实现连接；SQL 函数使用高度优化的类库实现，运行速度极快。

（4）支持面向对象

PHP 支持混合编程方式。编程方式可分为纯粹面向对象、纯粹面向过程、面向对象与面向过程混合 3 种方式。

（5）安全性高

灵活安全的权限和密码系统允许主机的基本验证。连接到服务器时，所有的密码传输均采用加密形式，从而保证了密码的安全。

（6）成本低

MySQL 数据库是一种完全免费的产品，用户可以直接从网上下载。

（7）支持各种开发语言

MySQL 为各种流行的程序设计语言提供支持，为它们提供了很多的 API 函数。这些语言包括 PHP、ASP.NET、Java、Eiffel、Python、Ruby、Tcl、C、C++和 Perl 等。

（8）数据库存储容量大

MySQL 数据库的最大有效表容量通常是由操作系统对文件大小的限制决定的，而不是由 MySQL 内部限制决定的。InnoDB 存储引擎将表 InnoDB 保存在一个表空间内，该表空间可由数个文件创建，表空间的最大容量为 64TB，可以轻松处理拥有上千万条记录的大型数据库。

（9）支持强大的内置函数

在 PHP 中提供了大量内置函数，几乎涵盖了 Web 应用开发中的所有功能。它内置了数据库连接、文件上传等功能，MySQL 支持大量的扩展库，如 MySQLi 等，为快速开发 Web 应用提供方便。

15.2　MySQL 的基本操作

视频讲解：第 15 章\MySQL 的基本操作.mp4

MySQL 数据库自身是没有管理工具的，只能靠 SQL 语句操作 MySQL。市面上很多第三方网站开发了许多管理工具，如 phpMyAdmin。在本书第 1 章中介绍了搭建 AppServ 环境的方法，在 AppServ 环境中包含了 phpMyAdmin。接下来将以使用 AppServ 环境为基础，详细讲解使用 MySQL 数据库的基本知识。

15.2.1　启动 MySQL 数据库

尽管通过系统服务器和命令提示符均可启动、连接和关闭 MySQL，具体操作过程非常简单。但是在大多数情况下，建议不要随意停止 MySQL 服务器，否则会导致数据库无法使用。启动 MySQL 服务器的方法有两种，分别是系统服务器和命令提示符。下面以 Windows 7（64）为例具体介绍每种方法的操作流程。

1. 通过系统服务器启动 MySQL 服务器

如果 MySQL 设置为 Windows 服务，则可以通过选择"开始"/"控制面板"/"管理工具"/"服务"命令打开 Windows 服务管理器。在服务器的列表中找到 MySQL 服务并右击，在弹出的快捷菜单中选择"启动"命令，启动 MySQL 服务器，如图 15-1 所示。

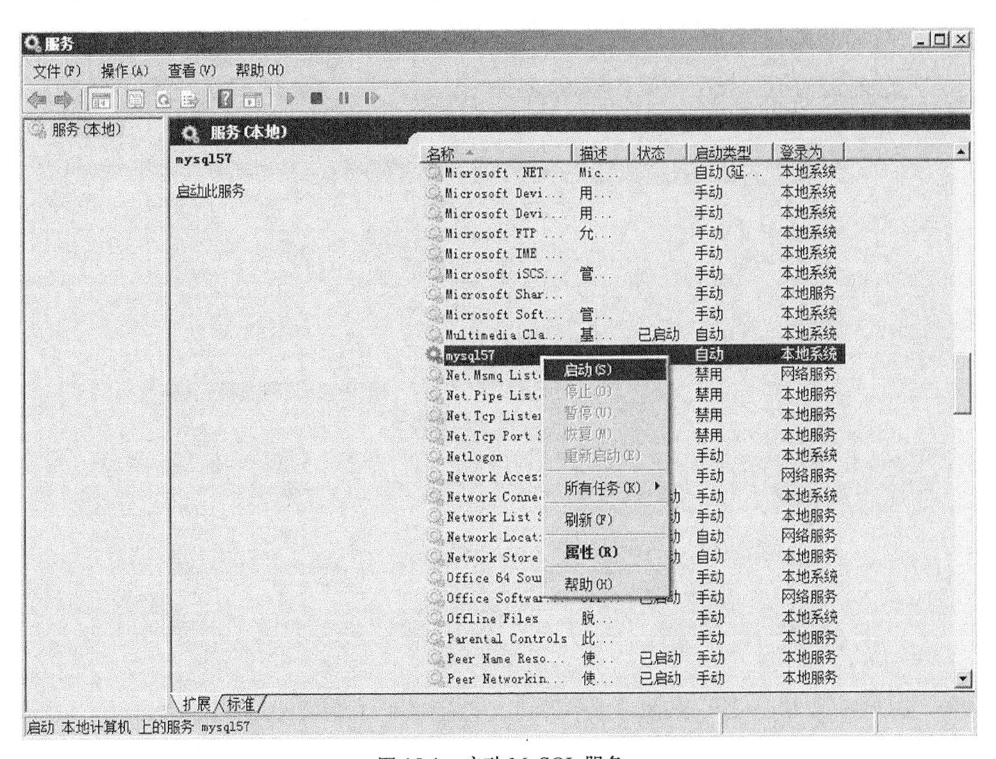

图 15-1　启动 MySQL 服务

2. 在命令提示符下启动 MySQL 服务器

选择"开始"/"所有程序"/"AppServ"命令，单击里面的"MySQL Start"选项启动 MySQL 数据库。如图 15-2 所示。

图 15-2　单击“MySQL Start”

15.2.2　停止 MySQL 数据库

停止 MySQL 服务器的方法有两种，分别是系统服务器和命令提示符。在下面以 Windows 7（64）为例具体介绍每种方法的操作流程。

1．通过系统服务器停止 MySQL 服务器

如果 MySQL 设置为 Windows 服务，则可以通过选择“开始”/“控制面板”/“管理工具”/“服务”命令打开 Windows 服务管理器。在服务器的列表中找到 MySQL 服务并右击，在弹出的快捷菜单中选择“停止”命令，停止 MySQL 服务器，如图 15-3 所示。

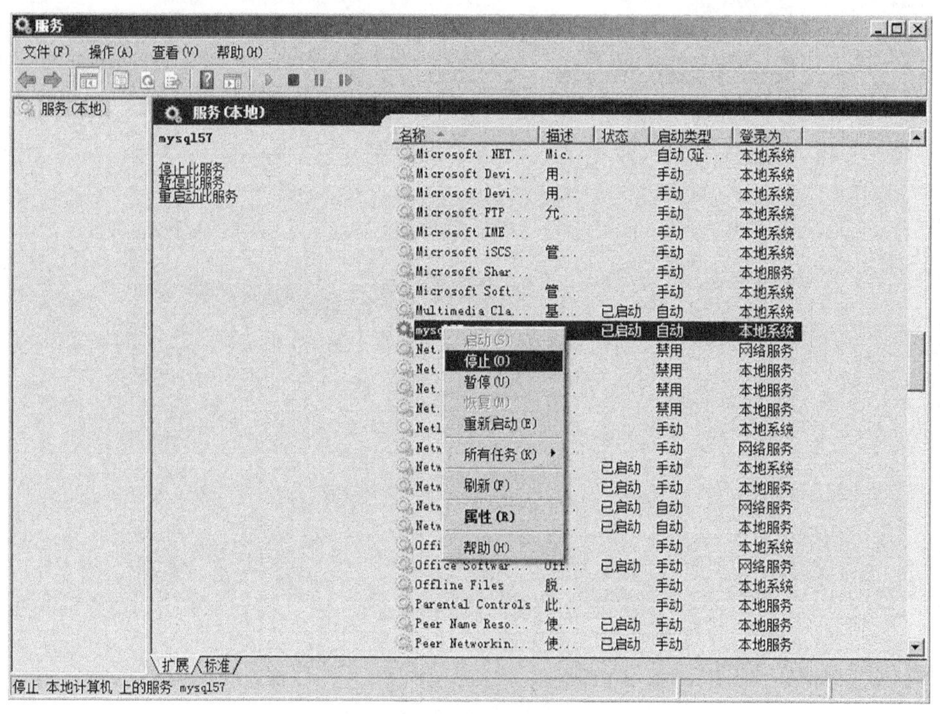

图 15-3　停止 MySQL 服务

2．在命令提示符下停止 MySQL 服务器

选择“开始”/“所有程序”/“AppServ”命令，单击里面的“MySQL Stop”选项停止 MySQL

数据库。如图 15-4 所示。

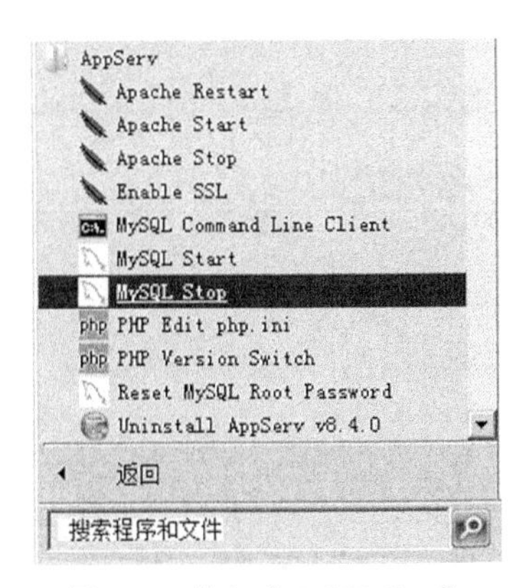

图 15-4 单击“MySQL Stop”

15.2.3 登录或退出 MySQL 数据库

要想操作 MySQL 数据库，首先必须学会登录和退出 MySQL 数据库的方法。其中登录 MySQL 数据库的方法十分简单，只需要在浏览器输入地址栏即可，具体操作过程如下所示。

（1）启动浏览器，在地址栏中输入“http://localhost/phpMyAdmin”，然后输入用户名和密码，单击“执行”按钮，如图 15-5 所示。

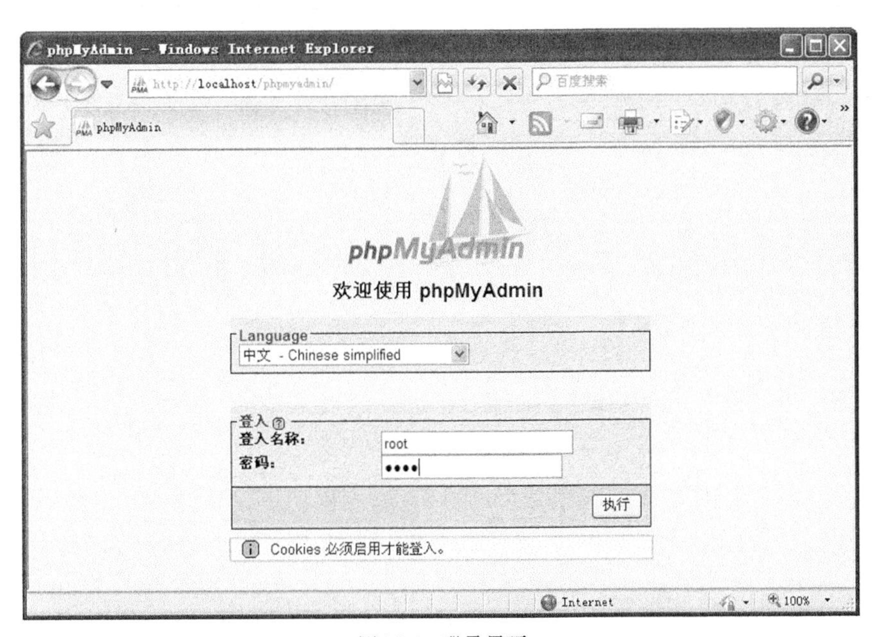

图 15-5 登录界面

（2）网页自动跳转进入 MySQL 管理界面的首页，在此可以根据自己的需要单击超级链接，例如更改密码，如图 15-6 所示。

提示：退出 phpMyAdmin 管理的方法十分简单，只需要单击“退出”超链接即可。在某版本中，“退出”被翻译为“登出”，同样可以退出 phpMyAdmin，如图 15-7 所示。

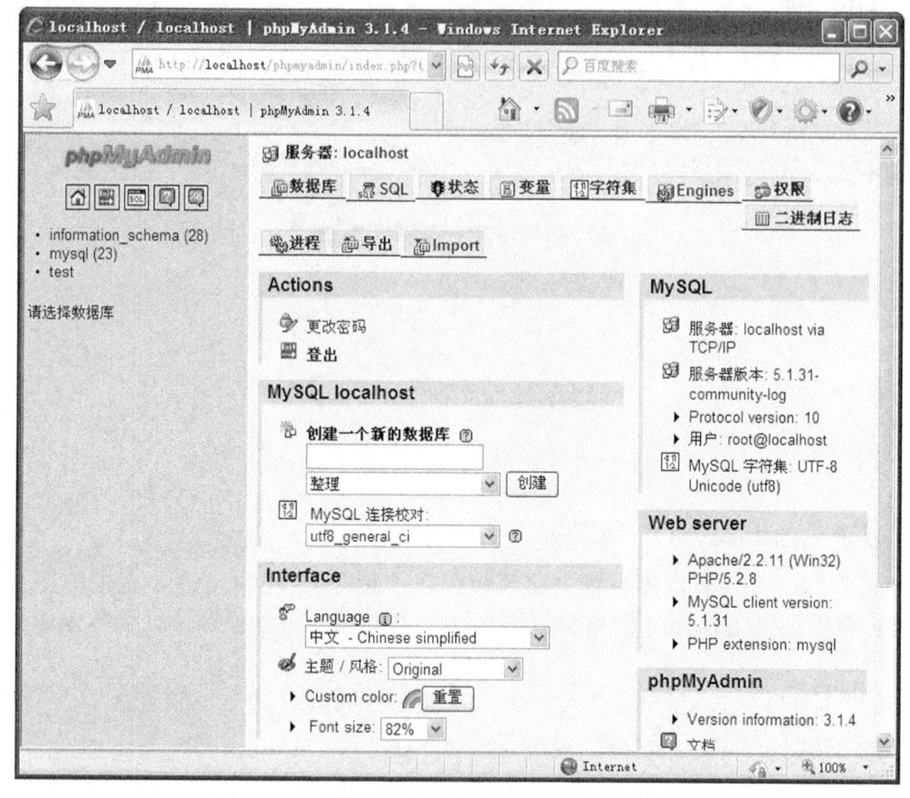

图 15-6　MySQL 管理界面

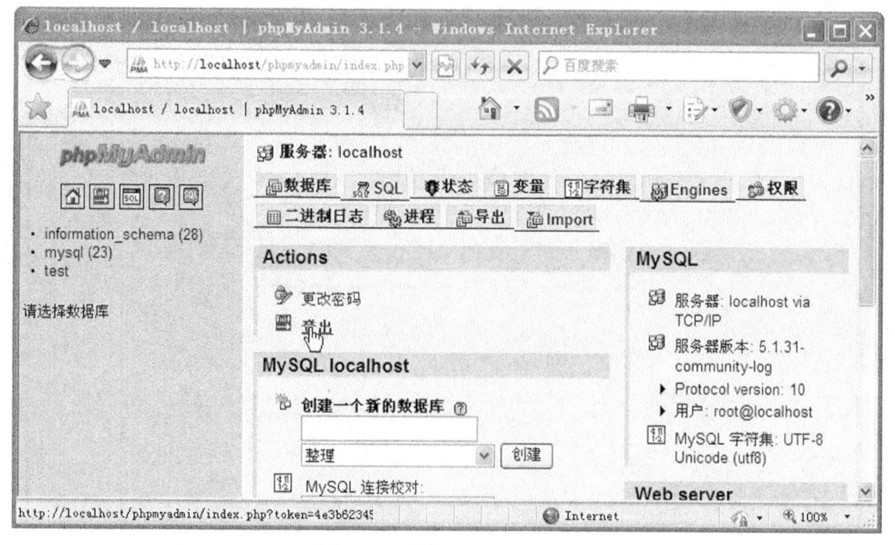

图 15-7　退出 phpMyAdmin

15.2.4　建立和删除数据库

建立数据库和删除数据库的方法十分简单，具体操作流程如下所示。

(1) 在打开的页面中，在“创建一个新的数据库”中的文本框中输入数据库名称，如“shop”，在右边的下拉列表中选择一个选项，如图 15-8 所示。

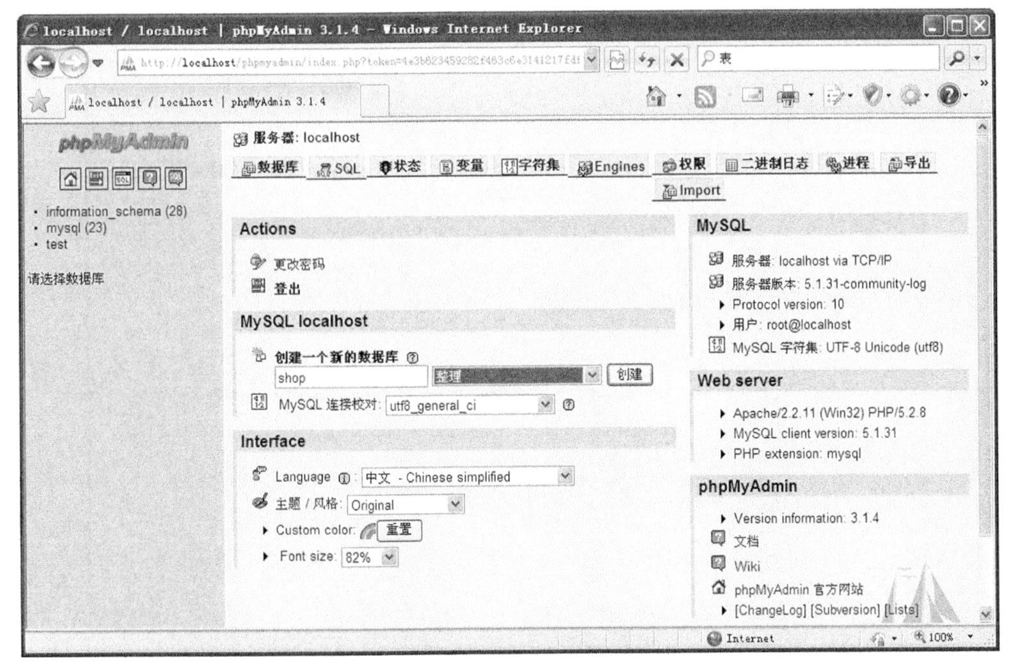

图 15-8 输入数据库名称

(2) 单击“创建”按钮后即可创建一名为“shop”的数据库，如图 15-9 所示。

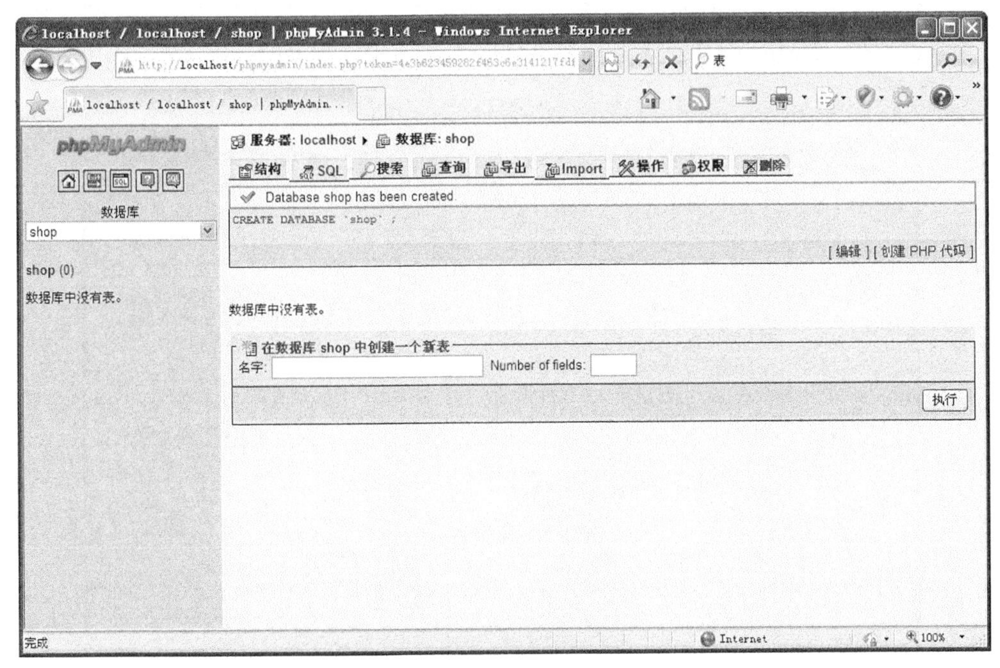

图 15-9 创建数据库

当不需要某个数据库时可以将其删除，删除方法十分简单，只需单击右上角的“删除”按钮即可。如图 15-10 所示。

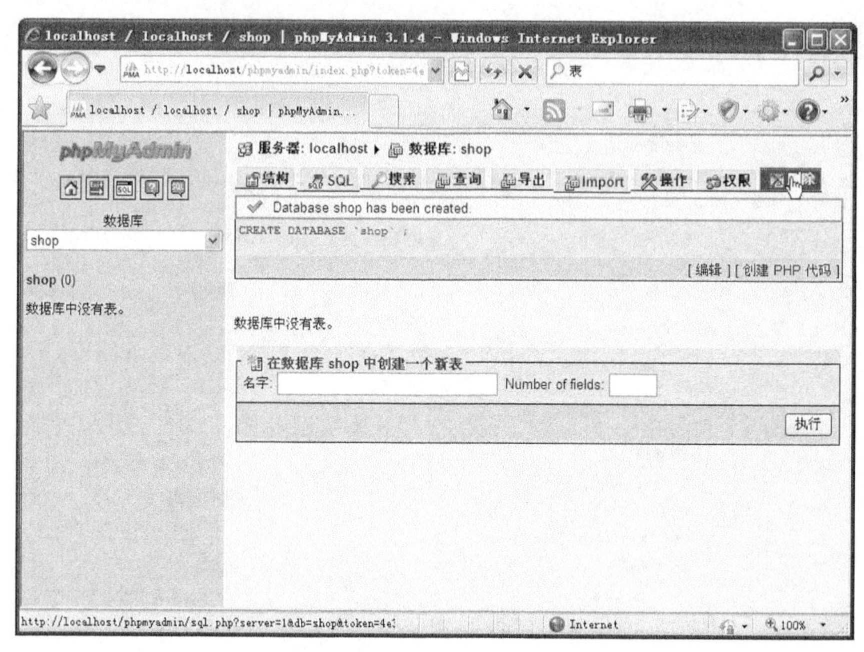

图 15-10　删除数据库

15.2.5　建立新表

建立数据库后就可以为这个数据库建立新表了，具体操作流程如下所示。

（1）选中一个数据库，例如在前面刚创建的数据库“shop”页面中，在“名字”文本框中输入“user”，在“Number of fields”文本框中输入数字设置类型的范围大小，例如“4”，如图 15-11 所示。

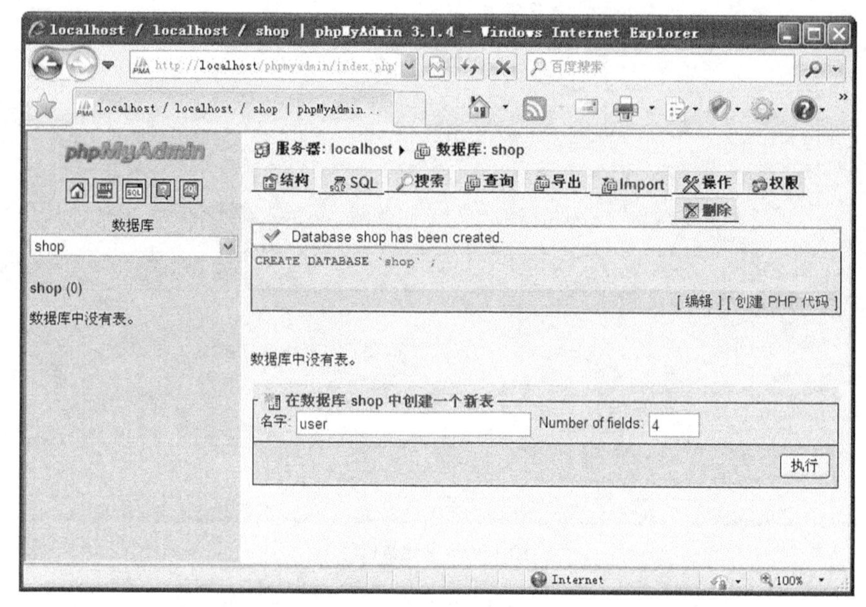

图 15-11　建立表

（2）单击“执行”按钮后弹出“设置字段”对话框，如图 15-12 所示。

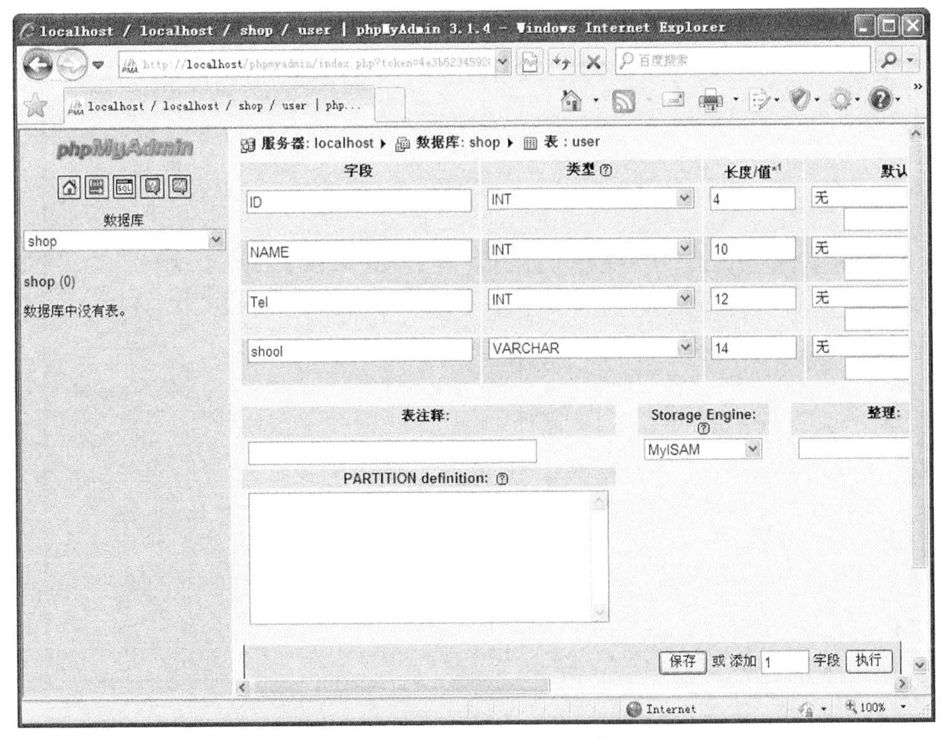

图 15-12 “设置字段”对话框

（3）在此可以设置表中各个字段的名字和值，并且可以为表中的字段建立一个索引，索引界面如图 15-13 所示。

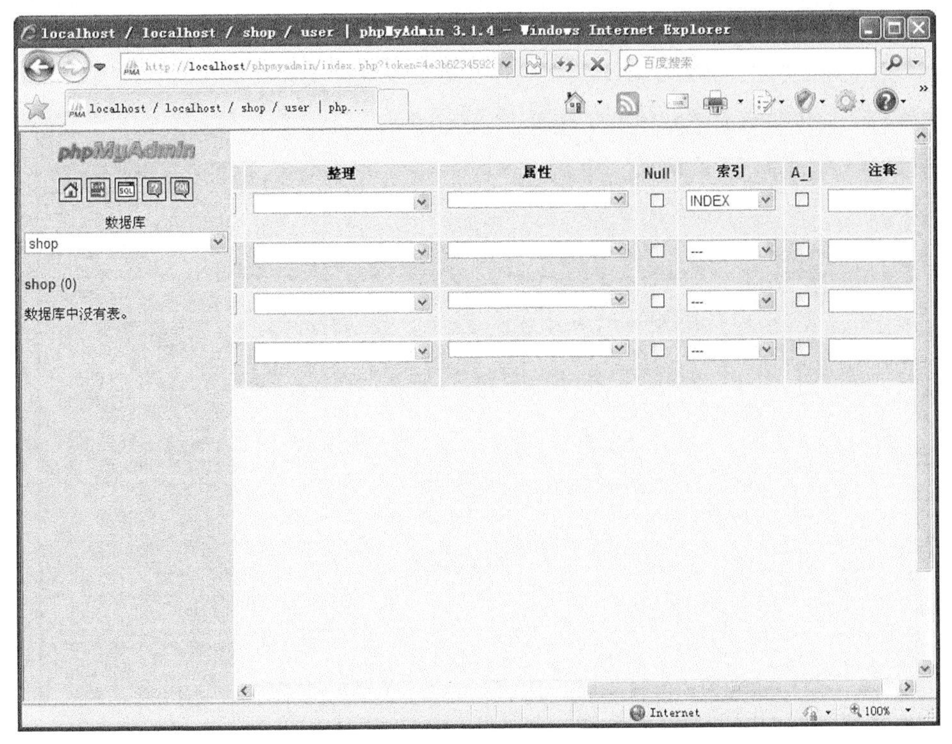

图 15-13 建立索引界面

（4）单击“保存”按钮即可看到刚刚建立的表，如图 15-14 所示。

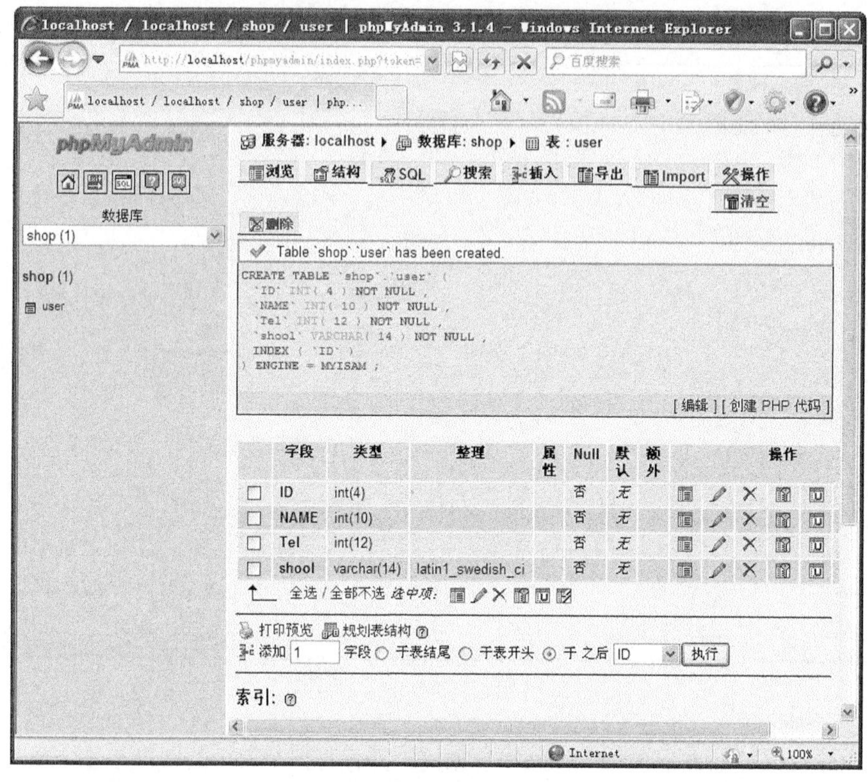

图 15-14　建立表

15.2.6　查看表的结构

查看表结构的方法十分简单，只需要在左侧导航中选择要查看表的名字，然后在顶部单击“结构”超级链接即可查看表的结构，如图 15-15 所示。

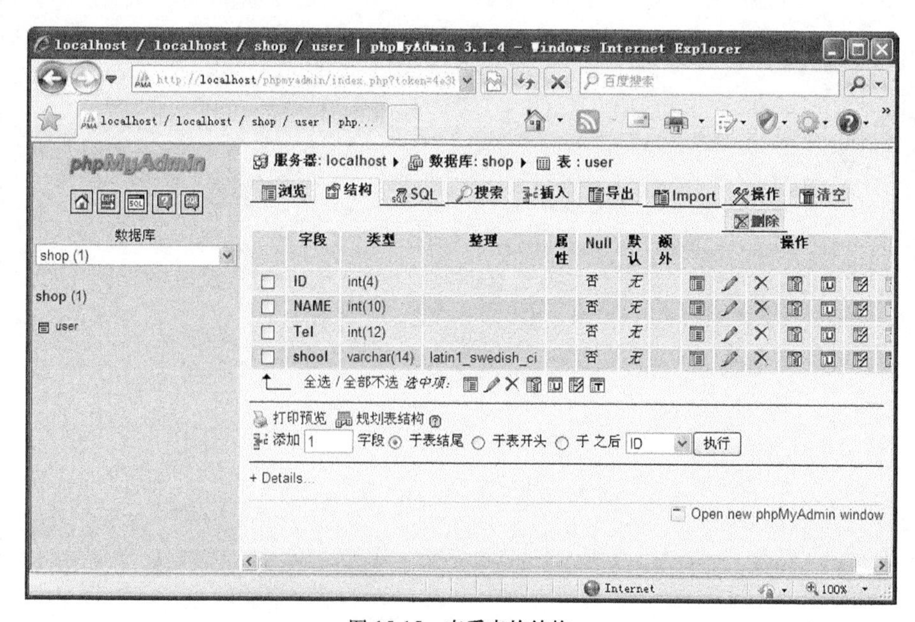

图 15-15　查看表的结构

15.3 对表中的数据进行操作

视频讲解：第 15 章\对表中的数据进行操作.mp4

接下来将开始学习对 MySQL 表中的数据进行操作的方法。当在数据库中建立一个表后，接下来就可以按照要求实现输入数据、更新数据和删除数据等操作，在本节将对这些知识进行详细讲解。

15.3.1 插入数据

向数据库表中插入新数据是数据库应用中的最常见操作之一，具体操作流程如下所示。

（1）选中一个数据库，单击选中数据库中的一个表，例如“shop”数据库中的表“user”，然后单击顶部导航中的“插入”超级链接，如图 15-16 所示。

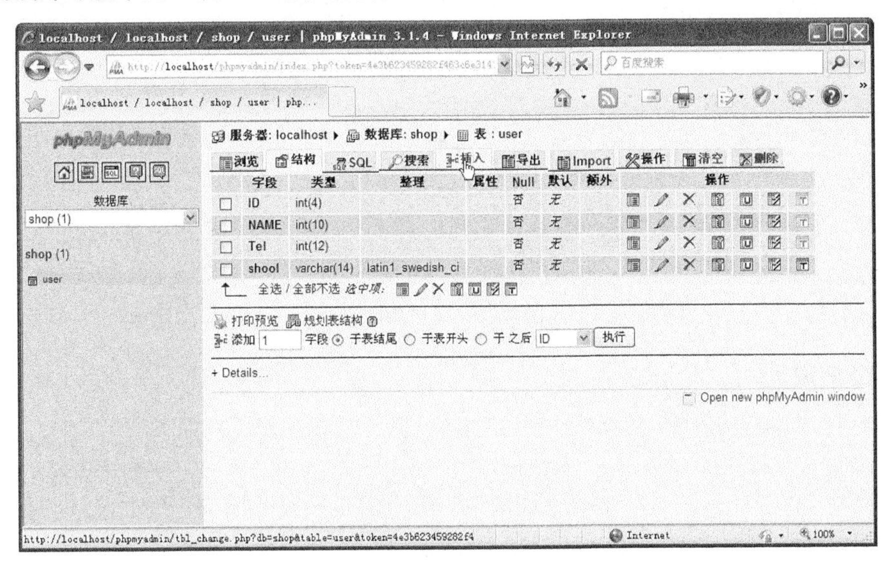

图 15-16 插入记录

（2）在弹出的“插入”对话框中输入新的记录信息，如图 15-17 所示。我们输入的数据必须与设置字段的数据类型对应，否则无法输入数据库，输入完毕后单击“执行”按钮。

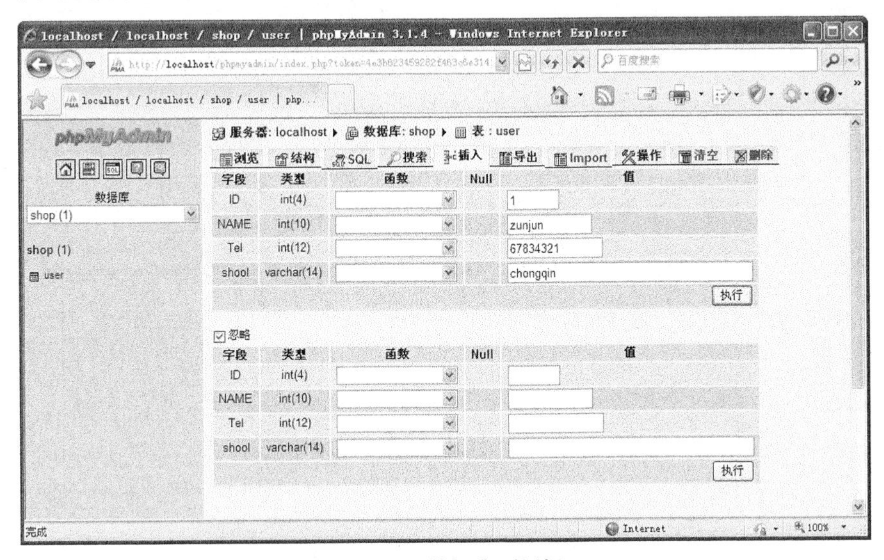

图 15-17 “插入”对话框

（3）插入数据成功后，单击“浏览”超级链接后即可查看插入的新记录，如图 15-18 所示。

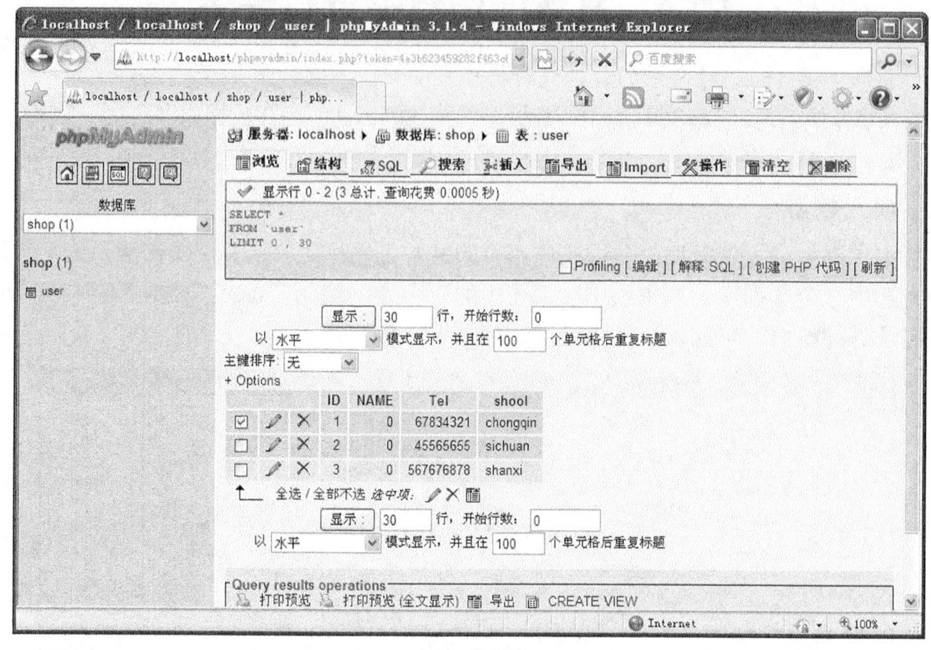

图 15-18　查看新记录

15.3.2　更新数据

开发者可以更新 MySQL 数据库中某个表的数据，具体操作流程如下所示。

（1）选中一个数据库，单击选中数据库中的一个表，例如“shop”数据库中的表“user”，此时在页面中会显示表“user”中的记录信息。选择需要修改的记录，例如记录“maomao”，并单击此记录前的“编辑”按钮，如图 15-19 所示。

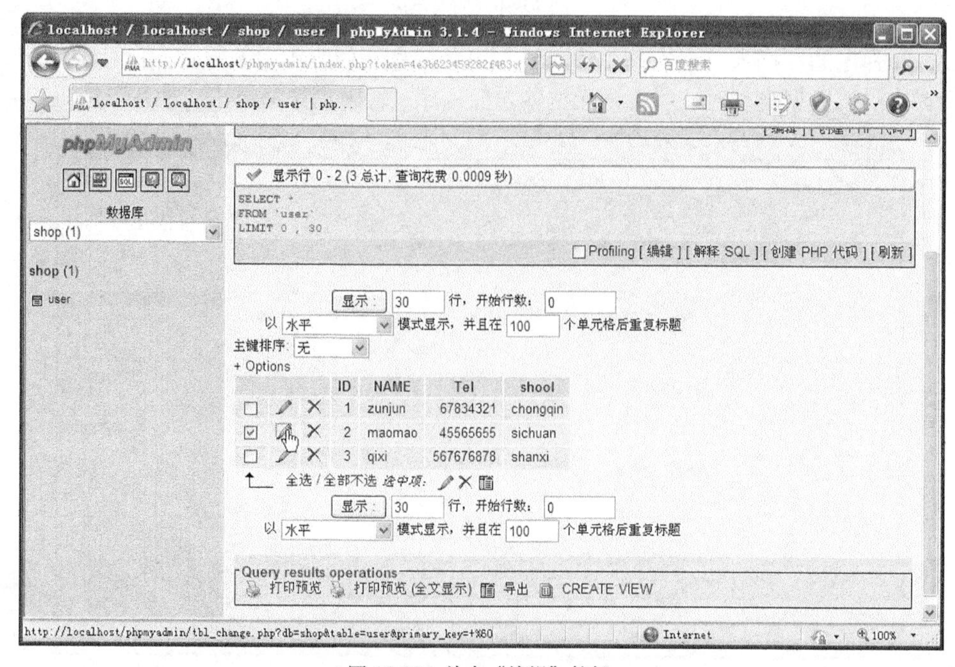

图 15-19　单击“编辑”按钮

（2）在弹出的“编辑”对话框中可以修改每个记录的信息，例如将“NAME”修改为“qiximaomao”，将“Tel”修改为“898997831”，如图 15-20 所示。单击“执行”按钮后完成修改。

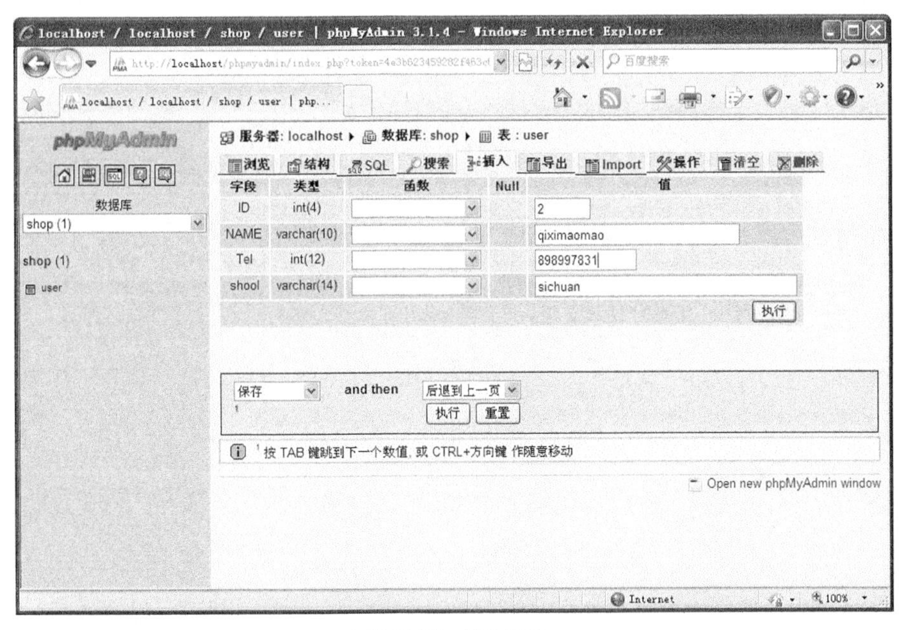

图 15-20　修改记录

15.3.3　删除数据

开发者可以删除 MySQL 数据库中某个表的数据，具体操作流程如下所示。

（1）选中一个数据库，单击后选中数据库中的一个表，例如“shop”数据库中的表“user”，此时在页面中会显示表“user”中的记录信息。

（2）勾选需要删除的记录前的复选框，单击“删除”按钮 × 后即可删除这些记录信息，如图 15-21 所示。

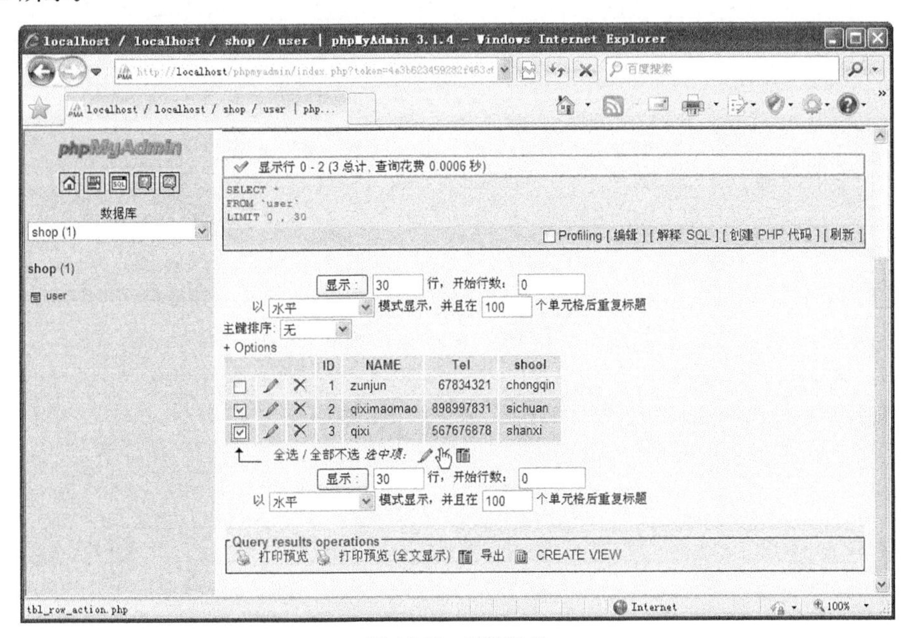

图 15-21　删除记录

15.3.4　查询数据

我们可以查询 MySQL 数据库中某个表的数据信息，具体操作流程如下所示。

（1）选中一个数据库，单击后选中数据库中的一个表，例如“shop”数据库中的表“user”，此时在页面中会显示表“user”中的记录信息。

（2）单击“搜索”超级链接，然后输入查询条件，如 ID=2，如图 15-22 所示。

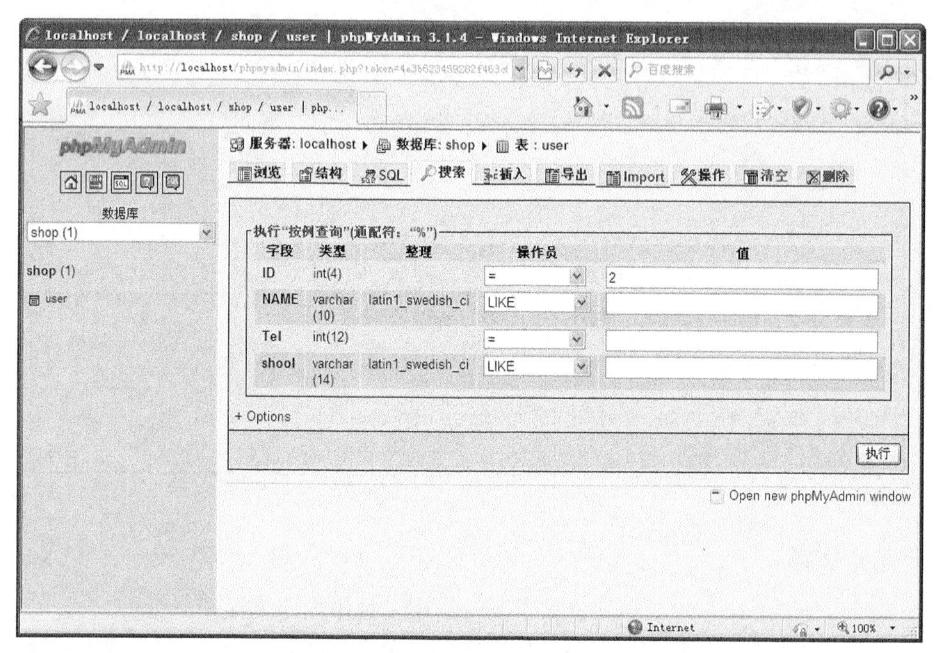

图 15-22　输入搜索条件

（3）单击“执行”按钮后将会在下方显示对应的搜索结果，如图 15-23 所示。

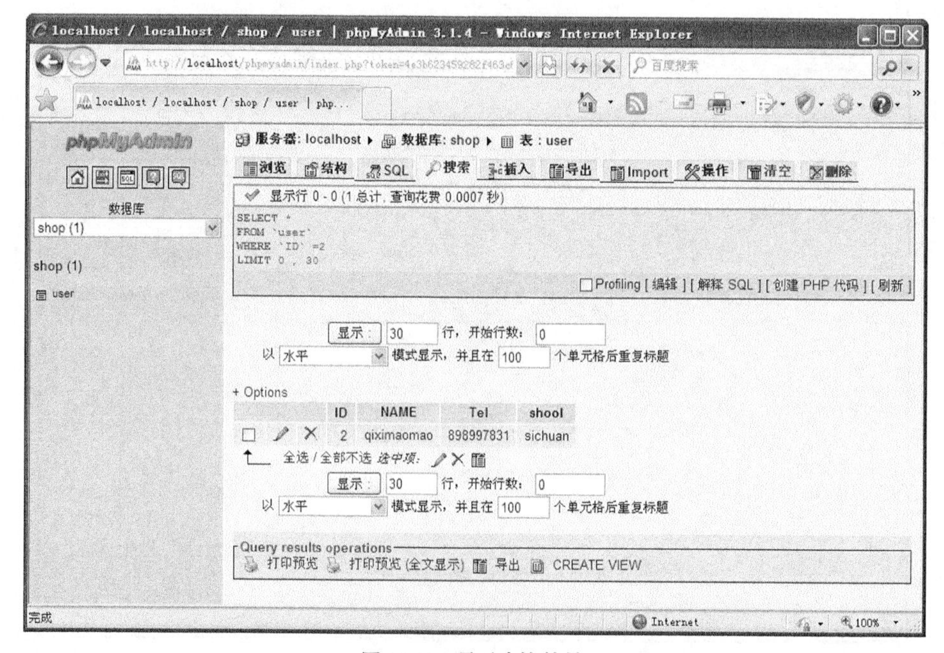

图 15-23　显示查询结果

15.4 使用 SQL 语句

视频讲解：第 15 章\使用 SQL 语句.mp4

SQL 是结构化查询语言（Structured Query Language）的简称，是一种特殊目的的编程语言，是一种数据库查询和程序设计语言，用于存取数据以及查询、更新和管理关系数据库系统。SQL 语句是 MySQL 数据库操作的核心，在使用 PHP 编程的时候，都必须用到 SQL 语句去操作数据库，如新建数据库、新建表等一系列操作。

15.4.1 新建数据库和表

要想创建一个新的数据库，使用 SQL 语句的实现代码如下所示。

```
CREATE DATABASE 'use' ;
```

“user”为新建数据库名称。

当创建了一个数据库后，接下来就需要创建一个表，新建一个表的方法很简单，如果只要建立一个空白的表，则可以如下格式实现。

```
CREATE TABLE 'shop2'.'zhonghua'
```

上述各个参数的具体说明如下所示。

shop2：数据库的名称。

zhonghua：表的名称。

但是一个数据库表往往不是只建立一个空表，它需要建立字段等内容，如下面的代码。

```
CREATE TABLE 'shop2'.'zhonghua' (
'ID' INT( 8 ) NOT NULL ,
'USER' VARCHAR( 8 ) NOT NULL
) ENGINE = MYISAM ;
```

参数介绍如下所示。

shop2：数据库名称。

zhonghua：表名称。

ID：字段名。

INT(8)：ID 数据类型为整型，长度为 8。

USER：第二个字段名。

VARCHAR(8)：数据类型为 VARCHAR，长度为 8。

NOT NULL：不允许为空。

15.4.2 插入数据

插入数据 SQL 语句的功能是向数据库表添加新的数据行，其主要格式如下所示。

```
INSERT INTO 表名称 VALUES (值1, 值2,...)
```

在上面的代码中，插入的数据必须与表的值一一对应，下面的代码可以将指定的列插入数据，其格式如下所示。

```
INSERT INTO table_name (列1, 列2,...) VALUES (值1, 值2,...)
```

参数介绍如下所示。

INSERT：关键字。

INTO：关键字。

table_name：表名。

VALUES：要插入的数据。

15.4.3 选择语句

选择语句能够对数据库中的指定列进行操作，其格式如下所示。

```
select *(列名) from table_name(表名) where column_name operator value (条件)
```

其参数介绍如下所示。

select：关键字。

from：关键字。

table_name：表的名称。

where：关键字。

column_name operator value：这是条件，如果没有条件，where column_name operator value（条件）可以不要。

15.4.4　删除语句

在 SQL 语言中，可以使用关键字“DELETE”删除表中的行，其语法格式如下所示。

```
DELETE FROM table_name WHERE column_name operator value
```

其参数介绍如下所示。

DELETE FROM：关键字。

table_name：表名。

WHERE：条件的关键字。

column_name operator value：条件，一般是等式或者不等式。

提示：有的时候需要删除数据库中所有的行，具体语法格式如下所示。

```
DELETE FROM table_name
```

或者也可以用下面的方法实现。

```
DELETE * FROM table_name
```

15.4.5　修改表中的数据

修改表中某列数据的格式如下所示。

```
UPDATE table_name SET 列名称 = 新值 WHERE 列名称 = 某值
```

参数介绍如下所示。

UPDATE：关键字。

table_name：表名。

SET：条件的关键字。

WHERE：条件关键字。

例如下面的代码：

```
UPDATE Person SET Address = 'Zhongshan 23', City = 'Nanjing'
WHERE LastName = 'Wilson'
```

这段代码很好理解，在表 Person 中，只要是列的值为 LastName=“wilson”，将其对应的 Address 值修改为 Zhongshan 23，然后将 City 的值修改为 Nanjing。

15.4.6　从数据库中删除一个表

前面讲解了新建表的方法，其实删除一个表的方法也很简单，具体格式如下所示。

```
DROP TABLE customer
```

参数介绍如下所示。

DROP：关键字。

TABLE：关键字。

customer：删除表的名称。

15.4.7　修改表结构

修改表结构操作对于开发者来说是十分常见的，在建立一个数据库后，表结构、表与表之间的关系是数据库中最为重要的东西，它是决定一个数据库是否健康的标准，修改表结构的语法格式如下所示。

```
ALTER TABLE "table_name"
```

参数介绍如下所示。

ALTER：关键字。

TABLE：关键字。

table_name：表名称。

上述语法有点复杂，下面通过一个例子来讲解如何修改表结构，例如新建一个 customer 表，其结构如表 15-1 所示。

表 15-1　　customer 表

字　段　名	数 据 类 型
First_Name	char(50)
Last_Name	char(50)
Address	char(50)
City	char(50)
Country	char(25)
Birth_Date	date

从上面的表 customer 中，如果需要将第三个字段修改为“Addr”，只需要使用下面的 SQL 语句即可实现。

```
ALTER table customer change Address Addr char(50)
```

修改后的表结构如表 15-2 所示。

表 15-2　　修改后的 customer 表

字　段　名	数 据 类 型
First_Name	char(50)
Last_Name	char(50)
Addr	char(50)
City	char(50)
Country	char(25)
Birth_Date	date

上面是修改字段名操作，假如要修改数据类型的长度呢？其实也是十分简单，只需要编写如下 SQL 语句即可实现。

```
ALTER table customer modify Addr char(30)
```

其中 Addr 是 char 数据类型，长度为 50，经过上面的 SQL 语句处理后，数据类型没发生变化，但是 char 的长度变成了 30，修改后的表结构如表 15-3 所示。

表 15-3　　修改后的 customer 表

字　段　名	数 据 类 型
First_Name	char(50)
Last_Name	char(50)
Addr	char(30)
City	char(50)
Country	char(25)
Birth_Date	date

另外，修改表结构语句还有另外一种用法，它可以删除一个字段，例如下面的代码。

```
ALTER table customer drop Brith_Date
```

通过上述代码删除了 Brith_Date，删除后的表结构如表 15-4 所示。

表 15-4　　删除字段后的表

字　段　名	数 据 类 型
First_Name	char(50)
Last_Name	char(50)
Addr	char(30)
City	char(50)
Country	char(25)

15.5　使用 PhpMyAdmin 对数据库备份和还原

视频讲解：第 15 章\使用 PhpMyAdmin 对数据库备份和还原.mp4

在前面的内容中已经讲解了对 MySQL 的数据库进行备份和还原的过程，这比较适合用户在编程的过程中使用，在平时的使用过程中可以很简单地进行备份和还原。但是对于开发人员来说，建议使用 PhpMyAdmin 对数据库进行备份和还原工作。

15.5.1　对数据库进行备份

要想对 MySQL 数据库进行备份，只需要登录 PhpMyAdmin 并选择需要备份的数据库，然后单击“导出”超级链接，可以根据自己的需要来设置备份。在一般情况下，只需按照默认设置即可，如图 15-24 所示。设置完成后，单击页面右下角的“执行”按钮即可实现备份操作。

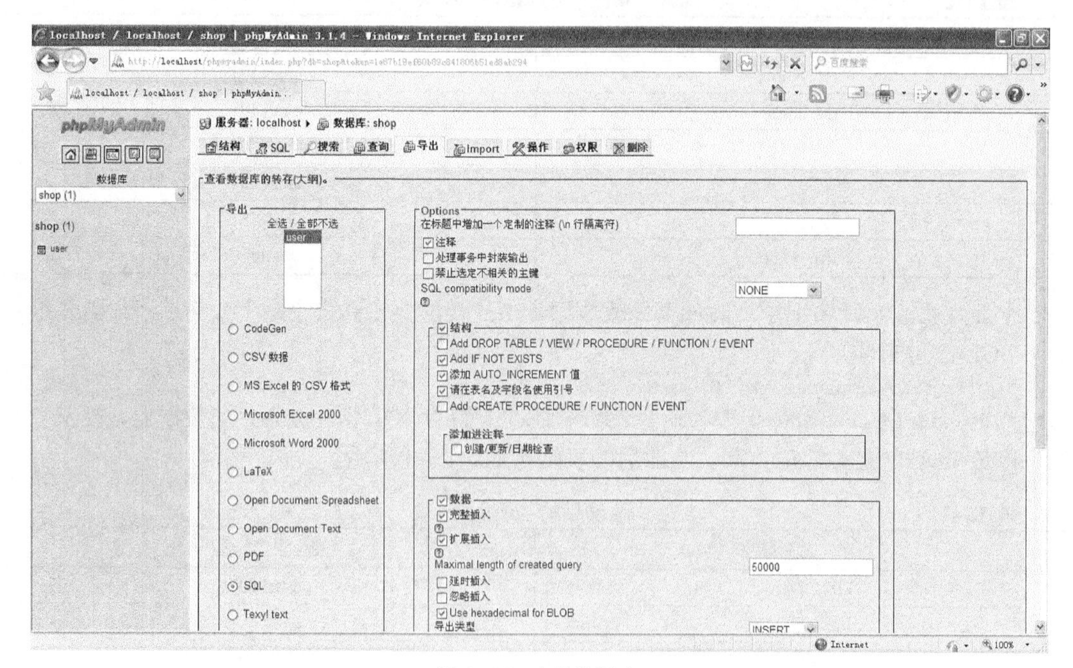

图 15-24　备份数据库

15.5.2　对数据库进行还原

要想对 MySQL 数据库进行还原操作，开发者可以通过多种方法实现。在前面讲解的是使用 PhpMyAdmin 默认的方式（使用 SQL 方式）进行备份，下面也将讲解使用 SQL 方式进行还原的方法。在还原前需要新建一个名称与备份数据库相同的数据库，如“shop”。新建后单击左上角的“SQL”超级链接，然后用记事本打开备份的数据库文件，复制全部文字，粘贴到 PhpMyAdmin 文本框中，单击“执行”按钮，如图 15-25 所示。

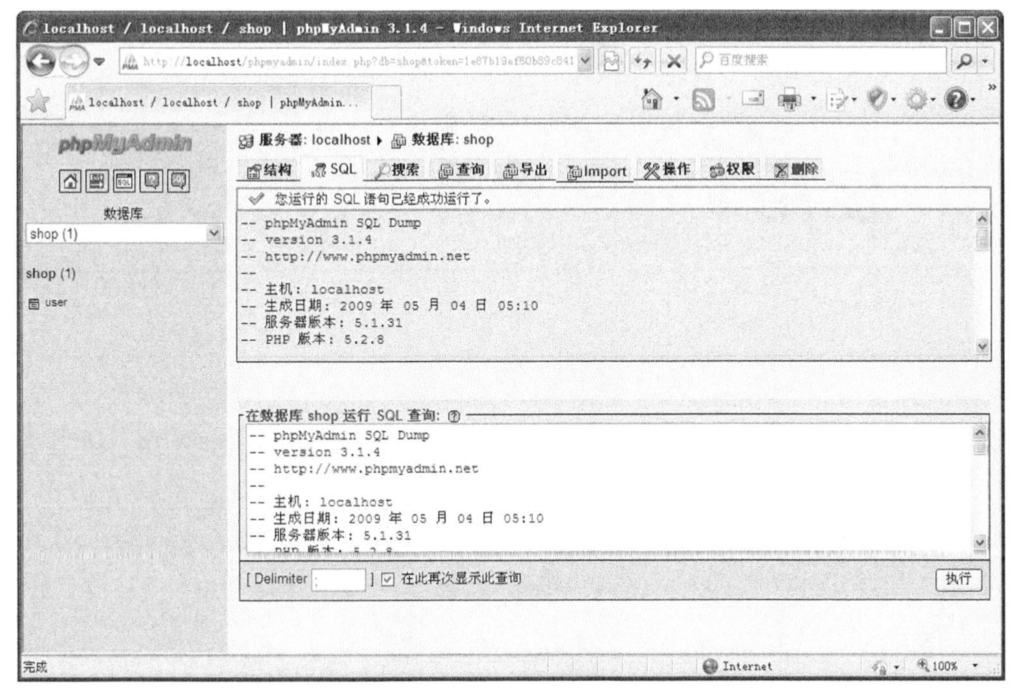

图 15-25　数据库的还原

15.6　技 术 解 惑

（1）读者疑问：在前面讲解了使用 PhpMyAdmin 操作 MySQL 数据库的知识，在后面又讲解了用 SQL 语句操作 MySQL 数据库，两者之间有什么区别呢？

解答：这个问题初学者难以理解，前者是管理 MySQL 数据库工具，后面这些 SQL 语句是用在编程中实现一些功能，可能很多人去论坛留言，用户可以留言，可以评论相关的文章，其实这也是操作数据库，只是程序员编好了程序，只要记住 SQL 语句主要是用在编程中即可。

（2）读者疑问：在 PhpMyAdmin 中，可以将其他数据库导入进来吗？例如 SQL Sever 数据库和 Access 数据库？

解答：答案是肯定的，只要 SQL Sever、Access 数据类型和 MySQL 数据库类型兼容，可以完全地导入 MySQL 数据库，如何导入用户可以去引擎中搜索，网上有许多这方面的资料，这里篇幅有限，就不再赘述。

15.7　课 后 练 习

（1）编写一个 PHP 程序：尝试使用 my_sqlconnect()函数在本地与 MySQL 服务器建立连接。

（2）编写一个 PHP 程序：尝试使用 mysql_select_db()函数建立与制定数据库的连接。

（3）编写一个 PHP 程序：尝试使用 mysql_fetch_object()函数查询并显示数据库中的信息。

第 16 章

使用 PHP 操作 MySQL

在当今软件开发领域中有多种流行的数据库，例如 Oracle、Sybase、SQL Server、MySQL 等，其中 MySQL 数据库由于其免费、跨平台、使用方便、访问效率较高等优点而获得了广泛应用，被认为是 PHP 语言的最佳拍档。MySQL 数据库相当于一个仓库，仓库里装什么内容，怎么从仓库中取出或添加数据内容，只需要使用 PHP 处理这些内容即可实现动态 Web 功能。在本章的内容中，将详细讲解使用 PHP 操作 MySQL 数据库的知识，为读者步入本书后面知识的学习打下基础。

16.1　PHP 访问 MySQL 数据库的基本步骤

视频讲解：第 16 章\PHP 访问 MySQL 数据库的基本步骤.mp4

通过本书前面内容的讲解可知，MySQL 是一款广受欢迎的数据库产品，备受 PHP 开发者的青睐，一直被认为是 PHP 的最佳搭档。根据作者的总结，使用 PHP 访问 MySQL 数据库的一般步骤如下所示。

（1）连接 MySQL 服务器

使用函数 mysql_connect()建立与 MySQL 服务器的连接，有关函数 mysql_connect()的使用方法请参考本章后面相关内容。

（2）选择 MySQL 数据库

使用函数 mysql_select_db()选择 MySQL 数据库服务器上的数据库，并与数据库建立连接。有关函数 mysql_select_db()的使用方法请参考本章后面的相关内容。

（3）执行 SQL 语句

在选择的数据库中使用函数 mysql_query()执行 SQL 语句，对数据的操作主要包括如下所示的 5 种方式。

① 查询数据：使用 select 语句实现数据的查询功能。

② 显示数据：使用 select 语句显示数据的查询结果。

③ 插入数据：使用 insert into 语句向数据库中插入数据。

④ 更新数据：使用 update 语句更新数据库中的记录。

⑤ 删除数据：使用 delete 语句删除数据库中的记录。

注意：有关函数 mysql_query()的使用方法请参考本章后面的相关内容。

（4）关闭结果集

数据库操作完成后一定不要忘记关闭结果集，以释放系统资源，具体语法如下所示。

```
mysql_free_ result($result);
```

注意：如果在多个网页中都要频繁地进行数据库访问，则可以建立与数据库服务器的持续连接来提高效率。因为每次与数据库服务器的连接都需要较长的时间和较大的资源开销，持续的连接相对来说会更有效。建立持续连接的方法就是在数据库连接时，调用函数 mysql_pconnect()来代替 mysql_connect()函数。建立的持续连接在本程序结束时，不需要调用函数 mysql_close()来关闭与数据库服务器的连接。下次程序再次执行 mysql_pconnect()函数时，系统会自动直接返回已经建立的持续连接 ID 号，而不再去真的连接数据库。

（5）关闭 MySQL 服务器

每当使用一次 mysql_connect()函数或 mysql_query()函数，都会消耗系统资源。在少量用户访问 Web 网站时不会出现异常，但是如果用户连接超过一定数量时就会造成系统性能的下降，甚至死机。为了避免这种情况的发生，在完成数据库的操作后，应使用函数 mysql_close()关闭与 MySQL 服务器的连接，以节省系统资源。函数 mysql_close()的语法格式如下。

```
mysql_close($Link);
```

注意：PHP 中与数据库的连接是非持久连接，系统会自动回收，一般不用设置关闭。但是如果一次性返回的结果集比较大，或网站的访问量比较多，则最好使用函数 mysql_close()手动进行释放。

16.2　使用 PHP 操作 MySQL 数据库

视频讲解：第 16 章\使用 PHP 操作 MySQL 数据库.mp4

当 PHP 程序连接 MySQL 数据库服务器后，接下来就可以根据需要对指定的数据库进行操作，例如实现插入数据、删除数据或修改数据等一些基础操作。

16.2.1　连接 MySQL 数据库

PHP 与 MySQL 数据库是黄金搭档，在连接 MySQL 数据库时，PHP 客户端向服务器端的 MySQL 数据库发出连接请求，连接成功后就可以进行相关的数据操作。如果使用不同的用户信息进行连接，则会有不同的操作权限。在 PHP 程序中，可以使用函数 mysql_connect()连接 MySQL 服务器，使用该函数的语法格式如下所示。

```
resource mysql_connect([string server[,string username[,string password[,bool]]]])
```

在上述格式中，各个参数的具体说明如下所示。

server：表示 MySQL 服务器，可以包括端口号，如果 mysql.default_host 未定义（默认情况），则默认值为“localhost:3306”。

username：表示用户名。

password：表示密码。

例如下面的实例演示了使用 PHP 连接 MySQL 数据库的过程。

实例 16-1　使用 PHP 连接 MySQL

源码路径　daima\16\16-1

实例文件 index.php 的主要实现代码如下所示。

```
<?php
$link = mysql_connect('localhost', 'root', '1234');   //定义连接参数
if (!$link) {                                          //如果连接失败
    die ('连接失败: ' . mysql_error());                  //输出提示
}
echo '服务器信息: ' .mysql_get_host_info($link);        //显示服务器信息
mysql_close($link);                                    //关闭连接
?>
```

执行效果如图 16-1 所示。

图 16-1　连接数据库

16.2.2　选择数据库

经过本章前面内容的学习，已经成功连接了数据库服务器。但是在一个数据库服务器中可能包含了很多个数据库，PHP 程序通常需要针对某个具体的数据库进行编程，此时就必须选择目标数据库。在 PHP 程序中，可以使用函数 mysql_select_db()来选择目标数据库，也就是用来选择 MySQL 服务器中的数据库，如果成功则返回 true，失败则返回 false。

使用函数 mysql_select_db()的语法格式如下所示。

```
bool mysql_select_db(string database_name[,resource link_identifier]);
```

下面实例的功能是设置连接的数据库名为“db_database16”。

实例 16-2 选择数据库

源码路径 daima\16\16-2

实例文件 index.php 的主要实现代码如下所示。

```
<?php
$link = mysql_connect("localhost", "root", "66688888") or die("不能连接到数据库服务器！可能是数据库服务器没有启动，或者用户名密码有误！".mysql_error());      //连接Mysql服务器
$db_selected=mysql_select_db("db_database16",$link);      //建立连接
if($db_selected){                                          //如果选择数据库
echo "数据库选择成功!";                                     //选择成功提示
}
?>
```

在上述代码中，使用函数 mysql_select_db()连接了 MySQL 数据库 db_database16，执行效果如图 16-2 所示。

数据库选择成功!

图 16-2 执行效果

在 PHP 程序中，函数 mysql_query()是查询指令的专用函数，所有的 SQL 语句都通过它执行，并返回结果集。

16.2.3 简易查询数据库

查询操作是数据库应用中必不可少的内容，数据查询功能是通过 select 语句完成的。select 语句可以从数据库中根据用户要求提供的限定条件来检索数据，并将查询结果以表格的形式返回。在 PHP 程序中，可以通过函数 mysql_query()来查询数据库中的内容，其使用格式如下所示。

```
resource mysql_query ( string query [, resource link_identifier] )
```

函数 mysql_query()可以在指定的连接标识符关联的服务器中，向当前活动数据库发送一条查询指令。当查询指令发出后，如果没有指定 link_identifier，则使用上一个打开的连接。如果没有打开的连接，此函数会尝试无参数调用。函数 mysql_connect()用来建立一个连接并使用之，查询结果会被缓存。下面打开本章数据库 db_database16，以里面的会员信息表 tb member 为例，举例说明常见 SQL 语句的基本用法。

（1）执行一个添加会员记录的 SQL 语句的代码如下。

```
$result=mysql_query("insert into tb_member values('guan','111','tm@tmsoft.com')",$link);
```

（2）执行一个修改会员记录的 SQL 语句的代码如下。

```
$result=mysql_query("update tb_member set user='纯净水',pwd='1025' where user='guan'",$link);
```

（3）执行一个删除会员记录的 SQL 语句的代码如下。

```
$result=mysql_query("delete from tb_member where user='纯净水'",$link);
```

（4）执行一个查询会员记录的 SQL 语句的代码如下。

```
$result=mysql_query("select * from tb_member",$link);
```

（5）执行一个显示会员信息表结构的 SQL 语句的代码如下。

```
$result=mysql_query("DESC tb_member ");
```

以上通过各个实例创建了 SQL 语句，并赋予变量$result。PHP 提供了一些函数来处理查询得到的结果$result，如 mysql_fetch_array()函数、mysql_fetch_object()函数和 mysql_fetch_row()函数等。

提示：mysql_query()仅对 SELECT、SHOW、EXPLAIN 或 DESCRIBE 语句返回一个资源标识符。如果查询执行不正确则返回 false。对于其他类型的 SQL 语句，mysql_query()在执行成功时返回 true，出错时返回 false。非 false 的返回值意味着查询是合法的并能够被服务器执行。这并不说明任何有关影响到的或返回的行数。

16.2.4　显示查询结果

在实际开发应用中，只是创建了查询操作是不行的，还需要将查询结果显示出来。在 PHP 程序中，可以使用函数 mysql_fetch_row()来显示查询结果，其语法函数格式如下所示。

```
array mysql_fetch_row ( resource result );
```

在上述格式中，参数 result 是资源类型的参数，表示要传入的是由 mysql_query()函数返回的数据指针。函数 mysql_fetch_row()会返回根据所取得的行生成的数组，如果没有更多行则返回 false。函数 mysql_fetch_row()可以从指定的结果标识关联的结果集中，获取一行数据并作为数组返回。每个结果的列储存在一个数组的单元中，偏移量从 0 开始。依次调用 mysql_fetch_row()将返回结果集中的下一行，如果没有更多行则返回 false。

例如下面的实例演示了使用前面所讲的各个查询函数，并显示查询结果的过程。

实例 16-3　查询并显示结果

源码路径　daima\16\16-3

本实例的功能是实现一个图书信息检索的功能。首先，通过 mysql_fetch_row()函数逐行获取结果集中的每条记录，然后使用 echo 语句从数组结果集中输出各字段所对应的图书信息。本实例查询的数据库是本章 MySQL 数据库 db_database16 中的表“tb_book”。

实例文件 index.php 的主要实现代码如下所示。

```
<form name="myform" method="post" action="">
......
            <table width="572"  border="0" align="center" cellpadding="0" cellspacing="1"
            bgcolor="#625D59">
              <tr align="center" bgcolor="#CC99FF">
               <td width="46" height="20">编号</td>
               <td width="167">图书名称</td>
               <td width="90">出版时间</td>
               <td width="70">图书定价</td>
               <td width="78">作者</td>
               <td width="114">出版社</td>
              </tr>
               <?php
               $link=mysql_connect("localhost","root","66688888") or die("数据库连接失败"
               .mysql_error());                                      //连接数据库参数
               mysql_select_db("db_database16",$link);              //连接的数据库名
               mysql_query("set names utf-8");                      //设置字符格式
               $sql=mysql_query("select * from tb_book");           //查询详细信息
               $row=mysql_fetch_row($sql);                          //获取查询结果
               if ($_POST[Submit]=="查询"){
                   $txt_book=$_POST[txt_book];
                   $sql=mysql_query("select * from tb_book where bookname like '%".trim
                   ($txt_book)."%'");      //如果选择的条件为“like”,则进行模糊查询
                   $row=mysql_fetch_row($sql);
                   }
               if($row==false){             //如果检索的信息不存在，则输出相应的提示信息
                   echo "<div align='center' style='color:#FF0000; font-size:12px'>对不
                   起，您检索的图书信息不存在!</div>";
               }
               do{                          //循环显示查询结果
             ?>
```

上述代码的实现流程如下所示。

（1）创建 PHP 动态页，命名为 index.php。在 index.php 中，添加一个表单、一个文本框和一个提交按钮。

（2）连接到 MySQL 数据库服务器，选择数据库 db_database16，设置 MySQL 数据库的编

码格式为 UTF-8。

（3）使用 if 条件语句对结果集变量$row 进行判断，如果该值为假，则输出您检索的图书信息不存在；否则使用 do...while 循环语句以数组的方式输出结果集中的图书信息。

（4）使用 if 条件语句对结果集变量$info 进行判断，如果该值为假，则使用 echo 语句输出检索的图书信息不存在。

（5）使用 do...while 循环语句以表格形式输出数组结果集$info[]中的图书信息。以字段的名称为索引，使用 echo 语句输出数组$info[]中的数据。

执行效果如图 16-3 所示，默认将输出图书信息表中的全部图书信息。如果在文本框中输入欲搜索的图书名称，例如“Java”（由于支持模糊查询，因此可输入部分查询关键字），单击“查询”按钮，即可按条输信息，并输出到浏览器，查询结果如图 16-4 所示。

请输入图书名称 查询

编号	图书名称	出版时间	图书定价	作者	出版社
9	PHP	2017-03-01	52	卓越	人民邮电出版社
5	Android	2017-06-30	89	卓越	人民邮电出版社
6	Java	2017-06-01	52	卓越	人民邮电出版社
7	C语言	2017-09-01	99	卓越	人民邮电出版社
8	C++	2017-04-01	65	卓越	人民邮电出版社

图 16-3　执行效果

请输入图书名称 查询

编号	图书名称	出版时间	图书定价	作者	出版社
6	Java	2017-06-01	52	卓越	人民邮电出版社

图 16-4　检索 Java

16.2.5　通过函数 mysql_fetch_array 获取记录

在 PHP 程序中，可以使用函数 mysql_fetch_array()从数组结果集中获取信息，此函数的语法格式如下所示。

```
array mysql_fetch_array ( resource $result [, int $ result_type  ] )
```

上述两个参数的具体说明如下所示。

（1）参数 result：资源类型的参数，要传入的是由 mysql_query()函数返回的数据指针。

（2）参数 result_type：可选项，整数型参数，要传入的是 MYSQL_ASSOC（关联索引）、MYSQL_NUM（数字索引）、MYSQL_BOTH（同时包含关联和数字索引）3 种索引类型，默认值为 MYSQL_BOTH。

例如下面实例的功能是使用函数 mysql_fetch_array()查询并显示结果。

实例 16-4　查询并显示结果

源码路径　daima\16\16-4

本实例的功能是实现一个图书信息检索的功能。首先，使用函数 mysql_query()执行 SQL 语句查询图书信息。然后，应用 mysql_fetch_array()函数获取查询结果。最后，使用 echo 语句输出数组结果集$info[]中的图书信息。本实例查询的数据库是本章 MySQL 数据库 db_database16 中的表“tb_book”。

实例文件 index.php 的主要实现代码如下所示。

```
            <tr align="center" bgcolor="#CC99FF">
              <td width="46" height="20">编号</td>
              <td width="167">图书名称</td>
              <td width="90">出版时间</td>
              <td width="70">图书定价</td>
              <td width="78">作者</td>
              <td width="114">出版社</td>
            </tr>
            <?php
            $link=mysql_connect("localhost","root","66688888") or die("数据库连接失

败".mysql_error());
            mysql_select_db("db_database16",$link);
            mysql_query("set names utf-8");
            $sql=mysql_query("select * from tb_book");
            $info=mysql_fetch_array($sql);
            if ($_POST[Submit]=="查询"){
                $txt_book=$_POST[txt_book];
                $sql=mysql_query("select * from tb_book where bookname like

'%".trim($txt_book)."%'"); //如果选择的条件为"like",则进行模糊查询
                $info=mysql_fetch_array($sql);
                }
            if($info==false){          //如果检索的信息不存在，则输出相应的提示信息
                echo "<div align='center' style='color:#FF0000; font-size:12px'>对不起

，您检索的图书信息不存在!</div>";
            }
             do{
          ?>
            <tr align="left" bgcolor="#FFFFFF">
              <td height="20" align="center"><?php echo $info[id]; ?></td>
              <td > <?php echo $info[bookname]; ?></td>
              <td align="center"><?php echo $info[issuDate]; ?></td>
              <td align="center"><?php echo $info[price]; ?></td>
              <td align="center"> <?php echo $info[maker]; ?></td>
              <td> <?php echo $info[publisher]; ?></td>
            </tr>
            <?php
            }
            while($info=mysql_fetch_array($sql));          //循环显示查询结果
            ?>
        </table></td>
      </tr>
    </table>
```

上述代码的实现流程如下所示。

（1）创建 PHP 动态页，命名为 index.php。在 index.php 中，添加一个表单、一个文本框和一个提交按钮。

（2）连接到 MySQL 数据库服务器，选择数据库 db_database16，设置 MySQL 数据库的编码格式为 UTF-8。

（3）使用 if 条件语句判断用户是否单击“查询”按钮，如果是则使用 POST 方法接收传递过来的图书名称信息，使用函数 mysql_query()执行 SQL 查询语句，该查询语句主要用来实现图书信息的模糊查询，查询结果被赋予变量$sql。然后，使用 mysql_fetch_array()函数从数组结果集中获取信息。

（4）使用 if 条件语句对结果集变量$info 进行判断，如果值为假则使用 echo 语句输出检索的图书信息不存在。

（5）使用 do...while 循环语句以表格形式输出数组结果集$info[]中的图书信息。以字段的名称为索引，使用 echo 语句输出数组$info[]中的数据。

执行效果如图 16-5 所示，默认将输出图书信息表中的全部图书信息。如果在文本框中输入欲搜索的图书名称，例如“Java”（由于支持模糊查询，因此可输入部分查询关键字），单击“查询”按钮，即可按条输信息，并输出到浏览器，查询结果如图 16-6 所示。

请输入图书名称 [ ] 查询

编号	图书名称	出版时间	图书定价	作者	出版社
9	PHP	2017-03-01	52	卓越	人民邮电出版社
5	Android	2017-06-30	89	卓越	人民邮电出版社
6	Java	2017-06-01	52	卓越	人民邮电出版社
7	C语言	2017-09-01	99	卓越	人民邮电出版社
8	C++	2017-04-01	65	卓越	人民邮电出版社

图 16-5　执行效果

请输入图书名称 [ ] 查询

编号	图书名称	出版时间	图书定价	作者	出版社
6	Java	2017-06-01	52	卓越	人民邮电出版社

图 16-6　检索 Java

16.2.6　使用函数 mysql_fetch_object()

在 PHP 程序中，函数 mysql_fetch_object()能够获取查询结果集中的数据，返回根据所取得的行生成的对象，如果没有更多行则返回 FALSE。使用函数 mysql_fetch_object()的语法格式如下所示。

```
object mysql_fetch_object ( resource $result )
```

由此可见，函数 mysql_fetch_object()和函数 mysql_fetch_array()的功能相似。两者只有一点区别：返回的是一个对象而不是数组，也意味着只能通过字段名来访问数组，而不是偏移量（数字是合法的属性名）。

例如下面实例的功能是使用函数 mysql_fetch_object()查询并显示结果。

实例 16-5　查询并显示结果

源码路径　daima\16\16-5

本实例的功能是实现一个图书信息检索的功能。首先，通过函数 mysql_fetch_object()获取结果集中的数据信息，然后使用 echo 语句从结果集中以“结果集->列名”的形式输出各字段所对应的图书信息。本实例查询的数据库是本章 MySQL 数据库 db_database16 中的表“tb_book”。

实例文件 index.php 的主要实现代码如下所示。

```
    <tr align="center" bgcolor="#CC99FF">
      <td width="46" height="20">编号</td>
      <td width="167">图书名称</td>
      <td width="90">出版时间</td>
      <td width="70">图书定价</td>
      <td width="78">作者</td>
      <td width="114">出版社</td>
   </tr>
    <?php
```

```
                    $link=mysql_connect("localhost","root","66688888") or die("数据库连接失
败".mysql_error());
                    mysql_select_db("db_database16",$link);
                    mysql_query("set names utf-8");
                    $sql=mysql_query("select * from tb_book");
                    $info=mysql_fetch_object($sql);
                    if ($_POST[Submit]=="查询"){
                        $txt_book=$_POST[txt_book];
                        $sql=mysql_query("select * from tb_book where bookname like '%".tr
im($txt_book)."%'");      //如果选择的条件为"like",则进行模糊查询
                        $info=mysql_fetch_object($sql);
                        }
                    if($info==false){           //如果检索的信息不存在，则输出相应的提示信息
                        echo "<div align='center' style='color:#FF0000; font-size:12px'>对
不起，您检索的图书信息不存在!</div>";
                    }
                    do{
                  ?>
                    <tr align="left" bgcolor="#FFFFFF">
                      <td height="20" align="center"><?php echo $info->id; ?></td>
                      <td > <?php echo $info->bookname; ?></td>
                      <td align="center"><?php echo $info->issuDate; ?></td>
                      <td align="center"><?php echo $info->first_name ; ?></td>
                      <td align="center"> <?php echo $info->maker; ?></td>
                      <td> <?php echo $info->publisher; ?></td>
                    </tr>
                    <?php
                    }while($info=mysql_fetch_object($sql));     //循环显示查询结果
                    ?>
                </table></td>
            </tr>
          </table>
```

上述代码的实现流程如下所示：

（1）创建 PHP 动态页，命名为 index.php。在 index.php 中，添加一个表单、一个文本框和一个提交按钮。

（2）连接到 MySQL 数据库服务器，选择数据库 db_database16，设置 MySQL 数据库的编码格式为 UTF-8。

（3）使用 mysql_fetch_object()函数获取查询结果集中的数据，其返回值为一个对象。

（4）使用 do...while 循环语句以“结果集->列名”的方式输出结果集中的图书信息。

执行效果如图 16-7 所示，默认将输出图书信息表中的全部图书信息。如果在文本框中输入欲搜索的图书名称，例如“Java”（由于支持模糊查询，因此可输入部分查询关键字），单击“查询”按钮，即可按条输信息，并输出到浏览器，查询结果如图 16-8 所示。

请输入图书名称 [　　　　] 查询

编号	图书名称	出版时间	图书定价	作者	出版社
9	PHP	2017-03-01	52	卓越	人民邮电出版社
5	Android	2017-06-30	89	卓越	人民邮电出版社
6	Java	2017-06-01	52	卓越	人民邮电出版社
7	C语言	2017-09-01	99	卓越	人民邮电出版社
8	C++	2017-04-01	65	卓越	人民邮电出版社

图 16-7　执行效果

注意：函数 mysql_fetch_object()返回的字段名大小写敏感。

编号	图书名称	出版时间	图书定价	作者	出版社
6	Java	2017-06-01	52	卓越	人民邮电出版社

图 16-8 检索 Java

16.2.7 使用函数 mysql_num_rows()

在 PHP 程序中，使用函数 mysql_num_rows()可以获取查询到的结果集中的记录数目，也就是能够获取由 select 语句查询到的结果集中行的数目。使用函数 mysql_num_rows()的语法格式如下。

```
int mysql_num_rows(resource result)
```

例如在下面的示例代码中用到了函数 mysql_num_rows()。

实例 16-6 使用函数 mysql_num_rows()

源码路径 daima\16\16-6

本实例的功能是实现一个图书信息检索的功能。在查询图书信息的同时，应用 mysql_num_rows()函数获取结果集中的记录数。本实例查询的数据库是本章 MySQL 数据库 db_database16 中的表“tb_book”。

实例文件 index.php 的主要实现代码如下所示。

```
<?php
                $link=mysql_connect("localhost","root","66688888") or die("数据库连接失败".mysql_error());
                mysql_select_db("db_database16",$link);
                mysql_query("set names utf-8");
                $sql=mysql_query("select * from tb_book");
                $info=mysql_fetch_object($sql);
                if ($_POST[Submit]=="查询"){
                    $txt_book=$_POST[txt_book];
                    $sql=mysql_query("select * from tb_book where bookname like

'%".trim($txt_book)."%'");      //如果选择的条件为"like",则进行模糊查询
                    $info=mysql_fetch_object($sql);
                }
                if($info==false){            //如果检索的信息不存在，则输出相应的提示信息
                    echo "<div align='center' style='color:#FF0000; font-size:12px'>对不起

                    ，您检索的图书信息不存在!</div>";
                }
                do{
              ?>
                <tr align="left" bgcolor="#FFFFFF">
                  <td height="20" align="center">
                  <?php echo $info->id; ?></td>
                  <td > <?php echo $info->bookname; ?></td>
                  <td align="center"><?php echo $info->issuDate; ?></td>
                  <td align="center"><?php echo $info->price; ?></td>
                  <td align="center"> <?php echo $info->maker; ?></td>
                  <td> <?php echo $info->publisher; ?></td>
                </tr>
                <?php
                }while($info=mysql_fetch_object($sql));          //循环显示查询结果
                ?>
```

上述代码的实现流程如下所示。

（1）创建 PHP 动态页，命名为 index.php。在 index.php 中，添加一个表单、一个文本框和一个提交按钮。

（2）连接到 MySQL 数据库服务器，选择数据库 db_database16，设置 MySQL 数据库的编码格式为 UTF-8。

（3）使用 mysql_fetch_object()函数获取查询结果集中的数据，其返回值为一个对象。

（4）使用 do...while 循环语句以“结果集->列名”的方式输出结果集中的图书信息。

执行效果如图 16-9 所示，默认将输出图书信息表中的全部图书信息，在右下角显示记录数目。如果在文本框中输入欲搜索的图书名称，例如“C”（由于支持模糊查询，因此可输入部分查询关键字），单击“查询”按钮，即可显示查询结果，在右下角显示记录数目。如图 16-10 所示。

请输入图书名称　查询

编号	图书名称	出版时间	图书定价	作者	出版社
9	PHP	2017-03-01	52	卓越	人民邮电出版社
5	Android	2017-06-30	89	卓越	人民邮电出版社
6	Java	2017-06-01	52	卓越	人民邮电出版社
7	C语言	2017-09-01	99	卓越	人民邮电出版社
8	C++	2017-04-01	65	卓越	人民邮电出版社

图 16-9　执行效果

请输入图书名称　查询

编号	图书名称	出版时间	图书定价	作者	出版社
7	C语言	2017-09-01	99	卓越	人民邮电出版社
8	C++	2017-04-01	65	卓越	人民邮电出版社

图 16-10　检索 C

16.3　管理 MySQL 数据库中的数据

视频讲解：第 16 章\管理 MySQL 数据库中的数据.mp4

在 PHP 动态 Web 项目中，数据库中的数据信息是至关重要的，在编写 PHP 程序过程中常常进行添加数据、删除数据和修改数据等一系列操作，下面将详细讲解上述操作数据库数据的方法。

16.3.1　数据的插入

在动态网页中经常需要插入单条数据，使用 SQL 语句可以向指定的数据库表中插入数据。例如下面实例的功能是插入公告信息。

实例 16-7　**插入公告信息**

源码路径　daima\16\16-7

本实例主要功能是使用 insert 语句动态地向数据库中添加公告信息，使用 mysql_query()函数执行 insert 语句，添加完成后将数据动态添加到数据库。具体实现流程如下所示。

（1）创建文件 index.php 完成页面布局。在添加公告信息的图片上添加热区，创建一个超链接，链接到 add_affiche.php 文件。

（2）编写文件 add_affiche.php，在里面分别添加一个表单、一个文本框、一个编辑框、一个提交（保存）按钮和一个重置按钮，设置表单的 action 属性值为 check_add_affiche.php。另外，考虑到要严谨地添加公告信息，就不能过多地添加空信息。因此，在上面的代码中，在“保存”按钮的 onClick 事件下调用一个由 JavaScript 脚本自定义的 check()函数，用来限制表单信息不能为空。当用户单击“保存”按钮时，自动调用 check()函数，判断表单中提交的数据是否为空。

（3）编写 check_add_affiche.php 文件，对表单提交信息进行处理。首先连接指定的 MySQL 数据库服务器，并选择数据库，设置数据库编码格式为 UTF-8。然后，通过 POST 方法获取表单提交的数据。最后，定义 insert 语句将表单信息添加到数据表，通过 mysql_query()函数执行添加语句，完成公告信息的添加，弹出提示信息，并重新定位到 add_affiche.php 页面。通过函数 date()获取系统的当前时间，其参数用来指定日期时间的格式，在此需要注意的是，字母 H 要求大写，它代表时间采用 24 小时制计算。在公告信息添加成功后，使用 JavaScript 脚本弹出提示对话框，并在 JavaScript 脚本中使用 window.location.href='add_affiche.php'重新定位网页。主要实现代码如下所示。

```
    <?php
    date_default_timezone_set('Asia/Shanghai');          //'Asia/Shanghai'亚洲/上海时区
        $conn=mysql_connect("localhost","root","66688888") or die("数据库服务器连接错误"
.mysql_error());                                         //数据库连接参数
        mysql_select_db("db_database16",$conn) or die("数据库访问错误".mysql_error());
        mysql_query("set names utf-8");                  //编码格式
    $title=$_POST[txt_title];
    $content=$_POST[txt_content];
    $createtime=date("Y-m-d H:i:s");
    $sql=mysql_query("insert into tb_affiche(title,
    content,createtime)values('$title','$content',
    '$createtime')");
    echo "<script>alert('公告信息添加成功!');window.
location.href='add_affiche.php';</script>";
    mysql_free_result($sql);
    mysql_close($conn);
    ?>
```

执行效果如图 16-11 所示。单击“添加公告信息”超链接后弹出信息添加表单，如图 16-12 所示。在页面中添加公告主题和公告内容，单击“保存”按钮后弹出“公告信息添加成功”提示信息，单击“确定”按钮后重新定位到公告信息添加页面。

图 16-11　执行效果

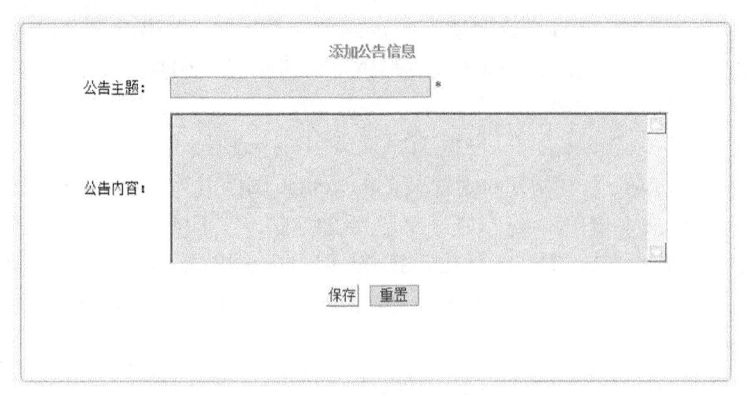

图 16-12　信息添加表单界面

注意:

在真正的编程过程中，通常使用表单、变量插入数据。其实可以十分简单地实现，只需要按照前面的方法，创建不同的表单元素，让表单的页面用变量接收数据，然后交给处理页面，处理页面又用变量去接受这些变量的数据，然后再连接并打开数据库，将记录插入在数据库中即可。

16.3.2　查询数据库中的记录

查询数据库中记录功能在 PHP 开发中十分常见，例如通过本章前面的实例 16-7 成功添加了公告信息后，那么接下来可以对公告信息执行查询操作。例如在下面的实例使用 select 语句动态查询数据库中的公告信息，使用 mysql_query()函数执行 select 查询语句，使用 mysql_fetch_object()函数获取查询结果集，通过 do...while 循环语句输出查询结果。

实例 16-8　查询数据库中的记录

源码路径　daima\16\16-8

本实例的具体实现流程如下所示。

(1) 编写文件 index.php，在里面嵌入一个菜单导航页 menu.php。在 menu.php 页面中为菜单导航图片添加热区，链接到 search_affiche.php 页面。

(2) 编写文件 search_affiche.php，在里面分别添加一个表单、一个文本框和一个提交（搜索）按钮。另外，为了防止用户搜索空信息，本程序在“搜索”按钮的 onClick 事件下，调用一个由 JavaScript 脚本自定义的 check()函数，用来限制文本框信息不能为空，当用户单击“搜索”按钮时，自动调用 check()函数，验证查询关键字是否为空。最后，编写代码连接 MySQL 数据库服务器，并选择数据库，设置数据库编码格式为 UTF-8。通过 POST 方法获取表单提交的查询关键字，通过 mysql_query()函数执行模糊查询，通过 mysql_fetch_object()函数获取查询结果集，通过 do...while 循环语句输出查询结果，最后关闭结果集和数据库。文件 search_affiche.php 的主要实现代码如下所示。

```
    <?php
     $conn=mysql_connect("localhost","root","66688888") or die("数据库服务器连接错误".mysql_error());
     mysql_select_db("db_database16",$conn) or die("数据库访问错误".mysql_error());
             mysql_query("set names utf-8");
             $keyword=$_POST[txt_keyword];
             $sql=mysql_query("select * from tb_affiche where title like '%$keyword%' or
content like '%$keyword%'");
             $row=mysql_fetch_object($sql);
              if(!$row){
                 echo "<font color='red'>您搜索的信息不存在，请使用类似的关键字进行检索!</font>";
```

```
}
 do{                                    //do…while循环显示查询结果
?>
<tr bgcolor="#FFFFFF">
        <td bgcolor="#FFFFFF"><?php echo $row->title;?></td>
         <td><?php echo $row->content;?></td>
 </tr>
<?php
}while($row=mysql_fetch_object($sql));
     mysql_free_result($sql);     //返回查询结果
         mysql_close($conn);      //关闭数据库连接
?>
```

执行后会显示当前数据库中所有的公告信息，并且还具有搜索功能。执行效果如图 16-13 所示。

查询公告信息

查询关键字 [ ] 搜索

公告标题	公告内容
从入门到精通是好书	《从入门到精通》系列丛书上市！！！！
aaaaa	aaaa
bbbb	bbbb
cccc	cccc
dddd	dddd
啊啊啊	的顶顶顶顶的

图 16-13 执行效果

16.3.3 修改数据库中的记录

在开发 PHP 程序的过程中，经常需要修改数据库中的数据信息。例如对于本章前面的实例 16-8 来说，里面的公告信息并不总是一成不变的，通常根据需要可以对公告的主题及内容进行编辑修改。例如在下面的实例中，将使用 update 语句动态编辑修改数据库中的公告信息。

实例 16-9 修改数据库中的记录

源码路径 daima\16\16-9

本实例的具体实现流程如下所示。

（1）在实例 16-8 创建的菜单导航页 menu.php 中再添加一个热区，用于链接文件 update_affiche.php。

（2）编写修改文件 update_affiche.php，使用 select 语句查询出全部的公告信息，在通过表格输出公告信息时添加一列，在这个单元格中插入一个编辑图标，并为这个图标设置超链接，链接到 modify.php 页面，并将公告的 ID 作为超链接的参数传递到 modify.php 页面中。文件 update_affiche.php 的主要实现代码如下所示。

```
<?php
$conn=mysql_connect("localhost","root","66688888") or die("数据库服务器连接错误"
.mysql_error());                                    //连接数据库
mysql_select_db("db_database16",$conn) or die("数据库访问错误".mysql_error());
mysql_query("set names utf-8");                     //数据库字符
$keyword=$_POST[txt_keyword];                       //获取查询关键字
$sql=mysql_query("select * from tb_affiche where title like '%$keyword%' or content like
'%$keyword%'");                                     //SQL查询语句
     $row=mysql_fetch_object($sql);                 //查询结果赋值
         if(!$row){                                 //如果结果为空
                 echo "<font color='red'>暂无公告信息!</font>";
         }
 do{                                                //使用do…while循环显示查询结果
```

```
    ?>
                       <tr bgcolor="#FFFFFF">
                       <td><?php echo $row->title;?></td>
                       <td><?php echo $row->content;?></td>
                       <td align="center"><a href="modify.php?id=<?php echo $row->id;?>"><img src="im
ages/update.gif" width="20" height="18" border="0"></a></td>
                           </tr>
    <?php
         }while($row=mysql_fetch_object($sql));
              mysql_free_result($sql);
              mysql_close($conn);
    ?>
```

（3）编写公告信息编辑文件 modify.php。首先完成与数据库的连接，然后根据超链接中传递的 ID 值从数据库中读取出指定的数据。然后在页面中分别添加一个表单、一个文本框、一个编辑框、隐藏域、一个提交（修改）按钮和一个重置按钮。最后，将从数据库中读取出的数据在表单中输出。编辑文件 modify.php 的主要实现代码如下所示。

```
    <?php
    $conn=mysql_connect("localhost","root","66688888") or die("数据库服务器连接错误".mysql_error());
    mysql_select_db("db_database16",$conn) or die("数据库访问错误".mysql_error());
    mysql_query("set names utf-8");
    $id=$_GET[id];
    $sql=mysql_query("select * from tb_affiche where id=$id");
    $row=mysql_fetch_object($sql);
    ?>
    <table width="828" height="522" border="0" align="center" cellpadding="0" cellspacing="0">
     <tr>
         <td background="images/image_01.gif">             </td>
         <td height="140" background="images/image_02.gif">             </td>
     </tr>
     <tr>
         <td width="202" rowspan="3" valign="top"><?php include("menu.php");?></td>
         <td height="34" background="images/image_04.gif">             </td>
     </tr>
     <tr>
         <td height="38" background="images/image_06.gif">             </td>
     </tr>
     <tr>
         <td height="270" valign="top">
             <table width="626" height="100%" border="0" cellpadding="0" cellspacing="0">
               <tr>
                 <td height="257" align="center" valign="top" background="images/image_08.
gif"><table width="600" height="257"  border="0" cellpadding="0" cellspacing="0">
                    <tr>
                      <td height="22" align="center" valign="top" class="word_orange"><strong>
                      编辑公告信息</strong></td>
                    </tr>
                    <tr>
                      <td height="235" align="center" valign="top"><table width="500" height=
                      "226"  border="0" cellpadding="0" cellspacing="0">
                         <tr>
                           <td height="226" align="center" valign="top">
                             <form name="form1" method="post" action="check_modify_ok.php">
                               <table width="520" height="212"  border="0" cellpadding="0"
                               cellspacing="0" bgcolor="#FFFFFF">
                                <tr>
                                  <td width="87" align="center">公告主题：</td>
                                  <td width="433" height="31"><input name="txt_title" type=
"text" id="txt_title" size="40" value="<?php echo $row->title;?>">
                                  <input name="id" type="hidden" value="<?php echo $row->
                                  id;?>"></td>
                                </tr>
```

```
                            <tr>
                              <td height="124" align="center">公告内容：</td>
                              <td><textarea name="txt_content" cols="50" rows="8" id=
"txt_content"><?php echo $row->content;?></textarea></td>
                            </tr>
                            <tr>
                              <td height="40" colspan="2" align="center"><input name=
"Submit" type="submit" class="btn_grey" value="修改" onClick="return check(form1);">  
<input type="reset" name="Submit2" value="重置"></td></tr>
                            </table>
                          </form>
    </td>
```

在 index.php 页面中单击"编辑公告信息"超链接后来到 update_affiche.php 页面，单击其中任意一条公告信息后的"修改"按钮，进入到公告信息编辑页，在该页面中完成对指定公告信息的编辑，最后单击"修改"按钮，完成指定公告信息的编辑操作，执行效果如图 16-14 所示。

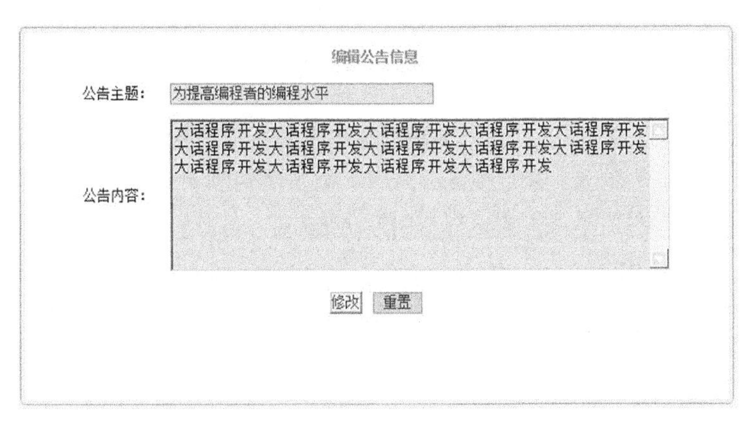

图 16-14　执行效果

16.3.4　删除数据库中的记录

在创建数据库后，难免需要删除一些不需要记录。例如在本章前面的实例中，公告信息是用来发布网站或企业的最新信息，让浏览者了解网站的最新动态。因此，为了节省系统资源，需要定期地对公告主题和内容进行删除。例如在下面的实例中，演示了删除数据库中记录的过程。

实例 16-10　删除数据库中的记录

源码路径　daima\16\16-10

本实例的功能是使用 delete 语句，根据指定的 ID 动态删除数据表中指定的公告信息。具体实现流程如下所示。

（1）在菜单导航页 menu.php 中添加一个热区，链接到 delete_affiche.php 文件。

（2）创建 delete_affiche.php 页面，使用 select 语句检索出全部的公告信息。在应用 do...while 循环语句通过表格输出公告信息时在表格中添加一列，并在单元格中插入删除图标，并将该图标链接到 check_del_ok.php 文件，将公告 ID 作为超链接的参数传递到 check_del_ok.php 文件中。主要实现代码如下所示。

```
<?php
$conn=mysql_connect("localhost","root","66688888") or die("数据库服务器连接错误".mysql_error());
                                                  //数据库服务器连接参数
//连接指定数据库
  mysql_select_db("db_database16",$conn) or die("数据库访问错误".mysql_error());
      mysql_query("set names utf-8");                     //编码格式
```

```
        $keyword=$_POST[txt_keyword];                    //获取查询关键字
        $sql=mysql_query("select * from tb_affiche where title like '%$keyword%' or content
like '%$keyword%'");                                     //数据库查询语句
                        $row=mysql_fetch_object($sql);
                        if(!$row){
                        echo "<font color='red'>暂无公告信息!</font>";
                        }
        do{   //使用do...while循环，循环显示查询结果
        ?>
    <tr bgcolor="#FFFFFF">
        <td><?php echo $row->title;?></td>
        <td><?php echo $row->content;?></td>
        <td align="center"><a href="check_del_ok.
        php?id=<?php echo $row->id;?>">
    <img src="images/delete.gif" width="22" height="22" border="0"></a></td>
    </tr>
    <?php
        }while($row=mysql_fetch_object($sql));
        mysql_free_result($sql);            //返回查询结果
        mysql_close($conn);                 //关闭连接
    ?>
```

（3）创建 check_del_ok.php 文件，根据超链接传递的公告信息 ID 值，执行 delete 删除语句，删除数据表中指定的公告信息。最后使用 if….else 条件语句对 mysql_query()函数的返回值进行判断，并弹出相应的提示信息。主要实现代码如下所示。

```
    <?php
    $conn=mysql_connect("localhost","root","66688888") or die("数据库服务器连接错误".mysql_error());
    mysql_select_db("db_database16",$conn) or die("数据库访问错误".mysql_error());
    mysql_query("set names utf-8");
    $id=$_GET[id];
    $sql=mysql_query("delete from tb_affiche where id=$id");
    if($sql){
      echo "<script>alert('公告信息删除成功！');history.back();window.location.href='delete_
affiche.php?id=$id';</script>";
    }else{
      echo "<script>alert('公告信息删除失败！');history.back();window.location.href='delete_
affiche.php?id=$id';</script>";
    }
    ?>
    <meta http-equiv="Content-Type" content="text/html; charset=utf-8">
```

运行后单击 index.php 页面中的“删除公告信息”超链接，在 delete_affiche.php 页面中，单击任意一条公告信息后面的删除图标，弹出删除公告信息提示，单击“确定”按钮后完成对指定公告信息的删除操作。执行效果如图 16-15 所示。

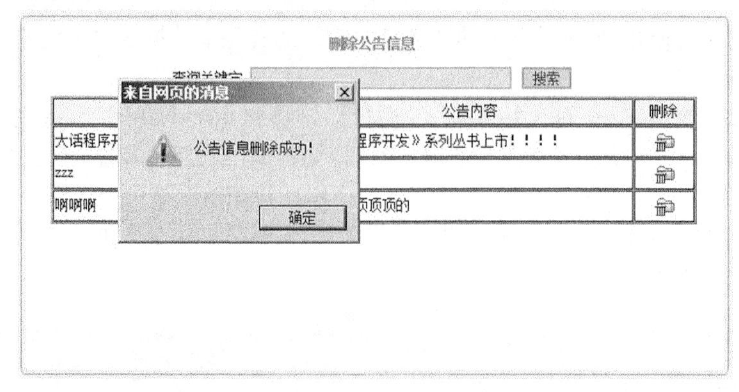

图 16-15　执行效果

16.3.5 分页显示数据库中的记录

分页功能是信息类站点的常用功能，因为海量的信息不能在一个页面中全部显示出来，通过分页可以提高用户的阅读体验。例如在本章前面的实例中，在添加公告信息后，可以对公告信息执行查询操作。为了更方便地浏览公告信息的内容，最好的方法就是通过分页来显示公告信息的内容。下面实例的功能是分页显示数据库中的记录。

实例 16-11 分页显示数据库中的记录

源码路径 daima\16\16-11

本实例的功能是使用 select 语句动态检索数据库中的公告信息，并通过分页技术实现对数据库中公告信息的分页输出。具体实现流程如下所示。

（1）在菜单导航页 menu.php 中添加热区，设置链接到文件 page_affiche.php。

（2）编写文件 page_affiche.php，实现公告信息的分页输出功能。添加一个 1 行 1 列的表格，设置每个分页显示 3 条信息。文件 page_affiche.php 的主要实现代码如下所示。

```
    <?php
    $conn=mysql_connect("localhost","root","66688888") or die("数据库服务器连接错误".mysql_
error());                                              //连接数据库服务器参数
    //连接指定的数据库
    mysql_select_db("db_database16",$conn) or die("数据库访问错误".mysql_error());
    mysql_query("set names utf-8");                    //编码
    /*  $_GET[page]为当前页，如果$_GET[page]为空，则初始化为1  */
    if ($_GET[page]==""){
         $_GET[page]=1;}
         if (is_numeric($_GET[page])){
           $page_size=3;                                    //每页显示3条记录
             $query="select count(*) as total from tb_affiche  order by id desc";
             $result=mysql_query($query);                   //查询符合条件的记录总条数
             $message_count=mysql_result($result,0,"total");       //要显示的总记录数
             //根据记录总数除以每页显示的记录数求出所分的页数
             $page_count=ceil($message_count/$page_size);
             $offset=($_GET[page]-1)*$page_size;       //计算下一页从第几条数据开始循环
             $sql=mysql_query("select * from tb_affiche order by id desc limit $offset, $page_size");
                                                           //SQL查询语句
                            $row=mysql_fetch_object($sql);
                            if(!$row){
                                echo "<font color='red'>暂无公告信息!</font>";
                            }
                            do{
                            ?>
                        <tr bgcolor="#FFFFFF">
                          <td style="padding-left:5px; padding-right:5px; padding-top:5px;
padding-bottom:5px;"><?php echo $row->title;?></td>
                          <td style="padding-left:5px; padding-right:5px; padding-top:5px;
padding-bottom:5px;"><?php echo $row->content;?></td>
                       </tr>
                       <?php
                           }while($row=mysql_fetch_object($sql));
                       }
                       ?>
                       </table>
                        <br>
                        <table width="550" border="0" cellspacing="0" cellpadding="0">
                          <tr>
                            <!--  翻页条 -->
                                 <td width="37%">  页次：<?php echo $_GET[page];?>/
<?php echo $page_count;?>页 记录：<?php echo $message_count;?> 条  </td>
                                 <td width="63%" align="right">
```

```
            <?php
            /*  如果当前页不是首页  */
            if($_GET[page]!=1){
            /*  显示“首页”超链接  */
            echo  "<a href=page_affiche.php?page=1>首页</a> ";
            /*  显示“上一页”超链接  */
            echo "<a href=page_affiche.php?page=".($_GET[page] 1).">上
            一页</a> ";
            }
            /*  如果当前页不是尾页  */
            if($_GET[page]<$page_count){
            /*  显示“下一页”超链接  */
            echo "<a href=page_affiche.php?page=".($_GET[page]+1).">下
            一页</a> ";
            /*  显示“尾页”超链接  */
            echo  "<a href=page_affiche.php?page=".$page_count.">尾页</a>";
            }
            mysql_free_result($sql);
            mysql_close($conn);
            ?>
        </tr>
```

执行后的效果如图 16-16 所示。

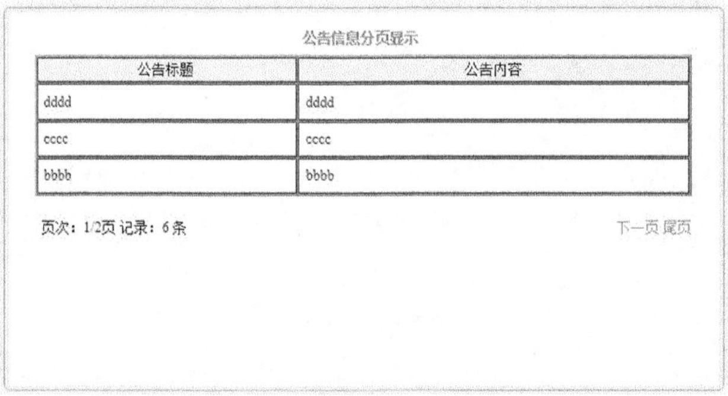

图 16-16 执行效果

16.4 技术解惑

(1) 读者疑问：要操作数据库，前提是必须先连接数据库，为什么我连接数据库常常连接失败？该怎么处理呢？

解答：在 PHP 网页中创建 MySQL 连接的方法非常简单，仅需一行指令即可实现，具体代码如下所示。

```
$link = mysql_connect('数据库所在位置', '数据库账号', '数据库密码');
```

例如要连接本机 MySQL 数据库，假设数据库账号为 root，数据库密码为 123456，则连接指令如下所示。

```
$link = mysql_connect('localhost', 'root', '123456');
```

这个$link 变量便是通过创建完成的数据库进行连接的，如果执行数据库查询指令，此变量相当重要。

为了避免可能出现的错误（如数据库未启动、连接端口被占用等问题），这个指令最好加上如下的错误处理机制：

```
$link = mysql_connect('localhost', 'root', '123456')
    or die("Could not connect : " . mysql_error());
```

如果连接失败，便会在浏览器上出现“Could not connect”告知我们错误信息。在连接数据库之前一定启动数据库服务器，如果没有启动，是不可能连接成功的。

（2）读者疑问：连接好了数据库服务器后，为什么还要选择需要操作的数据库，它们是怎样一个关系呢？该怎么理解？

解答：这位初学者对数据库的理解不是很清楚，在一套数据库中，可以容纳许多数据库并存，但每次操作均只能对单一数据库进行。因此在连接创建完成后，便需选用要操作的数据库。在此以选用 mysql 数据库为例，选用数据库的指令如下所示。

```
mysql_query("use mysql");
```

也可以使用专门的 API 指令，例如下面的代码。

```
mysql_select_db("mysql") or die("Could not select database");
```

这两个指令都是选用 MySQL 数据库为欲操作的数据库。

（3）读者疑问：在操作数据库的时候，返回的数据该怎么处理？在实际中，我看到常常需要返回一些数据。

解答：数据库是数据的仓库，可以不断地返回数据和处理数据。返回的数据可以分为两部分，一部分分析表头，一部分分析表身。

（1）分析表头：使用 mysql_fetch_field()函数时必须传入$result 查询结果变量，再通过“->”操作符获得$field->name 这个字段的名称属性。

（2）分析表身：表身便是返回数据的实际内容，以 user 表格为例，表身数据便是 localhost、root 等表格实际内容，我们可以将表身内容以表格方式全部显示出来，程序代码如下所示。

```
while ($row = mysql_fetch_row($result)) {
echo "<tr>\n";
 for($i=0;$i<count($row);$i++){
 echo "<td>".$row[$i]."</td>";
}
 echo "</tr>\n";
}
```

与表头数据相同，因为不确定返回数据条数，所以无需使用 while 指令进行分析。其中 mysql_fetch_row()函数需要传入$result 数据。经过分析后，所返回的$row 是一个一维数组变量，存储每一行所有的数据字段。再通过 for 循环，并配合 count()函数计算数据行中的列数，将$row 数组中每一元素显示出来。

16.5 课后练习

（1）在实际的开发过程中，一个 PHP 开发的程序一般只有一个数据库，用户喜欢将数据库连接写成一个单独的 PHP 页面，当其他页面需要时，只需将这个连接页面调进去即可。请尝试编写两个 PHP 文件，一个专门实现数据库连接，一个用于调用数据库链接文件。

（2）编写一个 PHP 程序：使用函数 mysql_num_rows()建立和数据库的连接。

（3）编写一个 PHP 程序：向数据库中添加新的数据信息。

第 17 章

操作其他数据库

虽然 PHP 与 MySQL 数据库是黄金拍档，但是在现实 PHP 项目应用中，有时需要将 PHP 与其他数据库进行连接，并进行对应的数据动态操作。PHP 语言也可以连接并操作其他数据库产品，在本章详细讲解使用 PHP 操作 Access 数据库和 SQL Sever 数据库的知识，为读者步入本书后面知识的学习打下基础。

17.1 PHP 操作 Access 数据库

视频讲解：第 17 章\PHP 操作 Access 数据库.mp4

Access 是由微软发布的关系数据库管理系统。Access 结合了 Microsoft Jet Database Engine 和图形用户界面两项特点，是 Microsoft Office 的系统程序之一。具体来说，Access 数据库主要具有如下所示的两个功能。

（1）用来进行数据分析。Access 有强大的数据处理、统计分析能力，利用 Access 的查询功能，可以方便地进行各类汇总、平均等统计，并可灵活设置统计的条件。比如在统计分析上万条记录、十几万条记录及以上的数据时速度快且操作方便，这一点是 Excel 无法与之相比的。用 Access 会明显提高工作效率和工作能力。

（2）用来开发软件，比如生产管理、销售管理、库存管理等各类企业管理软件。其最大的优点是易学！非计算机专业的人员，也能学会。低成本地满足了那些从事企业管理工作的人员的管理需要，通过软件来规范同事、下属的行为，推行其管理思想（VB、.NET、C 语言等开发工具对于非计算机专业人员来说太难了，而 Access 则很容易）。这一点体现在实现了管理人员（非计算机专业毕业）开发出软件的“梦想”，从而转型为“懂管理+会编程”的复合型人才。

17.1.1 使用 ADO 连接 Access 数据库

在 PHP 程序中，可以使用微软的 ADODB 数据库驱动来连接 Access 数据库。ActiveX Data Objects（ADO）是 Microsoft 的开放数据库应用程序的数据库访问技术，被设计用来同新的数据访问层 OLE DB Provider 一起协同工作，提供通用数据访问（Universal Date Access）。OLE DB 是一个低层的数据访问接口，用它可以访问各种数据源，包括传统的关系型数据库、电子邮件系统及自定义的商业对象。ADO 技术大大简化了 OLE DB 的操作，因为 ADO 封装了 OLE DB 程序中使用的大量 COM 接口，所以 ADO 是一种高层的访问技术。

PHP 语言可以借助于 ADO 实现与 Access 数据库的连接，ADO 技术基于通用对象模型（COM），它提供了多种语言的访问技术。PHP 是通过预先定义类 COM 来使用 ADO 方法操纵 Access 数据库的，该类的具体使用格式如下。

```
string com::com( string module_name [, string server_name [, int codepage]])
```

在上述格式中，各个参数的具体说明如下所示。

参数 module_name：被请求组件的名字或 class-id。

参数 server_name：DCOM 服务器的名字。

参数 Codepage：指定用于将 PHP 字符串转换成 UNICODE 字符串的代码页，反之亦然。该参数的取值有 CP_ACP、CP_MACCP、CP_OEMCP、CP_SYMBOL、CP_THREAD_ACP、CP_UTF7 和 CP_UTF8。

例如下面实例的功能是使用 ADO 连接 Access 数据库。

实例 17-1　使用 ADO 连接 Access

源码路径　daima\17\17-1

本实例的功能是使用 ADO 连接名为“db_database17.mdb”的 Access 数据库，具体实现流程如下所示。

（1）编写文件 conn.php 建立和数据库 db_database17.mdb 的连接，具体实现代码如下所示。

```
<?php
$conn = new com("adodb.connection");
$connstr="driver={microsoft access driver (*.mdb)}; dbq=". realpath("../data/db_database17.mdb");
                                          //建立连接对象
$conn->open($connstr);                    //打开连接
?>
```

（2）编写文件 index.php，其功能是查询数据库中的图书信息，并在表格中显示查询结果，主要实现代码如下所示。

```
<?php
 $sql="select * from tb_book";      //SQL查询语句
 $rs=new com("adodb.recordset");    //打开连接对象
 $rs->open($sql,$conn,1,3);         //查询动作
 while(!$rs->eof)
 {
?>
   <tr>
     <td height="25" bgcolor="#FFFFFF"><div align="center"><?php echo iconv('gbk',
'utf-8',$rs->fields(bookname)->value);?></div></td>
     <td height="25" bgcolor="#FFFFFF"><div align="center"><?php echo iconv('gbk',
'utf-8',$rs->fields

    (pub)->value);?></div></td>
 </tr>
<?php
 $rs->movenext;                    //游标下移
}
?>
```

执行效果如图 17-1 所示。

书名	出版社
《大话PHP》	清华大学出版社
《PHP范例大全》	清华大学出版社

图 17-1　执行效果

17.1.2　快速查询数据库中的信息

和操作 MySQL 数据库一样，通过 PHP 语言也可以快速检索 Access 数据库中的信息。例如下面实例的功能是快速检索 Access 数据库中的信息。

实例 17-2　快速检索 Access 数据库中的信息

源码路径　daima\17\17-2

本实例的功能是使用 ADO 连接名为“db_database17.mdb”的 Access 数据库，并根据输入的学号快速检索此学号学生的成绩信息。具体实现流程如下所示。

（1）编写文件 conn.php 建立和数据库 db_database17.mdb 的连接，具体实现代码如下所示。

```
<?php
$conn = new com("adodb.connection");
$connstr="driver={microsoft access driver (*.mdb)}; dbq=". realpath("../data/db_
database17.mdb");
$conn->open($connstr);
?>
```

（2）编写文件 index.php，其功能是获取用户在“请输入学号”表单中输入的数据，然后查询数据库“db_database17.mdb”中此学号学生的信息，并将查询到的学生信息显示出来。然后判断成绩是否合格，并将不合格的成绩数目统计并显示出来。主要实现代码如下所示。

```
<?php
if($_POST[submit]!="")
 {
  include("conn.php");                            //包含数据库连接文件
   $rs=new com("adodb.recordset");                //建立连接对象
   //执行SQL数据库查询操作
   $rs->open("select * from tb_score where sno='".$_POST[sno]."'",$conn,3,1);
   if($rs->eof|| $rs->bof)
   {
   ?>
  <tr>
    <td height="20" colspan="5" bgcolor="#FFFFFF"><div align="center">没有查找到该学生
成绩! </div> </td>
    </tr>
   <?php
   }
   else
    {
      $sum=0;

  ?>
  <tr>
      <td width="170" height="20" bgcolor="#ED9438"><div align="center">学号</div></td>
      <td width="170" bgcolor="#ED9438"><div align="center">姓名</div></td>
      <td width="143" bgcolor="#ED9438"><div align="center">班级</div></td>
      <td width="130" bgcolor="#ED9438"><div align="center">科目
      </div></td>
   <td width="131" bgcolor="#ED9438"><div align="center">成绩</div></td>
 </tr>
 <?php
 while(!$rs->eof)
   {
 ?>
 <tr>
      <td width="170" height="20" bgcolor="#FFFFFF"><div align="center"><?php $f=$rs->
fields("sno"); echo iconv('gbk','utf-8',$f->value);?></div></td>
      <td width="170" bgcolor="#FFFFFF"><div align="center"><?php echo iconv('gbk',
'utf-8',$rs->fields("sname")->value);?></div></td>
      <td width="143" bgcolor="#FFFFFF"><div align="center"><?php echo iconv('gbk',
'utf-8',$rs->fields("sclass")->value);?></div></td>
      <td width="130" bgcolor="#FFFFFF"><div align="center"><?php echo iconv('gbk',
'utf-8',$rs->fields("ssubject")->value);?></div></td>
   <td width="131" bgcolor="#FFFFFF"><div align="center">
    <?php
    $f=$rs->fields("sscore");
    echo $f->value;
    if($f->value<60)
     {
      $sum++;                                          //统计不及格门数
     }
    ?></div></td>
 </tr>
 <?php
     $rs->movenext;
      }
     }
 }
 ?>
   </table></td>
 </tr>
</table>
 <?php
```

```
    if($_POST[submit]!="")
     {

    ?>
<table width="750" height="20" border="0" align="center" cellpadding="0" cellspacing="0">
    <tr>
      <td><div align="right">不及格科目：<?php echo $sum?>门</div></td>
    </tr>
  </table>
      <?php
       }
      ?>
```

例如输入学号“0312101”并单击“查询”按钮后的执行效果如图 17-2 所示。

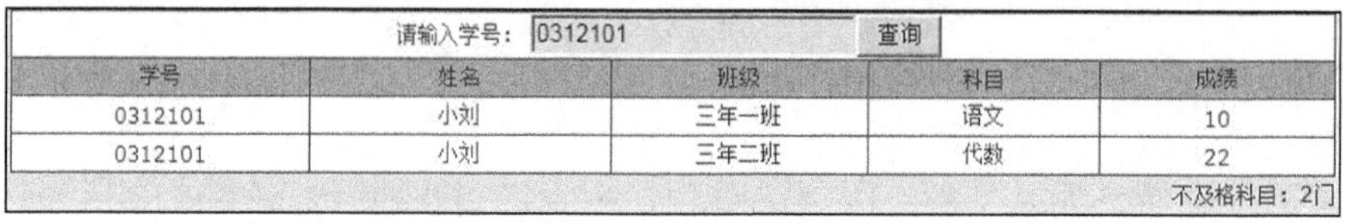

请输入学号：0312101 查询

学号	姓名	班级	科目	成绩
0312101	小刘	三年一班	语文	10
0312101	小刘	三年二班	代数	22

不及格科目：2门

图 17-2 执行效果

17.1.3 分页显示数据库中的信息

和操作 MySQL 数据库一样，通过 PHP 语言也可以将 Access 数据库中的信息分页显示。例如下面实例的功能是分页显示数据库中的信息。

实例 17-3 分页显示数据库中的数据信息

源码路径 daima\17\17-3

本实例的具体实现流程如下所示。

（1）编写文件 conn.php 建立和数据库 db_database17.mdb 的连接，具体实现代码如下所示。

```
<?php
$conn = new com("adodb.connection");
$connstr="driver={microsoft access driver (*.mdb)}; dbq=". realpath("../data/db_
database17.mdb");
$conn->open($connstr);
?>
```

（2）编写文件 index.php，其功能是检索数据库中表“tb_bookinfo”中的信息，然后设置每个页显示 10 条信息，将表“tb_bookinfo”中的信息以分页样式显示出来。主要实现代码如下所示。

```
    <?php
     include("conn.php");
     $sql="select * from tb_bookinfo order by pdate desc";
     $rs=new com("adodb.recordset");
     $rs->open($sql,$conn,1,3);
     $rs->pagesize=10;
if((trim(intval($_GET[page]))=="")||(intval($_GET[page])>$rs->pagecount)||(intval($_GET[page])
    <=0))
        {
           $page=1;                                    //设置分页
        }
       else
        {
           $page=intval($_GET[page]);
        }

       if($rs->eof || $rs->bof)
        {
    ?>
    <tr>
```

```
            <td height="20" colspan="5" bgcolor="#FFFFFF"><div align="center">本站暂无商品!
</div></td>
            </tr>
        <?php
            }
           else
            {
             $rs->absolutepage=$page;
             $mypagesize=$rs->pagesize;
             while(!$rs->eof && $mypagesize>0)
              {
          ?>
            <tr>
              <td height="20" bgcolor="#FFFFFF"><div align="left"><?php echo iconv('GBK',
              'utf-8',$rs->fields

    (bookname)->value);?></div></td>
           <td height="20" bgcolor="#FFFFFF"><div align="center"><?php echo iconv('GBK',
           'utf-8',$rs->fields

    (tpi)->value);?></div></td>
           <td height="20" bgcolor="#FFFFFF"><div align="center"><?php echo iconv('gbk',
           'utf-8',$rs->fields

    (pdate)->value);?></div></td>
           <td height="20" bgcolor="#FFFFFF"><div align="right"><?php $fields=$rs->fields
           (bookpage);echo

    $fields->value;?> 页</div></td>
           <td height="20" bgcolor="#FFFFFF"><div align="right"><?php $fields=$rs->fields
           (price);echo

    $fields->value;?> 元</div></td>
          </tr>
        <?php
           $mypagesize--;                          //每页显示条数
            $rs->movenext;                         //游标下移
            }
          }
         ?>
          </table></td>
       </tr>
       <tr>
         <td width="345" height="25">
      <div align="left">
         共有图书<?php echo $rs->recordcount;?>种 每页显示<?php echo $rs->pagesize;?>种
          第<?php echo

    $page;?>页/共<?php echo $rs->pagecount;?>页     </div></td>
       <td width="385">
      <div align="right">
      <?php
        if($page>=2)
         {
    ?>
      <a href="index.php?page=1" title="首页"><font face="webdings"> 9 </font></a>
      <a href="index.php?page=<?php echo $page-1;?>" title="前一页"><font face="webdings">
      7 </font></a>
    <?php
       }
      if($rs->pagecount<=4)
        {
         for($i=1;$i<=$rs->pagecount;$i++)
```

```
      {
?>
      <a href="index.php?page=<?php echo $i;?>"><?php echo $i;?></a>
<?php
      }
   }
  else
   {
     for($i=1;$i<=4;$i++)
      {
?>
       <a href="index.php?page=<?php echo $i;?>"><?php echo $i;?></a>
<?php
       }
?>
      <a href="index.php?page=<?php
      if($rs->pagecount>=$page+1)
        echo $page+1;
       else
        echo 1;
      ?>" title="后一页"><font face="webdings"> 8 </font></a>
      <a href="index.php?page=<?php echo $rs->pagecount;?>" title="尾页"><font face=
      "webdings"> :
</font></a>
  <?php
        }
  ?>
 </div>
 </td>
    <td width="70"><table width="70" border="0" cellpadding="0" cellspacing="0">
      <form name="form1" method="get" action="index.php">
        <tr>
          <td width="30"><div align="center">
            <input type="text" name="page" size="2" class="inputcss">
          </div></td>
          <td width="40"><div align="center">
            <input name="submit" type="submit" class="buttoncss" value="GO">
          </div></td>
        </tr>
      </form>
```

执行后将按照分页样式显示，效果如图 17-3 所示。

书名	出版社	出版时间	页数	价格
Visual FoxPro数据库系统开发案例精选	人民邮电出版社	2006年8月	437 页	49 元
Visual C++数据库系统开发案例精选	人民邮电出版社	2006年8月	413 页	49 元
Visual Basic程序开发范例宝典	人民邮电出版社	2006年7月	827 页	82 元
Delphi程序开发范例宝典	人民邮电出版社	2006年7月	772 页	82 元
ASP程序开发范例宝典	人民邮电出版社	2006年7月	712 页	82 元
Visual Basic 数据库系统开发案例精选	人民邮电出版社	2006年5月	439 页	49 元
JSP 数据库系统开发案例精选	人民邮电出版社	2006年5月	450 页	49 元
ASP 数据库系统开发案例精选	人民邮电出版社	2006年5月	450 页	49 元
Delphi数据库系统开发案例精选	人民邮电出版社	2006年5月	420 页	49 元
JSP数据库系统开发案例精选	人民邮电出版社	2006年5月	429 页	49 元
共有图书47种 每页显示10种 第1页/共5页			1 2 3 4	GO

图 17-3　执行效果

17.1.4　向数据库中添加信息

和操作 MySQL 数据库一样，通过 PHP 语言也可以向 Access 数据库中添加新的数据信息。例如下面实例的功能是向数据库中添加新的信息。

实例 17-4 向数据库中添加信息

源码路径 daima\17\17-4

编写文件 index.php 建立和数据库 db_database17.mdb 的连接，获取用户在表单中输入的信息，将表单中的信息添加到数据库 db_database17.mdb 中。具体实现代码如下所示。

```
<?php    require_once("../adodb/adodb.inc.php");
     $conn = ADONewConnection('access');
         $conn -> Connect("Driver={Microsoft Access Driver (*.mdb)}; Dbq=H:\\AppServ\\www\\
book\\17\\data\\db_database17.mdb");
     if($_GET[id] == "1"){
         $rst = $conn -> execute("select * from tb_demo") or die ("出错");
    ?>
     <table bgcolor="#80E7EC" width="580px"><tr><td align="center">图书ID</td><td align="center">
图书名称</td><td align="center">作者</td><td align="center">出版社</td><td align="center">出版
时间</td></tr>
    <?php
         while(!$rst -> EOF){
    ?>
     <tr><td align="center" bgcolor="#FFFFFF"><?php echo iconv("gb2312","utf-8",$rst ->
fields[0]);?></td><td align="center" bgcolor="#FFFFFF"><?php echo iconv("gb2312","utf-8",
$rst -> fields[1]);?></td><td align="center" bgcolor="#FFFFFF"><?php echo iconv("gb2312",
"utf-8",$rst -> fields[2]);?></td><td align="center" bgcolor="#FFFFFF"><?php echo iconv
("gb2312","utf-8",$rst -> fields[3]);?></td><td align="center" bgcolor="#FFFFFF">
    <?php echo iconv("gb2312","utf-8",$rst -> fields[4]);?></td></tr>
    <?php
             $rst -> movenext();
         }
    ?>
     <form action="" method="post">
         <input class="one" type="text" name="te" value="输入字段信息每一项用空格分割" size="30"
onfocus="this.value=''" />
         <input class="two"type="submit" name="sub" value="     
  " />
     </form>
    <?php
     }
     if($_POST[sub]){
         if($_POST[te] == "" || $_POST[te] == "输入字段信息每一项用空格分割"){
             echo "<script>alert('请在文本框中输入内容');location.href='index.php?id=1';</script>";
         }else{
             $array = explode(" ",$_POST[te]);
             if(count($array) != 5){
                 echo "<script>alert('文本框输入内容有误,数据表共5个字段');location.href='index.
                 php?id=1';</script>";
             }else{
                 $a = iconv('utf-8','gbk',$array[0]);
                 $b = iconv('utf-8','gbk',$array[1]);
                 $c = iconv('utf-8','gbk',$array[2]);
                 $d = iconv('utf-8','gbk',$array[3]);
                 $e = iconv('utf-8','gbk',$array[4]);
                 if($conn -> execute("insert into tb_
                 demo(`id`,`bname`,`author`,`pub`,`date`)values('".$a."','".$b."','".$c."','".$d."',
                 '".$e."')")){
                     echo "<script>alert('插入数据成功');location.href='index.php?id=1';</script>";
                 }else{
                     echo "<script>alert('SQL语句有误，请重新输入');location.href='index.
                     php?id=1';</script>";
                 }
             }
         }
```

```
        }
    ?>
```

执行后可以向数据库中添加新的数据信息，效果如图 17-4 所示。

显示信息

图书ID	图书名称	作者	出版社	出版时间
1	大话PHP	巅峰卓越	清华大学出版社	2010-08-12 00:00:00
2	PHP范例大全	巅峰卓越	清华大学出版社	2010-08-12 00:00:00
3	Java	清华	清华	2016-12-04 00:00:00

图 17-4　执行效果

17.1.5　删除数据库中的信息

和操作 MySQL 数据库一样，通过 PHP 语言也可以删除 Access 数据库中已经存在的数据信息。例如下面实例的功能是删除数据库中已经存在的信息。

实例 17-5　删除数据库中的信息

源码路径　daima\17\17-5

编写文件 index.php 建立和数据库 db_database17.mdb 的连接，获取用户在“输入图书 ID”表单中输入的 ID 号，在数据库 db_database17.mdb 中将此 ID 号的图书信息删除。具体实现代码如下所示。

```
    <?php
     require_once("../adodb/adodb.inc.php");
     $conn = ADONewConnection('access');
     $conn -> Connect("Driver={Microsoft Access Driver (*.mdb)}; Dbq=H:\\AppServ\\www\\book\\
17\\data\\db_database17.mdb");
     if($_GET[id] == "1"){
         $rst = $conn -> execute("select * from tb_demo") or die ("出错");
    ?>
     <table bgcolor="#4AB8F3" width="580px"><tr><td align="center">图书ID</td><td align=
     "center">图书名称
    </td><td align="center">作者</td><td align="center">出版社</td><td align="center">出版时
    间</td></tr>
    <?php
         while(!$rst -> EOF){
    ?>
     <tr><td align="center" bgcolor="#FFFFFF"><?php echo iconv("gb2312","utf-8",$rst ->
     fields[0]);?></td><td

    align="center" bgcolor="#FFFFFF"><?php echo iconv("gb2312","utf-8",$rst -> fields[1]);?>
    </td><td align="center"

    bgcolor="#FFFFFF"><?php echo iconv("gb2312","utf-8",$rst -> fields[2]);?></td><td align=
    "center"

    bgcolor="#FFFFFF"><?php echo iconv("gb2312","utf-8",$rst -> fields[3]);?></td><td align=
    "center" bgcolor="#FFFFFF"><?php echo iconv("gb2312","utf-8",$rst -> fields[4]);?></td></tr>
    <?php

             $rst -> movenext();
         }
    ?>
     <form action="" method="post">
         <input class="one" type="text" name="te" value="输入图书ID" size="30" onfocus="this.value=''" />
         <input class="two"type="submit" name="sub" value="     
  " />
     </form>
    <?php
```

```
    }
    if($_POST[sub]){
        if($_POST[te] == "" || $_POST[te] == "输入图书ID"){
            echo "<script>alert('请在文本框中输入内容');location.href='index.php?id=1';</script>";
        }else{
            if(!preg_match("/\d/",$_POST[te])){
                echo "<script>alert(文本框内容不是数字，或超出范围);</script>";
            }else{
                $sql = "delete from tb_demo where id=$_POST[te]";
                if($conn -> execute($sql)){
                    echo "<script>alert('执行删除操作成功');location.href='index.php?id=1';
</script>";
                }else{
                    echo "<script>alert('SQL语句有误');location.href='index.php?id=1';</script>";
                }
            }
        }
    }
    ?>
```

执行后可以在数据库中删除指定 ID 号的图书信息，效果如图 17-5 所示。

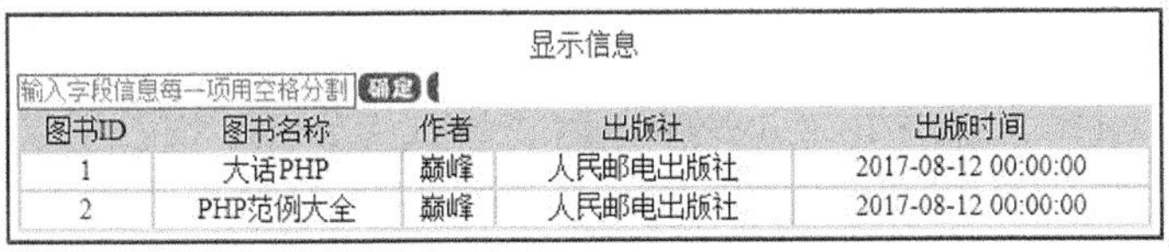

显示信息

输入字段信息每一项用空格分割 确定

图书ID	图书名称	作者	出版社	出版时间
1	大话PHP	巅峰	人民邮电出版社	2017-08-12 00:00:00
2	PHP范例大全	巅峰	人民邮电出版社	2017-08-12 00:00:00

图 17-5　执行效果

17.2　使用 SQL Server 数据库

视频讲解：第 17 章\使用 SQL Server 数据库.mp4

SQL Server 是微软公司推出的一种关系型数据库系统，是一个可扩展的、高性能的、为分布式客户机/服务器计算所设计的数据库管理系统，实现了与 Windows 系列系统的有机结合，提供了基于事务的企业级信息管理系统方案。

17.2.1　使用 ADO 连接 SQL Server 数据库

和连接 Access 数据库一样，PHP 程序也可以使用 ADO 方式来连接 SQL Server 数据库。例如下面实例的功能是使用 ADO 方式来连接 SQL Server 数据库。

实例 17-6　使用 ADO 方式来连接 SQL Server 数据库

源码路径　daima\17\17-6

编写文件 index.php 建立和指定 SQL Server 数据库的连接，获取数据库中表“tb_demo01”中的信息并显示出来。具体实现代码如下所示。

```
    <?php
    $conn = new com ( "adodb.connection" );
    $connstr = "provider = sqloledb;data source=(local);uid=sa;pwd=888888;database=db_
database10";
    $conn->open ( $connstr );
    if ($_GET [id] == '1') {
        $sql = "select * from tb_demo01";
        $rs = new com ( "adodb.recordset" );
        $rs->open ( $sql, $conn, 1, 1 );
        if ($rs->eof || $rs->bof) {
            echo "暂无用户注册信息";
```

```
        } else {
            ?>
                <tr>
                    <td align="center">用户名</td>
                    <td align="center">密  码</td>
                </tr>
<?php
            while ( ! $rs->eof ) {
                ?>
                <tr>
                    <td bgcolor="#FFFFFF" align="center"><?php
                $fields = $rs->fields ( username );
                echo $fields->value;
                ?></td>
                    <td bgcolor="#FFFFFF" align="center"><?php
                $fields = $rs->fields ( pwd );
                echo $fields->value;
                ?></td>
                </tr>
<?php
                $rs->movenext;
            }
        }
}
?>
```

执行后将显示 SQL Server 数据库中表“tb_demo01”中的信息，如图 17-6 所示。

用户信息	
用户名	密 码
guan	111

图 17-6　执行效果

17.2.2　检索商品信息

和连接 Access 数据库一样，PHP 程序也可以搜索 SQL Server 数据库中商品信息。例如下面实例的功能是搜索 SQL Server 数据库中的商品信息。

实例 17-7　搜索 SQL Server 数据库中的商品信息

源码路径　daima\17\17-6

编写文件 index.php，其功能是获取用户在“输入商品 ID”表单中输入的数据，然后查询数据库“tb_demo04”中此 ID 号的商品信息，并将查询到的商品信息显示出来。具体实现代码如下所示。

```
<?php
$conn = mssql_connect ( "localhost", "sa", "" ) or die ( "Connect SQL Server False" );
mssql_select_db ( "db_database10", $conn ) or die ( "Connect Database False" );
if ($_POST [sub]) {
    if ($_POST [text] == "" || $_POST [text] == "输入商品ID") {
        echo "<script>alert('请输入查询关键字');</script>";
    } else {
        $rs = mssql_query ( "select * from tb_demo04 where id=" . $_POST [text] );
        ?>
    <tr>
                    <td align="center">商品ID</td>
                    <td align="center">商品名称</td>
                    <td align="center">商品价格</td>
                    <td align="center">商品类型</td>
```

```
                </tr>
    <?php
            $rst = mssql_fetch_row ( $rs );

            ?>
        <tr>
                        <td align="center" bgcolor="#FFFFFF"><?php
            echo $rst [0];
            ?></td>
                        <td bgcolor="#FFFFFF" align="center"><font size="+1"
                            color="#FF0000"><b><?php
            echo iconv ( 'gbk', 'utf-8', $rst [1] );
            ?></b></font></td>
                        <td bgcolor="#FFFFFF" align="center"><?php
            echo iconv ( 'gbk', 'utf-8', $rst [2] );
            ?></td>
                        <td bgcolor="#FFFFFF" align="center"><?php
            echo iconv('gbk','utf-8',$rst[3]);?></td>
                    </tr>
    <?php
            }
        }
    ?>
```

17.2.3 向数据库中添加信息

和操作 MySQL 数据库一样，通过 PHP 语言也可以向 SQL Server 数据库中添加新的数据信息。例如下面实例的功能是向数据库中添加新的信息。

实例 17-8 向数据库中添加信息

源码路径 daima\17\17-8

（1）编写文件 conn.php 建立和数据库 db_database10 的连接，具体实现代码如下所示。

```
<?php
$conn=mssql_connect("localhost","sa","888888");
mssql_select_db("db_database10",$conn);
?>
```

（2）编写文件 index.php，查询数据库中表“tb_demo08”中的信息，并将查询的结果显示在表格中。具体实现代码如下所示。

```
    <?php
        include_once ("conn.php");
        $sql = mssql_query ( "select * from tb_demo08 order by pubtime desc", $conn );
        $info = mssql_fetch_array ( $sql );
        if ($info == false) {
            echo "暂无图书信息！";
        } else {
            do {
                ?>
    <tr>
            <td height="25" bgcolor="#FFFFFF">
            <div align="center"><?php
                echo iconv ( 'gbk', 'utf-8', $info [bookname] );
                ?></div>
            </td>
            <td height="25" bgcolor="#FFFFFF">
            <div align="center"><?php
                echo iconv ( 'gbk', 'utf-8', $info [auto] );
                ?></div>
            </td>
            <td height="25" bgcolor="#FFFFFF">
```

```
                <div align="center"><?php
                    echo iconv ( 'gbk', 'utf-8', $info [pub] );
                    ?></div>
                </td>
                <td height="25" bgcolor="#FFFFFF">
                <div align="center"><?php
                    echo iconv ( 'gbk', 'utf-8', $info [pubtime] );
                    ?></div>
                </td>
            </tr>
    <?php
                } while ( $info = mssql_fetch_array ( $sql ) );
            }
            ?>
```

（3）编写文件 addbook.php 实现一个图书信息添加表单，验证表单中的信息是否为空，主要实现代码如下所示。

```
<script>
function chkinput(form){
 if(form.bookname.value==""){
   alert("请输入书名!");
   return(false);
   }
  if(form.auto.value==""){
   alert("请输入作者!");
   return(false);
  }
  if(form.pub.value==""){
   alert("请输入出版社名称!");
   return(false);
  }
  if(form.pubtime.value==""){
   alert("请输入出版时间!");
   return(false);
  }
  return(true);
}
```

（4）编写文件 savebook.php，获取添加图书表单中的数据，将获取的数据添加到数据库对应的表中，主要实现代码如下所示。

```
<?php
class addbook {
private $add_sql;                        //定义私有变量
public function __construct($x) {    //定义构造函数
    $this->add_sql = $x;             //为变量赋值
}
public function add() {              //定义添加数据的方法
    include_once ("conn.php");
    if (mssql_query ( $this->add_sql, $conn )) {
        echo "<script>alert('新书添加成功!');history.back();</script>";
    } else {
        echo "<script>alert('新书添加失败!');history.back();</script>";
    }
 }
}
$bookname = iconv("utf-8","gbk",$_POST [bookname]);
$auto = iconv("utf-8","gbk",$_POST [auto]);
$pub = iconv("utf-8","gbk",$_POST [pub]);
$pubtime = iconv("utf-8","gbk",$_POST [pubtime]);
$sql = "insert into tb_demo08(bookname,auto,pub,pubtime)values('$bookname','$auto',
'$pub','$pubtime')";
$adbook = new addbook ( $sql );
```

```
$adbook->add ();
?>
```

17.2.4 删除数据库中的信息

和操作 MySQL 数据库一样，通过 PHP 语言也可以删除 SQL Server 数据库中已经存在的数据信息。例如下面实例的功能是删除数据库中已经存在的信息。

实例 17-9 删除数据库中已经存在的信息

源码路径 daima\17\17-9

（1）编写文件 index.php 建立和数据库的连接，查询并显示表“tb_demo09”中的信息。提供一个“输入 ID 删除”表单供用户输入要删除商品的 ID 号。具体实现代码如下所示。

```
<?php
include ("delete.php");
$dd = new DeleteDemo ( "localhost", "sa", "", "db_database10", "tb_demo09" );
if ($_GET [id] == "1") {
 $rst = mssql_query ( "select * from tb_demo09" );
 ?>
<form action="" method="post"><input type="text" size="10" name="text"
                value="输入ID删除" onfocus="this.value=''" class="one" />  
  
            <input type="submit" name="sub"
                value="       " class="two" /></form>
            <table width="580px" bgcolor="#FA7672">
                <tr>
                    <td align="center">图书名称</td>
                    <td align="center">作者</td>
                    <td align="center">出版社</td>
                    <td align="center">出版时间</td>
                </tr>
<?php
 while ( $rstt = mssql_fetch_row ( $rst ) ) {
    ?>
    <tr>
    <td bgcolor="#FFFFFF" align="center">
<?php
    echo iconv ( 'gbk', 'utf-8', $rstt [0] );
    ?></td>
                    <td align="center" bgcolor="#FFFFFF"><?php
    echo iconv ( 'gbk', 'utf-8', $rstt [1] );
    ?></td>
                    <td align="center" bgcolor="#FFFFFF"><?php
    echo iconv ( 'gbk', 'utf-8', $rstt [2] );
    ?></td>
                    <td align="center" bgcolor="#FFFFFF"><?php
    echo iconv ( 'gbk', 'utf-8', $rstt [3] );
    ?></td>
                </tr>
<?php
 }
}
if ($_POST [sub]) {      //判断提交按钮的值
 $te = $_POST[text];     //获取提交的ID
    $dd -> SQL($te);     //调用SQL方法定义delete删除语句
    $dd -> Delete();     //调用Delete方法执行删除操作
 }
?>
```

（2）编写文件 delete.php，获取表单中用户输入的商品 ID 号，将数据库中此 ID 号的商品信息删除。具体实现代码如下所示。

```
<?php
 include('conn.php');
 class DeleteDemo extends ConnDemo{
     var $sql;
     public function SQL($id){
         $this -> sql = $sql;
         $this -> sql = "DELETE FROM ".$this -> tb." where id = $id";
         return $this -> sql;
     }
     public function Delete(){
         if(!$rs = @mssql_query($this -> sql)){
             echo "<script>alert('SQL语句错误');</script>";
         }else{
             echo "<script>alert('删除成功');location.href='index.php?id=1';</script>";
         }
     }
 }
?>
```

17.2.5　更新数据库中的信息

和操作 MySQL 数据库一样，通过 PHP 语言也可以“更新/修改/编辑”SQL Server 数据库中已经存在的数据信息。例如下面实例的功能是更新修改数据库中已经存在的信息。

实例 17-10　更新数据库中的信息

源码路径　daima\17\17-10

（1）编写文件 index.php 建立和数据库的连接，查询并显示表“tb_demo09”中的信息。提供一个“选择要更新的字段名称”表单供用户输入更新信息。具体实现代码如下所示。

```
<?php
include ("conn.php");
$ud = new UpdateDemo ( "localhost", "sa", "888888", "db_database10", "tb_demo09" );
if ($_GET [id] == '1') {
 $rst = mssql_query ( "select * from tb_demo09" );
 ?>
 <table width="580px" bgcolor="#77D4E6">
                  <tr>
                      <td align="center">图书ID</td>
                      <td align="center">图书名称</td>
                      <td align="center">作者</td>
                      <td align="center">出版社</td>
                      <td align="center">出版日期</td>
                  </tr>
<?php
 while ( $rsst = mssql_fetch_row ( $rst ) ) {
     ?>
         <tr>
                      <td bgcolor="#FFFFFF" align="center"><?php
     echo iconv ( 'gbk', 'utf-8', $rsst [0] );
     ?></td>
                      <td align="center" bgcolor="#FFFFFF"><?php
     echo iconv ( 'gbk', 'utf-8', $rsst [1] );
     ?></td>
                      <td align="center" bgcolor="#FFFFFF"><?php
     echo iconv ( 'gbk', 'utf-8', $rsst [2] );
     ?></td>
                      <td align="center" bgcolor="#FFFFFF"><?php
     echo iconv ( 'gbk', 'utf-8', $rsst [3] );
     ?></td>
                      <td align="center" bgcolor="#FFFFFF"><?php
```

```
        echo iconv ( 'gbk', 'utf-8', $rsst [4] );
        ?></td>
                    </tr>
    <?php
     }
    }
    ?>
    <form action="" method="post">选择要更新的字段名称：<input name="check"
                        type="radio" value="bname" />图书名称 <input name="check" type="radio"
                        value="author" />作者 <input name="check" type="radio" value=
"pub" />出版社
                    <input name="check" type="radio" value="date" />出版日期<br> <input
                        type="text" class="one" name="te" value="输入更新内容和图书ID并用空
格分割"
                        size="35" onfocus="this.value=''" />    <input
                        type="submit" class="two" name="sub"
                        value="       " />
                    </form>
    <?php
    if ($_POST [sub]) {
     if ($_POST [check] == "") {
        echo "<script>alert('请选择要更新的字段名称');location.href='index.php?id=1';</script>";
     } else {
        if ($_POST [te] == "输入更新内容和图书ID并用空格分割") {
            echo "<script>alert('请书写更新内容和图书ID');location.href='index.php?id=1';</script>";
        } else {
            $array = explode ( " ", $_POST [te] );
            if (count ( $array ) > 2 || count ( $array ) == 1) {
                echo "<script>alert('文本框输入内容有误');</script>";
            } else {
                if (! preg_match ( "/\d/", $array [1] )) {
                    echo "<script>alert('输入的图书ID不是数字或不在范围');location.href='index.
php?id=1';</script>";
                } else {
                    $str = $_POST [check];
                    $str1 = iconv ( 'utf-8', 'gbk',$array[0]);
                        $id = $array[1];
                        $ud -> SQL($str,$str1,$id);
                        $ud -> update();
                    }
                }
            }
        }
     }
    ?>
    </table>
```

（2）编写文件 conn.php，根据内容更新数据库中此商品的信息，主要实现代码如下所示。

```
        public function connect(){
            $this -> conn = $conn;
            $this -> conn = mssql_connect($this -> host,$this -> user,$this -> pwd) or die
            ("Connect SQL Server false");
            mssql_select_db($this -> db,$this -> conn) or die ("Connect Database false");
        }
        public abstract function update();
     }
     class UpdateDemo extends ConnDemo{
        var $sql;
        public function SQL($Condition1,$Condition2,$id){
            $this -> sql = $sql;
            $this -> sql = "update ".$this -> tb." set $Condition1='$Condition2' where id=$id";
            return $this -> sql;
        }
```

```
    public function update(){
        if($result = mssql_query($this -> sql)){
            echo "<script>alert('更新操作已成功');location.href='index.php?id=1';</script>";
        }else{
            echo "<script>alert('SQL语句发生错误');</script>";
        }
    }
}
```

17.3　技术解惑

（1）读者疑问：在 PHP 程序中，如何使用 ADO 方法访问数据库?

解答：在 PHP 程序中，利用类 COM 并使用 ADO 方法访问数据库，演示代码如下。

```
$conn = new com("ADODB.Connection");
$connstr = "DRIVER={Microsoft Access Driver (*.mdb)}; DBQ=" . realpath("bookinfo.mdb ");
$conn->Open($connstr);
```

（2）读者疑问：如何解决 Fatal error: Call to undefined function mssql_connect()错误?

解答：根据上述报错提示，说明不存在 mssql_connect()这个函数。如果你使用的 PHP 是 5.2 的版本，则需要在 php.ini 文件中加入 mssql 扩展。还需要对应 SQL 版本的 ntwdblib.dll，这个方法使用的是 PHP 自带的扩展。另外也可以去微软官方下载 sqlsrv.dll（由微软开发的扩展）。注意：sqlsrv3.0 对应的是 mssql 2012，sqlsrv2.0 对应的才是 mssql 2008。

17.4　课后练习

（1）编写一个 PHP 程序：使用函数 fetch()获取结果集中所有行的数据信息。

（2）编写一个 PHP 程序：使用函数 fetchColumu()获取结果集中下一行指定列的数据信息。

第 18 章

PDO 数据库抽象层

PDO 是 PHP Data Object 的缩写，是一种 PHP 数据对象。在 PHP 7 中，把所有的数据库扩展移到了 PECL（PHP 扩展和应用仓库）中，默认使用 PDO 来处理数据库。在本章的内容中，将详细讲解 PHP 通过 PDO 处理 SQL 语句的知识，为读者步入本书后面知识的学习打下基础。

18.1　什么是 PDO

视频讲解：第 18 章\什么是 PDO.mp4

PDO 是 PHP Date Object（PHP 数据对象）的简称，是与 PHP 5.1 版本一起发行的，目前支持的数据库包括 Firebird、FreeTDS、Interbase、MySQL、MS SQL Server、ODBC、Oracle、Postgre SQL、SQLite 和 Sybase 等。通过使用 PDO，用户不必再使用 mysql_*函数、oci_*函数或者 mssql_*函数，也不必再将它们封装到数据库操作类，只需要使用 PDO 接口中的方法就可以对不同的数据库进行操作。在选择不同的数据库时，只需修改 PDO 的 DSN（数据源名称）即可。

在 PHP 7 程序中，默认并建议使用 PDO 连接各种数据库。提供 PHP 内置类 PDO 来对数据库进行访问，不同数据库使用相同的方法名，从而解决数据库连接不统一的问题。

18.1.1　PDO 的特点

（1）PDO 是一个“数据库访问抽象层”，作用是统一各种数据库的访问接口。与 MySQL 函数库和 mssql 函数库相比，PDO 让跨数据库的使用更具有亲和力；与 ADODB 和 MDB2 相比，PDO 更高效。

（2）PDO 将通过一种轻型、清晰、方便的函数，统一各种不同 RDBMS 库的共有特性，实现 PHP 脚本最大程度的抽象性和兼容性。

（3）PDO 吸取现有数据库扩展成功和失败的经验教训，利用 PHP 5 的最新特性，可以轻松地与各种数据库进行交互。

（4）PDO 扩展是模块化的，使用户能够在程序运行时为自己的数据库后端加载驱动程序，而不必重新编译或安装整个 PHP 程序。例如，PDO_MySQL 扩展会替代 PDO 扩展实现 MySQL 数据库 API。还有一些用于 Oracle、PostgreSQL、ODBC 和 Firebird 的驱动程序，更多的驱动程序尚在开发。

18.1.2　安装 PDO

PDO 最初是与 PHP 5.1 一起发行的，默认包含在 PHP 5.1 安装文件中。由于 PDO 需要 PHP 5 面向对象特性的支持，所以无法在 PHP 5.0 之前的版本中使用。在默认情况下，PDO 在 PHP 5.2 中为开启状态，但是要启用对某个数据库驱动程序的支持，仍需要进行相应的配置操作。

在 Windows 系统环境下，启用 PDO 需要在文件 php.ini 中进行配置。要想启用 PDO，首先必须加载“extension=php_pdo.dll”，如果要想其支持某个具体的数据库，那么还要加载对应的数据库选项。例如，要支持 MySQL 数据库，则还需要加载“extension=php_pdo_mysql.dll”选项。如图 18-1 所示。

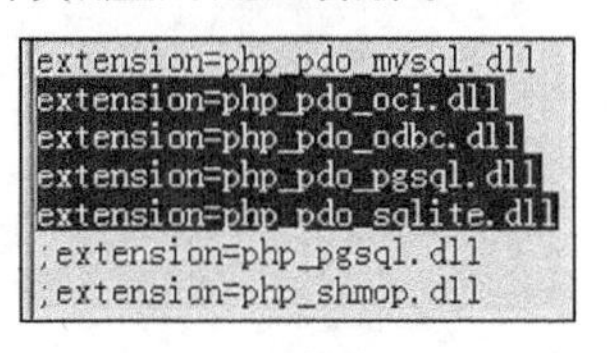

图 18-1　安装 PDO

18.1.3　使用 PDO 构造函数

在 PDO 应用中，要建立 PHP 程序与数据库的连接，必须先实例化 PDO 的构造函数，PDO 构造函数的语法格式如下。

```
    PDO::__construct ( string $dsn [, string $username [, string $password [, array $driver_
options ]]] )
```

PDO 构造函数的功能是创建一个表示连接到请求数据库的数据库连接 PDO 实例，此函数有好多参数，各个参数的具体说明如下所示。

dsn：数据源名称，包括主机名端口号和数据库名称。通常，一个 DSN 由 PDO 驱动名、紧随其后的冒号以及具体 PDO 驱动的连接语法组成。

username：连接数据库的用户名。

password：连接数据库的密码。

driver_options：连接数据库的其他选项。

例如下面是一段用 PDO 连接 MySQL 数据库的代码。

```
<?php
$dsn = 'mysql:dbname=testdb;host=127.0.0.1';
$user = 'dbuser';
$password = 'dbpass';

try {
    $dbh = new PDO($dsn, $user, $password);
} catch (PDOException $e) {
    echo 'Connection failed: ' . $e->getMessage();
}
?>
```

18.2 使用 PDO

视频讲解：第 18 章\使用 PDO.mp4

经过本章前面内容的学习，已经掌握了搭建 PDO 开发环境的知识，接下来将详细讲解在 PHP 程序中使用 PDO 操作数据库的知识。

18.2.1 使用 fetch()方法获取结果集中的下一行数据

在 PHP 程序中，可以使用 PDO 中的 fetch()方法获取结果集中的下一行数据，其语法格式如下。

```
mixed PDOStatement::fetch ([ int $fetch_style [, int $cursor_orientation = PDO::FETCH_
ORI_NEXT [, int $cursor_offset = 0 ]]] )
```

方法 fetch()的功能是从一个 PDOStatement 对象相关的结果集中获取下一行，各个参数的具体说明如下所示。

参数 fetch_style 决定了 POD 如何返回行，控制了结果集的返回方式，其可选值如表 18-1 所示。

表 18-1 **fetch_style 控制结果集返回方式的可选值**

值	说　明
PDO::FETCH ASSOC	关联数组形式
PDO::FETCH NUM	数字索引数组形式
PDO::FETCH BOTH	两者数组形式都有，这是默认值
PDO::FETCH_OBJ	按照对象的形式，类似于以前的 mysql_fetch_object()
PDO::FETCH_BOUND	以布尔值的形式返回结果，同时将获取的列值赋给 bindParam()方法中指定的变量
PDO::FETCH_LAZY	以关联数组、数字索引数组和对象 3 种形式返回结果

参数 cursor_orientation：PDOStatement 对象的一个滚动游标，可用于获取指定的一行。

参数 cursor_offset：游标的偏移量。

例如下面实例的功能是使用 fetch()方法获取结果集中的下一行数据。

实例 18-1　获取数据库中的数据

源码路径　daima\18\18-1

编写文件 index.php，首先通过 PDO 连接 MySQL 数据库，然后定义 SELECT 查询语句，应用 prepare()和 execute()方法执行查询操作。接着，通过 fetch()方法返回结果集中下一行数据，同时设置结果集以关联数组形式返回。最后通过 while 语句完成数据的循环输出。文件 index.php 的主要实现代码如下所示。

```
 <?php
$dbms='mysql';    //数据库类型 ,对于开发者来说，使用不同的数据库，只要改这个，不用记住那么多的函数
$host='localhost';                            //数据库主机名
$dbName='db database18';                      //使用的数据库
$user='root';                                 //数据库连接用户名
$pass='66688888';                             //对应的密码
$dsn="$dbms:host=$host;dbname=$dbName";
try {
   $pdo = new PDO($dsn, $user, $pass); //初始化一个PDO对象，就是创建了数据库连接对象$pdo
 $query="select * from tb_pdo_mysql";   //定义SQL语句
 $result=$pdo->prepare($query);           //准备查询语句
 $result->execute();                      //执行查询语句，并返回结果集
  //while循环输出查询结果集，并且设置结果集为关联索引
 while($res=$result->fetch(PDO::FETCH_ASSOC)){
 ?>
        <tr>
          <td height="22" align="center" valign="middle"><?php echo $res['id'];?></td>
          <td align="center" valign="middle"><?php echo $res['pdo_type'];?></td>
          <td align="center" valign="middle"><?php echo $res['database_name'];?></td>
          <td align="center" valign="middle"><?php echo $res['dates'];?></td>
          <td align="center" valign="middle"><a href="#">删除</a></td>
        </tr>
<?php
 }
     } catch (PDOException $e) {
   die ("Error!: " . $e->getMessage() . "<br/>");
}
?>
```

在上述代码中，通过方法 fetch()获取了结果集中下一行的数据，然后使用 while 语句将数据库中的数据循环输出。执行效果如图 18-2 所示。

ID	PDO	数据库	时间	操作
1	pdo	mysql	2017-09-18 10:19:17	删除
2	pdo	Oracle	2017-09-18 10:19:17	删除
4	pdo	Access	2017-10-10 00:00:00	删除
28	PDO	mysql	2017-10-10 00:00:01	删除
27	pdo	oaa	2016-07-01 00:00:00	删除
23	pdo	db2	2017-10-16 10:59:41	删除
24	pdo	mysql	2017-08-21 00:00:00	删除
25	pdo	MySQL	2017-10-10 10:10:10	删除
29	AAA	BBB	2016-01-01 00:00:00	删除

图 18-2　执行效果

18.2.2　使用 fetchall()方法获取结果集中的所有行

在 PHP 程序中，通过使用 PDO 中的 fetchall()方法可以获取结果集中的所有行。使用方法 fetchall()的语法格式如下所示。

```
    array PDOStatement::fetchAll ([ int $fetch_style [, mixed $fetch_argument [, array $ctor_
args = array() ]]] )
```

方法 PDOStatement::fetchAll()能够返回一个包含结果集中所有剩余行的数组，此数组的每一行要么是一个列值的数组，要么是属性对应每个列名的一个对象。各个参数的具体说明如下所示。

（1）第一个参数 fetch_style。

控制返回数组的内容，默认为 PDO::ATTR_DEFAULT_FETCH_MODE 的值（其缺省值为 PDO::FETCH_BOTH），fetch_style 各个取值的具体说明如下所示。

PDO::FETCH_ASSOC：返回一个索引为结果集列名的数组。

PDO::FETCH_BOTH（默认）：返回一个索引为结果集列名和以 0 开始的列号的数组。

PDO::FETCH_BOUND：返回 true，并分配结果集中的列值给 PDOStatement::bindColumn()方法绑定的 PHP 变量。

PDO::FETCH_CLASS：返回一个请求类的新实例，映射结果集中的列名到类中对应的属性名。如果 fetch_style 包含 PDO::FETCH_CLASSTYPE（例如 PDO::FETCH_CLASS | PDO::FETCH_CLASSTYPE），则类名由第一列的值决定。

PDO::FETCH_INTO：更新一个被请求类已存在的实例，映射结果集中的列到类中命名的属性。

PDO::FETCH_LAZY：结合使用 PDO::FETCH_BOTH 和 PDO::FETCH_OBJ，创建供用来访问的对象变量名。

PDO::FETCH_NUM：返回一个索引为以 0 开始的结果集列号的数组。

PDO::FETCH_OBJ：返回一个属性名对应结果集列名的匿名对象。

要想返回一个包含结果集中单独一列所有值的数组，需要指定 PDO::FETCH_COLUMN。通过指定 column-index 参数获取想要的列。要想获取结果集中单独一列的唯一值，需要将 PDO::FETCH_COLUMN 和 PDO::FETCH_UNIQUE 按位或。要想返回一个根据指定列把值分组后的关联数组，需要将 PDO::FETCH_COLUMN 和 PDO::FETCH_GROUP 按位或。

（2）第二个参数 fetch_argument。

有不同的取值，具体说明如下所示。

PDO::FETCH_COLUMN：返回指定以 0 开始索引的列。

PDO::FETCH_CLASS：返回指定类的实例，映射每行的列到类中对应的属性名。

PDO::FETCH_FUNC：将每行的列作为参数传递给指定的函数，并返回调用函数后的结果。

（3）第三个参数 ctor_args。

当参数 fetch_style 为 PDO::FETCH_CLASS 时，自定义类的构造函数的参数。

注意：使用此方法获取大结果集将导致系统负担加重且可能占用大量网络资源。与其取回所有数据后用 PHP 来操作，倒不如考虑使用数据库服务来处理结果集。例如，在取回数据并通过 PHP 处理前，在 SQL 中使用 WHERE 和 ORDER BY 子句来限定结果。

下面实例的功能是通过 fecthAll()方法获取结果集中的所有行。

实例 18-2 通过 fecthAll()方法获取结果集中的所有行

源码路径 daima\18\18-2

编写文件 index.php，首先通过 PDO 连接 MySQL 数据库，然后定义 SELECT 查询语句，使用方法 prepare()和方法 execute()执行查询操作，然后通过方法 fetchAll()返回结果集中的所有行。最后，通过 for 语句完成结果集中所有数据的循环输出。文件 index.php 的主要实现代码如下所示。

```
 <?php
$dbms='mysql';     //数据库类型 ,对于开发者来说，使用不同的数据库，只要改这个，不用记住那么多的函数
$host='localhost';                            //数据库主机名
$dbName='db_database18';                      //使用的数据库
$user='root';                                 //数据库连接用户名
$pass='66688888';                             //对应的密码
$dsn="$dbms:host=$host;dbname=$dbName";
try {
   $pdo = new PDO($dsn, $user, $pass); //初始化一个PDO对象，就是创建了数据库连接对象$pdo
 $query="select * from tb_pdo_mysql";   //定义SQL语句
 $result=$pdo->prepare($query);         //准备查询语句
 $result->execute();                    //执行查询语句，并返回结果集
 $res=$result->fetchAll(PDO::FETCH_ASSOC);       //获取结果集中的所有数据
 for($i=0;$i<count($res);$i++){                  //循环读取二维数组中的数据
 ?>
     <tr>
```

```
                <td height="22" align="center" valign="middle"><?php echo $res[$i]['id'];?></td>
                <td align="center" valign="middle"><?php echo $res[$i]['pdo_type'];?></td>
                <td align="center" valign="middle"><?php echo $res[$i]['database_name'];?></td>
                <td align="center" valign="middle"><?php echo $res[$i]['dates'];?></td>
                <td align="center" valign="middle"><a href="#">删除</a></td>
          </tr>
    <?php
     }
    } catch (PDOException $e) {
      die ("Error!: " . $e->getMessage() . "<br/>");
    }
    ?>
```

在上述代码中，通过 fecthAll()方法获取了结果集中的所有行，并且通过 for 语句读取二维数组中的数据，最后循环输出数据库中的数据。执行效果如图 18-3 所示。

ID	PDO	数据库	时间	操作
1	pdo	mysql	2017-09-18 10:19:17	删除
2	pdo	Oracle	2017-09-18 10:19:17	删除
4	pdo	Access	2017-10-10 00:00:00	删除
28	PDO	mysql	2017-10-10 00:00:01	删除
27	pdo	oaa	2016-07-01 00:00:00	删除
23	pdo	db2	2017-10-16 10:59:41	删除
24	pdo	mysql	2017-08-21 00:00:00	删除
25	pdo	MySQL	2017-10-10 10:10:10	删除
29	AAA	BBB	2016-01-01 00:00:00	删除

图 18-3　执行效果

18.2.3　使用 fetchColumn()方法

在 PHP 程序中，PDO 方法 fetchColumn()的功能是获取结果集中下一行指定列的值。其语法格式如下所示。

```
string PDOStatement::fetchColumn ([ int $column_number = 0 ] )
```

参数 column_number 表示想从行里取回的列的索引数字（以 0 开始的索引）。如果没有提供此参数值，则 PDOStatement::fetchColumn()获取第一列。

例如下面实例演示了使用 fetchColumn()方法的过程。

实例 18-3　使用 fetchColumn()方法

源码路径　daima\18\18-3

实例文件 index.php 的主要实现代码如下所示。

```
 <?php
$dbms='mysql';      //数据库类型 ,对于开发者来说，使用不同的数据库，只要改这个，不用记住那么多的函数
$host='localhost';                         //数据库主机名
$dbName='db_database18';                   //使用的数据库
$user='root';                              //数据库连接用户名
$pass='66688888';                          //对应的密码
$dsn="$dbms:host=$host;dbname=$dbName";
try {
   $pdo = new PDO($dsn, $user, $pass); //初始化一个PDO对象，就是创建了数据库连接对象$pdo
 $query="select * from tb_pdo_mysql";    //定义SQL语句
 $result=$pdo->prepare($query);          //准备查询语句
 $result->execute();                     //执行查询语句，并返回结果集
 ?>
       <tr>
         <td height="22" align="center" valign="middle"><?php echo $result->fetchColumn
         (0);?></td>
       </tr>
       <tr>
```

```
            <td height="22" align="center" valign="middle"><?php echo $result->fetchColumn
(0);?></td>
          </tr>
          <tr>
            <td height="22" align="center" valign="middle"><?php echo $result->fetchColumn
(0);?></td>
          </tr>
          <tr>
            <td height="22" align="center" valign="middle"><?php echo $result->fetchColumn
(0);?></td>
          </tr>
    <?php
        } catch (PDOException $e) {
      die ("Error!: " . $e->getMessage() . "<br/>");
    }
        ?>
```

在上述代码中，首先，通过 PDO 连接 MySQL 数据库。其次，定义 SELECT 查询语句，使用方法 prepare()和方法 execute()执行查询操作。最后，通过方法 fetchColumn()输出结果集中下一行第一列的值，也就是输出数据的 ID 值。执行效果如图 18-4 所示。

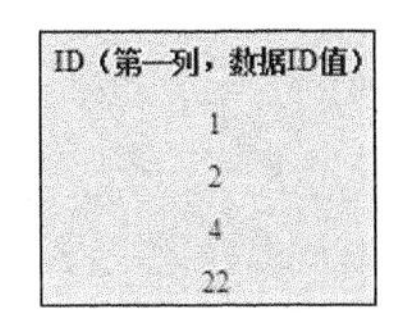

图 18-4　执行效果

注意：如果使用 PDOStatement::fetchColumn()取回数据，则没有办法返回同一行的另外一列。

18.3　使用 PDO 执行 SQL 语句

视频讲解：第 18 章\使用 PDO 执行 SQL 语句.mp4

在 PDO 应用程序中，可以使用 3 种方法来执行 SQL 语句。在本节下面的内容中，将详细讲解上述 3 种使用 PDO 执行 SQL 语句的方法。

18.3.1　使用 exec()方法

方法 exec()的功能是返回执行 SQL 语句后受影响的行数，其语法格式如下。

```
int PDO::exec(string statement)
```

在上述格式中，参数 statement 是要执行的 SQL 语句，该方法返回执行 SQL 语句时受影响的行数，通常用于 INSERT、DELETE 和 UPDATE 语句中。PDO::exec()方法返回受修改或删除 SQL 语句影响的行数。如果没有受影响的行，则返回 0。方法 PDO::exec()不会从一条 SELECT 语句中返回结果。对于在程序中只需要发出一次的 SELECT 语句来说，可以考虑使用 PDO::query()方法。对于需要发出多次的语句来说，可以使用 PDO::prepare()方法准备一个 PDOStatement 对象，并使用 PDOStatement::execute()方法发出语句。

注意：此方法可能返回布尔值 FALSE，但也可能返回等同于 FALSE 的非布尔值，应使用“===”运算符来测试此函数的返回值。例如下面的代码依赖 PDO::exec()方法的返回值是不正确的，其中受影响行数为 0 的语句会导致调用 die():

```
<?php
$db->exec() or die(print_r($db->errorInfo(), true));
?>
```

由此可见，方法 exec()可以执行很多 SQL 语句，这样就能实现很多种数据操作功能了。

例如下面实例的功能是使用 exec()方法删除一行数据。

实例 18-4　使用 exec()方法删除一行数据

源码路径　daima\18\18-4

本实例和前面的实例 18-2 类似，只是增加了 exec()方法的用法。使用 exec()方法执行了如下所示的删除语句。

```
DELETE FROM tb_pdo_mysql WHERE database_name = 'SQL'
```

上述语句的功能是删除“tb_pdo_mysql”表中“database_name”值为“SQL”的信息。

实例文件 index.php 的主要实现代码如下所示。

```
 <?php
$dbms='mysql';      //数据库类型 ,对于开发者来说，使用不同的数据库，只要改这个，不用记住那么多的函数
$host='localhost';                              //数据库主机名
$dbName='db_database18';                        //使用的数据库
$user='root';                                   //数据库连接用户名
$pass='66688888';                               //对应的密码
$dsn="$dbms:host=$host;dbname=$dbName";
try {
   $pdo = new PDO($dsn, $user, $pass);    //初始化一个PDO对象，就是创建了数据库连接对象$pdo
 $query="select * from tb_pdo_mysql";     //定义SQL语句
 /*  删除tb_pdo_mysql数据表中满足条件的所有行 */
   $count = $pdo->exec("DELETE FROM tb_pdo_mysql WHERE database_name = 'SQL'");

    /* 返回被删除的行数 */
   print("Deleted $count rows.\n");
 $result=$pdo->prepare($query);                      //准备查询语句
 $result->execute();                                 //执行查询语句，并返回结果集
 $res=$result->fetchAll(PDO::FETCH_ASSOC);      //获取结果集中的所有数据
 for($i=0;$i<count($res);$i++){                      //循环读取二维数组中的数据
 ?>
     <tr>
          <td height="22" align="center" valign="middle"><?php echo $res[$i]['id'];?></td>
          <td align="center" valign="middle"><?php echo $res[$i]['pdo_type'];?></td>
          <td align="center" valign="middle"><?php echo $res[$i]['database_name'];?></td>
          <td align="center" valign="middle"><?php echo $res[$i]['dates'];?></td>
          <td align="center" valign="middle"><a href="#">删除</a></td>
      </tr>
<?php
 }
} catch (PDOException $e) {
   die ("Error!: " . $e->getMessage() . "<br/>");
}
      ?>
```

执行后将首先删除表中“database_name”值为“SQL”的信息，然后通过 for 语句读取二维数组中的数据，最后循环输出数据库中的数据。此时在现实结果中将没有“数据库”值为“SQL”的信息。执行效果如图 18-5 所示。

ID	PDO	数据库	时间	操作
1	pdo	mysql	2017-09-18 10:19:17	删除
2	pdo	Oracle	2017-09-18 10:19:17	删除
4	pdo	Access	2017-10-10 00:00:00	删除
28	PDO	mysql	2017-10-10 00:00:01	删除
27	pdo	oaa	2016-07-01 00:00:00	删除
23	pdo	db2	2017-10-16 10:59:41	删除
24	pdo	mysql	2017-08-21 00:00:00	删除
25	pdo	MySQL	2017-10-10 10:10:10	删除
29	AAA	BBB	2016-01-01 00:00:00	删除

图 18-5　执行效果

18.3.2　使用 query()方法

在 PHP 程序中，PDO 方法 query()的功能是返回执行查询后的结果集，其语法格式如下。

```
PDOStatement PDO::query(string statement)
```

参数 statement 表示要执行的 SQL 语句，返回的是一个 PDOStatement 对象。例如下面的实例演示了使用 query()方法的过程。

实例 18-5　使用 query()方法

源码路径　daima\18\18-5

实例文件 index.php 的主要实现代码如下所示。

```
<?php
$dbms='mysql';      //数据库类型 ,使用不同的数据库，只要改这个，无需记住那么多的函数
$host='localhost';                              //数据库主机名
$dbName='db_database18';                        //使用的数据库
$user='root';                                   //数据库连接用户名
$pass='66688888';                               //对应的密码
$dsn="$dbms:host=$host;dbname=$dbName";
   $pdo = new PDO($dsn, $user, $pass);          //初始化一个PDO对象，就是创建了数据库连接对象$pdo
$result="select * from tb_pdo_mysql";           // SQL语句
try{
  $pdo->query('set names utf-8');               // 解决中文乱码
  $affcount=$pdo->query($result);               // 输出结果集中的数据
  foreach($affcount as $row){                   // 输出结果集中的数据
    echo $row['id'].' ';
    echo $row['pdo_type'].' ';
    echo $row['database_name'].' ';
    echo $row['dates'].'<br />';
  }
}catch(Exception $exception){
  echo $exception->getMessage();
}
?>
```

在上述代码中，使用 query()方法执行了 SQL 语句“select * from tb_pdo_mysql”，然后通过 foreach 将查询结果显示在页面中。执行效果如图 18-6 所示。

1	pdo mysql	2017-09-18	10:19:17
2	pdo Oracle	2017-09-18	10:19:17
4	pdo Access	2017-10-10	00:00:00
28	PDO mysql	2017-10-10	00:00:01
27	pdo oaa	2016-07-01	00:00:00
23	pdo db2	2017-10-16	10:59:41
24	pdo mysql	2017-08-21	00:00:00
25	pdo MySQL	2017-10-10	10:10:10
29	AAA BBB	2016-01-01	00:00:00

图 18-6　执行效果

18.3.3　使用预处理语句方法 prepare()和方法 execute()

在 PDO 应用程序中，处理语句包括 prepare()和 execute()两个方法。首先，通过 prepare()方法做查询的准备工作，然后，通过 execute()方法执行查询。同时还可以通过 bindParam()方法来绑定参数提供给 execute()方法。具体语法格式如下所示。

```
public PDOStatement PDO::prepare ( string $statement [, array $driver_options = array() ] )
bool PDOStatement::execute ([ array $input_parameters ] )
```

方法 PDOStatement::execute()能够执行一条预处理语句，如果在预处理过的语句中含有参数标记，则必须选择下面其中的一种做法。

（1）调用 PDOStatement::bindParam()绑定 PHP 变量到参数标记，如果有则通过关联参数标记绑定的变量来传递输入值和取得输出值。

（2）或传递一个只作为输入参数值的数组。

参数 input_parameters 表示一个元素个数和将被执行的 SQL 语句中绑定的参数一样多的数组，

所有的值作为 PDO::PARAM_STR 对待，不能绑定多个值到一个单独的参数，比如不能绑定两个值到 IN()子句中一个单独的命名参数。另外，绑定的值不能超过指定的个数。如果在 input_parameters 中存在比 PDO::prepare()预处理的 SQL 指定的多的键名，则此语句将会失败并发出一个错误。

在 PHP 程序中，如果多次执行 SQL 语句，最好联合使用 prepare()方法和 execute()方法。例如下面的实例演示了联合使用 prepare()方法和 execute()方法的过程。

实例 18-6　联合使用 prepare()方法和 execute()方法

源码路径　daima\18\18-6

实例文件 index.php 的主要实现代码如下所示。

```
<?php
$dbms='mysql';                           // 数据库类型，使用不同的数据库时，只需修改此处即可
$dbname='db_database18';                 // 使用的数据库
$user='root';                            // 数据库连接用户名
$pwd='66688888';                         // 对应的密码
$host='localhost';                       // 数据库主机名
$dsn="$dbms:host=$host;dbname=$dbname";
try{
  $pdo=new PDO($dsn,$user,$pwd);         // 初始化一个PDO对象，即创建了数据库连接对象$pdo
  $pdo->query("set names GBK");          // 解决乱码
  $query="select * from tb_pdo_mysql";   // 定义SQL语句
  $result=$pdo->prepare($query);         // 准备查询语句
  $result->execute();                    // 执行查询语句，并返回结果集
  // 循环输出查询结果集，设置结果集为关联数组
  while($res=$result->fetch(PDO::FETCH_ASSOC)){
?>
<tr>
<td><?php echo $res['id'];?></td>
<td><?php echo $res['pdo_type'];?></td>
<td><?php echo $res['database_name'];?></td>
<td><?php echo $res['dates'];?></td>
</tr>
<?php
}
}catch(Exception $exception){
echo $exception->getMessage();
}
?>
```

在上述代码中，使用 PDO 方法 prepare()和 execute()执行了指定的 SQL 语句。执行效果如图 18-7 所示。

id	PDO	数据库	时间
1	pdo	mysql	2017-09-18 10:19:17
2	pdo	Oracle	2017-09-18 10:19:17
4	pdo	Access	2017-10-10 00:00:00
28	PDO	mysql	2017-10-10 00:00:01
27	pdo	oaa	2016-07-01 00:00:00
23	pdo	db2	2017-10-16 10:59:41
24	pdo	mysql	2017-08-21 00:00:00
25	pdo	MySQL	2017-10-10 10:10:10
29	AAA	BBB	2016-01-01 00:00:00

图 18-7　执行效果

18.4　PDO 错误处理

视频讲解：第 18 章\PDO 错误处理.mp4

在 PDO 应用中提供了获取 SQL 语句错误的属性和方法，也提供了专门用于处理错误信息

的内置方法，在下面的内容中将一一为大家进行讲解。

18.4.1 使用默认模式获取 SQL 语句错误

在 PHP PDO 程序中，默认使用 PDOStatement 对象的属性 errorCode 来获取 SQL 语句中的错误。这种方式虽然能获得错误，但是不进行其他任何操作。在默认方式下，通过方法 prepare()和方法 execute()向数据库中添加数据，然后设置 PDOStatement 对象的 errorCode 属性手动检测代码中的错误。例如下面实例的功能是使用默认方式显示错误信息。

实例 18-7 使用默认方式显示错误信息

源码路径 daima\18\18-7

实例文件 index.php 的主要实现代码如下所示。

```
<?php
if($_POST['Submit']=="提交" && $_POST['pdo']!=""){
 $dbms='mysql';                  //数据库类型，使用不同的数据库，只要改此处，不用记住那么多的函数
 $host='localhost';              //数据库主机名
 $dbName='db_database18';        //使用的数据库
 $user='root';                   //数据库连接用户名
 $pass='66688888';               //对应的密码
 $dsn="$dbms:host=$host;dbname=$dbName";
    $pdo = new PDO($dsn, $user, $pass);    //初始化一个PDO对象，就是创建了数据库连接对象$pdo
 $query="insert into tb_pdo_mysqls(pdo_type,database_name,dates)values('".$_POST['pdo'].
"','".$_POST['databases']."','".$_POST['dates']."')";
 $result=$pdo->prepare($query);
 $result->execute();
 $code=$result->errorCode();
 if(empty($code)){
     echo "数据添加成功！";
 }else{
     echo '数据库错误：<br/>';
     echo 'SQL Query:'.$query;
     echo  '<pre>';
     var_dump($result->errorInfo());
     echo '</pre>';
 }
}
?>
```

在上述代码中添加了一个 form 表单，并将表单元素提交到本页。通过 PDO 连接 MySQL 数据库，通过预处理语句的方法 prepare()和方法 execute()执行 INSERT 添加操作，向数据表中添加数据，并且设置 PDOStatement 对象的 errorCode 属性，检测代码中的错误。在定义 INSERT 语句添加信息时，故意使用了错误的数据表名称 tb_pdo_mysqls（正确名称是 tb_pdo_mysql），所以导致输出结果错误。执行效果如图 18-8 所示。

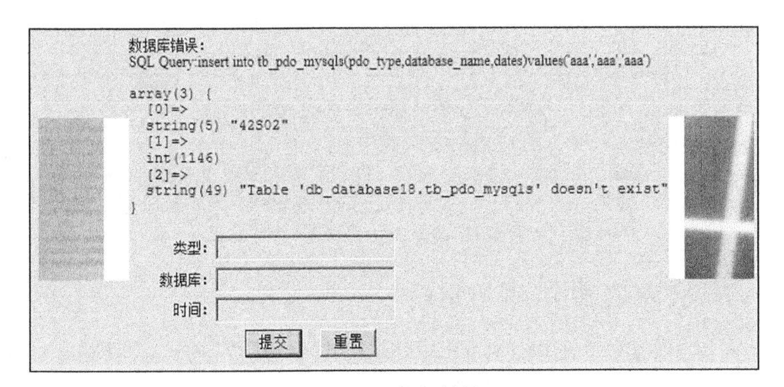

图 18-8 执行效果

18.4.2　使用警告模式获取 SQL 语句错误

在 PHP PDO 程序中，PDO::ERRMODE_WARNING 警告模式会产生一个 PHP 警告，并设置 errorCode 属性。如果设置的是警告模式，那么除非明确地检查错误代码，否则程序将继续按照其方式运行。设置为警告模式后，通过方法 prepare()和方法 execute()读取数据库中数据，并且通过 while 语句和方法 fetch()完成数据的循环输出，会在设置成警告模式后执行错误的 SQL 语句。例如下面的实例演示了使用警告模式的过程。

实例 18-8　使用警告模式

源码路径　daima\18\18-8

实例文件 index.php 的主要实现代码如下所示。

```
 <?php
$dbms='mysql';              //数据库类型 ,使用不同的数据库，只需修改此处，无需记住那么多的函数
$host='localhost';          //数据库主机名
$dbName='db_database18';    //使用的数据库
$user='root';               //数据库连接用户名
$pass='66688888';           //对应的密码
$dsn="$dbms:host=$host;dbname=$dbName";
try {
   $pdo = new PDO($dsn, $user, $pass);    //初始化一个PDO对象，就是创建了数据库连接对象$pdo
 $pdo->setAttribute(PDO::ATTR_ERRMODE,PDO::ERRMODE_WARNING); //设置为警告模式
 $query="select * from tb_pdo_mysqls";    //定义SQL语句
 $result=$pdo->prepare($query);           //准备查询语句
 $result->execute();                      //执行查询语句，并返回结果集
//while循环输出查询结果集，并且设置结果集的数组为关联索引
 while($res=$result->fetch(PDO::FETCH_ASSOC)){
 ?>
        <tr>
          <td height="22" align="center" valign="middle"><?php echo $res['id'];?></td>
          <td align="center" valign="middle"><?php echo $res['pdo_type'];?></td>
          <td align="center" valign="middle"><?php echo $res['database_name'];?></td>
          <td align="center" valign="middle"><?php echo $res['dates'];?></td>
        </tr>
<?php
 }
      } catch (PDOException $e) {
   die ("Error!: " . $e->getMessage() . "<br/>");
}
?>
```

在上述代码中连接了 MySQL 数据库，通过预处理语句的方法 prepare()和方法 execute()执行指定的 SELECT 查询语句，然后故意设置一个错误的数据表名称，同时通过方法 setAttribute()设置为警告模式，最后通过 while 语句和方法 fetch()循环输出数据。执行效果如图 18-9 所示。

图 18-9　执行效果

18.4.3　使用异常模式获取 SQL 语句错误

在 PHP PDO 程序中，PDO::ERRMODE_EXCEPTION 异常模式会创建一个 PDOException，并设置 errorCode 属性，可以将执行代码封装到一个“try{…}catch{…}”语句块中。未能捕获

的异常将会导致脚本中断错误，并显示堆栈跟踪信息让用户知道是哪里出现了问题。例如下面实例的功能是使用异常模式获取 SQL 语句错误。

实例 18-9 使用异常模式获取 SQL 语句错误

源码路径 daima\18\18-9

（1）编写文件 index.php，首先连接指定的 MySQL 数据库，通过预处理语句方法 prepare()和方法 execute()执行 SELECT 查询操作，然后通过 while 语句和 fetch()方法完成数据的循环输出，并且在每条信息后面设置删除超链接，链接到 delete.php 文件，传递的参数是数据的 ID 值。主要实现代码如下所示。

```
<?php
$dbms='mysql';      //数据库类型 ,使用不同的数据库，只要改这个，不用记住那么多的函数
$host='localhost';                          //数据库主机名
$dbName='db_database18';                    //使用的数据库
$user='root';                               //数据库连接用户名
$pass='66688888';                           //对应的密码
$dsn="$dbms:host=$host;dbname=$dbName";
try {
   $pdo = new PDO($dsn, $user, $pass);      //初始化一个PDO对象，就是创建了数据库连接对象$pdo
 $query="select * from tb_pdo_mysql";       //定义SQL语句
 $result=$pdo->prepare($query);             //准备查询语句
 $result->execute();                        //执行查询语句，并返回结果集
////while循环输出查询结果集，并且设置结果集的数组为关联索引
 while($res=$result->fetch(PDO::FETCH_ASSOC)){
 ?>
        <tr>
          <td height="22" align="center" valign="middle"><?php echo $res['id'];?></td>
          <td align="center" valign="middle"><?php echo $res['pdo_type'];?></td>
          <td align="center" valign="middle"><?php echo $res['database_name'];?></td>
          <td align="center" valign="middle"><?php echo $res['dates'];?></td>
          <td align="center" valign="middle"><a href="delete.php?conn_id=<?php echo $r
es['id'];?>">删除</a></td>
         </tr>
<?php
 }
        } catch (PDOException $e) {
   die ("Error!: " . $e->getMessage() . "<br/>");
}
?>
```

执行效果如图 18-10 所示。

ID	PDO	数据库	时间	操作
1	pdo	mysql	2017-09-18 10:19:17	删除
2	pdo	Oracle	2017-09-18 10:19:17	删除
4	pdo	Access	2017-10-10 00:00:00	删除
28	PDO	mysql	2017-10-10 00:00:01	删除
27	pdo	oaa	2016-07-01 00:00:00	删除
23	pdo	db2	2017-10-16 10:59:41	删除
24	pdo	mysql	2017-08-21 00:00:00	删除
25	pdo	MySQL	2017-10-10 10:10:10	删除
29	AAA	BBB	2016-01-01 00:00:00	删除

图 18-10 执行效果

（2）单击列表中某条信息后的“删除”链接后会调用文件 delete.php 执行删除操作，根据传入的“conn_id”参数执行删除操作。文件 delete.php 首先获取超链接传递的数据 ID 值，然后连接数据库，通过方法 setAttribute()设置为异常模式，定义一条 DELETE 删除语句，设置故意删除一个错误数据表（tb_pdo_mysqls）中的数据。并且通过“try{…}catch{…}”语句捕获错误

信息。文件 delete.php 的主要实现代码如下所示。

```
<?php
header ( "Content-type: text/html; charset=utf-8" ); //设置文件编码格式
if($_GET['conn_id']!=""){
 $dbms='mysql';                //数据库类型 ,使用不同的数据库，只要改此处即可
 $host='localhost';            //数据库主机名
 $dbName='db_database18';      //使用的数据库
 $user='root';                 //数据库连接用户名
 $pass='66688888';             //对应的密码
 $dsn="$dbms:host=$host;dbname=$dbName";
 try {
     $pdo = new PDO($dsn, $user, $pass);    //初始化一个PDO对象，就是创建了数据库连接对象$pdo
     $pdo->setAttribute(PDO::ATTR_ERRMODE,PDO::ERRMODE_EXCEPTION);
     $query="delete from tb_pdo_mysqls where Id=:id";
     $result=$pdo->prepare($query);                       //预准备语句
     $result->bindParam(':id',$_GET['conn_id']);    //绑定更新的数据
     $result->execute();
 } catch (PDOException $e) {
     echo 'PDO Exception Caught.';
     echo 'Error with the database:<br/>';
     echo  'SQL Query: '.$query;
     echo '<pre>';
     echo "Error: " . $e->getMessage(). "<br/>";
     echo "Code: " . $e->getCode(). "<br/>";
     echo "File: " . $e->getFile(). "<br/>";
     echo "Line: " . $e->getLine(). "<br/>";
     echo "Trace: " . $e->getTraceAsString(). "<br/>";
     echo '</pre>';
 }
}
?>
```

执行效果如图 18-11 所示。

```
PDO Exception Caught.Error with the database:
SQL Query: delete from tb_pdo_mysqls where Id=:id

Error: SQLSTATE[42S02]: Base table or view not found: 1146 Table 'db_database18.tb_pdo_mysqls' doesn't exist
Code: 42S02
File: H:\AppServ\www\book\18\18-9\delete.php
Line: 16
Trace: #0 H:\AppServ\www\book\18\18-9\delete.php(16): PDOStatement->execute()
#1 {main}
```

图 18-11　执行效果

18.4.4　使用 errorCode()方法处理错误

在 PHP 程序中，方法 errorCode()能够获取在操作数据库句柄时所发生的错误代码，这些错误代码被称为 SQLSTATE 代码。使用方法 errorCode()的语法格式如下。

```
string PDOStatement::errorCode ( void )
```

方法 errorCode()能够返回一个 SQLSTATE 代码，SQLSTATE 代码是由 5 个数字和字母组成的。在 PDO 中通过 query()方法完成数据的查询操作，并且通过 foreach 语句完成数据的循环输出。在定义 SQL 语句时使用一个错误的数据表，并且通过 errorCode()方法返回错误代码。方法 errorCode()的返回值与 PDO::errorCode()相同，只是 PDOStatement::errorCode()只取回 PDOStatement 对象执行操作中的错误码。

例如下面的实例演示了使用 errorCode()方法的过程。

实例 18-10　使用 errorCode()方法

源码路径　daima\18\18-10

实例文件 index.php 的主要实现代码如下所示。

```
 <?php
$dbms='mysql';                                    //数据库类型
$host='localhost';                                //数据库主机名
$dbName='db_database18';                          //使用的数据库
$user='root';                                     //数据库连接用户名
$pass='66688888';                                 //对应的密码
$dsn="$dbms:host=$host;dbname=$dbName";
try {
   $pdo = new PDO($dsn, $user, $pass);   //初始化一个PDO对象，就是创建了数据库连接对象$pdo
 $query="select * from tb_pdo_mysqls";   //定义SQL语句
$result=$pdo->query($query);              //执行查询语句，并返回结果集
echo "errorCode为: ".$pdo->errorCode();
foreach($result as $items){
 ?>
        <tr>
          <td height="22" align="center" valign="middle"><?php echo $items['id'];?></td>
          <td align="center" valign="middle"><?php echo $items['pdo_type'];?></td>
          <td align="center" valign="middle"><?php echo $items['database_name'];?></td>
          <td align="center" valign="middle"><?php echo $items['dates'];?></td>
         </tr>
        <?php
        }
        } catch (PDOException $e) {
   die ("Error!: " . $e->getMessage() . "<br/>");
}
?>
```

在上述代码中，首先通过 PDO 连接 MySQL 数据库。然后通过 query()方法执行查询语句，故意将查询语句中的表名写错。然后通过 errorCode()方法获取错误代码。最后通过 foreach 语句循环输出数据。执行效果如图 18-12 所示。

errorCode为：42S02
Warning: Invalid argument supplied for foreach() in **H:\AppServ\www\book\18\18-10\index.php** on line **32**

ID	PDO	数据库	时间

图 18-12　执行效果

18.4.5　使用 errorlnfo()方法处理错误

在 PHP 程序中，errorlnfo()方法的功能是获取操作数据库句柄时所发生的错误信息。其语法格式如下所示。

```
array PDOStatement::errorInfo ( void )
```

方法 errorlnfo()的返回值为一个数组，返回一个关于上一次语句句柄执行操作的错误信息的数组。该数组包含如下所示的字段。

0：SQLSTATE 错误码（一个由 5 个字母或数字组成的在 ANSI SQL 标准中定义的标识符）。

1：具体驱动错误码。

2：具体驱动错误信息。

例如在下面的实例代码中使用了 errorlnfo()方法。

实例 18-11　使用 errorInfo()方法

源码路径　daima\18\18-11

实例文件 index.php 的主要实现代码如下所示。

```
 <?php
$dbms='mysql';                                    //数据库类型
$host='localhost';                                //数据库主机名
$dbName='db_database18';                          //使用的数据库
```

```
    $user='root';                                     //数据库连接用户名
    $pass='66688888';                                 //对应的密码
    $dsn="$dbms:host=$host;dbname=$dbName";
    try {
       $pdo = new PDO($dsn, $user, $pass);      //初始化一个PDO对象，就是创建了数据库连接对象$pdo
     $query="select * from tb_pdo_mysqls";      //定义SQL语句
     $result=$pdo->query($query);               //执行查询语句，并返回结果集
     print_r($pdo->errorInfo());
     foreach($result as $items){
     ?>
           <tr>
             <td height="22" align="center" valign="middle"><?php echo $items['id'];?></td>
             <td align="center" valign="middle"><?php echo $items['pdo_type'];?></td>
             <td align="center" valign="middle"><?php echo $items['database_name'];?></td>
                <td align="center" valign="middle"><?php echo $items['dates'];?></td>
              </tr>
              <?php
              }
              } catch (PDOException $e) {
        die ("Error!: " . $e->getMessage() . "<br/>");
    }
    ?>
```

在上述代码中，使用 PDO 中的 query()方法实现数据查询操作，并且通过 foreach 语句循环输出数据。在定义 SQL 语句时故意使用了一个错误的数据表名，并且通过 errorInfo()方法返回错误信息。执行效果如图 18-13 所示。

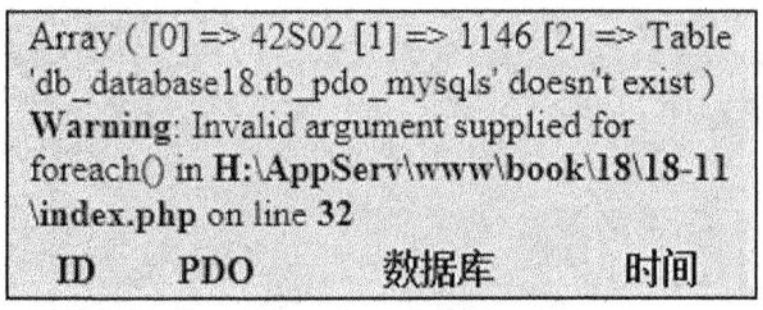

Array ([0] => 42S02 [1] => 1146 [2] => Table 'db_database18.tb_pdo_mysqls' doesn't exist)
Warning: Invalid argument supplied for foreach() in **H:\AppServ\www\book\18\18-11\index.php** on line **32**

ID	PDO	数据库	时间

图 18-13　执行效果

18.5　事 务 处 理

视频讲解：第 18 章\事务处理.mp4

事务（Transaction）是操作数据库中很重要的一个功能，它可以让你预定一条，或者一系列 SQL 语句，然后一起执行。并且在执行的过程中，如果其中的某条执行失败，可以回滚所有已更改的操作。如果执行成功，那么这一系列操作都会永久有效。事务很好地解决了在操作数据库的时候不同步的问题。同时，通过事务去执行大数据量的时候，可以改进执行效果。在 PHP 程序中，可以使用 PDO 中内置的方法来处理事务。

18.5.1　使用 beginTransaction()方法

在 PHP 程序中，可以使用 PDO 方法 beginTransaction()启动一个事务，其语法格式如下所示。

```
bool PDO::beginTransaction ( void )
```

方法 beginTransaction()能够关闭自动提交模式。当自动提交模式被关闭的同时，通过 PDO 对象实例对数据库做出的更改直到调用 PDO::commit()结束事务才被提交。调用 PDO::rollBack()将回滚对数据库做出的更改并将数据库连接返回到自动提交模式。方法 beginTransaction()运行成功时返回 true，在失败时返回 false。包括 MySQL 在内的一些数据库，当发出一条类似 DROP TABLE 或 CREATE TABLE 这样的 DDL 语句时，会自动进行一个隐式的事务提交。隐式的提交将阻止在此事务范围内回滚任何其他更改。

18.5.2 使用 commit()方法

在 PHP 程序中，可以使用 PDO 方法 commit()提交一个事务。方法 commit()能够提交一个事务，数据库连接返回到自动提交模式直到下次调用 PDO::beginTransaction()开始一个新的事务为止。提交成功时返回 TRUE，在失败时返回 FALSE。使用方法 commit()的语法格式如下所示。

```
bool PDO::commit ( void )
```

注意：并不是所有数据库都允许使用 DDL 语句进行事务操作。有些会产生错误，而其他一些（包括 MySQL）会在遇到第一个 DDL 语句后就自动提交事务。

18.5.3 使用 rollBack()方法

在 PHP 程序中，可以使用 PDO 方法 rollBack()回滚一个事务。回滚由方法 PDO::beginTransaction()发起的当前事务。如果没有事务激活，将抛出一个 PDOException 异常。如果数据库被设置成自动提交模式，此函数（方法）在回滚事务之后将恢复自动提交模式。回滚成功时返回 true，在失败时返回 false。使用方法 rollBack()的语法格式如下所示。

```
bool PDO::rollBack ( void )
```

注意：包括 MySQL 在内的一些数据库，当在一个事务内有类似删除或创建数据表等 DLL 语句时，会自动导致一个隐式的提交。隐式的提交将无法回滚此事务范围内的任何更改。

18.5.4 实战演练——实现事务处理

下面实例的功能是使用 PDO 实现事务处理功能。

实例 18-12　实现事务处理

源码路径　daima\18\18-12

实例文件 index.php 的主要实现代码如下所示。

```
<?php
if($_POST['Submit']=="提交" && $_POST['pdo']!=""){
 $dbms='mysql';                                    //数据库类型
 $host='localhost';                                //数据库主机名
 $dbName='db_database18';                          //使用的数据库
 $user='root';                                     //数据库连接用户名
 $pass='66688888';                                 //对应的密码
 $dsn="$dbms:host=$host;dbname=$dbName";
 try {
     $pdo = new PDO($dsn, $user, $pass); //初始化一个PDO对象，就是创建了数据库连接对象$pdo
     $pdo->beginTransaction();              //开启事务
     $query="insert into tb_pdo_mysql(pdo_type,database_name,dates)values('".$_POST
['pdo']."','".$_POST['databases']."','".$_POST['dates']."')";
     $result=$pdo->prepare($query);
     if($result->execute()){
         echo "数据添加成功！";
     }else{
         echo "数据添加失败！";
     }
     $pdo->commit();              //执行事务的提交操作
 } catch (PDOException $e) {
          die ("Error!: " . $e->getMessage() . "<br/>");
     $pdo->rollBack();            //执行事务的回滚
 }
}
?>
```

在上述代码中，首先定义了数据库连接的参数，创建“try{…}catch{…}”语句，并在 try{}语句中实例化 PDO 构造函数实现与指定数据库的连接，同时通过 beginTransaction()方法开启事务。然后定义 INSERT 添加语句，通过$POST[]方法获取表单中提交的数据，分别通过方法 prepare()和方法 execute()向数据库中添加数据，并且通过方法 commit()实现事务的提交。最后，在 catch{}语句中返回错误信息，并且通过 rollBack()方法执行事务的回滚操作。执行后可以向数据库中添加新的信息，如图 18-14 所示。

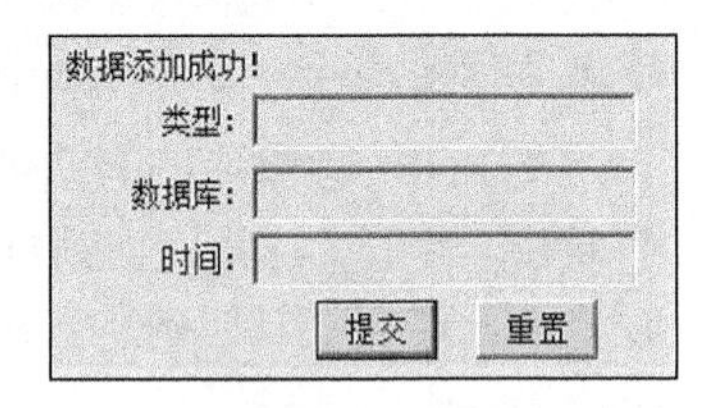

图 18-14　执行效果

18.6　技术解惑

（1）读者疑问：在操作数据库的时候，如何实现数据库数据的升序或降序排列?

解答：在数据库技术中，通过关键词“ORDER BY”对记录集中的数据进行排序，具体语法如下。

```
SELECT column_name(s)
FROM table_name
ORDER BY column_name
```

如果使用 ORDER BY 关键词，则记录集的排序顺序默认是升序（1 在 9 之前，"a"在"p"之前）。使用关键词“DESC”可设定降序排序（9 在 1 之前，"p"在"a"之前），示例如下。

```
SELECT column_name(s)
FROM table_name
ORDER BY column_name DESC
```

注释：SQL 对大小写不敏感，ORDER BY 与 order by 等效。

（2）读者疑问：ODBC 不好理解，请问如何使用 ODBC 建立和数据库的连接?

解答：通过一个 ODBC 连接，可以连接到网络中的任何计算机上的任何数据库，只要 ODBC 连接是可用的。例如下面是创建到达 Access 数据的 ODBC 连接的方法。

- 在控制面板中打开管理工具。
- 双击其中的数据源（ODBC）图标。
- 选择系统 DSN 选项卡。
- 单击系统 DSN 选项卡中的“添加”按钮。
- 选择 Microsoft Access Driver，单击完成。
- 在下一个界面，单击“选择”来定位数据库。
- 为这个数据库取一个数据源名（DSN）。
- 单击确定。

请注意，必须在你的网站所在的计算机上完成这个配置。如果您的计算机上正在运行 Internet 信息服务器（IIS），上面的指令会生效，但是假如您的网站位于远程服务器，您必须拥有对该服务器的物理访问权限，或者请您的主机提供商为您建立 DSN。

18.7　课后练习

（1）编写一个简单的 PHP 程序：假设为新员工创建一组条目，分配一个为 23 的 ID。除了登记此人的基本数据之外，还需要记录他的工资。两个更新分别完成起来很简单，但通过封闭在 PDO::beginTransaction()和 PDO::commit()调用中，可以保证在更改完成之前，其他人无法看到这些更改。如果发生了错误，catch 块回滚自事务启动以来发生的所有更改，并输出一条错误信息。

（2）编写一个简单的 PHP 程序：使用 PDO::commit 提交一个基础事务。

（3）编写一个简单的 PHP 程序：使用 PDO::commit 提交一个 DDL 事务。

第19章

操作XML文件

XML 语言是目前十分流行的语言，是动态 Web 应用中的一项重要技术。无论是 RSS 订阅、Web Service，还是 Ajax 无刷新技术，都和 XML 语言有着直接的联系。通过 PHP 语言可以对 XML 进行全面的操作，实现项目中的某些特殊需求。在本章的内容中，将向大家详细讲解在 PHP 程序中使用 XML 的基础知识，为读者步入本书后面知识的学习打下基础。

19.1　XML 语言基础

视频讲解：第 19 章\XML 语言基础.mp4

XML（Extensible Markup Language）即可扩展标记语言，它与 HTML 十分类似，都是 SGML（Standard Generalized Markup Language，标准通用标记语言）。XML 是 Internet 环境中跨平台的、依赖于内容的技术，是当前处理结构化文档信息的有力工具。下面将以 XML 语言为基础，并结合 DOM 来详细讲解在 PHP 中使用 XML 处理数据的方法。

19.1.1　什么是 XML

XML 语言是一种简单的数据存储语言，使用一系列简单的标记描述数据，而这些标记可以用生活中读者习惯的方式建立。虽然 XML 占用的空间比二进制数据要多，但是 XML 以极其简单、易于掌握和使用等特点，深受广大程序员的喜欢。XML 是从 1996 年开始有其雏形，并向 W3C（全球信息网联盟）提案，在 1998 年 2 月发布为 W3C 的标准（XML1.0）。XML 的前身是 SGML（The Standard Generalized Markup Language），是 IBM 自从 20 世纪 60 年代就开始发展的 GML（Generalized Markup Language）标准化后的名称。

XML 与 HTML 的设计区别是，XML 是用来存储数据的，重在数据本身。而 HTML 是用来定义数据的，重在数据的显示模式。具体来说，XML 语言具有如下特点。

（1）简单易懂：编写 XML 可以使用多种编辑器，如记事本等所有文本编辑器。

（2）结构清晰：具有层次结构的标记语言，可以多层嵌套。

（3）应用范围：可丰富文件描述功能，用不同的标志语言满足不同的需要，应用于不同的行业。

（4）分离处理：将数据的显示和数据的内容分开，各自处理。

因为 XML 具有以上特性，所以程序开发者普遍采用，用于不同环境的数据交换。

19.1.2　认识一个简单的 XML 文件

XML 和 HTML 一样都是标记语言，但 XML 的本意是用来携带数据，而并不是 HTML 的代替品。在本书前面的章节中已经多次用过 HTML 标记语言，XML 语言的语法又是怎么样呢？本章主要讲解 XML 的定义、声明、元素、注释及 PHP 中运用 XML 的知识。这些知识是学习 XML 的基础，读者必须很好地掌握，达到在 PHP 中灵活运用 XML 的目的。下面将通过一段代码向你展示一个简单的 XML 程序。

实例 19-1　认识第一个 XML 程序

源码路径　daima\19\19-1

实例文件 index.php 的主要实现代码如下所示。

```
<a href="test.xml">单击此处创建一个XML文件</a>
<?php
$dom = new DomDocument('1.0','utf-8');                    //创建DOM对象
$xml = $dom->createElement('root');                       //创建根节点root
$dom->appendChild($xml);                                  //将创建的根节点添加到dom对象中
 $Properties = $dom->createAttribute('xmlns:rdf');        //创建一个节点属性xmlns:rdf
 $xml->appendChild($Properties);                          //将属性追加到root根节点中
```

```
        $Properties_value = $dom->createTextNode('http://www.te***.com'); //创建一个属性值
        $Properties->appendChild($Properties_value);      //将属性值赋给属性xmlns:rdf
    $channel = $dom->createElement('channel');            //创建节点channel
    $xml->appendChild($channel);                          //将节点channel追加到根节点root下
        $Nodes1= $dom->createElement('Nodes1');           //创建节点Nodes1
        $channel->appendChild($Nodes1);                   //将节点追加到channel节点下
            $Nodes1_value = $dom->createTextNode(iconv('gb2312','utf-8',
                    '第一个XML文档1'));                    //创建元素值
            $Nodes1->appendChild($Nodes1_value);          //将值赋给Nodes1节点
        $Nodes2= $dom->createElement('Nodes2');           //创建节点Nodes2
        $channel->appendChild($Nodes2);                   //将节点追加到channel节点下
            $Nodes2_value = $dom->createTextNode(iconv('gb2312','utf-8',
                    '第一个XML文档2'));                    //创建元素值
            $Nodes2->appendChild($Nodes2_value);          //将值赋给Nodes2节点
  $save = $dom->saveXML();                                //生成XML文档
  file_put_contents('test.xml',$save);                    //将对象保存到test.xml文档中
  ?>
```

执行效果如图 19-1 所示。

图 19-1　执行效果

单击“单击此处创建一个 XML 文件”链接后将创建一个名为“test.xml”的 XML 文件。如图 19-2 所示。

```
  <?xml version="1.0" encoding="UTF-8"?>
- <root xmlns:rdf="http://www.test.com">
  - <channel>
        <Nodes1/>
        <Nodes2/>
    </channel>
  </root>
```

图 19-2　PHP 创建的 XML 文件

19.2　XML 语言的基本语法

视频讲解：第 19 章\XML 语言的基本语法.mp4

每一种编程语言都有自己的语法习惯，XML 语言也不例外，掌握了其语法才能学好 XML。XML 语言看似简单，其实有非常严格的语法规则。在一个 XML 程序中，通常包括声明、注释、元素、CDATA 标记、DTD 语法与处理指令等语法成员。

19.2.1　XML 声明

XML 声明通常在 XML 文档的第一行出现。虽然 XML 声明不是必选项，但是如果使用 XML 声明，必须在文档的第一行进行，在前面不得包含任何其他内容或空白。例如下面是一个典型的 XML 文档声明。

```
<?xml versJon="1.0" encodmg="gb2312" standalone="yes"?>
```

上述 XML 声明中各个部分的具体含义如表 19-1 所示。

表 19-1　　　　XML 声明的各部分含义

XML 声明部分	含　义
<?xml	表示 XML 声明的开始，xml 表示该文件是 XML 文件
version="1.0"	XML 的版本说明，是声明中必不可少的属性，而且必须放到第一位
encoding="gb2312"	编码声明。如果不声明该属性，那么 XML 默认使用 UTF-8 来解析文档
standalone="yes"	独立声明。如果该属性赋值 yes，那么说明该 XML 文档不依赖于外部文档；如果该属性赋值为 no，则说明该文档有可能依赖于某个外部文档
? >	XML 声明的结束标记

例如在下面的实例中声明了 XML。

实例 19-2　声明 XML

源码路径　daima\19\19-2

实例文件 index.xml 的主要实现代码如下所示。

```
<?xml version="1.0" encoding="gb2312" standalone="yes"?>
<!--  下面的标签<PHP编程>就是这个XML文档的根目录  -->
<PHP编程>
 <PHP>
      <书名>大话PHP开发</书名>
      <价格 单位="元/本">89.00</价格>
      <出版时间>2017-09-01</出版时间>
 </PHP>
</PHP编程>
```

在上述代码中展示了 XML 的声明，声明中各部分的具体含义如下所示。

<?xml：表示 XML 声明的开始记号，代表该文件是 XML 格式的文件内容。

version="1.0"：XML 的版本说明，因为有它的存在所以该行必须放在首行，也是声明中不可缺少的内容。尽管以后的 XML 版本可能会更改该数字，但是 1.0 是当前的版本。

encoding="gb2312"：这是可选项。如果使用编码声明，必须紧接在 XML 声明的版本信息之后，并且必须包含代表现有字符编码的值。缺省时，采用 UTF-8 编码来解析该文档。

standalone="yes"：是可选项，独立声明指示文档的内容是否依赖来自外部源的信息。如果使用独立声明，必须在 XML 声明的最后。在文档引用外部 DTD（DTD 是一套关于标记符的语法规则，它是 XML1.0 版规格的一部分，是 XML 文件的验证机制，属于 XML 文件组成的一部分），分析器将报告错误。省略独立声明与包含独立声明"no"的结果相同。XML 分析器将接受外部源（如果有）而不报告错误。

执行效果如图 19-3 所示。

```
<?xml version="1.0" encoding="GB2312" standalone="true"?>
<!-- 下面的标签<PHP编程>就是这个XML文档的根目录 -->
- <PHP编程>
  - <PHP>
      <书名>大话PHP开发</书名>
      <价格 单位="元/本">89.00</价格>
      <出版时间>2017-09-01</出版时间>
    </PHP>
  </PHP编程>
```

图 19-3　执行效果

注意：XML 文件声明中的编码说明用于表示文档中的字符的编码。尽管 XML 分析器可以自动确定文档使用的是 UTF-8 还是 UTF-16 Unicode（UTF-16 是 Unicode 的其中一个使用方式）编码，但在支持其他编码的文档中应使用此声明。Encoding 的值可以是 ISO-8859-1，该编码声明不考虑指定值的大小写。Shift-JIS 表示日文编码。

19.2.2　处理指令

顾名思义，处理指令就是如何处理 XML 文档的指令。有一些 XML 分析器可能对 XML 文档的应用程序不做处理，这时可以指定应用程序按照这个指令信息来处理，然后再传给下一个应用程序。XML 声明其实就是一个特殊的处理指令。XML 处理指令的语法格式如下。

```
<?处理指令名 处理执行信息?>
```

xml-stylesheet：样式表单处理指令，指明了该 XML 文档所使用的样式表。

type="text/css"：设定文档所使用的样式是 CSS。

href="Book.css"：设定样式文件的地址。

提示：样式表处理指令根据 W3C 的建议，Microsoft® Internet Explorer 实现了 ML-StyleSheet 处理指令。此处理指令必须出现在序言中，在文档元素或根元素之前可以出现多个处理指令。这对于层叠样式表来说可能很有用，但是大多数浏览器使用第一个支持的样式页，忽略其他样式页。

19.2.3 XML 标记与元素

标记是 XML 结构中经常用到的固定符号，常用的有开始标记“<name>”与结束标记“</name>”。其中“name”是元素名称，读者可以自己定义。元素是构成 XML 文档的主体，可以利用程序或样式表处理的文档结构创建元素。元素标记命名信息节点，利用这些元素标记来构建元素的名称、开始和结束。关于元素与标记的定义如下所示。

（1）元素的名称：所有元素必须有名称。元素名称可以包含字母、数字、连字符、下划线和句点。元素名称区分大小写，并且必须以字母或下划线开头。

（2）开始标记：指元素的开头，其格式如下所示。

```
<elementName  a1Name="a1Value"  a2Name="a2Value"...>
```

（3）如果元素没有属性，则格式如下所示。

```
<elementName>
```

（4）结束标记：指元素的结尾，不能包含属性。其格式如下所示。

```
</elementName>
```

下面的代码是一个完整元素格式，各个元素的具体含义是什么？

```
<book><bookname>PHP</bookname> <price>89.00</price></book>
```

在上述代码中，< book >元素包含两个其他元素< bookname >和< price >，以及用于分隔这两个元素的空格。< book >元素包含文本 PHP，而< price >元素包含文本 89.00。

各个元素之间的关系使用树状（树状结果类似一颗树，主干、树枝与树叶的关系）结构来说明。XML 文档必须包含一个根元素。尽管该元素的前面和后面可以接其他标记，例如处理指令、注释和空白（在后面章节中会详细讲解），但是根元素必须包含被认为属于文档本身的所有内容。例如在下面的实例中使用了 XML 元素。

实例 19-3　使用 XML 元素

源码路径　daima\19\19-3

实例文件 index.xml 的主要实现代码如下所示。

```
<?xml version="1.0" encoding="gb2312" standalone="yes"?>
<!-- 下面是XML元素之间的关系！ -->
<a>a是树主干
 <b>b是树枝
  <c>c是树枝
   <d/>d是树叶<e/>e是树叶<f/>
  </c>
 </b>
```

执行效果如图 19-4 所示。

上面这个例子完全体现了 XML 的树状结构。在树状结构中树叶是指不包含任何其他元素的元素，就像树枝末端的树叶一样。叶元素通常只包含文本或根本不包含任何内容；叶节点通常是空元素或文本。对上述代码的具体说明如下所示。

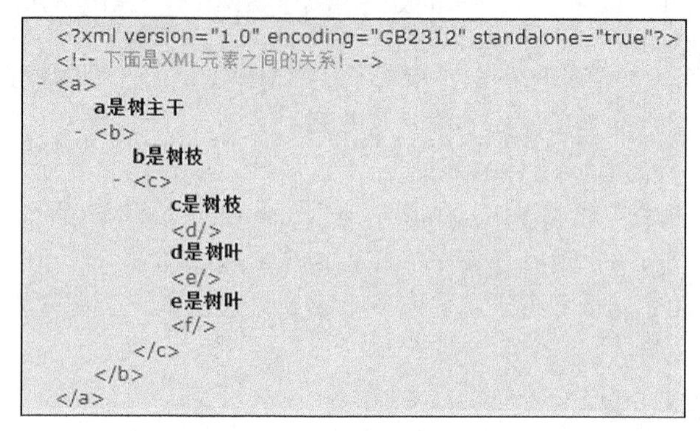

图 19-4　执行效果

（1）代码中</a>根据树状结构判断为根，包含<b>元素，<b>元素包含<c>元素；<c>元素包含<d>、<e>和<f>元素；<d>、<e>和<f>是叶元素。尽管<b>和<c>可能被认为是干或枝，但是这些说明很少使用。

（2）代码中的同辈只有<d>、<e>和<f>元素，这些元素均包含在<c>元素中。<c>元素是<d>、<e>和<f>元素的父级；<d>、<e>和<f>元素是<c>元素的子元素。同样，<b>元素是<c>元素的父级，<c>元素是<b>元素的子级，而<a>元素是<b>元素的父级，<b>元素是<a>元素的子级。

（3）上级和子代的定义方式与父级和子级类似，只是不必有直接的包含关系。<a>元素是<b>元素的父级，并且是文档中每个元素的上级。<d>、<e>和<f>元素是<a>、<b>和<c>元素的子代。

注意：读者必须掌握上面介绍的元素书写规则。另外，因为元素在 XML 结构中起到主体的作用，XML 还允许空标记来增加 XML 的灵活性。空标记用于表示元素内容为空，不过这些元素可以有属性。如果文档的开始标记和结束标记之间没有内容，空标记可以作为快捷方式使用。空标记只是在结束“>”之前包含斜杠“/”。其代码如下所示。

```
<elementName att1Name="att1Value" att2Name="att2Value".../>
```

19.2.4　XML 属性

通过属性可以使用名值（给名称赋一个值，例如“name=value”）的方式来添加与元素有关的信息。属性经常为不属于元素内容的元素定义属性，增加元素的描述信息，元素内容由属性值确定。属性可以出现在开始标记中，也可以出现在空标记中，但是不能出现在结束标记中。其格式如下所示。

```
<elementName att1Name="att1Value" att2Name="att2Value"...>
```

在设置 XML 语言的属性时，需要注意属性必须有名称和值，不允许没有值的属性名。元素不能包含两个同名的属性。因为 XML 认为属性在元素中出现的顺序并不重要，所以 XML 分析器可能会保留该顺序。并且与元素名一样，属性名区分大小写，并且必须以字母或下划线开头。名称的其他部分可以包含字母、数字、连字符、下划线和句点。

例如下面的实例演示了使用 XML 属性的过程。

实例 19-4　使用 XML 属性

源码路径　daima\19\19-4

实例文件 index.xml 的主要实现代码如下所示。

```
<?xml version="1.0" encoding="gb2312" standalone="yes"?>
<!--  下面是XML元素属性的定义！ -->
<a>a是树主干
 <b>b是树枝
   <myElement contraction='isn&apos;t'/>
   <myElement question="They asked &quot;Why?&quot;"/>
   <myElement contraction="isn't"/>
   <myElement question='They asked "Why?"'/>
   <myElement contraction="isn't" question='They asked "Why?"'/>
 </b>
</a>
```

执行效果如图 19-5 所示。

```
  <?xml version="1.0" encoding="GB2312" standalone="true"?>
  <!-- 下面是XML元素属性的定义！ -->
- <a>
     a是树主干
   - <b>
        b是树枝
        <myElement contraction="isn't"/>
        <myElement question="They asked "Why?""/>
        <myElement contraction="isn't"/>
        <myElement question="They asked "Why?""/>
        <myElement contraction="isn't" question="They asked "Why?""/>
     </b>
  </a>
```

图 19-5　执行效果

XML 规范允许使用单引号或双引号指示属性，尽管属性值两侧所使用的引号类型必须相同，但是，属性值两侧必须使用引号。XML 解析器将拒绝属性值两侧未使用引号的文档，并报告错误。

提示：XML 语言解析器，用来解释 XML 语言。就好像 HTML 文本下载到本地，浏览器会检查 HTML 的语法，解释 HTML 文本然后显示出来一样。要使用 XML 文件就一定要用到 XML 解析器。微软的 MSXML，像 IBM、SUN 都有自己的 XML 解析器。

19.2.5　XML 注释

在 XML 程序中可以包含注释。与其他编程语言类似，注释在文档结构中起着举足轻重的作用，给 XML 增加了阅读性。注释可以出现在文档序言中（声明之后，根元素之前），文档之后，或文本内容中。注释不能出现在属性值中，也不能出现在标记中。XML 语言注释的语法格式如下所示。

```
<!--  注释内容！ -->
```

上面代码展示了 XML 的注释，注释中各部分含义如下所示。

<!--：注释以“<!--”开头。

-->：注释以“-->”结尾。

在执行 XML 程序时，当遇到“>”时就认为注释已结束，然后继续将文档作为正常的 XML 处理。因此，字符串“>”不能出现在注释中。除了该限制之外，任何合法的 XML 字符均可以出现在注释中，这样，可以从解析器看到的输出流中删除 XML 注释，同时又不会删除文档的内容。

实例 19-5　使用注释

源码路径　daima\19\19-5

实例文件 index.xml 的主要实现代码如下所示。

```
<?xml version="1.0" encoding="gb2312" standalone="yes"?>
<!--  下面是XML元素属性的定义！ -->
```

```
<a>a是树主干
 <b>b是树枝
<!--  下面是XML元素属性的定义! -->
<myElement contraction='isn&apos;t'/>
<!--  下面是XML元素属性的定义! -->
</b>
</a>
```

执行效果如图 19-6 所示。

```
<?xml version="1.0" encoding="GB2312" standalone="true"?>
<!-- 下面是XML元素属性的定义! -->
- <a>
    a是树主干
  - <b>
      b是树枝
        <!-- 下面是XML元素属性的定义! -->
      <myElement contraction="isn't"/>
        <!-- 下面是XML元素属性的定义! -->
    </b>
</a>
```

图 19-6　XML 注释

19.2.6　XML CDATA 标记

在 XML 程序中，特殊字符“>”“<”和“&”的输入需要使用实体引用来处理，实体引用就是使用“&…;”的形式来代替那些特殊字符。表 19-2 中是 XML 中所用到的实体引用。

表 19-2　XML 中的实体引用

实体引用	字　符	实体引用	字　符
<	<	"	"
>	>	&	&
'	'		

当遇到大量的特殊符号需要输入时，也需要遵循上述方法进行转换。当遇到大量的特殊符号需要输入时，使用这种方法就不太实际了。XML 提供了 CDATA（Character data，字符数据）标记，在 CDATA 标记段的内容都会被当作纯文本数据处理。使用 CDATA 标记的语法格式如下。

```
<![CDATA[
…
]]>
```

如果文档包含可能会出现标记字符但是不应出现 CDATA 的标记时，创建这样的文档会比较容易。CDATA 标记常用于脚本语言内容及示例 XML 和 HTML 内容。例如下面的代码。

```
<![CDATA[An in-depth look at creating applications with XML, using <, >,]]>
```

上述处理指令中各部分的具体含义如下所示。

<![CDATA[：在 XML 分析器遇到第一个<![CDATA[时，会将后面的内容报告为字符，而不尝试将其解释为元素或实体标记。

]]>：分析器在遇到结束的]]>时，将停止报告并返回正常分析。

例如在下面的实例中演示了使用 CDATA 标记的过程。

实例 19-6　使用 CDATA 标记

源码路径　daima\19\19-6

实例文件 index.xml 的主要实现代码如下所示。

```
<?xml version="1.0" encoding="gb2312" standalone="yes"?>
```

```
<!-- 下面是CDATA 标记的定义! -->
<a>a是树主干
 <b>b是树枝
<!-- 下面是CDATA 标记的定义! -->
<![CDATA[</this is cdata!</mall</mmall & worse>]]>
</b>
</a>
```

执行效果如图 19-7 所示。

```
<?xml version="1.0" encoding="GB2312" standalone="true"?>
<!-- 下面是CDATA 标记的定义! -->
- <a>
    a是树主干
  - <b>
      b是树枝
        <!-- 下面是CDATA标记的定义! -->
      <![CDATA[</this is cdata!</mall</mmall & worse>]]>
    </b>
</a>
```

图 19-7　执行效果

提示：CDATA 标记中的内容必须在 XML 内容允许的字符范围内，控制字符（具有一种标准的控制功能）不能通过这种方式转义。在 CDATA 节中不能出现]]>序列，因为此序列代表节的结尾。这意味着 CDATA 节无法嵌套。该序列还会出现在某些脚本中。

19.3　与 XML 对象的相关模型

视频讲解：第 19 章\与 XML 对象的相关模型.mp4

XML 文件提供给应用程序一个数据交换的格式，DTD（文档类型定义）让 XML 文件能够成为数据交换的标准。因为不同的公司只需定义好标准的 DTD，各公司都能够依照 DTD 建立 XML 文件，这样满足了网络共享和数据交互。XML 文档中的信息节点通过 DOM（文档对象模型）提供的函数，让开发人员实现添加、编辑、移动或删除树中任意位置的元素等操作。

19.3.1　DTD 文档类型定义

DTD 是 Document Type Definition 的缩写，表示文档类型定义，是一套关于标记符的语法规则。它是 XML 1.0 版规格的一部分，可以通过比较 XML 文档和 DTD 文件来检查文档是否符合规范。DTD 属于 XML 文件组成的一部分，DTD 文件是一个 ASCII 的文本文件，后缀名为“.dtd”。文档类型定义（DTD）可以定义合法的 XML 文档构建模块，它使用一系列合法的元素来定义文档的结构。一个 DTD 文档包含元素的定义规则、元素间关系的定义规则、元素可使用的属性和可使用的实体或符号规则。例如在下面的实例中使用了 DTD。

实例 19-7　使用 DTD

源码路径　daima\19\19-7

实例文件 index.xml 的主要实现代码如下所示。

```
<?xml version="1.0" encoding="gb2312"?>
<!DOCTYPE note[
<!ELEMENT note (to,from,heading,body) >
<!ELEMENT to (#PCDATA)>
<!ELEMENT from (#PCDATA)>
<!ELEMENT heading (#PCDATA)>
<!ELEMENT body (#PCDATA)>
]>
<note>
<to>Tove</to>
```

```
<from>Jani</from>
<heading>Reminder</heading>
<body>Don't forget me this weekend</body>
</note>
```

执行效果如图 19-8 所示。

```
<?xml version="1.0" encoding="GB2312"?>
<!DOCTYPE note>
- <note>
    <to>Tove</to>
    <from>Jani</from>
    <heading>Reminder</heading>
    <body>Don't forget me this weekend</body>
  </note>
```

图 19-8　执行效果

上述代码中各行含义的具体说明如下所示。

!DOCTYPE note：第 2 行，定义此文档是 note 类型的文档。

!ELEMENT note：第 3 行，定义 note 元素有 4 个元素，即 to、from、heading、body。

!ELEMENT to：第 4 行，定义 to 元素为#PCDATA 类型。

!ELEMENT from：第 5 行，定义 from 元素为#PCDATA 类型。

!ELEMENT heading：第 6 行，定义 heading 元素为#PCDATA 类型。

!ELEMENT body：第 7 行，定义 body 元素为#PCDATA 类型。

19.3.2　使用 DTD 构建 XML

所有的 XML 文档以及 HTML 文档均由以下简单的构建模块构成。

元素：是 XML 以及 HTML 文档的主要构建模块。

属性：可以提供有关元素的额外信息。属性总是被置于某元素的开始标签中。属性总是以名称/值的形式成对出现。

实体：用来定义普通文本的变量。

PCDATA：被解析的字符数据（parsed character data）。字符数据是 XML 元素的开始标签与结束标签之间的文本。

CDATA：字符数据（character data）。CDATA 是不会被解析器解析的文本。在这些文本中的标签不会被当作标记来对待。

19.3.3　DOM 文档对象模型

DOM（Document Object Model）是文档对象模型的缩写。DOM 是一种与浏览器、平台、语言无关的接口，它提供了动态访问和更新文档的内容、结构与风格的手段。可以对文档做进一步的处理，并将处理的结果更新到表示页面。通过 DOM 类库可以创建 XML 文档应用到的方法。在 DOM 中有很多内置的处理函数，下面将介绍一些比较常用的函数。

（1）new DomDocument()函数。函数的声明格式如下所示。

```
new DomDocument('xml_version', 'charset')
```

该函数用于实例化一个 DomDocument 对象，参数 xml_version 表示 XML 解析器版本，参数 charset 表示创建 XML 采用的字符集。

（2）saveXML()函数的声明格式如下所示。

```
saveXML ();
```

该函数用于保存一个 XML 文件。如果函数执行成功返回一个 XML 文件，失败则返回一个错误。

（3）file_put_contents()函数的声明格式如下所示。

```
file_put_contents(File,data,mode,context);
```

该函数用于将一个字符串的内容写入到文件中。必要选项参数 file 设置要写入数据的文件名，如果文件不存在，则创建一个新文件。可选项参数 data 设置要写入文件的数据，可以是字符串、数组或数据流。可选项参数 mode 设置如何打开/写入文件。可选项参数 context 设置文件句柄的环境，是 1 套可以修改流的行为的选项，如果使用 null 则忽略。

（4）createElement()函数的声明格式如下所示。

```
createElement(string name[,string value]);
```

该函数用于新建一个元素，参数 name 是新建元素名；参数 value 表示元素的值。如果新建成功返回一个元素，失败则返回一个出错信息。

（5）createAttribute()函数的声明格式如下所示。

```
createAttribute (string name);
```

该函数用于新建一个属性，参数 name 是新建属性名。如果新建成功返回一个属性对象，失败则返回一个出错信息。

（6）appendChild()函数的声明格式如下所示。

```
appendChild();
```

该函数用于增加元素节点，如果新增成功返回一个节点对象，失败则返回一个出错信息。

（7）createTextNode()函数的声明格式如下所示。

```
createTextNode (string name);
```

该函数用于新建一个属性值，参数 name 是属性的值。如果新建成功返回一个属性值对象，失败则返回一个出错信息。

注意：本章前面的实例 19-1 就是使用 DOM 创建了一个 XML 文件。

19.4 使用 DOM 处理 XML

视频讲解：第 19 章\使用 DOM 处理 XML.mp4

XML 作为数据交换的有利工具，能够被所有开发语言所支持。不同开发语言与环境提供了不同的开发类库，所以针对不同的开发环境，需要掌握处理 XML 的技巧。应用 XML 的优点在程序发挥重要的作用。本节将以 XML 语言为基础，结合 DOM 类库提供的函数，详细讲解在 PHP 程序中运用 XML 实现数据处理功能的方法。

19.4.1 在 PHP 中创建 XML 文档

PHP 语言不仅可以生成动态网页，而且也可以生成 XML 文件。例如下面实例的功能是创建了一个 XML 文档。

实例 19-8　创建一个 XML 文档

源码路径　daima\19\19-8

实例文件 index.php 的主要实现代码如下所示。

```
<?php
 header('Content-type:text/xml');
 echo '<?xml version="1.0"  encoding="utf-8" ?>';
 echo '<计算机图书>';
 echo '<PHP>';
 echo '<书名>大话PHP程序开发</书名>';
 echo '<价格>69.80 RMB</价格>';
 echo '<出版日期>2017-2-5</出版日期>';
 echo '</PHP>';
 echo '</计算机图书>';
?>
```

执行效果如图 19-9 所示。

```
<?xml version="1.0" encoding="UTF-8"?>
- <计算机图书>
  - <PHP>
      <书名>大话PHP程序开发</书名>
      <价格>69.80 RMB</价格>
      <出版日期>2017-2-5</出版日期>
    </PHP>
</计算机图书>
```

图 19-9　执行效果

19.4.2　打开 XML 文档

运用 DOM 提供的内置函数可以操作 XML 文档的数据，在通过 DOM 操作 XML 数据前必须像前面讲的文件操作一样，首先得打开 XML，操作完后保存 XML 文档。在 DOM 函数中，通过函数 load()可以将文档置入内存中，并包含可用于从每个不同的格式中获取数据的重载。另外使用 loadXml()函数可以从字符串中读取 XML。函数 load()的声明格式如下所示。

```
bool load ( string filename [, int options] )
```

函数 load()只有一个参数 filename，用于指向 XML 文档的目录路径。如果成功则返回 true，失败则返回 false。例如下面实例的功能是打开一个指定的 XML 文档。

实例 19-9　打开指定的 XML 文件

源码路径　daima\19\19-9

实例文件 index.php 的主要实现代码如下所示。

```
<?php
$doc = DOMDocument::load('dom.xml');
echo $doc->saveXML();
//第二种是实例化一个DOMDocument对象再调用load()函数
$doc = new DOMDocument();
$doc->load('dom.xml');
echo $doc->saveXML();
?>
```

上述代码的功能是打开指定的 XML 文件 dom.xml，执行效果如图 19-10 所示。

XML文档创建成功

图 19-10　执行效果

注意：上面的实例中，通过实例化一个 DOMDocument 对象来调用 load()函数打开 XML 文档，并用函数 loadXML()打开 XML 文档。

19.4.3　使用 DOM 读取数据

通过 DOM 提供的内置函数可以在 XML 文档中读取数据，比如读取标签等，从而获得元素相关的信息。从 XML 中读取数据也是 XML 作为数据交换的基本功能。函数 getElementsByTagName()可以读取 XML 的标签，此函数的声明格式如下所示。

```
getElementsByTagName ( string name)
```

参数 name 用于指向 XML 文档中自定义的标签名。它将返回文档中所有元素的列表，元素排列的顺序就是它们在文档中的顺序。例如下面实例的功能是使用 DOM 读取 XML 数据。

实例 19-10　使用 DOM 读取 XML 数据

源码路径　daima\19\19-10

实例文件 index.php 的主要实现代码如下所示。

```
<?php
  $doc = new DOMDocument('1.0','utf-8');                    //定义DOM对象
  $doc->load( 'books.xml' );                                //加载指定的XML文件
```

```
$books = $doc->getElementsByTagName( "book" );              //获取XML文件中的元素
foreach( $books as $book )                                  //遍历各个XML元素
{
$datatimes= $book->getElementsByTagName( "datatime" );  //获取“datatime”标签的信息
$datatime= $datatimes->item(0)->nodeValue;
$prices= $book->getElementsByTagName( "price" );            //获取“price”标签的信息
$price= $prices->item(0)->nodeValue;
$titles = $book->getElementsByTagName( "title" );
                         //获取“title”标签的信息
$title = $titles->item(0)->nodeValue;
echo "书名".$title."|";          //显示书名
echo "出版日期".$datatime."|";   //显示出版日期
echo "价格".$price."|";          //显示价格
}
?>
```

在上述实例代码中，方法 getElementsByTagName()的参数字符串可以不区分大小写，本实例的执行效果如图 19-11 所示。

书名PHP大话|出版日期2017-5-4|价格69|书名PHP范例大全|出版日期2017-1-4|价格98|

图 19-11　执行效果

注意:

XML 数据读取除了上面的写法外，其实 getElementsByTagName()还可以获取任何类型的 HTML 元素的列表，还可以使用 getElementsByTagName()获取文档中的一个特定的元素，其代码如下所示。

```
var tables = document.getElementsByTagName("table");
alert ("该文档包含" + tables.length + " tables");
```

注意：其他通过 DOM 操作数据。

通过 DOM 提供的函数可以在 XML 文档中查询或删除数据，比如查询标签。从 XML 中操作数据也是 XML 作为数据交换经常用到的操作。比如用 removeChild()函数删除节点的父节点，removeNode()是所要删除的节点。更多详细内容请读者朋友参阅 PHP 操作手册。

19.5　使用 SimpleXML 处理 XML

视频讲解：第 19 章\使用 SimpleXML 处理 XML.mp4

从 PHP 5 开始新加入了 SimpleXML 函数来操作 XML 文件，并在 PHP 7 中得到了大力普及和发展。在本节的内容中，将详细讲解使用 SimpleXML 系列函数来操作 XML 文档的方法。

19.5.1　创建 SimpleXML 对象

在 PHP 程序中，通过如下 3 种方法来创建 SimpleXML 对象。

(1) Simplexml_load_file()函数，将指定的文件解析到内存中。

(2) Simplexml_load_string()函数，将创建的字符串解析到内存中。

(3) Simplexml_load_date()函数，将一个使用 DOM 函数创建的 DomDocument 对象导入到内存中。

在下面的实例中创建了 3 个 SimpleXML 对象。

实例 19-11　创建 3 个 SimpleXML 对象

源码路径　daima\19\19-11

实例文件 index.php 的主要实现代码如下所示。

```
<?php
/*  第一种方法  */
$xml_1 = simplexml_load_file("5.xml");
print_r($xml_1);
/*  第二种方法  */
$str = <<<XML
<?xml version='1.0' encoding='utf-8'?>
<Object>
 <ComputerBook>
     <title>大话PHP程序开发</title>
 </ComputerBook>
</Object>
XML;
$xml_2 = simplexml_load_string($str);
echo '<br>';
print_r($xml_2);
/*  第三种方法  */
$dom = new domDocument();
$dom -> loadXML($str);
$xml_3 = simplexml_import_dom($dom);
echo '<br>';
print_r($xml_3);
?>
```

在上述代码中，使用 3 个函数分别创建 3 个对象，并使用函数 print_r 输出了这 3 个对象。执行效果如图 19-12 所示。

```
SimpleXMLElement Object ( [ComputerBook] => SimpleXMLElement Object ( [title] => 大话PHP程序开发 ) )
SimpleXMLElement Object ( [ComputerBook] => SimpleXMLElement Object ( [title] => 大话PHP程序开发 ) )
SimpleXMLElement Object ( [ComputerBook] => SimpleXMLElement Object ( [title] => 大话PHP程序开发 ) )
```

图 19-12　执行效果

19.5.2　遍历子元素

在 PHP 程序中创建 SimpleXML 对象后，就可以使用 SimpleXML 的其他函数来读取数据了。使用 SimpleXML 对象中的 children()方法和 foreach 循环语句可以遍历所有子节点元素。例如下面实例的功能是使用 children()方法遍历所有的子节点。

实例 19-12　使用 children()方法遍历所有的子节点

源码路径　daima\19\19-12

实例文件 index.php 的主要实现代码如下所示。

```
<?php
$str = <<<XML                    //开始编写XML代码
<?xml version='1.0' encoding='utf-8'?>
<object>
 <book>
     <computerbook>大话PHP程序开发</computerbook>
                                 //第1个元素
 </book>
 <book>
     <computerbook>PHP范例大全</computerbook>          //第2个元素
 </book>
</object>
XML;
$xml = simplexml_load_string($str);                    //把XML字符串载入对象中
foreach($xml->children() as $layer_one){               //遍历所有子节点元素
 print_r($layer_one);                                  //打印结果
 echo '<br>';
 foreach($layer_one->children() as $layer_two){        //遍历所有子节点元素
     print_r($layer_two);                              //打印结果
```

```
        echo '<br>';
    }
}
?>
```

执行效果如图 19-13 所示。

```
SimpleXMLElement Object ( [computerbook] => 大话PHP程序开发 )
SimpleXMLElement Object ( [0] => 大话PHP程序开发 )
SimpleXMLElement Object ( [computerbook] => PHP范例大全 )
SimpleXMLElement Object ( [0] => PHP范例大全 )
```

图 19-13　执行效果

19.5.3　遍历所有元素的属性

在 PHP 程序中，SimpleXML 不但可以遍历子元素，而且还可以遍历元素中的属性。其使用的是 SimpleXML 对象中的 attributes()方法，具体用法和前面讲解的 children()方法类似。例如下面实例的功能是遍历所有元素的属性。

实例 19-13　遍历所有元素的属性

源码路径　daima\19\19-13

实例文件 index.php 的主要实现代码如下所示。

```
<?php
$str = <<<XML
<?xml version='1.0' encoding='utf-8'?>
<object name='commodity'>
 <book type='computerbook'>
     <bookname name='PHP程序开发'/>
 </book>
 <book type='historybook'>
     <booknanme name='上下五千年'/>
 </book>
</object>
XML;
$xml = simplexml_load_string($str);                      //把XML字符串载入对象中
foreach($xml->children() as $layer_one){                 //遍历所有子节点元素
 foreach($layer_one->attributes() as $name => $vl){      //遍历元素中的属性
     echo $name.'::'.$vl;
 }
 echo '<br>';
 foreach($layer_one->children() as $layer_two){          //遍历元素中的属性
     foreach($layer_two->attributes() as $nm => $vl){    //遍历元素中的属性
         echo $nm."::".$vl;
     }
     echo '<br>';
 }
}
?>
```

在上述代码中，使用 attributes()方法遍历了所有的元素属性。执行效果如图 19-14 所示。

```
type::computerbook
name::PHP程序开发
type::historybook
name::上下五千年
```

图 19-14　执行效果

19.5.4　访问特定节点元素和属性

在 PHP 程序中，SimpleXML 对象除了可以使用上面两种方法来遍历所有的子节点元素和属性，还可以访问特定的数据元素。SimpleXML 对象可以通过子元素的名称对该子元素赋值，或使用子元素的名称数组来对该子元素的属性进行赋值。例如下面实例的功能是使用 SimpleXML 对象直接访问 XML 元素和属性。

实例 19-14　使用 SimpleXML 对象直接对 XML 元素和属性进行访问

源码路径　daima\19\19-14

实例文件 index.php 的主要实现代码如下所示。

```
<?php
$str = <<<XML
<?xml version='1.0' encoding='utf-8'?>
<object name='商品'>
 <book>
     <computerbook>PHP开发</computerbook>
 </book>
 <book>
     <computerbook name='PHP范例大全'/>
 </book>
</object>
XML;
$xml = simplexml_load_string($str);                  //把XML字符串载入对象中
echo $xml[name].'<br>';                              //输出name元素值
echo $xml->book[0]->computerbook.'<br>';             //输出第1个子元素
echo $xml->book[1]->computerbook['name'].'<br>';     //输出第2个子元素
?>
```

执行效果如图 19-15 所示。

商品
PHP开发
PHP范例大全

图 19-15　执行效果

19.5.5　修改 XML 的数据

在 PHP 程序中，修改 XML 数据的方法同读取 XML 数据的方法类似。和本章前面的实例 19-14 类似，在访问特定节点元素或属性时也可以对其进行修改操作。例如下面实例的功能是修改 XML 中的数据。

实例 19-15　修改 XML 的数据

源码路径　daima\19\19-15

实例文件 index.php 的主要实现代码如下所示。

```
<?php
header('Content-Type:text/html;charset=utf-8');
$str=<<<XML
<?xml version='1.0' encoding='utf-8'?>
<object name='商品'>
 <book>
     <computerbook type='PHP入门应用'>大话PHP程序开发</computerbook>
 </book>
</object>
XML;

$xml = simplexml_load_string($str);
echo $xml[name].'<br />';
$xml->book->computerbook['type'] = iconv('utf-8','utf-8','PHP程序员必备工具');
$xml->book->computerbook = iconv('utf-8','utf-8','PHP范例大全');
```

```
echo $xml->book->computerbook['type'].' => ';
echo $xml->book->computerbook;
?>
```

执行效果如图 19-16 所示。

商品
PHP程序员必备工具 => PHP范例大全

图 19-16 执行效果

19.5.6 保存 XML 文档

在 PHP 程序中，数据在 SimpleXML 对象中所进行的修改，实质上是在系统内存中做的改动，而原文档根本没有变化。当关掉网页或清空内存时，数据又会恢复。在 PHP 程序中，可以使用 asXML()方法来保存一个修改过的 SimpleXML 对象，该方法可以将 SimpleXML 对象中的数据格式化为 XML 格式。然后再使用函数 file()中的写入函数将数据保存到 XML 文件中。例如下面实例的功能是保存 XML 文档。

实例 19-16 保存 XML 文档

源码路径 daima\19\19-16

实例文件 index.php 的主要实现代码如下所示。

```
<?php
$xml = simplexml_load_file('10.xml');
$xml->book->computerbook['type'] = iconv('utf-8','utf-8','PHP程序员必备工具');
$xml->book->computerbook = iconv('utf-8','utf-8','PHP程序开发');
$modi = $xml->asXML();
file_put_contents('10.xml',$modi);
$str = file_get_contents('10.xml');
echo $str;
?>
```

在上述代码中，首先从文件 10.xml 中生成 SimpleXML 对象，然后对 SimpleXML 对象中的元素进行修改，最后将修改后的 SimpleXML 对象再保存到文件 10.xml 中。执行效果如图 19-17 所示。

```
<?xml version="1.0" encoding="UTF-8"?>
- <object name="商品">
  - <book>
      <computerbook type="PHP程序员必备工具">PHP程序开发</computerbook>
    </book>
</object>
```

图 19-17 执行效果

19.6 技术解惑

（1）读者疑问：在学习 PHP 操作 XML 时，曾经提到 DTD、CSS 与 DOM，它们之间有什么区别，各有什么特性呢？

解答：总结三者的区别。

① DTD 是对用户定义的标记给予说明的文档。

② DOM 是文档对象类型，它是一套编程接口，可以用来对 XML 文档进行加工处理，比如给文档增加一个节点，修改、删除一个节点等。

③ CSS 是一个显示样式文档。

（2）读者疑问：在本章提到处理指令指定层叠样式时，文件格式后缀名是“.xsl”，这到底是什么样的文件？有什么特性呢？

解答：XSL 是 Extensible Stylesheet Language 的缩写，意为可扩展样式表语言，它提供比 CSS 更加强大的 XML 文件显示格式的功能。它能够使用程序代码取出 XML 所需的数据然后指定显示的样式。

19.7 课后练习

（1）编写一个 PHP 程序：单击页面中的超级链接后创建一个 XML 文件。

（2）编写一个 PHP 程序：使用函数 loadXML()从指定的字符串中读取 XML。

（3）编写一个 PHP 程序：初始化 XML 解析器，加载 XML，并循环<note>元素中的所有元素。

（4）编写一个 PHP 程序：初始化 XML 解析器，为不同的 XML 事件定义处理器，然后解析这个 XML 文件。

第 20 章

使用 Ajax 技术

Ajax 是一门使用客户端脚本与 Web 服务器交换数据的 Web 开发技术，当在 PHP 网页中使用 Ajax 技术后，Web 页面可以不用打断交互流程而直接重新加载页面，从而实现动态地更新功能。在本章的内容中，将详细讲解在 PHP 程序中使用 Ajax 技术的基础知识，为读者步入本书后面知识的学习打下基础。

20.1　Ajax 技术基础

视频讲解：第 20 章\Ajax 技术基础.mp4

Ajax 是一种创建交互式网页的网页开发技术。其中 XMLHttpRequest 是最为核心的内容，它能够为页面中的 JavaScript 脚本提供特定的通信方式，从而使页面通过 JavaScript 脚本和服务器之间实现动态交互。另外，XMLHttpRequest 的最大优点是页面内的 JavaScript 脚本可以不用刷新页面，而直接和服务器完成数据交互。

20.1.1　Ajax 技术初体验

作为新兴的和功能强大的技术，Ajax 一经推出后便迅速受到了广大用户的青睐。例如，Google 公司通过 Ajax 技术开发出了界面友好的 Google Maps。

浏览用户可以灵活地使用鼠标拖动地图至希望察看的位置。同时，Ajax 技术在后台把当前位置周围的图片文件下载到本地并进行缓存，让用户根本感觉不到任何传统浏览器中所需要的等待。

另外，在 lotterypost 站点中，通过 Ajax 技术实现了绚丽显示页面效果，实现了只有使用特定软件技术才能实现的效果。

20.1.2　Ajax 技术的原理

在传统的 Web 应用模型中，浏览器负责向服务器提出访问请求，并显示服务器返回的处理结果。而在 Ajax 处理模型中，使用了 Ajax 中间引擎来处理上述通信。Ajax 中间引擎实质上是一个 JavaScript 对象或函数，只有当信息必须从服务器上获得的时候才调用它。和传统的处理模型不同，Ajax 不再需要为其他资源提供链接，而只是当需要调度和执行时才执行这些请求，而这些请求都是通过异步传输完成的，而不必等到收到响应之后才执行。图 20-1 和图 20-2 分别列出了传统模型和 Ajax 模型的处理方式。

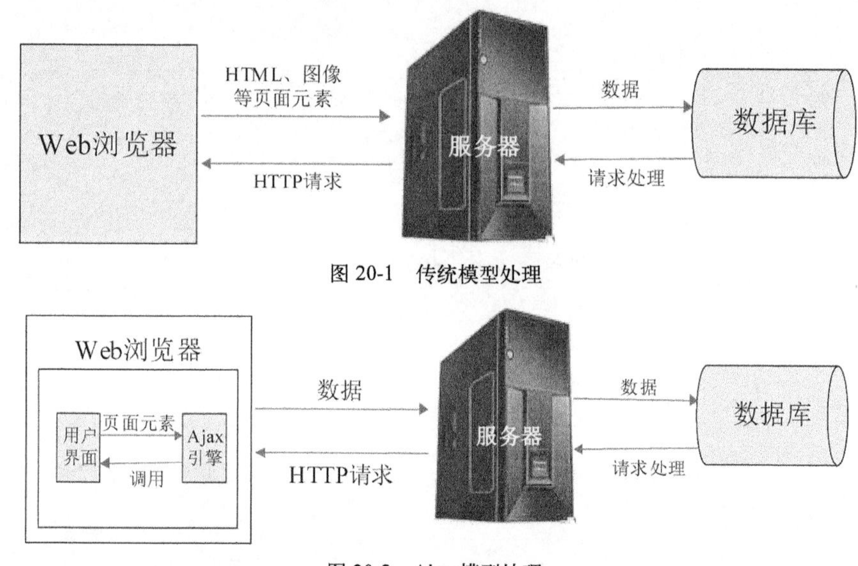

图 20-1　传统模型处理

图 20-2　Ajax 模型处理

从图 20-1 和图 20-2 所示的处理模式可以看出：Ajax 技术在客户端实现了高效的信息交互，通过 Ajax 引擎可以和用户浏览界面实现数据传输。即当 Ajax 引擎收到服务器响应时，将会触发一些操作，通常是完成数据解析，以及基于所提供的数据对用户界面做一些修改。

20.1.3 Ajax 技术特点

由前面的介绍体验效果图中可以看出，和传统的 Web 开发技术相比，Ajax 技术具有如下 5 个突出特点。

（1）页面独立性

传统的 Web 应用程序一般由多个页面构成，协同完成特定处理功能。而对于一个典型的 Ajax 应用程序，用户无须在不同的页面中切换，只要停留在一个页面中，由 XMLHttpRequest 对象从服务器取得数据，然后由 JavaScript 操作页面上的元素并更新其中内容。

（2）符合标准性

作为 Ajax 技术的核心，W3C 正在对 XMLHttpRequest 的规范进行标准化处理，XMLHttpRequest 成为标准已经指日可待。而在 Ajax 领域所使用的其他组成技术，包括 JavaScript、XML、CSS 和 DOM 等，均早已成为标准并被所有的主流浏览器所实现。这样，典型的 Ajax 应用程序无需客户端进行任何形式的安装部署，即可兼容地运行于每一个主流浏览器之上。

（3）能够获取服务器数据后而灵活更新页面内的指定内容，而不需要刷新整个页面。

（4）页面和服务器间的数据交互可以通过异步传输来实现，而不需要中断用户当前的操作。

（5）减少了页面和服务器间的数据传输数量，从而大大提高了应用程序的处理效率。

20.1.4 Ajax 的构成元素介绍

Ajax 技术并不是一种单一的技术，而是多种技术的集合，各项技术的具体功能如下所示。

JavaScript 技术。JavaScript 是通用的脚本语言，Ajax 程序是用 JavaScript 编写的。JavaScript 用来嵌入在某种应用中，实现浏览器和应用程序的交互。

CSS 技术。CSS 为页面元素提供了样式定义方法，可以将页面内的各种元素设置为不同的显示样式。

DOM 技术。DOM 是一组可使用 JavaScript 展现出 Web 页面结构。通过 DOM 可以实现 Ajax 用户界面的变换，以垂直的方式显示页面中的指定部分。

XMLHttpRequest 技术。通过 XMLHttpRequest 开发人员可以使服务器后台以活动的方式获取数据，而这种数据的格式是以 XML 传输的。

上述 4 种技术相互结合使用，实现了 Ajax 技术在现实开发中的具体应用，改善了用户界面的交互体验。JavaScript 起到了连接作用，将各个部分连接到了一起。通过 JavaScript 操作 DOM 来改变和刷新用户界面，并处理各种对应处理、交互和响应。CSS 提供了页面元素的显示外观，并为 DOM 操作提供了很大的方便。而 XMLHttpRequest 则实现了与服务器端的异步通信处理，并实现用户数据的提交和获取处理。上述技术的具体运作关系流程如图 20-3 所示。

Ajax 实现一次用户操作的整个流程如下。

（1）用户在页面上执行了某个操作，激活某个修饰区域。

（2）根据用户的操作，页面回复相应的 DHTML 事件。

（3）调用注册到该 DHTML 事件客户端的 JavaScript 事件处理函数。具体为初始化一个用以向服务器发送异步请求的 XMLHttpRequest 对象，同时指定一个回调函数，当服务器端的响应返回时，将自动调用该回调函数。

（4）服务器收到 XMLHttpRequest 对象的请求后，开始根据请求进行一系列的处理。

（5）操作完毕后，服务器返回客户端所需要的数据。

（6）数据到达客户端之后，执行 JavaScript 回调函数。

（7）客户端根据返回的数据对用户界面进行更新。

（8）浏览用户看到界面的变化。

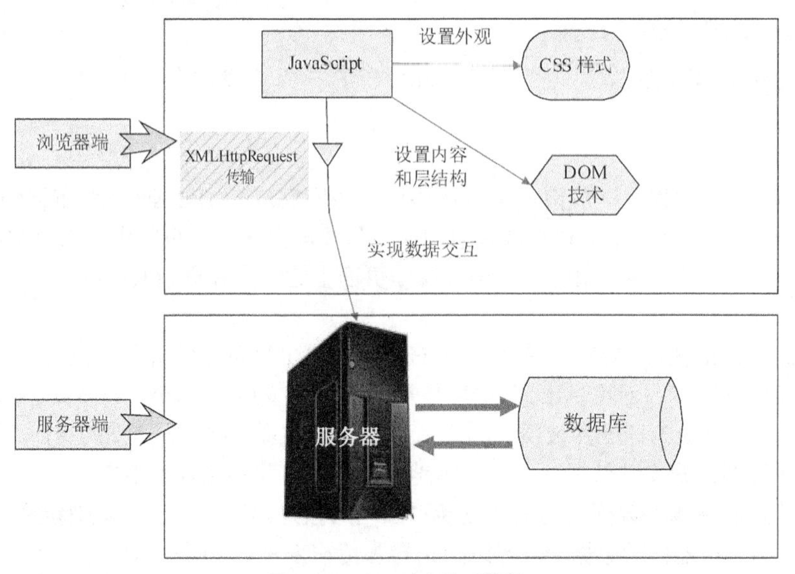

图 20-3　Ajax 元素关系流程

上述流程的具体运行过程如图 20-4 所示。

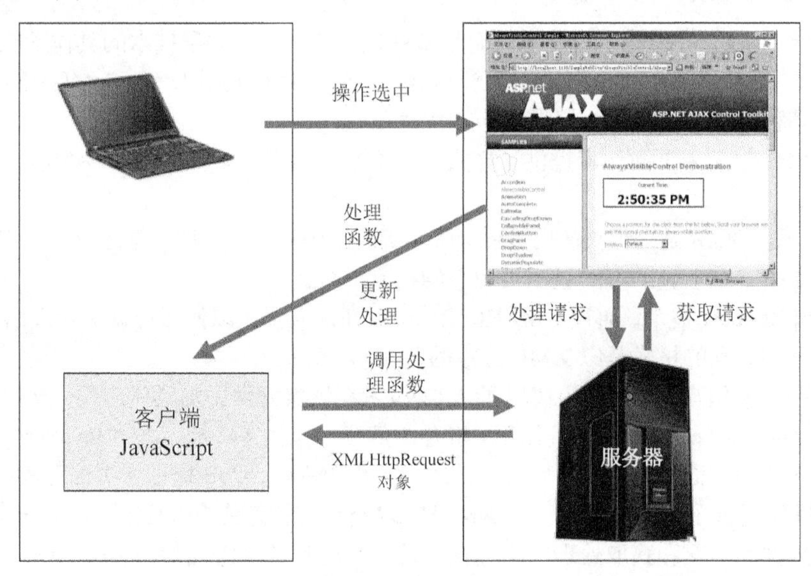

图 20-4　Ajax 处理流程

20.1.5　一个简单的 Ajax 程序

在前面讲解了这么多关于 Ajax 的基本知识，下面将通过一个实例来讲解 Ajax 技术的用法，你可以通过这个实例初步体验 Ajax 的功能。

实例 20-1　一个简单的 Ajax 程序

源码路径　daima\20\20-1

本实例的功能是使用 Ajax 实现对页面的文件的简单调用，首先创建文件 index.html，此页面的代码用来显示不同情况下不同的页面，并在里面编写 JavaScript 代码，其主要实现代码如下所示。

```
<script type="text/javascript">
 <!--
 var xmlhttp = false;                    //声明变量并初始化
//下面根据不同的浏览器创建不同的XMLHttpRequest对象
 try {
            //如果是Firefox, Opera 8.0+, Safari 非IE浏览器
            xmlhttp = new ActiveXObject("Msxml2.XMLHTTP");
     alert ("You are using Microsoft Internet Explorer.");
 } catch (e) {
            try {//IE浏览器
                xmlhttp = new ActiveXObject("Microsoft.XMLHTTP");
         alert ("You are using Microsoft Internet Explorder");
     } catch (E) {
                xmlhttp = false;
     }
 }
//如果当前浏览器不支持
 if (!xmlhttp && typeof XMLHttpRequest != 'undefined') {
     xmlhttp = new XMLHttpRequest();
     alert ("You are not using Microsoft Internet Explorer");
 }
 //将请求页面和代码加载到指定位置
 function makerequest(serverPage, objID) {
     //将要被替换的页面位置obj
     var obj = document.getElementById(objID);
     //发出页面serverPage请求
     xmlhttp.open("GET", serverPage);
     xmlhttp.onreadystatechange = function() {
         if (xmlhttp.readyState == 4 && xmlhttp.status == 200) {
             //将服务器返回的信息替换到页面位置obj
             obj.innerHTML = xmlhttp.responseText;
         }
     }
     xmlhttp.send(null);
 }

 //-->
</script>
<body onload="makerequest ('content1.html','hw')">
 <div align="center">
     <h1>My Webpage</h1>
     <a href="content1.html" onclick="makerequest('content1.html','hw'); return false;">
Page 1</a> | <a href="content2.html" onclick="makerequest('content2.html','hw');return false;">
Page 2</a> | <a href="content3
.html" onclick="makerequest('content3.html','hw'); return false;">Page 3</a> | <a href=
"content4.html" onclick="makerequest('content4.html','hw'); return false;">Page 4</a>
     <div id="hw"></div>
 </div>
</body>
```

其他的 4 个页面都很简单，读者可以在配套资源里查看这些代码。当建立完这些代码后，将上述代码文件保存到服务器的环境下，运行浏览后得到如图 20-5 所示的执行效果。

单击“确定”按钮后看到如图 20-6 所示的效果。

单击不同的超级链接 Page 1、Page 2、Page 3 和 Page 4，将会显示不同的页面内容，而且反应速度十分快，如图 20-7 所示。

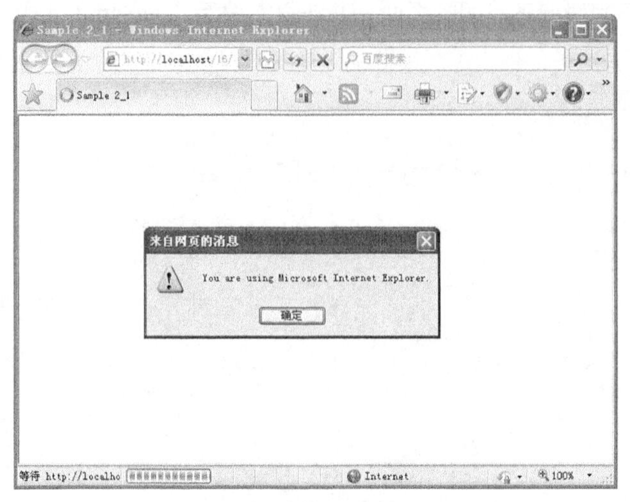

图 20-5　初始执行效果

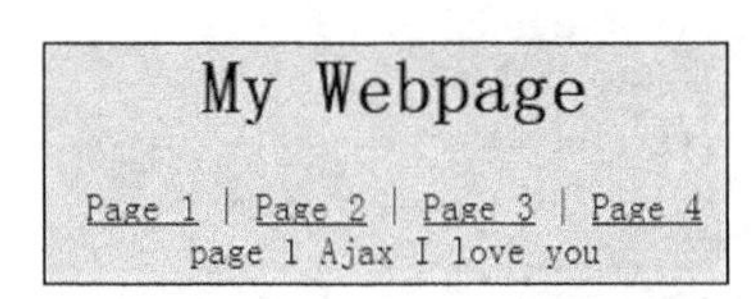

图 20-6　显示"Page 1"页面

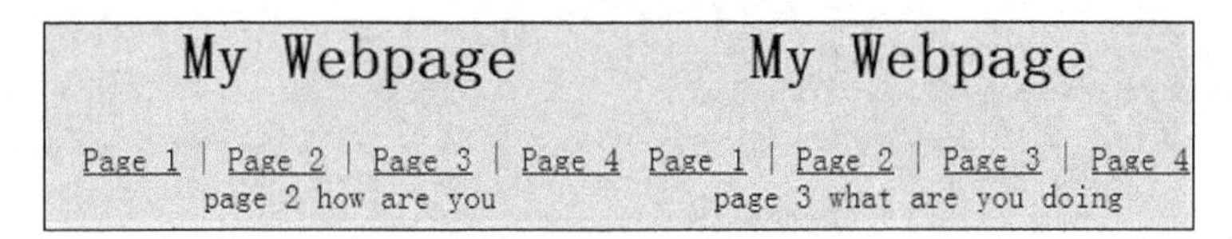

图 20-7　执行效果

20.2　PHP 与 Ajax 的应用

视频讲解：第 20 章\PHP 与 Ajax 的应用.mp4

Ajax 技术实际上是老技术的新用法，下面将详细讲解在 PHP 程序中使用 Ajax 技术的知识。

20.2.1　创建 XMLHttpRequest 对象

XMLHttpRequest 是由浏览器提供的一个 ActiveX 组件，使用该组件可以使页面不需要刷新就能实现与服务器的交互操作。目前主流的浏览器 Chrome、Firefox、NetScape 等都提供了对该组件的支持。Ajax 通过对该组件的使用，有效地降低了服务器的负担和用户的等待时间。下面的实例演示了该组件在 Ajax 中的使用方法，整个实例的 Ajax 部分十分简单，它是在静态 HTML 上通过 Script 标签来实现的，对于 XMLHttpRequest 组件来说可以通过 new 语句来创建对象。

实例 20-2　创建 XMLHttpRequest 对象
源码路径　daima\20\20-2

实例文件 index.php 的主要实现代码如下所示。

```
<script type="text/javascript">
var xmlobj;                     //定义XMLHttpRequest对象
if(window.ActiveXObject)        //如果当前浏览器支持ActiveXObject,则创建ActiveXObject对象
{
```

```
        xmlobj = new ActiveXObject("Microsoft.XMLHTTP");
    }
    else if(window.XMLHttpRequest)
    //如果当前浏览器支持XMLHttpRequest,则创建XMLHttpRequest对象
    {
        xmlobj = new XMLHttpRequest();
    }
    </script>
```

上述代码定义了一个 xmlobj 变量，然后判断当前的浏览器是否支持 ActiveX 对象，并且根据浏览器的支持情况使用不同的方法创建对象。对于 IE 浏览器来说，由于其支持 ActiveX 对象，往往使用 Microsoft XMLHTTP 组件来创建 XMLHttpRequest 对象。对于 NetScape 等其他浏览器来说，往往直接使用 XMLHttpRequest 组件来创建对象。

在 Ajax 中使用不同的方法创建对象，是因为 Ajax 是在客户端浏览器上运行的，由于 IE 和 NetScape 浏览器的组件名不同，在创建 XMLHttpRequest 对象时要根据浏览器的不同创建不同的对象。

20.2.2 检测用户名是否存在

例如下面实例的功能是检测某个用户名是否存在。

实例 20-3 检测用户名是否存在

源码路径 daima\20\20-3

本实例的功能是通过 Ajax 技术实现不刷新页面检测用户名是否被占用，在系统数据库“db_database20”中保存了一些用户信息。实例文件 index.php 的主要实现代码如下所示。

```
<script language="javascript">
var http_request = false;
function createRequest(url) {
 //初始化对象并发出XMLHttpRequest请求
 http_request = false;
 if (window.XMLHttpRequest) {                    //Mozilla等其他浏览器
     http_request = new XMLHttpRequest();
     if (http_request.overrideMimeType) {
         http_request.overrideMimeType("text/xml");
     }
 } else if (window.ActiveXObject) {              //IE浏览器
     try {
         http_request = new ActiveXObject("Msxml2.XMLHTTP");
     } catch (e) {
         try {
             http_request = new ActiveXObject("Microsoft.XMLHTTP");
        } catch (e) {}
     }
 }
 if (!http_request) {
     alert("不能创建XMLHTTP实例!");
     return false;
 }
 http_request.onreadystatechange = alertContents;    //指定响应方法

 http_request.open("GET", url, true);                //发出HTTP请求
 http_request.send(null);
}
function alertContents() {                          //处理服务器返回的信息
 if (http_request.readyState == 4) {                //判断对象状态，4表示响应已完成
     if (http_request.status == 200) {              //响应成功
         alert(http_request.responseText);
     } else {                                       //如果是其他状态值
```

```
            alert('您请求的页面发现错误');
        }
    }
}
</script>
<script language="javascript">
function checkName() {
 var username = form1.username.value;      //获取用户名的值
 if(username=="") {                         //如果用户名为空
     window.alert("请填写用户名!");          //提示输入用户名
     form1.username.focus();
     return false;
 }
 else {
     createRequest('checkname.php?username='+username+'&nocache='+new Date().getTime());
 }
}
</script>
```

文件 checkname.php 的功能是使用 PHP 连接数据库“db_database20”，查询数据库中是否存在要检测的用户名，然后使用 PHP 的 echo 语句输出检测结果。主要实现代码如下所示。

```
<?php
 header('Content-type: text/html;charset=utf-8');   //指定发送数据的编码格式为UTF-8
 $link=mysql_connect("localhost","root","66688888");
 mysql_select_db("db_database20",$link);
 $GB2312string=iconv( 'gb2312', 'utf-8//IGNORE' , $RequestAjaxString);
//Ajax中先用encodeURIComponent对要提交的中文进行编码
 mysql_query("set names utf-8");                     //设置编码格式
 $username=$_GET[username];                          //获取输入的用户名
 //查询数据库中的此用户名信息
 $sql=mysql_query("select * from tb_user where name='".$username."'");
 $info=mysql_fetch_array($sql);                      //赋值查询结果
 if ($info){
     echo "很报歉!用户名[".$username."]已经被注册!";     //如果数据库中存在此用户名
 }else{
     echo "祝贺您!用户名[".$username."]没有被注册!";     //如果数据库中不存在此用户名
 }
?>
```

执行效果如图 20-8 所示。

图 20-8　执行效果

20.2.3 添加新闻类别

例如下面实例的功能是向系统中添加新的新闻类别。

实例 20-4 添加新闻类别

源码路径 daima\20\20-4

本实例的功能是通过 Ajax 技术实现无刷新地添加文章类别。实例文件 index.php 的主要实现代码如下所示。

```
<script language="javascript">
var http_request = false;
function createRequest(url) {
 //初始化对象并发出XMLHttpRequest请求
 http_request = false;
 if (window.XMLHttpRequest) {
     //Mozilla等其他浏览器
     http_request = new XMLHttpRequest();
     if (http_request.overrideMimeType) {
         http_request.overrideMimeType("text/xml");
     }
 } else if (window.ActiveXObject) {
 //IE浏览器
     try {
         http_request = new ActiveXObject("Msxml2.XMLHTTP");
     } catch (e) {
         try {
             http_request = new ActiveXObject("Microsoft.XMLHTTP");
        } catch (e) {}
     }
 }
 if (!http_request) {
     alert("不能创建XMLHTTP实例!");
     return false;
 }
 http_request.onreadystatechange = alertContents;
 //指定响应方法
 http_request.open("GET", url, true);
  //发出HTTP请求
 http_request.send(null);
}
function alertContents() {
 //处理服务器返回的信息
 if (http_request.readyState == 4) {
     if (http_request.status == 200) {
         sort_id.innerHTML=http_request.responseText;
      //设置sort_id HTML文本替换的元素内容
     } else {
         alert('您请求的页面发现错误');
     }
 }
}
</script>
<script language="javascript">
function checksort() {
 var txt_sort = form1.txt_sort.value;
 if(txt_sort=="") {
     window.alert("请填写文章类别!");
     form1.txt_sort.focus();
     return false;
 }
 else {
```

```
        createRequest('checksort.php?txt_sort='+txt_sort);
      }
    }
    </script>
    <form name="form1" method="post" action="">
    ……
    <?php
    $link=mysql_connect("localhost","root","66688888");
    mysql_select_db("db_database20",$link);
    $GB2312string=iconv( 'gb2312', 'UTF-8//IGNORE' , $RequestAjaxString);
    //Ajax中先用encodeURIComponent对要提交的中文进行编码
    mysql_query("set names UTF-8");
    $sql=mysql_query("select distinct * from tb_sort group by sort");
    $result=mysql_fetch_object($sql);
         do{
             header('Content-type: text/html;charset=UTF-8'); //指定发送数据的编码格式为UTF-8
    ?>
    <option value="<?php echo $result->sort;?>" selected><?php echo $result->sort;?></option>
    <?php
      }while
    ($result=mysql_fetch_object($sql));
    ?>
```

文件 checksort.php 首先从数据表中获取博客分类信息，然后添加到数据库中，最后显示在下拉列表中。主要实现代码如下所示。

```
    <?php
     $link=mysql_connect("localhost","root","66688888");    //连接的服务器参数
     mysql_select_db("db_database20",$link);                 //连接的数据库名
    //Ajax中先用encodeURIComponent对要提交的中文进行编码
     $GB2312string=iconv( 'gb2312', 'UTF-8//IGNORE',$RequestAjaxString);
     mysql_query("set names utf-8");
     $sort=$_GET[txt_sort];
     mysql_query("insert into tb_sort(sort) values('$sort')");
     header('Content-type: text/html;charset=utf-8');    //指定发送数据的编码格式为UTF-8
    ?>
    <table border="0" cellpadding="0" cellspacing="0">
      <tr>
     <td>
     <select name="select" >
     <?php
         $link=mysql_connect("localhost","root","66688888");
         mysql_select_db("db_database20",$link);
         $GB2312string=iconv( 'gb2312', 'UTF-8//IGNORE' , $RequestAjaxString);
    //Ajax中先用encodeURIComponent对要提交的中文进行编码
         mysql_query("set names utf-8");
         $sql=mysql_query("select distinct * from tb_sort group by sort");
         $result=mysql_fetch_object($sql);
         do{
             header('Content-type: text/html;charset=UTF-8');//指定发送数据的编码格式为UTF-8
     ?>
       <option value="<?php echo $result->sort;?>" selected><?php echo $result->sort;?></option>
     <?php
         }while($result=mysql_fetch_object($sql));
     ?>
        </select>
        </td>
        <td width="20%" height="21" align="right" valign="baseline"><input name="txt_sort" 
type="text" id="txt_sort" size="12" style="border:1px #64284A solid; height:21"></td>
        <td width="49%" height="21" align="left" valign="baseline"><img src="images/add.
gif" width="67" height="23" onclick="checksort();"></td>
      </tr>
    </table>
```

执行效果如图 20-9 所示。

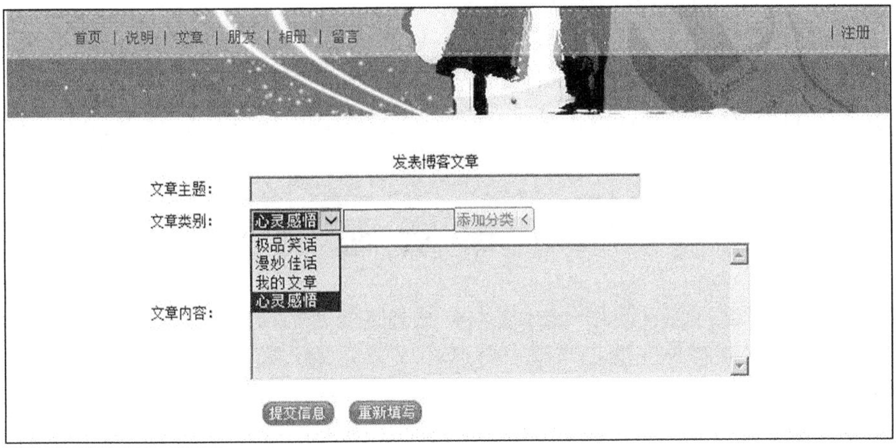

图 20-9 执行效果

20.3 技 术 解 惑

(1) 读者疑问：在最后一节中讲解了伪 Ajax，那么什么是伪 Ajax，它起到了什么样的作用？

解答：伪 Ajax 方式实际上就是使用异步回调，它的方式过程有点复杂，但是基本实现了 Ajax，以及信息提示的功能，如果接受模板的信息提示比较多，那么还可以通过设置层的方式来处理，这个随机应变吧。

(2) 读者疑问：在使用 Ajax 时，常常会出现乱码，遇到这样的问题，让网页开发者十分头痛，这一问题该如何解决呢？

解答：用 Ajax 获取并返回一个页面时，RESPONSETEXT 里面的中文多半会出现乱码，这是因为 MMLHttp 在处理返回的 responseText 的时候，把 responseBody 按 UTF-8 编码进行解码，如果服务器送出的确实是 UTF-8 的数据流的时候汉字会正确显示，而送出了 GBK 编码流的时候就乱了。解决的办法就是在送出的流里面加一个 HEADER，指明送出的是什么编码流，这样 XMLHTTP 就不会乱搞了，建议用户使用下面的代码，其代码如下所示。

向服务器发送请求，在服务器端加入：

```
String  string  =  request.getParmater("parmater");
string  =  new  String(string.getBytes("ISO8859-1"),"GBK");
```

服务器向客户端发送报文：

```
String  static  CONTENT_TYPE  =  "text/html;charset=GBK";
response.SetContentType(CONTENT_TYPE);
```

(3) 读者疑问：听说 Ajax 不是万能的，不是任何场景都可以使用，对于初学者来说，不知道哪些场景中不建议使用 Ajax，请指教！

解答：下面的这些场景不建议使用 Ajax。

- 简单的表单：虽然表单提交可以从 Ajax 获取最大的益处，但一个简单的评论表单极少能从 Ajax 得到什么明显的改善。而一些较少用到的表单提交，Ajax 则帮不上什么忙。
- 搜索：有些使用了 Ajax 的搜索引擎，如 Start.com 和 Live.com 不允许使用浏览器的后退按钮来查看前一次搜索的结果，这对已经养成搜索习惯的用户来说是不方便的。现在 Dojo 通过 iframe 来解决这个问题。
- 基本的导航：使用 Ajax 来做站点内的导航是一个坏主意，它不会对网页产生任何影响。

- 替换大量的文本：使用 Ajax 可以实现页面的局部刷新，但是如果页面的每个部分都改变了，为什么不重新做一次服务器请求呢？
- 对呈现的操纵：Ajax 看起来像是一个纯粹的 UI 技术，但事实上它不是。它实际上是一个数据同步、操纵和传输的技术。对于可维护的干净的 Web 应用，不使用 Ajax 来控制页面呈现是一个不错的主意。JavaScript 可以很简单地处理 XHMTL/HTML/DOM，使用 CSS 规则就可以很好地实现数据显示。

20.4　课后练习

（1）编写一个 PHP 程序：使用 Ajax 技术实现上传进度显示效果。

（2）编写一个 PHP 程序：演示当用户向 Web 表单中输入数据时，网页如何与在线的 Web 服务器进行通信。

第 21 章

使用 Smarty 模板

在当今软件开发市场中，PHP 模板技术数不胜数。其实 PHP 最早的模板技术是 MVC，经过多年的发展，诞生了更多基于 MVC 的优秀模板技术，尤其是 Smarty 模板技术在功能和速度上都处于领先的地位。在本章的内容中，将详细讲解在 PHP 开发中使用 Smarty 模板的基础知识，为读者步入本书后面知识的学习打下基础。

21.1　什么是 MVC

视频讲解：第 21 章\什么是 MVC.mp4

MVC 是一种设计模式，能够强制性地将应用程序的输入、处理和输出分开。使用 MVC 的应用程序被分成 3 个核心部件，分别是模型、视图、控制器，它们各自处理自己的任务。

21.1.1　MVC 介绍

MVC 中的 M 是指数据模型，V 是指用户界面，C 则是控制器。使用 MVC 的目的是将 M 和 V 的实现代码分离，从而使同一个程序可以使用不同的表现形式。比如一批统计数据可以分别用柱状图、饼图来表示。C 存在的目的则是确保 M 和 V 的同步，一旦 M 改变，V 应该同步更新。

MVC 就是“模型-视图-控制器”开发模式，这种开发模式是 Xerox PARC 在 20 世纪 80 年代为编程语言 Smalltalk-80 发明的一种软件设计模式，如今已被广泛使用。最近几年被推荐为 Oracle 公司 JavaEE 平台的设计模式，并且受到越来越多 ColdFusion 和 PHP 的开发者的欢迎。“模型-视图-控制器”模式是一个有用的工具箱，其工作流程如图 21-1 所示。

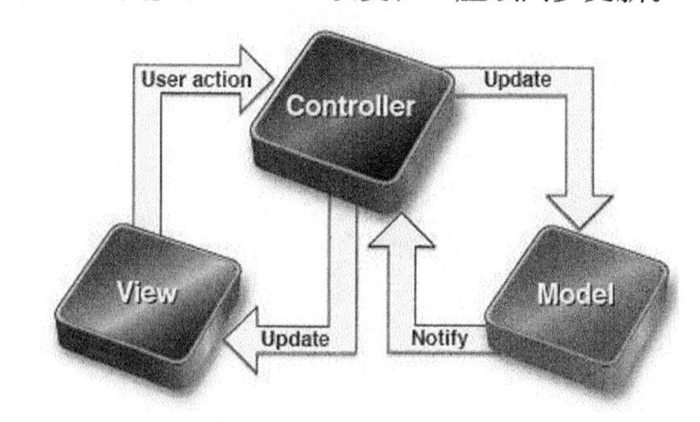

图 21-1　MVC 的工作流程

21.1.2　MVC 的构成

从图 21-1 所示的 MVC 工作流程中，可以看出 MVC 具有如下所示的三个构成部件。

1. 视图（Model）

视图是用户看到并与之交互的界面。对老式的 Web 应用程序来说，视图就是由 HTML 元素组成的界面。在新式的 Web 应用程序中，HTML 依旧在视图中扮演着重要的角色，但一些新的技术已层出不穷，它们包括 Macromedia Flash、XHTML、XML/XSL、WML 和 Web Services。MVC 一个大的好处是能为应用程序处理很多不同的视图。在视图中其实没有真正的处理，不管这些数据是联机存储的还是一个雇员列表，作为视图来讲，它只是作为一种输出数据并允许用户操纵的方式。

2. 模型（View）

模型表示企业数据和业务规则。在 MVC 的 3 个部件中，模型拥有最多的处理任务。例如它可能用像 EJB 和 ColdFusion Components 之类的构件对象来处理数据库。被模型返回的数据是中立的，就是说模型与数据格式无关，这样一个模型能为多个视图提供数据。由于应用于模型的代码只需写一次就可以被多个视图重用，所以减少了代码的重复性。

3. 控制器（Controller）

控制器接受用户的输入并调用模型和视图去完成用户的需求。所以当单击 Web 页面中的超链接和发送 HTML 表单时，控制器本身不输出任何东西和做任何处理。它只是接收请求并决定调用哪个模型构件去处理请求，然后确定用哪个视图来显示模型处理返回的数据。

MVC 处理过程的具体说明如下所示。

（1）控制器接收用户的请求，并决定应该调用哪个模型来进行处理。

（2）模型用业务逻辑来处理用户的请求并返回数据。

（3）控制器用相应的视图格式化模型返回的数据，并通过表示层呈现给用户。

21.1.3 MVC能给PHP带来什么

大部分Web应用程序都是用像ASP、PHP之类的过程化（自PHP 5.0版本后已全面支持面向对象模型）语言来创建的。它们将像数据库查询语句之类的数据层代码和HTML表示层代码混在一起。经验比较丰富的开发者会将数据从表示层分离开来，但是需要精心的计划和不断的尝试才能实现。MVC可以从根本上强制性将它们分开。尽管构造MVC应用程序需要一些额外的工作，但是它给我们带来的好处是毋庸置疑的。

多个视图能共享一个模型，需要用越来越多的方式来访问应用程序，其中的一个解决办法就是使用MVC。无论用户想要使用Flash界面或是WAP界面，使用一个模型就能处理它们。因为MVC已经将数据和业务规则从表示层分开，所以程序工作者可以最大化地重用你的代码了。

模型返回的数据没有进行格式化，所以同样的构件能被不同界面使用。例如，很多数据可能用HTML来表示，但是它们也有可能要用Macromedia Flash和WAP来表示。模型也有状态管理和数据持久性处理的功能，例如，基于会话的购物车和电子商务过程也能被Flash网站或者无线联网的应用程序所重用。

因为模型是自包含的，并且与控制器和视图相分离，所以很容易改变应用程序的数据层和业务规则。如果想把你的数据库从MySQL移植到Oracle，或者改变你的基于RDBMS数据源到LDAP，只需改变你的模型即可。一旦正确地实现了模型，不管数据来自数据库或是LDAP服务器，视图将会正确地显示它们。由于运用MVC的应用程序的三个部件是相互独立的，改变其中一个不会影响其他两个，所以依据这种设计思想你能构造良好的构件。

控制器也提供了一个好处，就是可以使用控制器来连接不同的模型和视图去完成用户的需求，这样控制器可以为构造应用程序提供强有力的手段。给定一些可重用的模型和视图，控制器可以根据用户的需求选择模型进行处理，然后选择视图将处理结果显示给用户。

概括来说，MVC具备如下所示的优点。

低耦合性：视图层和业务层分离，这样就允许更改视图层代码而不用重新编译模型和控制器代码，同样，一个应用的业务流程或者业务规则的改变只需要改动MVC的模型层即可。因为模型与控制器和视图相分离，所以很容易改变应用程序的数据层和业务规则。

高重用性和可适用性：随着技术的不断进步，现在需要用越来越多的方式来访问应用程序。MVC模式允许你使用各种不同样式的视图来访问同一个服务器端的代码。它包括任何Web（HTTP）浏览器或者无线浏览器（WAP），比如，用户可以通过电脑，也可以通过手机来订购某样产品，虽然订购的方式不一样，但处理订购产品的方式是一样的。由于模型返回的数据没有进行格式化，所以同样的构件能被不同的界面使用。例如，很多数据可能用HTML来表示，但是也有可能用WAP来表示，而这些表示所需要的仅是改变视图层的实现方式，而控制层和模型层无须做任何改变。

较低的生命周期成本：MVC降低了开发和维护用户接口的技术含量。

快速的部署：使用MVC模式使开发时间得到相当大的缩减，它使程序员（Java开发人员）集中精力于业务逻辑，界面程序员（HTML和JSP开发人员）集中业务于表现形式上。

可维护性：因为分为视图层和业务逻辑层，所以使得Web应用更易于维护和修改。

有利于软件工程化管理：由于不同的层各司其职，每一层不同的应用具有某些相同的特征，有利于通过工程化、工具化管理程序代码。

21.2　Smarty 模板基础

视频讲解：第 21 章\Smarty 模板基础.mp4

Smarty 是一个使用 PHP 语言编写的 PHP 模板引擎，是基于 MVC 模式的一个开发模板。开发者可以使用 Smarty 快速构建自己的 Web 站点，并且只需要编写很少的代码即可实现所需的功能。

21.2.1　Smarty 介绍

Smarty 是目前业界最著名的 PHP 模板引擎之一。Smarty 分离了逻辑代码和外在的内容，提供了一种易于管理和使用的方法，用来将原本与 HTML 代码混杂在一起的 PHP 代码逻辑分离。简单地讲，Smarty 的目的就是要使 PHP 程序员同美工分离，使程序员改变程序的逻辑内容不会影响到美工的页面设计，美工重新修改页面不会影响到程序的程序逻辑，这在多人合作的项目中显得尤为重要。

其实通过本书前面学习的内容足以开发出绝大多数 PHP 程序，但是为什么要引入 MVC，为什么要学习 Smarty 呢？这是因为 Smarty 具备如下所示的特性，使 PHP 开发技术上升到一个新的台阶。

速度：采用 Smarty 编写的程序可以获得最大速度的提高，这一点是相对于其他的模板引擎技术而言的。

编译型：采用 Smarty 编写的程序在运行时要编译成一个非模板技术的 PHP 文件，这个文件采用了 PHP 与 HTML 混合的方式，在下一次访问模板时将 Web 请求直接转换到这个文件中，而不再进行模板重新编译（在源程序没有改动的情况下）。

缓存技术：Smarty 选用的一种缓存技术，它可以将用户最终看到的 HTML 文件缓存成一个静态的 HTML 页，当设定 Smarty 的 cache 属性为 true 时，在 Smarty 设定的 cachetime 期内将用户的 Web 请求直接转换到这个静态的 HTML 文件中来，这相当于调用一个静态的 HTML 文件。

插件技术：Smarty 可以自定义插件。插件实际就是一些自定义的函数。

模板中可以使用“if/elseif/else/endif”：在模板文件使用判断语句可以非常方便地对模板进行格式重排。

21.2.2　获取并配置 Smarty

PHP 语言自身没有安装 Smarty 框架，如果读者需要使用 Smarty 框架开发 Web 项目，需要登录其官方网站进行下载。具体操作流程如下所示。

（1）打开 Smarty 的官方网站，如图 21-2 所示。

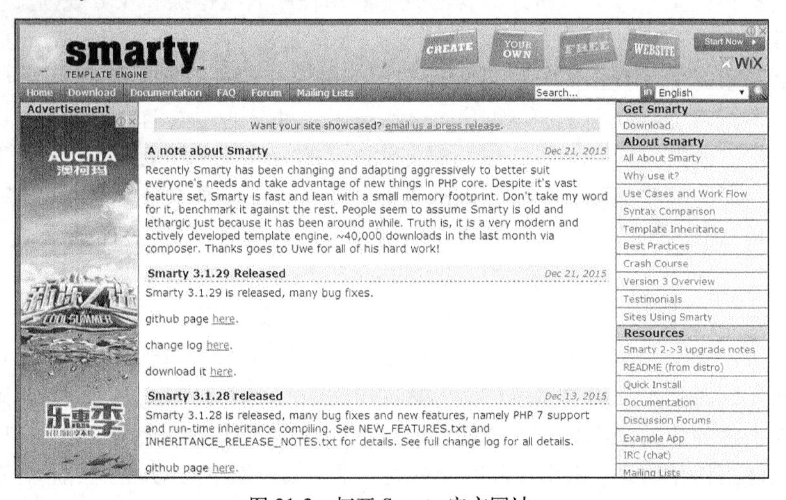

图 21-2　打开 Smarty 官方网站

（2）单击顶部的“Download”超级链接，进入 Smarty 下载页面，如图 21-3 所示。

qualifications
Fiber Optic Cable
Hakukoneoptimointi
Best SEO Firm
EHIC
Allogarage
Movie Box
TbinaryBrokers.com

Using Smarty

dissertationteam.com
Quinceanera Dresses
quinceanera gowns

I.T Certifications

I.T Certification Exams
Certification Practice
Tests
Real Exam Test
Questions

Sponsors

Download

Smarty 3 releases

Smarty 3 latest and recent releases can be obtained from GitHub:
https://github.com/smarty-php/smarty/releases

Smarty 2 releases

Smarty 2 latest and recent releases can be obtained from GitHub:
https://github.com/smarty-php/smarty/tags?after=v3.1.11

Smarty GIT Repository

You can download the latest master from Smarty GitHub repository:

git clone https://github.com/smarty-php/smarty.git

Download lastest master as a zip file:
https://github.com/smarty-php/smarty/archive/master.zip

Visit the GIT Repository: https://github.com/smarty-php/smarty

Composer
See Readme.md

Earlier Smarty Releases

https://github.com/smarty-php/smarty/tags

other inquiries, contact us at:
webmaster@smarty.net

Sites Using Smarty

Buy cheap glasses from Cheapglasses123.com and save up to 80%.

Where to buy dental loupes? LoupesUSA.com is your best choice!

Where to buy discount wedding dresses and cheap smart dresses free shipping - Weddingdresstrend.com

Find Wedding Dresses Online at Canada from Ca-dress.com

Wholesale Fashion Jewelry from wholesalers WhatWholesale.com

Soccer xp shop is discounted Soccer Cleats and Cheap Soccer Shoes for Sale at soccerxpshop.com

Advertisement

SetaPDF-

图 21-3　下载页面

（3）在网页中单击最新版的下载链接，链接在“Smarty 3 latest and recent releases can be obtained from GitHub”下面，来到 Github 界面。如图 21-4 所示。

图 21-4　Github 界面

（4）选择兼容 PHP 7 的版本 v3.1.29 进行下载，单击 v3.1.29 下面的“Source code (zip)”链接开始下载。下载完成后将压缩包解压，解压后会得到一个名为“libs”的目录，如图 21-5 所示。

plugins	2016/7/31 11:56	文件夹	
sysplugins	2016/7/31 11:56	文件夹	
Autoloader.php	2015/12/21 9:57	PHP Script	4 KB
debug.tpl	2015/12/21 9:57	Adobe Photosho...	5 KB
Smarty.class.php	2015/12/21 9:57	PHP Script	40 KB
SmartyBC.class.php	2015/12/21 9:57	PHP Script	13 KB

图 21-5　“libs”目录

在“libs”目录中包含了 Smarty 类库的核心文件，包括 smarty.class.php、smarty_Compiler.class.php、config_File.class.php 和 debug.html 这 4 个文件，另外还有 plugins 和 sysplugins 两个目录。

（5）复制“libs”目录到服务器根目录下，将其重命名为“smarty”。至此，整个 Smarty 模板安装完毕。

21.2.3　第一个 Smarty 程序

请看下面的实例，向你演示了第一个 Smarty 程序的实现过程。

实例 21-1　第一个 Smarty 程序

源码路径　daima\21\21-1

（1）将“smarty”文件夹复制到本书配套资源“21”根目录下，然后在“smarty”目录下新建 4 个子目录，分别是 templates、templates_c、configs 和 cache。这时，“smarty”目录的目录结构如图 21-6 所示。

plugins	2016/7/31 12:02	文件夹	
sysplugins	2016/7/31 12:02	文件夹	
templates	2016/7/31 15:52	文件夹	
templates_c	2016/7/31 12:19	文件夹	
Autoloader.php	2015/12/21 9:57	PHP Script	4 KB
debug.tpl	2015/12/21 9:57	Adobe Photosho...	5 KB
Smarty.class.php	2015/12/21 9:57	PHP Script	40 KB
SmartyBC.class.php	2015/12/21 9:57	PHP Script	13 KB

图 21-6　“smarty”目录的目录结构

（2）新建一个 HTML 静态页，将文件保存到本书配套资源“21/21-1”根目录下，并命名为 index.html，具体实现代码如下所示。

```
<html>
<head>
<meta http-equiv="Content-Type" content="text/html; charset=utf-8" />
<title>{ $title }</title>
</head>
<body>
{$content}
</body>
</html>
```

（3）在本书配套资源“21/21-1”根目录下新建文件 index.php，使用 Smarty 变量和方法对文件进行操作，主要实现代码如下所示。

```
<?php
date_default_timezone_set("PRC");
/*  定义服务器的绝对路径  */
define('BASE_PATH',$_SERVER['DOCUMENT_ROOT']);
/*  定义Smarty目录的绝对路径  */
define('SMARTY_PATH','/book/21/smarty/');
/*  加载Smarty类库文件      */
```

```
require BASE_PATH.SMARTY_PATH.'Smarty.class.php';
/*  实例化一个Smarty对象  */
$smarty = new Smarty;
/*  定义各个目录的路径    */
$smarty->template_dir = BASE_PATH.SMARTY_PATH.'templates/';
$smarty->compile_dir = BASE_PATH.SMARTY_PATH.'templates_c/';
$smarty->config_dir = BASE_PATH.SMARTY_PATH.'configs/';
$smarty->cache_dir = BASE_PATH.SMARTY_PATH.'cache/';
/*  使用Smarty赋值方法将一对名称/方法发送到模板中  */
$smarty->assign('title','第一个Smarty程序');
$smarty->assign('content','Hello,Welcome to study \'Smarty\'!');
/*  显示模板   */
$smarty->display('index.html');
?>
```

对上述代码的具体说明如下所示。

（1）加载 Smarty 类库，也就是加载文件 Smarty.class.php，在此使用的是绝对地址。为了稍后在配置其他路径时不用输入那么长的地址字串，之前还声明了两个常量：服务器地址常量和 Smarty 路径常量，两个常量连接起来就是 Smarty 类库所在的目录。

（2）保存新建的 4 个目录的绝对路径到各自的变量。在第（1）步中曾创建了 4 个目录，这 4 个目录各有各的用途，如果没有配置目录的地址，那么服务器默认的路径就是当前执行文件所在的路径。除了上面两项必须设置的变量外，还可以改变很多 Smarty 参数值，如“开启/关闭”缓存、改变 Smarty 的默认定界符等，这些变量将在本章后面的内容中进行介绍。

（3）给模板赋值：设置成功后，需要给指定的模板赋值，Assign()就是赋值方法。

（4）显示模板：一切操作结束后，调用 display()方法来显示页面。实际上，用户真正看到的页面是模板文件 index.html，而作为首页的 index.php，只是用来传递结果和显示模板。

执行效果如图 21-7 所示。

Hello,Welcome to study 'Smarty'!

图 21-7 执行效果

21.2.4 配置 Smarty 模板的流程

配置 Smarty 模板的基本流程如下所示。

（1）确定 Smarty 目录的位置。因为 Smarty 类库是通用的，每一个项目都可能会使用到它，所以建议将 Smarty 存储在根目录下。

（2）新建 4 个 templates、templates_c、configs 和 cache 目录。其中目录 templates 用于存储项目的模板文件，该目录具体放置在什么位置没有严格的规定，只要设置的路径正确即可；目录 templates_c 用于存储项目的编译文件；目录 configs 用于存储项目的配置文件；目录 cache 用于存储项目的缓存文件。

（3）创建配置文件。如果要使用 Smarty 模板，就一定要包含 Smarty 类库和相关信息。将配置信息写到一个文件中，在使用时只要加载这个配置文件即可。配置文件 config.php 的代码如下。

```
<?php
date_default_timezone_set("PRC");
/*  定义服务器的绝对路径  */
define('BASE_PATH',$_SERVER['DOCUMENT_ROOT']);
/*  定义Smarty目录的绝对路径  */
define('SMARTY_PATH','/book/21/smarty/');
/*  加载Smarty类库文件    */
```

```
require BASE_PATH.SMARTY_PATH.'Smarty.class.php';
/*  实例化一个Smarty对象  */
$smarty = new Smarty;
/*  定义各个目录的路径    */
$smarty->template_dir = BASE_PATH.SMARTY_PATH.'templates/';
$smarty->compile_dir = BASE_PATH.SMARTY_PATH.'templates_c/';
$smarty->config_dir = BASE_PATH.SMARTY_PATH.'configs/';
$smarty->cache_dir = BASE_PATH.SMARTY_PATH.'cache/';

/*  使用Smarty赋值方法将一对名称/方法发送到模板中  */
$smarty->assign('title','第一个Smarty程序');
$smarty->assign('content','Hello,Welcome to study \'Smarty\'!');
/*  显示模板  */
$smarty->display('index.html');
?>
```

BASE_PATH：指定服务器的绝对路径。

SMARTY PATH：指定 Smarty 目录的绝对路径。

require：加载 Smarty 类库文件 Smarty.class.php。

$smarty：实例化 Smarty 对象。

$smarty->template—dir：定义模板目录存储位置。

$smarty-> compile_dir：定义编译目录存储位置。

$smarty-> config_dir：定义配置文件存储位置。

$smarty-> cache_dir：定义模板缓存目录。

有关定界符的使用，开发者可以指定任意的格式，也可以不指定定界符，使用 Smarty 默认的定界符"{"和"}"。

21.3　Smarty 语法基础

视频讲解：第 21 章\Smarty 语法基础.mp4

Smarty 是 PHP 开发领域中最重要的模板技术之一，它总共分为两大部分，分别是 Smarty 模板设计和 Smarty 程序设计，两部分相互依靠，又相互独立。

21.3.1　Smarty 的模板文件

一个页面中所有的静态元素加上一些定界符（<%,%>）组成的叫作 Smarty 模板。模板文件存放的位置就在"template"目录下。在一般情况下，Smarty 模板文件是没有 PHP 代码的，它包含 smarty 模板中所有注释、变量和函数等都要包含的定界符。

21.3.2　注释

在编写任何程序代码时，都不可避免地会用到注释。在大多数的情况下，我们都是使用"<!--这里是注释-->"格式的注释，因为这是 HTML 自带的注释功能，此部分代码不会被显示到浏览器。但是当使用了 Smarty 后就不可以使用这样的注释了，在<!---->标记中的 Smarty 代码还是会被浏览器解析。在 Smarty 程序中，所有在分隔符之外的内容被显示为静态内容，或者说不会被改变。一旦 Smarty 遇见分隔符，它将尝试解释它们，然后在其位置处显示合适的内容。模板注释由"* "号包围，继而由分隔符包围，例如：

```
{* 这是一个注释 *}
```

Smarty 注释不会在最终模板的输出中显示，这点和"<!-- HTML comments -->"不同。前者对于在模板中插入内部注释有用，因为没有人能看到，下面通过一段代码来讲解 Smarty 的注释。

```
{* 这是Smarty注释，不出现在编译后的输出中 *}
<html>
<head>
<title>{$title}</title>
</head>
<body>
{* 另一个单行Smarty注释 *}
<!-- HTML注释将发送到浏览器 -->

{* 这是一个多行
   Smarty注释
   并不发送到浏览器
*}
 {*********************************************************
多行注释块，包含了版权信息
  @ author:         bg@example.com
  @ maintainer:     support@example.com
  @ para:           var that sets block style
  @ css:            the style output
**********************************************************}
  {* 包含了主LOGO和其他东西的头文件 *}
{include file='header.tpl'}
{* 开发注解：$includeFile变量在foo.php脚本中赋值 *}
<!-- 显示主内容块 -->
{include file=$includeFile}
  {* 该<select>块是多余的 *}
{*
<select name="company">
  {html_options options=$vals selected=$selected_id}
</select>
*}
  {* 模板的cvs标记。下面的36应该是美元符号。
但是在CVS中被转换了。 *}
{* &#36;Id: Exp &#36; *}
{* $Id: *}
</body>
</html>
```

21.3.3 变量

Smarty 的一个很大的优点是在模板里可以直接使用 Smarty 预保留的变量，从而省去了编写很多代码的繁琐。例如通过{$smarty.server.SERVER_NAME}可以取得服务器变量，通过{$smarty.env.PATH}可以取得系统环境变量 path，通过{$smarty.request.username}可以取得 get/post/cookies/server/env 复合变量。在 Smarty 模板中，变量通常可以分为 3 个种类，分别是 PHP 分配的变量、从配置文件读取的变量和{$smarty}保留变量。

1. PHP 分配的变量

也就是 assign()方法传过来的变量。使用方法和在 PHP 中是一样的，也需要使用“$”符号，略有不同的是对数组的读取。在 Smarty 中读取数组有两种方法：一种是通过索引获取，和 PHP 中相似，可以是一维，也可以是多维；另一种是通过键值获取数组元素，这种方法的格式和以前接触过的不太一样，其使用符号“.”作为连接符。例如存在如下一个数组。

```
$arr= array( 'object'_>'book','type=>'computer', 'unit'=> '本')
```

如果想得到键 type 的值，则表达式的格式应该是“$arr.type”，这个格式同样适用于二维数组。

当调用 PHP 分配的变量时，需要在前面加$符号。通过调用模板内的 assign()函数分配的变量也是这样，即也是用$加变量名来调用。

2. 从配置文件读取的变量

配置文件中的变量需要通过两个“#”或 Smarty 的保留变量$smarty.config 来调用。在使用“#”号时将变量名置于两个“#”号中间，即可像普通变量一样调用配置文件内容。而使用保留变量中的$smarty_config 来调用配置文件。

3. 保留变量

保留变量{$smarty}可以被用于访问一些特殊的模板变量。相当于 PHP 中的预定义变量。在 Smarty 模板中使用保留变量时无须使用 assign()方法传值，而只需直接调用变量名即可。Smarty 中常用的保留变量如表 21-1 所示。

表 21-1　Smarty 中常用的保留变量

保留变量名	说　明
get. post. server\ session\ cookie. request	等价于 PHP 中的$_GET.$ POST.$_SERVER.$_SESSION.$ COOKIE.$ REQUEST
now	当前的时间戳，等价于 PHP 中的 time()
const	用 const 关键字修饰的为常量
conng	配置文件内容变量

请看下面的实例，演示了使用 Smarty 变量的过程。

实例 21-2　使用变量

源码路径　daima\21\21-2

实例文件 5test.tpl 的主要实现代码如下所示。

```
<html>
  <h1>显示数据</h1>
  <hr/>
  <br/>******取字符串***********</br>
  <{$aa}>
  <br/>******取整数***********</br>
  <{$bb}>
  <br/>******取小数***********</br>
  <{$cc}>
  <br/>******取bool***********</br>
  <{$dd}>

  <br/>******取数组***********</br>
  <{$arr1[0]}> || <{$arr1[1]}> || <{$arr1[02]}> || <{$arr1[3]}>

  <br/>******取一维数组的关联***********</br>  <!--$arr2['city1']报错-->
  <{$arr2[0]}> || <{$arr2.city2}> || <{$arr2[02]}> || <{$arr2.city4}>

  <br/>******取索引的二维数组***********</br>
  <{* 注释 $arr3[0][0]表示第一个数组元素中的first元素 *}>
  <{$arr3[0][0]}> || <{$arr3[1][1]}> || <{$arr3[1][3]}>

  <br/>******取关联的二维数组***********</br>
  <{*  *}>
  <{$arr4[0].email}> || <{$arr4[1].age}>  <br/>
  <{$arr5.emp1.email}> || <{$arr5.emp2.age}>  <br/>
  <{$arr6.emp1[1]}> || <{$arr6.emp2[2]}> || <{$arr6.emp2[0]}> || <{$arr6.emp2[8]}>

  <br/>******取出对象的值***********</br>
  <{$dog1->name}> || <{$dog2->age}>  <br/>
</html>
```

在文件 5TestController.php 中配置 Smarty 模板引擎，主要实现代码如下所示。

```
<?php
date_default_timezone_set("PRC");
/*  定义服务器的绝对路径   */
define('BASE_PATH',$_SERVER['DOCUMENT_ROOT']);
/*  定义Smarty目录的绝对路径   */
define('SMARTY_PATH','/book/21/smarty/');
/*  加载Smarty类库文件      */
require BASE_PATH.SMARTY_PATH.'Smarty.class.php';
/*  实例化一个Smarty对象   */
$smarty = new Smarty;
/*  定义各个目录的路径      */
$smarty->template_dir = BASE_PATH.SMARTY_PATH.'templates/';
$smarty->compile_dir = BASE_PATH.SMARTY_PATH.'templates_c/';
$smarty->config_dir = BASE_PATH.SMARTY_PATH.'configs/';
$smarty->cache_dir = BASE_PATH.SMARTY_PATH.'cache/';
 $smarty->assign("aa","hello");
 $smarty->assign("bb",567);
 $smarty->assign("cc",56.7);
 $smarty->assign("dd",true);     // false 空

 // 存放一维数组，数组一般是从db中取出，这里模拟一下索引数组
 $arr1=array("青岛","烟台","威海");

 // 一维数组的关联数组
 $arr2=array("city1"=>"青岛","city2"=>"烟台","city3"=>"威海");

 // 索引的二维数组(from db)，模拟
 $arr3=array(array("青岛","烟台","威海"),array("刘备","关羽","张飞"));

 // 关联的二维数组(from db)，模拟雇员数组
 $arr4=array(array("id"=>"a001","email"=>"xiaoming@163.com","age"=>60),array("id"=>"a0
02","email"=>"xiaodog@sina.com","age"=>25));
 $arr5=array("emp1"=>array("id"=>"a002","email"=>"xiaodog@sina.com","age"=>25),"emp2"=
>array("id"=>"a001","email"=>"xiaoming@163.com","age"=>60));
 $arr6=array("emp1"=>array("a001","xiaoming@163.com",60),"emp2"=>array("a002","xiaodog@sina.
com",25));

 $smarty->assign("arr1",$arr1);
 $smarty->assign("arr2",$arr2);
 $smarty->assign("arr3",$arr3);
 $smarty->assign("arr4",$arr4);
 $smarty->assign("arr5",$arr5);
 $smarty->assign("arr6",$arr6);

//     *********对象的分配*****************
 class Dog{
 var $name;
 var $age;
 var $color;
 public function __construct($name,$age,$color){
     $this->name=$name;
     $this->age=$age;
     $this->color=$color;
     }
 }
 $dog1=new Dog("狼牙",5,"白色");
 $dog2=new Dog("公主",7,"黑色");
 $smarty->assign("dog1",$dog1);
 $smarty->assign("dog2",$dog2);
?>
```

执行效果如图 21-8 所示。

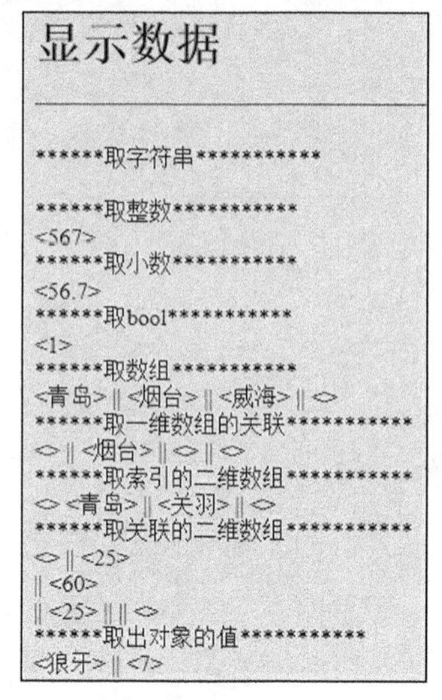

图 21-8　执行效果

21.3.4　修饰变量

在本章前面 21.3.3 节中已经学习了如何在 Smarty 模板中调用变量，但有时不仅要取得变量值，还要对变量进行修饰处理。变量修饰的一般格式如下。

```
{variable_name|modifer_name: parameter1:…}
```

variable_name 为变量名称。

modifer_name 为修饰变量的方法名。变量和方法之间使用符号“|”分隔。

parameter1 是参数值。如果有多个参数，则使用“:”分隔开。

Smarty 提供了修饰变量的方法，常用方法的具体说明如下所示。

capitalize：首字母大写。

count characters:true/false：变量中的字符串个数。如果后面有参数 true，则空格也被计算；否则忽略空格。

cat:"characters"：将 cat 中的字符串添加到指定字符串的后面。

date format:"%Y-%M-%D"：格式化日期和时间。等同于 PHP 中的 strftime()函数。

default:"characters"：设置默认值。当变量为空时，将使用 default 后面的默认值。

escape:"value"：用于字符串转码。value 值可以为 html、htmlall、url、quotes、hex、hexentity 和 j avascript。默认为 html。

lower：将变量字符串小写。

n12br：所有的换行符将被替换成
，功能同 PHP 中的 n12br()函数一样。

regex_ replace:"parameterl":"value2 "：正则替换。用 value2 替换所有符合 parameterl 标准的字串。

replace:"valuel":"value2"：替换。使用 value2 替换所有 valuel。

string_format:"value"：使用 value 来格式化字符串。如 value 为%d，则字符串被格式化为十进制数。

strip tags：去掉所有 html 标签。

upper：将变量改为大写。

注意：在对变量进行修饰时，不仅可以单独使用上面的方法，而且还可以同时使用多个。需要注意的是在每种方法之间使用“|”进行分隔。

例如下面实例的功能是取出保留的变量。

实例 21-3 取出保留的变量

源码路径 daima\21\21-3

（1）因为当某个变量值不希望直接被写入程序中时，就可以通过配置文件来获取这个变量，所以首先编写配置文件 my.conf，具体实现代码如下所示。

```
title='我的第一个网站'
bgcolor='cyan'
```

可以直接在“tpl 文件”使用上述配置文件，使用方法如下。

```
{config_load file="路径可以使用绝对路径或者相对路径../"}{#key值#}
```

（2）编写模板文件 6test.tpl，主要实现代码如下所示。

```
<html>
 <{config_load file='../config/my.conf'}>
 <body bgcolor='<{#bgcolor#}>'>
  <h1> <{#title#}> </h1>
  <hr/>
  ******取字符串***********</br>
  <{$aa}>
  ******取整数***********</br>
  <{$bb}>
  ******取小数***********</br>
  <{$cc}>
  ******取bool***********</br>
  <{$dd}>

  ******取数组***********</br>
  <{$arr1[0]}> || <{$arr1[1]}> || <{$arr1[02]}> || <{$arr1[3]}>

  ******取一维数组的关联***********</br>  <!--$arr2['city1']报错-->
  <{$arr2[0]}> || <{$arr2.city2}> || <{$arr2[02]}> || <{$arr2.city4}>

  ******取索引的二维数组***********</br>
  <{* 注释 $arr3[0][0]表示第一个数组元素中的first元素 *}>
  <{$arr3[0][0]}> || <{$arr3[1][1]}> || <{$arr3[1][3]}>

  ******取关联的二维数组***********</br>
  <{*  *}>
  <{$arr4[0].email}> || <{$arr4[1].age}>  <br/>
  <{$arr5.emp1.email}> || <{$arr5.emp2.age}>  <br/>
  <{$arr6.emp1[1]}> || <{$arr6.emp2[2]}> || <{$arr6.emp2[0]}> || <{$arr6.emp2[8]}>

  <br/>******取出对象的值***********</br>
  取出对象的普通属性：<{$dog1->name}> || <{$dog2->age}>  <br/>
  取出对象的数组属性：<{$dog1->arr[0]}> || <{$dog2->arr.city3}>  <br/>
  取出对象的二维数组属性：<{$dog1->arr2[0].email}> || <{$dog2->arr2[1].id}>  <br/>
  取出对象的对象属性：<{$dog1->master->name}> || <{$dog2->master->address}>  <br/>
  取出get请求：<{$username}> <br/>
  取出get请求：<{$smarty.get.username}> <br/>
  取出SERVER请求：<{$smarty.server.DOCUMENT_ROOT}> <br/>
 </body>
</html>
```

（3）编写配置文件 6smarty_include.php，具体实现代码如下所示。

```
<?php
date_default_timezone_set("PRC");
/*  定义服务器的绝对路径  */
define('BASE_PATH',$_SERVER['DOCUMENT_ROOT']);
/*  定义Smarty目录的绝对路径  */
define('SMARTY_PATH','/book/21/smarty/');
/*  加载Smarty类库文件      */
require BASE_PATH.SMARTY_PATH.'Smarty.class.php';
/*  实例化一个Smarty对象   */
$smarty = new Smarty;
```

```
/*  定义各个目录的路径     */
$smarty->template_dir = BASE_PATH.SMARTY_PATH.'templates/';
$smarty->compile_dir = BASE_PATH.SMARTY_PATH.'templates_c/';
$smarty->config_dir = BASE_PATH.SMARTY_PATH.'configs/';
$smarty->cache_dir = BASE_PATH.SMARTY_PATH.'cache/';
 $smarty=new Smarty;     // 创建smarty对象
 $smarty->left_delimiter = '<{';
 $smarty->right_delimiter = '}>';
 // 根据实际情况指定模板文件夹目录
 $smarty->template_dir = '../templates';
 // 重新指定编译后的目录
 $smarty->compile_dir = '../templates_c';
?>
```

（4）编写操作文件 6TestController.php，主要实现代码如下所示。

```
<?php
date_default_timezone_set("PRC");
/*  定义服务器的绝对路径  */
define('BASE_PATH',$_SERVER['DOCUMENT_ROOT']);
/*  定义Smarty目录的绝对路径  */
define('SMARTY_PATH','/book/21/smarty/');
/*  加载Smarty类库文件     */
require BASE_PATH.SMARTY_PATH.'Smarty.class.php';
/*  实例化一个Smarty对象  */
$smarty = new Smarty;
/*  定义各个目录的路径     */
$smarty->template_dir = BASE_PATH.SMARTY_PATH.'templates/';
$smarty->compile_dir = BASE_PATH.SMARTY_PATH.'templates_c/';
$smarty->config_dir = BASE_PATH.SMARTY_PATH.'configs/';
$smarty->cache_dir = BASE_PATH.SMARTY_PATH.'cache/';

 $smarty=new Smarty;     // 创建smarty对象
 $smarty->left_delimiter = '<{';
 $smarty->right_delimiter = '}>';
 // 根据实际情况 指定 模板文件夹目录
 $smarty->template_dir = '../templates';
 // 重新指定编译后的目录
 $smarty->compile_dir = '../templates_c';
 $smarty->assign("aa","hello");
 $smarty->assign("bb",567);
 $smarty->assign("cc",56.7);
 $smarty->assign("dd",true);    // false 空

 // 存放一维数组，数组一般是从db中取出，这里模拟一下索引数组
 $arr1=array("青岛","烟台","威海");

 // 一维数组的关联数组
 $arr2=array("city1"=>"青岛","city2"=>"烟台","city3"=>"威海");

 // 索引的二维数组(from db)，模拟
 $arr3=array(array("青岛","烟台","威海"),array("刘备","关羽","张飞"));

 // 关联的二维数组(from db)，模拟雇员数组
 $arr4=array(array("id"=>"a001","email"=>"xiaoming@163.com","age"=>60),array("id"=>"a002",
"email"=>"xiaodog@sina.com","age"=>25));
 $arr5=array("emp1"=>array("id"=>"a002","email"=>"xiaodog@sina.com","age"=>25),"emp2"=>
array("id"=>"a001","email"=>"xiaoming@163.com","age"=>60));
 $arr6=array("emp1"=>array("a001","xiaoming@163.com",60),"emp2"=>array("a002","xiaodog@sina.
com",25));

 $smarty->assign("arr1",$arr1);
 $smarty->assign("arr2",$arr2);
 $smarty->assign("arr3",$arr3);
 $smarty->assign("arr4",$arr4);
 $smarty->assign("arr5",$arr5);
```

```
    $smarty->assign("arr6",$arr6);

//      *********对象的分配****************
    class Master{var $name; var $address;}  // 主人对象
    $master=new Master;
    $master->name="顺平";
    $master->address="盘丝洞";
    class Dog{
    var $name; // 私有属性会出错:  Fatal error: Cannot access private property Dog::$name in
    var $age;
    var $color;
    var $arr;
    var $arr2;      // 二维数组
    var $master; // 对象，小狗的主人
    public function __construct($name,$age,$color,$arr,$arr2){
        $this->name=$name;
        $this->age=$age;
        $this->color=$color;
        $this->arr=$arr;
        $this->arr2=$arr2;
        }
    }
    //实例化对象
    $dog1=new Dog("狼牙",5,"白色",$arr1,$arr4);
    $dog2=new Dog("公主",7,"黑色",$arr2,$arr4);
    $dog1->master=$master; $dog2->master=$master;
    $smarty->assign("dog1",$dog1);
    $smarty->assign("dog2",$dog2);
    $smarty->display("6test.tpl");
    echo "<pre>";
    print_r($_SERVER);
    echo "</pre>";
    exit();
?>
```

执行效果如图 21-9 所示。

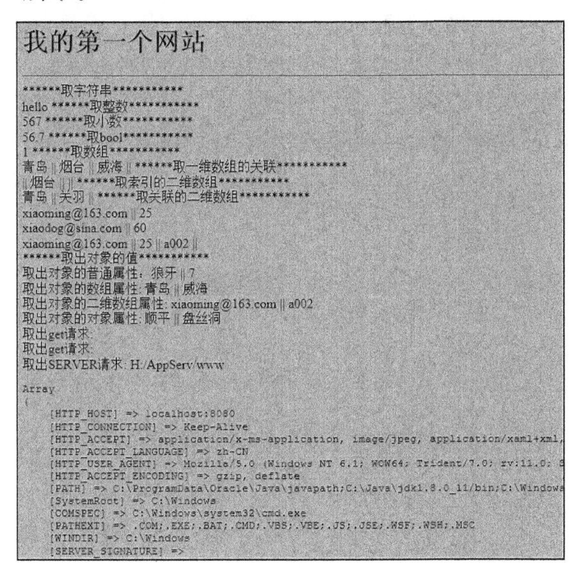

图 21-9　执行效果

21.3.5　流程控制

在 Smarty 模板中，流程控制语句包括 if...elseif...else 条件控制语句和 foreach、section 循环控制语句。

（1）if...elseif...else 语句

if 条件控制语句的使用和 PHP 中的 if 语句大同小异。需要注意的是，在 Smarty 模板中 if 必须以“/if”为结束标志。下面来看使用 if 语句的语法格式。

```
{if 条件语句1}
 语句1
{elseif 条件语句2}
 语句2
{else}
 语句3
{/if}
```

在上述的条件语句中，除了使用 PHP 中的<、>、=、!=等常见运算符外，还可以使用 eq、ne、neq、gt、lt、lte、le、gte、ge、is even、is odd、is not even、is not odd、not、mod、div by、even by、odd by 等修饰词修饰。

（2）foreach 循环控制

Smarty 模板中的 foreach 语句可以循环输出数组。与另一个循环控制语句 section 相比，在使用格式上要简单得多，一般用于简单数组的处理。使用 foreach 语句的语法格式如下。

```
{foreach name=foreach_name key=key item=item from=arr_name}
...
{/foreach}
```

参数 name：为该循环的名称。

参数 key：为当前元素的键值。

参数 item：是当前元素的变量名。

参数 from：是该循环的数组。其中，item 和 from 是必要参数，不可省略。

（3）section 循环控制

Smarty 模板中的另一个循环语句是 section，该语句可用于比较复杂的数组。使用 section 的语法结构如下。

```
{section name="sec_name"loop=$arr_name start=num step=num}
```

参数 name 表示该循环的名称；参数 loop 表示循环的数组；参数 start 表示循环的初始位置，例如 start=2，说明循环是从 loop 数组的第二个元素开始的；step 表示步长，例如 step=2，那么循环一次后数组的指针将向下移动两位，依此类推。

请看下面的实例，功能是使用 foreach 取出用户列表信息。

实例 21-4　使用 foreach 取出用户列表信息

源码路径　daima\21\21-4

本实例基于前面的实例 21-3，实例文件 6TestController2.php 的主要实现代码如下所示。

```
<?php
 require_once '6smarty_include.php';

 $smarty->assign("pageNow",2);

 // 存放一维数组，数组一般是从db中取出，这里模拟一下索引数组
 $arr1=array("青岛","烟台","威海");

 // 一维数组的关联数组
 $arr2=array("city1"=>"青岛","city2"=>"烟台","city3"=>"威海");

 // 索引的二维数组(from db)，模拟
 $arr3=array(array("青岛","烟台","威海"),array("刘备","关羽","张飞"));

 // 关联的二维数组(from db)，模拟雇员数组
 $arr4=array(array("id"=>"a001","email"=>"xiaoming@163.com","age"=>60),array("id"=>"a002",
"email"=>"xiaodog@sina.com","age"=>25));
 $arr5=array("emp1"=>array("id"=>"a002","email"=>"xiaodog@sina.com","age"=>25),"emp2"=>
```

```
array("id"=>"a001","email"=>"xiaoming@163.com","age"=>60));
      $arr6=array("emp1"=>array("a001","xiaoming@163.com",60),"emp2"=>array("a002","xiaodog@sina.
com",25));

      $smarty->assign("arr1",$arr1);
      $smarty->assign("arr2",$arr2);
      $smarty->assign("arr3",$arr3);
      $smarty->assign("arr4",$arr4);
      $smarty->assign("arr5",$arr5);
      $smarty->assign("arr6",$arr6);

     //      *********对象的分配****************
      class Master{var $name; var $address;}  // 主人对象

      $master=new Master;
      $master->name="顺平";
      $master->address="盘丝洞";

      class Dog{
      var $name; // 私有属性不行 Fatal error: Cannot access private property Dog::$name in
      var $age;
      var $color;
      var $arr;
      var $arr2;     // 二维数组
      var $master; // 对象，小狗的主人
      public function __construct($name,$age,$color,$arr,$arr2){
          $this->name=$name;
          $this->age=$age;
          $this->color=$color;
          $this->arr=$arr;
          $this->arr2=$arr2;
          }
      }

      //实例化对象
      $dog1=new Dog("狼牙",5,"白色",$arr1,$arr4);
      $dog2=new Dog("公主",7,"黑色",$arr2,$arr4);
      $dog1->master=$master; $dog2->master=$master;
      $smarty->assign("dog1",$dog1);
      $smarty->assign("dog2",$dog2);

      // 比如我们希望把 get post server session的数据传递给tpl 传统

      $smarty->display("6test2.tpl");

     ?>
```

执行效果如图 21-10 所示。

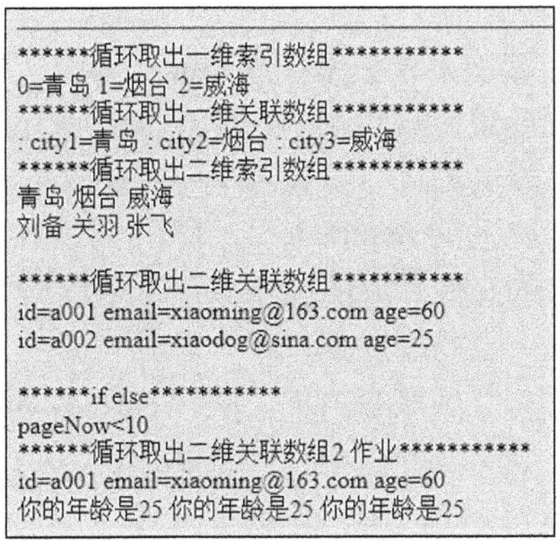

```
******循环取出一维索引数组***********
0=青岛 1=烟台 2=威海
******循环取出一维关联数组***********
: city1=青岛 : city2=烟台 : city3=威海
******循环取出二维索引数组***********
青岛 烟台 威海
刘备 关羽 张飞

******循环取出二维关联数组***********
id=a001 email=xiaoming@163.com age=60
id=a002 email=xiaodog@sina.com age=25

******if else***********
pageNow<10
******循环取出二维关联数组2 作业***********
id=a001 email=xiaoming@163.com age=60
你的年龄是25 你的年龄是25 你的年龄是25
```

图 21-10 执行效果

21.3.6　内置函数

Smarty 模板有自己的函数，通过内置函数 Smart 可以加载配置文件，获取数组中的数据和输出循环数据。还可以通过 if 语句进行流程控制，接下来将讲解几个常用的内置函数。

void append (string vamame, mixed var[, boolean mergel])：该方法向数组中追加元素。

void clear_all_assign()：清除所有模板中的赋值。

void clear assign (string var)：清除一个指定的赋值。

void config_load (string file [, string sectionl])：加载配置文件，如果有参数 section，说明只加载配置文件中相对应的一段数据。

string fetch (string template)：返回模板的输出内容，但不直接显示出来。

array get_config_vars ([string varnamel])：获取指定配置变量的值，如果没有参数，则返回一个所有配置变量的数组。

array get_template_vars ([string vamamel])：获取指定模板变量的值，如果没有参数，则返回一个所有模板变量的数组。

bool template_exists (string template)：检测指定的模板是否存在。

（1）assign()方法

assign()方法用于在模板被执行时为模板变量赋值。语法格式如下。

```
{assign var=" " value=" "}
```

参数 var 是被赋值的变量名；参数 value 是赋给变量的值。

（2）display()方法

display()方法用于显示模板，需要指定一个合法的模板资源的类型和路径。还可以通过第二个可选参数指定一个缓存号，相关的信息可以查看缓存。

```
void display (string template [, string cache_id [, string compile_id]])
```

参数 template 指定一个合法的模板资源的类型和路径；参数 cache id 为可选参数，指定一个缓存号；参数 compile_id 为可选参数，用于指定编译号。编译号可以将一个模板编译成不同版本使用。例如，可针对不同的语言编译模板。编译号的另外一个作用是，如果存在多个$template_dir 模板目录，但只有一个$compile_dir 编译后存档目录，这时可以为每一个$template_dir 模板目录指定一个编译号，以避免相同的模板文件在编译后互相覆盖。相对于在每一次调用 display()方法时都指定编译号，也可以通过设置$compile_id 编译号属性来一次性设定。

21.3.7　配置变量

在 Smarty 中只有一个常量 SMARTY_DIR，用来保存 Smarty 类库的完整路径，其他的所有配置信息都保存到相应的变量中。这里将介绍包括前面章节中接触过的 template_dir 等变量的作用及设置。

$template_dir：模板目录。模板目录用来存放 Smarty 模板，在前面的实例中，所有的.html 文件都是 Smarty 模板。模板的后缀没有要求，一般为.htm、.html 等。

$compile_dir：编译目录。顾名思义，就是编译后的模板和 PHP 程序所生成的文件默认路径为当前执行文件所在的目录下的 templates_c 目录。进入到编译目录，可以发现许多“%%…%%index.html.php”格式的文件。随便打开一个这样的文件可以发现，实际上 Smarty 将模板和 PHP 程序又重新组合成一个混编页面。

$cache_dir：缓存目录。用来存放缓存文件。同样，在 cache 目录下可以看到生成的.html 文件。如果 caching 变量开启，那么 Smarty 将直接从这里读取文件。

$config_dir：配置目录。该目录用来存放配置文件。

$debugging：调试变量。该变量可以打开调试控制台。只要在配置文件 config.php 中将

$smarty->debugging 设为 true 即可使用。

$caching：缓存变量。该变量可以开启缓存。只要当前模板文件和配置文件未被改动，Smarty 就直接从缓存目录中读取缓存文件而不重新编译模板。

21.4 技术解惑

（1）读者疑问：Smarty 模板技术可以提高 PHP 代码的质量，是不是在任何情况下都可以用这种 Smarty 模板技术？

解答：不对！一般用 Smarty 来开发大型项目，另外 Smarty 也有它的弊端，特别是如下两种情况不建议使用 smarty 模板技术。

- 需要实时更新内容时：例如像股票显示，它需要经常对数据进行更新，导致经常重新编译模板，所以这类型的程序使用 Smarty 会使模板处理速度变慢。
- 小项目：小项目因为项目简单而美工与程序员兼于一人，使用 Smarty 会在一定程度上丧失 PHP 开发迅速的优点。

（2）读者疑问：感觉对模板技术有点不知所措的感觉，我该怎么样才能学好这个模板技术呢？

解答：模板技术对于初学者来说的确有一定的难度，不过不用担心，读者可以去 www.php100.com 网站寻找 Smarty 视频教学，根据专业老师的视频教学，相信会更快掌握 Smarty 模板技术。

21.5 课后练习

（1）编写一个 PHP 程序：使用 Smarty 模板创建一个简单的 Web 项目。

（2）编写一个 PHP 程序：在 Smarty 模板中读取数组的值。

（3）编写一个 PHP 程序：在 Smarty 模板中使用 if 条件语句选择不同的返回信息。

（4）编写一个 PHP 程序：在 Smarty 模板中使用 foreach 语句循环输出数组中的所有内容。

第 22 章

使用 ThinkPHP 框架

ThinkPHP 是一个免费开源、快速、简单的面向对象的轻量级 PHP 开发框架，遵循 Apache2 开源许可协议发布，是为了敏捷构建 Web 应用程序和简化企业级应用开发而诞生的。在本章的内容中，将向大家详细讲解使用 ThinkPHP 框架开发 PHP 程序的基础知识，为读者步入本书后面知识的学习打下基础。

22.1　什么是 ThinkPHP

视频讲解：第 22 章\什么是 ThinkPHP.mp4

ThinkPHP 经历了 5 年多发展的同时，在社区团队的积极参与下，在易用性、扩展性和性能方面不断优化和改进，众多的典型案例确保可以稳定用于商业以及门户级的开发。ThinkPHP 借鉴国外很多优秀的框架和模式，例如使用了面向对象的开发结构和 MVC 理念，采用了单一入口模式等，融合了 Struts 的 Action 思想和 JSP 的 TagLib 标签库，RoR 的 ORM 映射和 ActiveRecord 模式，封装了 CURD 和一些常用操作。在项目配置、类库导入、模板引擎、查询语言、自动验证、视图模型，项目编译、缓存机制、SEO 支持、分布式数据库、多数据库连接和切换、认证机制和扩展性方面均有独特的表现。

22.1.1　几个相关概念

在学习 ThinkPHP 开发之前，很有必要了解一些相关的基础概念，这样会更加便于后面内容的理解和掌握。

（1）ORM

“对象-关系”映射（Object/Relation Mapping，ORM），是随着面向对象的软件开发方法发展而产生的。面向对象的开发方法是当今企业级应用开发环境中的主流开发方法，关系数据库是企业级应用环境中永久存放数据的主流数据存储系统。对象和关系数据是业务实体的两种表现形式，业务实体在内存中表现为对象，在数据库中表现为关系数据。内存中的对象之间存在关联和继承关系，而在数据库中，关系数据无法直接表达多对多关联和继承关系。因此，对象-关系映射（ORM）系统一般以中间件的形式存在，主要实现程序对象到关系数据库数据的映射。

面向对象是从软件工程基本原则（如耦合、聚合、封装）的基础上发展起来的，而关系数据库则是从数学理论发展而来的，两套理论存在显著的区别。为了解决这个不匹配的现象，对象关系映射技术应运而生。

（2）AOP

AOP（Aspect-Oriented Programming，面向方面编程），可以说是 OOP（Object-Oriented Programming，面向对象编程）的补充和完善。OOP 引入封装、继承和多态性等概念来建立一种对象层次结构，用以模拟公共行为的一个集合。当我们需要为分散的对象引入公共行为的时候，OOP 则显得无能为力。也就是说，OOP 允许你定义从上到下的关系，但并不适合定义从左到右的关系。例如日志功能。日志代码往往水平地散布在所有对象层次中，而与它所散布到的对象的核心功能毫无关系。对于其他类型的代码，如安全性、异常处理和透明的持续性也是如此。这种散布在各处的无关的代码被称为横切（cross-cutting）代码，在 OOP 设计中，它导致了大量代码的重复，而不利于各个模块的重用。而 AOP 技术则恰恰相反，它利用一种称为“横切”的技术，剖解开封装的对象内部，并将那些影响了多个类的公共行为封装到一个可重用模块，并将其命名为“Aspect”，即方面。所谓“方面”，简单地说，就是将那些与业务无关，却为业务模块所共同调用的逻辑或责任封装起来，便于减少系统的重复代码，降低模块间的耦合度，并有利于未来的可操作性和可维护性。AOP 代表的是一个横向的关系，如果说“对象”是一个空心的圆柱体，其中封装的是对象的属性和行为，那么面向方面编程的方法，就仿佛一把利刃，将这些空心圆柱体剖开，以获得其内部的消息。而剖开的切面，也就是所谓的“方面”了。然后它又以巧夺天功的妙手将这些剖开的切面复原，不留痕迹。

使用“横切”技术，AOP 把软件系统分为两个部分：核心关注点和横切关注点。业务处理的主要流程是核心关注点，与之关系不大的部分是横切关注点。横切关注点的一个特点是，它们经常发生在核心关注点的多处，而各处都基本相似。比如权限认证、日志、事务处理。AOP 的作用在于分离系统中的各种关注点，将核心关注点和横切关注点分离开来。正如 Avanade 公司的高级方案构架师 Adam Magee 所说，AOP 的核心思想就是“将应用程序中的商业逻辑同对其提供支持的通用服务进行分离”。

（3）CURD

CURD 是一个数据库技术中的缩写词，一般的项目开发的各种参数的基本功能都是 CURD。它代表创建（Create）、更新（Update）、读取（Read）和删除（Delete）操作。CURD 定义了用于处理数据的基本原子操作。之所以将 CURD 提升到一个技术难题的高度是因为完成一个涉及在多个数据库系统中进行 CURD 操作的汇总相关的活动，其性能可能会随数据关系的变化而有非常大的差异。

CURD 在具体的应用中并非一定使用 create、update、read 和 delete 字样的方法，但是它们完成的功能是一致的。例如，ThinkPHP 就是使用 add、save、select 和 delete 方法表示模型的 CURD 操作。

（4）ActiveRecord

Active Record（活动记录）是一种领域模型模式，特点是一个模型类对应关系型数据库中的一个表，而模型类的一个实例对应表中的一行记录。Active Record 和 Row Gateway（行记录入口）十分相似，但前者是领域模型，后者是一种数据源模式。关系型数据库往往通过外键来表述实体关系，Active Record 在数据源层面上也将这种关系映射为对象的关联和聚集。Active Record 适合非常简单的领域需求，尤其在领域模型和数据库模型十分相似的情况下。如果遇到更加复杂的领域模型结构（例如用到继承、策略的领域模型），往往需要使用分离数据源的领域模型，结合 Data Mapper（数据映射器）使用。

Active Record 驱动框架一般兼有 ORM 框架的功能，但 Active Record 不是简单的 ORM，正如和 Row Gateway 的区别。由 Rails 最早提出，遵循标准的 ORM 模型：表映射到记录，记录映射到对象，字段映射到对象属性。配合遵循的命名和配置惯例，能够很大程度地快速实现模型的操作，而且简洁易懂。

22.1.2　获取 ThinkPHP 框架

获取 ThinkPHP 的方式很多，ThinkPHP 官方网站是最好的下载和文档获取来源。从 ThinkPHP 3.1 版本开始，官方仅发布核心框架，所有扩展和示例、文档均单独在官网和 Github 上面发布。

ThinkPHP 无需任何安装，直接拷贝到你的电脑或者服务器的 WEB 运行目录下面即可。没有入口文件的调用，ThinkPHP 不会执行任何操作。

22.2　ThinkPHP 架构

视频讲解：第 22 章\ThinkPHP 架构.mp4

ThinkPHP 遵循 Apache2 开源协议发布。Apache Licence 是著名的非营利开源组织 Apache 采用的协议。该协议和 BSD 类似，鼓励代码共享和尊重原作者的著作权，同样允许代码修改，再作为开源或商业软件发布。ThinkPHP 遵循简洁实用的设计原则，兼顾开发速度和执行速度的同时也注重易用性。在本节的内容中，将对 ThinkPHP 框架的整体思想和架构体系进行详细说明。

22.2.1　ThinkPHP 的目录结构

新版 ThinkPHP 的目录结构在原来的基础上进行了调整，更加清晰。ThinkPHP 框架中目录结构分为两部分，即系统目录和项目目录。系统目录中保存了下载的 ThinkPHP 框架，具体说明如图 22-1 所示。

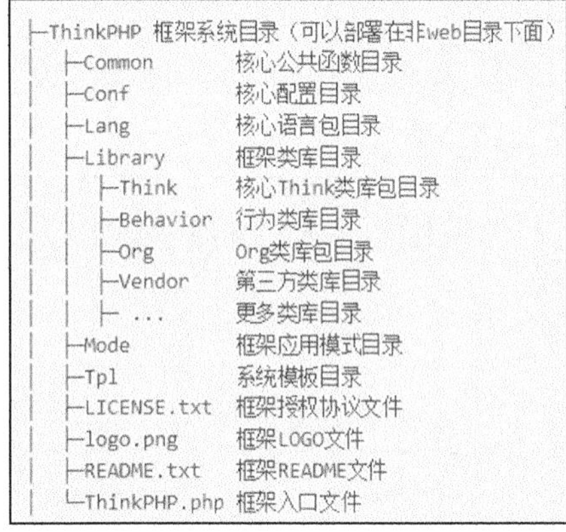

图 22-1 框架目录 ThinkPHP 的结构

项目目录就是用户实际应用的目录，ThinkPHP 采用自动创建文件夹的机制，当用户设置好 ThinkPHP 的核心类库后，编写运行入口文件，则相关应用到的项目目录就会自动生成。项目目录的具体说明如下所示。

index.php：项目入口文件。

Common：项目公共目录，放置项目公共函数。

Lang：项目语言包目录（可选）。

Conf：项目配置目录，放置配置文件。

Lib：项目基目录，通常包括 Action 和 Model 目录。

Tpl：项目模板目录。

Runtime：项目运行时目录，包括 Cache、Temp、Data 和 Log。

22.2.2 入口文件

ThinkPHP 采用单一入口模式进行项目部署和访问，无论完成什么功能，一个应用都有一个统一（但不一定是唯一）的入口。应该说，所有应用都是从入口文件开始的，并且不同应用的入口文件是类似的。入口文件主要完成如下所示的功能。

（1）定义框架路径、项目路径（可选）。

（2）定义调试模式和应用模式（可选）。

（3）定义系统相关常量（可选）。

（4）载入框架入口文件（必需）。

在默认情况下，框架已经自带了一个应用入口文件（以及默认的目录结构），内容如下。

```
define('APP_PATH','./Application/');
require './ThinkPHP/ThinkPHP.php';
```

如果改变了项目目录（例如把 Application 更改为 Apps），只需要在入口文件更改 APP_PATH 常量定义即可，如下所示。

```
define('APP_PATH','./Apps/');
require './ThinkPHP/ThinkPHP.php';
```

注意：APP_PATH 的定义支持相对路径和绝对路径，但必须以“/”结束。

如果调整了框架核心目录的位置或者目录名，只需进行如下修改。

```
define('APP_PATH','./Application/');
require './Think/ThinkPHP.php';
```

也可以单独定义一个 THINK_PATH 常量用于引入。

```
define('APP_PATH','./Application/');
define('THINK_PATH',realpath('../Think').'/');
require THINK_PATH.'ThinkPHP.php';
```

一般不建议在入口文件中做过多的操作，但可以重新定义一些系统常量，入口文件中支持定义（建议）的一些系统常量如表 22-1 所示。

表 22-1 入口文件支持定义（建议）的系统常量

常　量	描　述
THINK_PATH	框架目录
APP_PATH	应用目录
RUNTIME_PATH	应用运行时目录（可写）

续表

常　　量	描　　述
APP_DEBUG	应用调试模式（默认为 false）
STORAGE_TYPE	存储类型（默认为 File）
APP_MODE	应用模式（默认为 common）

例如可以在入口文件中重新定义相关目录并且开启调试模式。

```
// 定义应用目录
define('APP_PATH','./Apps/');
// 定义运行时目录
define('RUNTIME_PATH','./Runtime/');
// 开启调试模式
define('APP_DEBUG',True);
// 更名框架目录名称，并载入框架入口文件
require './Think/ThinkPHP.php';
```

这样最终的应用目录结构如下所示。

```
www  WEB部署目录（或者子目录）
├─index.php       应用入口文件
├─Apps            应用目录
├─Public          资源文件目录
├─Runtime         运行时目录
└─Think           框架目录
```

请看下面的实例，功能是自动生成项目目录。

实例 22-1　自动生成项目目录

源码路径　daima\22\22-1

（1）在网站目录下创建文件夹“22-1”。

（2）将 ThinkPHP 核心类库存储于“22-1”目录下。

（3）编写入口文件 index.php，将其存储于“22-1”目录下。实例文件 index.php 的具体实现代码如下所示。

```
<?php
 //加载框架入口文件
  require './ThinkPHP/ThinkPHP.php';
?>
```

执行效果如图 22-2 所示。

图 22-2　执行效果

在运行实例文件 index.php 之前，查看项目的文件夹架构，发现如图 22-3 所示。

运行实例文件 index.php 后的文件夹架构如图 22-4 所示。

AppServ ▸ www ▸ book ▸ 22 ▸ 22-1 ▸

刻录　新建文件夹

名称	修改日期	类型
index.php	2016/8/1 9:50	PHP Script
ThinkPHP	2016/8/1 9:51	文件夹

图 22-3　运行文件 index.php 之前的文件夹结构

AppServ ▸ www ▸ book ▸ 22 ▸ 22-1 ▸

刻录　新建文件夹

名称	修改日期	类型
Common	2016/8/1 10:13	文件夹
Home	2016/8/1 10:13	文件夹
Runtime	2016/8/1 10:13	文件夹
ThinkPHP	2016/8/1 10:13	文件夹
index.php	2016/8/1 10:21	PHP Script

图 22-4　运行实例文件 index.php 后的文件夹架构

由此可见，已经自动生成了公共模块 Common、默认的 Home 模块和 Runtime 运行时目录的目录结构，具体说明如图 22-5 所示。

```
├─Common          应用公共模块
│  ├─Common       应用公共函数目录
│  └─Conf         应用公共配置文件目录
├─Home            默认生成的Home模块
│  ├─Conf         模块配置文件目录
│  ├─Common       模块函数公共目录
│  ├─Controller   模块控制器目录
│  ├─Model        模块模型目录
│  └─View         模块视图文件目录
├─Runtime         运行时目录
│  ├─Cache        模版缓存目录
│  ├─Data         数据目录
│  ├─Logs         日志目录
│  └─Temp         缓存目录
```

图 22-5　自动生成的目录

22.2.3　模块

下载后的框架自带了一个应用目录结构，并且带了一个默认的应用入口文件，方便部署和测试，默认的应用目录是 Application（实际部署过程中可以随意设置），应用目录只有一个，因为大多数情况下，我们都可以通过多模块化以及多入口的设计来解决应用的扩展需求。新版采用模块化的设计架构，图 22-6 是一个应用目录下面的模块目录结构，每个模块可以方便地卸载和部署，并且支持公共模块。每个模块是相对独立的，其目录结构如图 22-7 所示。

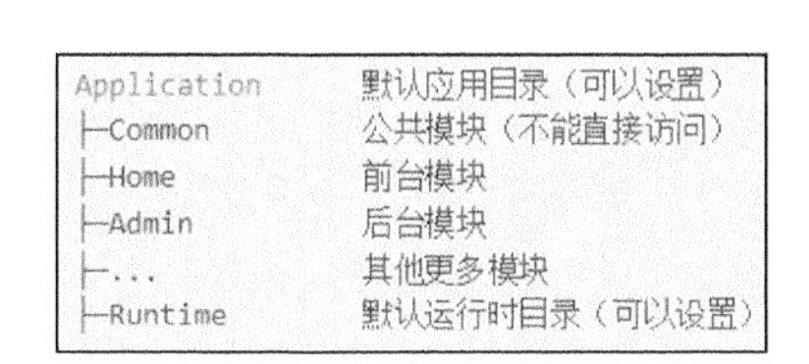

图 22-6　模块目录结构

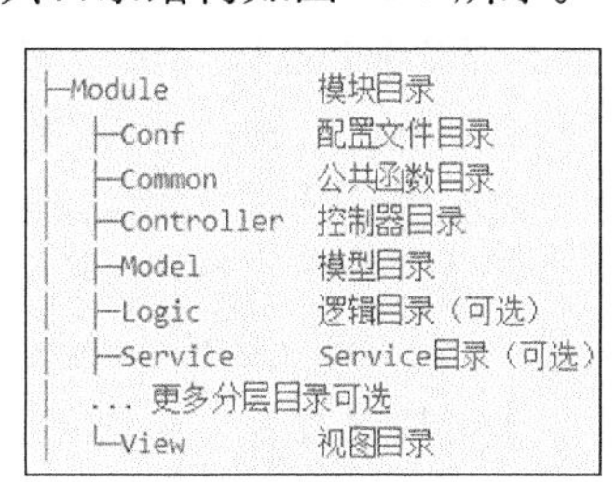

图 22-7　目录结构

注意：因为采用多层的 MVC 机制，除了 Conf 和 Common 目录外，每个模块下面的目录结构可以根据需要灵活设置和添加，所以并不拘泥于上面展现的目录。

22.2.4　命名规范

使用 ThinkPHP 开发 PHP 项目程序的过程中，应该尽量遵循如下所示的命名规范。

（1）类文件都是以“.class.php”为后缀（这里是指的 ThinkPHP 内部使用的类库文件，不代表外部加载的类库文件），使用驼峰法命名，并且首字母大写，例如 DbMysql.class.php；

（2）类的命名空间地址和所在的路径地址一致，例如 Home\Controller\UserController 类所在的路径应该是 Application/Home/Controller/UserController.class.php；

（3）确保文件的命名和调用大小写一致，是由于在类 Unix 系统上面，对大小写是敏感的（而 ThinkPHP 在调试模式下面，即使在 Windows 平台也会严格检查大小写）；

（4）类名和文件名一致（包括上面说的大小写一致），例如 UserController 类的文件命名是 UserController.class.php，InfoModel 类的文件名是 InfoModel.class.php，并且不同的类库的类命名有一定的规范；

（5）函数、配置文件等其他类库文件之外的一般是以.php 为后缀（第三方引入的不做要求）；

（6）函数的命名使用小写字母和下划线的方式，例如 get_client_ip；

（7）方法的命名使用驼峰法，并且首字母小写或者使用下画线“_”，例如 getUserName，_parseType，通常下画线开头的方法属于私有方法；

（8）属性的命名使用驼峰法，并且首字母小写或者使用下画线“_”，例如 tableName、_instance，通常下画线开头的属性属于私有属性；

（9）以双下画线“__”打头的函数或方法作为魔法方法，例如__call 和__autoload；

（10）常量以大写字母和下画线命名，例如 HAS_ONE 和 MANY_TO_MANY；

（11）配置参数以大写字母和下画线命名，例如 HTML_CACHE_ON；

（12）语言变量以大写字母和下画线命名，例如 MY_LANG，以下画线打头的语言变量通常用于系统语言变量，例如_CLASS_NOT_EXIST_；

（13）对变量的命名没有强制的规范，可以根据团队规范来进行；

（14）ThinkPHP 的模板文件默认是以.html 为后缀（可以通过配置修改）；

（15）数据表和字段采用小写加下画线方式命名，并注意字段名不要以下画线开头，例如 think_user 表和 user_name 字段是正确写法，类似_username 这样的数据表字段可能会被过滤。

注意：在 ThinkPHP 中有一个函数命名的特例，就是单字母大写函数，这类函数通常是某些操作的快捷定义，或者有特殊的作用。例如 A、D、S、L 方法等，它们有着特殊的含义。

注意：由于 ThinkPHP 默认全部使用 UTF-8 编码，所以请确保你的程序文件采用 UTF-8 编码格式保存，并且去掉 BOM 信息头（去掉 BOM 头信息有很多方式，不同的编辑器都有设置方法，也可以用工具进行统一检测和处理），否则可能导致很多意想不到的问题。

技巧：在使用 ThinkPHP 进行开发的过程中，我们给出如下建议，会让你的开发变得更轻松。

（1）遵循框架的命名规范和目录规范。

（2）开发过程中尽量开启调试模式，及早发现问题。

（3）多看看日志文件，查找隐患问题。

（4）养成使用 I 函数获取输入变量的好习惯。

（5）更新或者环境改变后遇到问题首要问题是清空 Runtime 目录。

22.2.5　控制器

可以在自动生成的“Application/Home/Controller”目录下面找到一个名为“IndexController.class.php”的文件，这就是默认的 Index 控制器文件。控制器类的命名方式如下。

```
控制器名（驼峰法，首字母大写）+Controller
```

控制器文件的命名方式如下。

```
类名+class.php（类文件后缀）
```

默认的欢迎页面其实就是访问的 Home 模块下面的 Index 控制器类的 index 操作方法，读者可以修改默认的 index 操作方法，例如将前面实例 22-1 中文件 IndexController.class.php（\22-1\Home\Controller\IndexController.class.php）修改为如下代码。

```
<?php
namespace Home\Controller;
use Think\Controller;
class IndexController extends Controller {
   public function index(){
      echo 'hello,world!';
   }
}
```

再次运行应用入口文件，此时浏览器会显示如下。

```
hello,world!。
```

我们再来看下控制器类，IndexController 控制器类的开头是命名空间定义，具体如下所示。

```
namespace Home\Controller;
```

这是系统的规范要求，表示当前类是 Home 模块下的控制器类，命名空间和实际的控制器文件所在的路径是一致的，也就是说，Home\Controller\IndexController 类对应的控制器文件位于应用目录下面的“Home/Controller/IndexController.class.php”，如果改变了当前的模块名，那么这个控制器类的命名空间也需要随之修改。

注意：命名空间定义必须写在所有的 PHP 代码之前声明，而且之前不能有任何输出，否则会出错。

因为如下代码是表示引入“Think\Controller”类库便于直接使用。

```
use Think\Controller;
```

所以下面的代码。

```
namespace Home\Controller;
use Think\Controller;
class IndexController extends Controller
```

等同于使用：

```
namespace Home\Controller;
class IndexController extends \Think\Controller
```

22.2.6 多层 MVC

ThinkPHP 基于 MVC（Model-View-Controller，模型-视图-控制器）模式，并且均支持多层（multi-Layer）设计。

（1）模型（Model）层

默认的模型层由 Model 类构成，但是随着项目的增大和业务体系的复杂化，单一的模型层很难解决要求，ThinkPHP 支持多层 Model，设计思路很简单，不同的模型层仍然都继承自系统的 Model 类，但是在目录结构和命名规范上做了区分。

例如在某个项目设计中需要区分数据层、逻辑层、服务层等不同的模型层，我们可以在模块目录下面创建 Model、Logic 和 Service 目录，把对用户表的所有模型操作分成如下 3 层。

数据层：Model/UserModel 用于定义数据相关的自动验证和自动完成和数据存取接口。

逻辑层：Logic/UserLogic 用于定义用户相关的业务逻辑。

服务层：Service/UserService 用于定义用户相关的服务接口等。

而上述 3 个模型操作类统一都继承 Model 类即可，例如：

数据层 Home/Model/UserModel.class.php。

```
namespace Home\Model;
use Think\Model;
class UserModel extends Model{
}
```

逻辑层 Home/Logic/UserLogic.class.php。

```
namespace Home\Logic;
use Think\Model;
class UserLogic extends Model{
}
```

服务层 Home/Service/UserService.class.php。

```
namespace Home\Service;
use Think\Model;
class UserService extends Model{
}
```

这样在区分不同的模型层之后，对用户数据的操作就变得非常清晰，在调用的时候也可以用内置的 D 方法很方便地调用。

```
D('User') //实例化UserModel
D('User','Logic') //实例化UserLogic
D('User','Service') //实例化UserService
```

默认的模型层是 Model，我们也可以进行更改设置，例如：

```
'DEFAULT_M_LAYER'       =>  'Logic', // 更改默认的模型层名称为Logic
```

更改之后，在实例化的时候需要修改如下。

```
D('User') //实例化UserLogic
D('User','Model') //实例化UserModel
D('User','Service') //实例化UserService
```

对模型层的分层划分是很灵活的，开发人员可以根据项目的需要自由定义和增加模型分层，也完全可以只使用 Model 层。

（2）视图（View）层

视图层由模板和模板引擎组成，在模板中可以直接使用 PHP 代码，模板引擎的设计会在后面讲述，通过驱动也可以支持其他第三方的模板引擎。视图的多层可以简单地通过目录（也就是模板主题）区分，例如：

```
View/default/User/add.html
View/blue/User/add.html
```

复杂一点的多层视图还可以更进一步，采用不同的视图目录来完成，例如：

```
view 普通视图层目录
mobile 手机端访问视图层目录
```

这样做的好处是每个不同的视图层都可以支持不同的模板主题功能。

默认的视图层是 View 目录，我们可以进行如下调整设置。

```
'DEFAULT_V_LAYER'       =>  'Mobile', // 默认的视图层名称更改为Mobile
```

非默认视图层目录的模板获取需要使用 T 函数。

（3）控制器（Controller）层

ThinkPHP 的控制器层由核心控制器和业务控制器组成，核心控制器由系统内部的 App 类完成，负责应用（包括模块、控制器和操作）的调度控制，包括 HTTP 请求拦截和转发、加载配置等。业务控制器则由用户定义的控制器类完成。多层业务控制器的实现原理和模型的分层类似，例如业务控制器和事件控制器。

```
Controller/UserController //用于用户的业务逻辑控制和调度
Event/UserEvent //用于用户的事件响应操作
```

访问控制器 Home/Controller/UserController.class.php 定义如下。

```
namespace Home\Controller;
use Think\Controller;
```

```
class UserController extends Controller{
}
```

事件控制器 Home/Event/UserEvent.class.php 定义如下。

```
namespace Home\Event;
use Think\Controller;
class UserEvent extends Controller{
}
```

UserController 负责外部交互响应，通过 URL 请求响应，例如 http://serverName/User/index，而 UserEvent 负责内部的事件响应，并且只能在内部调用。

```
A('User','Event');
```

默认的访问控制器层是 Controller，可以进行如下所示的调整设置。

```
'DEFAULT_C_LAYER'        =>  'Event', // 默认的控制器层名称改为Event
```

由此可以说是和外部隔离的。

多层控制器的划分也不是强制的，可以根据应用的需要自由分层。控制器分层里面可以根据需要调用分层模型，也可以调用不同的分层视图（主题）。

在 MVC 三层架构中，ThinkPHP 并不依赖 M 或者 V，甚至可以只有 C 或者只有 V，这个在 ThinkPHP 的设计里面是一个很重要的用户体验设计，用户只需要定义视图，在没有 C 的情况下也能自动识别。

22.2.7 CBD 模式

在 ThinkPHP 引入了全新的 CBD（核心 Core+行为 Behavior+驱动 Driver）架构模式，从底层开始，框架就采用核心+行为+驱动的架构体系，核心保留了最关键的部分，并在重要位置设置了标签用以标记，其他功能都采用行为扩展和驱动的方式组合，开发人员可以根据自己的需要，对某个标签位置进行行为扩展或者替换，就可以方便地定制框架底层，也可以在应用层添加自己的标签位置和添加应用行为。而标签位置类似于 AOP 概念中的“切面”，行为都是围绕这个“切面”来进行编程。

（1）Core（核心）

ThinkPHP 的核心部分包括核心函数库、惯例配置、核心类库（包括基础类和内置驱动及核心行为），这些是 ThinkPHP 必不可少的部分。

```
ThinkPHP/Common/functions.php                  // 核心函数库
ThinkPHP/Conf/convention.php                   // 惯例配置文件
ThinkPHP/Conf/debug.php                        // 惯例调试配置文件
ThinkPHP/Mode/common.php                       // 普通模式定义文件
ThinkPHP/Library/Think                         // 核心类库包
ThinkPHP/Library/Behavior                      // 系统行为类库
ThinkPHP/Library/Think/App.class.php           // 核心应用类
ThinkPHP/Library/Think/Cache.class.php         // 核心缓存类
ThinkPHP/Library/Think/Controller.class.php    // 基础控制器类
ThinkPHP/Library/Think/Db.class.php            // 数据库操作类
ThinkPHP/Library/Think/Dispatcher.class.php    // URL解析调度类
ThinkPHP/Library/Think/Exception.class.php     // 系统基础异常类
ThinkPHP/Library/Think/Hook.class.php          // 系统钩子类
ThinkPHP/Library/Think/Log.class.php           // 系统日志记录类
ThinkPHP/Library/Think/Model.class.php         // 系统基础模型类
ThinkPHP/Library/Think/Route.class.php         // 系统路由类
ThinkPHP/Library/Think/Storage.class.php       // 系统存储类
ThinkPHP/Library/Think/Template.class.php      // 内置模板引擎类
ThinkPHP/Library/Think/Think.class.php         // 系统引导类
ThinkPHP/Library/Think/View.class.php          // 系统视图类
```

在“Behavior”目录下保存了系统内置的一些行为类库，内置驱动则分布在各个不同的驱动目录下面（参考下面的驱动部分）。

（2）Driver（驱动）

3.2 版本在架构设计上更加强化了驱动的设计，替代了之前的引擎和模式扩展，并且改进了行为的设计，使得框架整体更加灵活，并且由于在需要写入数据的功能类库中都采用了驱动化的设计思想，所以使得新的框架能够轻松满足分布式部署的需求，对云平台的支持可以更简单地实现了。因此，在新版的扩展里面，已经取消了引擎扩展和模式扩展，改成配置不同的应用模式即可。

常用的驱动包括如下。

```
ThinkPHP/Library/Think/Cache/Driver      // 缓存驱动类库
ThinkPHP/Library/Think/Db/Driver         // 数据库驱动类库
ThinkPHP/Library/Think/Log/Driver        // 日志记录驱动类库
ThinkPHP/Library/Think/Session/Driver    // Session驱动类库
ThinkPHP/Library/Think/Storage/Driver    // 存储驱动类库
ThinkPHP/Library/Think/Template/Driver   // 第三方模板引擎驱动类库
ThinkPHP/Library/Think/Template/TagLib   // 内置模板引擎标签库扩展类库
```

（3）Behavior（行为）

行为（Behavior）是 ThinkPHP 扩展机制中比较关键的一项扩展，行为既可以独立调用，也可以绑定到某个标签（位）中进行侦听。这里的行为指的是一个比较抽象的概念，可以想象成在应用执行过程中的一个动作或者处理。在框架的执行流程中，各个位置都可以有行为产生，例如路由检测是一个行为，静态缓存是一个行为，用户权限检测也是行为，大到业务逻辑，小到浏览器检测、多语言检测等等都可以当作是一个行为，甚至说你希望给你的网站用户的第一次访问弹出 Hello，world！这些都可以看成是一种行为，行为的存在让开发者无需改动框架和应用，而在外围通过扩展或者配置来改变或者增加一些功能。

而不同的行为之间也具有位置共同性，比如，有些行为的作用位置都是在应用执行前，有些行为都是在模板输出之后，我们把这些行为发生作用的位置称之为标签（位），也可以称之为钩子，当应用程序运行到这个标签的时候，就会被拦截下来，统一执行相关的行为，类似于 AOP 编程中的“切面”的概念，给某一个标签绑定相关行为就成了一种类 AOP 编程的思想。

（4）系统标签位

系统核心提供了很多标签，具体说明如下所示（按照执行顺序排列）。

app_init：应用初始化标签位。

module_check：模块检测标签位（3.2.1 版本新增）。

path_info PATH_INFO：检测标签位。

app_begin：应用开始标签位。

action_name：操作方法名标签位。

action_begin：控制器开始标签位。

view_begin：视图输出开始标签位。

view_template：视图模板解析标签位。

view_parse：视图解析标签位。

template_filter：模板解析过滤标签位。

view_filter：视图输出过滤标签位。

view_end：视图输出结束标签位。

action_end：控制器结束标签位。

app_end：应用结束标签位。

在每个标签位置可以配置多个行为，行为的执行顺序按照定义的顺序依次执行。除非前面的行为里面中断执行了（某些行为可能需要中断执行，例如检测机器人或者非法执行行为），否则会继续下一个行为的执行。

除了这些系统内置标签之外，开发人员还可以在应用中添加自己的应用标签，在任何需要拦截的位置添加如下代码即可。

```
// 添加my_tag 标签侦听
\Think\Hook::listen('my_tag');
```

方法第一个参数是要侦听的标签位，除此之外还可以传入并且只接受一个参数，如果需要传入多个参数，请使用数组。

```
// 添加my_tag 标签侦听
\Think\Hook::listen('my_tag',$params);
```

该参数为引用传值，所以只能传入变量，因此下面的传值是错误的。

```
// 添加my_tag 标签侦听
\Think\Hook::listen('my_tag','param');
```

（5）核心行为

系统的很多核心功能也是采用行为扩展组装的，对于满足项目日益纷繁复杂的需求和定制底层框架提供了更多的方便和可能性。核心行为位于“ThinkPHP/Behavior/”目录下面，框架核心内置的行为如表 22-2 所示。

表 22-2　　框架核心内置的行为

行为名称	说　明	对应标签位置
BuildLite	生成 Lite 文件（3.2.1 版本新增）	app_init
ParseTemplate	模板文件解析，并支持第三方模板引擎驱动	view_parse
ShowPageTrace	页面 Trace 功能行为，完成页面 Trace 功能	view_end
ShowRuntime	运行时间显示行为，完成运行时间显示	view_filter
TokenBuild	令牌生成行为，完成表单令牌的自动生成	view_filter
ReadHtmlCache	读取静态缓存行为	app_init
WriteHtmlCache	生成静态缓存行为	view_filter

（6）行为定义

自定义的扩展行为可以放在核心或者应用目录，只要遵循命名空间的定义规则即可。行为类的命名采用如下所示的格式。

```
行为名称（驼峰法，首字母大写）+Behavior
```

行为类的定义方式如下所示。

```
namespace Home\Behavior;
class TestBehavior {
    // 行为扩展的执行入口必须是run
    public function run(&$params){
        if(C('TEST_PARAM')) {
            echo 'RUNTEST BEHAVIOR '.$params;
        }
    }
}
```

行为类必须定义执行入口方法 run，由于行为的调用机制影响，run 方法不需要任何返回值，所有返回都通过引用返回。方法 run 的参数只允许一个，但是可以传入数组。

（7）行为绑定

行为定义完成后，就需要绑定到某个标签位置才能生效，否则是不会执行的。需要在应用的行为定义文件 tags.php 中进行行为和标签的位置定义，具体格式如下。

```
return array(
    '标签名称1'=>array('行为名1','行为名2',...),
    '标签名称2'=>array('行为名1','行为名2',...),
 );
```

标签名称包括我们前面列出的系统标签和应用中自己定义的标签名称，比如你需要在 app_init 标签位置定义一个 CheckLangBehavior 行为类的话，可以使用如下。

```
return array(
  'app_init'=>array('Home\Behavior\CheckLangBehavior'),
);
```

可以给一个标签位定义多个行为，行为的执行顺序就是定义的先后顺序，例如：

```
return array(
  'app_init'=>array(
    'Home\Behavior\CheckLangBehavior',
    'Home\Behavior\CronRunBehavior'
  ),
);
```

在默认情况下，文件 tags.php 中定义的行为会并入系统行为一起执行，也就是说如果系统的行为定义中 app_init 标签中已经定义了其他行为，则会首先执行系统行为扩展中定义的行为，然后再执行项目行为中定义的行为。例如在系统行为定义文件中定义了。

```
'app_begin'  =>  array(
   'Behavior\ReadHtmlCacheBehavior', // 读取静态缓存
),
```

而应用行为定义文件的定义如下。

```
'app_begin'  =>  array(
   'Home\Behavior\CheckModuleBehavior',
   'Home\Behavior\CheckLangBehavior',
),
```

则最终执行到 App_begin 标签（位）的时候会依次执行如下 3 个行为（除非中间某个行为有中止执行的操作）。

```
Library\Behavior\ReadHtmlCacheBehavior
Home\Behavior\CheckModuleBehavior
Home\Behavior\CheckLangBehavior
```

如果希望应用的行为配置文件中的定义覆盖系统的行为定义，可以改为如下方式。

```
'app_begin'  =>  array(
   'Home\Behavior\CheckModuleBehavior',
   'Home\Behavior\CheckLangBehavior',
   '_overlay'    =>    true,
),
```

则最终执行到 App_begin 标签（位）的时候，会依次执行如下两个行为。

```
Home\Behavior\CheckModuleBehavior
Home\Behavior\CheckLangBehavior
```

应用行为的定义没有限制，你可以把一个行为绑定到多个标签位置执行，例如：

```
return array(
    'app_begin'=>array('Home\Behavior\TestBehavior'), // 在app_begin 标签位添加Test行为
    'app_end'=>array('Home\Behavior\TestBehavior'),   // 在app_end 标签位添加Test行为
 );
```

（8）单独执行

行为的调用不一定要放到标签才能调用，如果需要的话，我们可以在控制器中或者其他地方直接调用行为。例如，我们可以把用户权限检测封装成一个行为类，例如：

```
namespace Home\Behavior;
use Think\Behavior;
class AuthCheckBehavior extends Behavior {

    // 行为扩展的执行入口必须是run
    public function run(&$return){
        if(C('USER_AUTH_ON')) {
            // 进行权限认证逻辑，如果认证通过 $return = true;
            // 否则用halt输出错误信息
        }
```

```
    }
}
```

定义了 AuthCheck 行为后，可以在控制器的_initialize 方法中直接用下面的方式调用：

```
B('Home\Behavior\AuthCheck');
```

22.3 配置操作

视频讲解：第 22 章\配置操作.mp4

ThinkPHP 提供了灵活的全局配置功能，采用最有效率的 PHP 返回数组方式定义，支持惯例配置、公共配置、模块配置、调试配置和动态配置。对于有些简单的应用，无需配置任何配置文件，而对于复杂的要求，还可以增加动态配置文件。系统的配置参数是通过静态变量全局存取的，存取方式简单高效。

22.3.1 配置格式

1. 使用数组定义格式

在 ThinkPHP 框架中，所有配置文件默认的定义格式是采用返回 PHP 数组的方式，具体格式如下。

```
//项目配置文件
return array(
    'DEFAULT_MODULE'     => 'Index', //默认模块
    'URL_MODEL'          => '2',     //URL模式
    'SESSION_AUTO_START' => true,    //是否开启session
    //更多配置参数
    //...
);
```

上述配置参数不区分大小写（因为无论大小写定义都会转换成小写），所以和下面的配置代码是等效的。

```
//项目配置文件
return array(
    'default_module'     => 'Index', //默认模块
    'url_model'          => '2',     //URL模式
    'session_auto_start' => true,    //是否开启session
    //更多配置参数
    //...
);
```

在此建议读者，保持大写定义配置参数的规范。

另外，还可以在配置文件中使用二维数组来配置更多的信息，例如下面的代码。

```
//项目配置文件
return array(
    'DEFAULT_MODULE'     => 'Index', //默认模块
    'URL_MODEL'          => '2',     //URL模式
    'SESSION_AUTO_START' => true,    //是否开启session
    'USER_CONFIG'        => array(
        'USER_AUTH' => true,
        'USER_TYPE' => 2,
    ),
    //更多配置参数
    //...
);
```

注意：二级参数配置区分大小写，也就是说读取确保和定义一致。

2. 其他配置格式

在 ThinkPHP 框架中，也可以采用“yaml/json/xml/ini”以及自定义格式的配置文件。可以在应用入口文件中定义应用的配置文件的后缀，例如：

```
define('CONF_EXT','.ini');
```

经过上述定义后，应用的配置文件（包括模块的配置文件）后缀都统一采用“.ini”。

注意：无论是什么格式的配置文件，最终都会解析成数组格式，该配置不会影响框架内部的配置文件加载。

例如下面是 ini 格式配置示例。

```
DEFAULT_MODULE=Index ;默认模块
URL_MODEL=2 ;URL模式
SESSION_AUTO_START=on ;是否开启session
```

例如下面是 XML 格式配置示例。

```
<config>
<default_module>Index</default_module>
<url_model>2</url_model>
<session_auto_start>1</session_auto_start>
</config>
```

例如下面是 YAML 格式配置示例。

```
default_module:Index #默认模块
url_model:2 #URL模式
session_auto_start:True #是否开启session
```

例如下面是 JSON 格式配置示例。

```
{
"default_module":"Index",
"url_model":2,
"session_auto_start":True
}
```

除了“yaml/json/xml/ini”格式之外，开发者还可以自定义配置格式，例如：

```
define('CONF_EXT','.test'); // 配置自定义配置格式（后缀）
define('CONF_PARSE','parse_test'); // 对应的解析函数
```

CONF_PARSE 定义的解析函数的返回值必须是一个 PHP 索引数组。假设自定义的配置格式是类似“var1=val1&var2=val2”之类的字符串，那么 parse_test 的定义代码如下所示。

```
function parse_test($str){
    parse_str($str,$config);
    return (array)$config;
}
```

22.3.2　配置加载

在 ThinkPHP 中，通常应用程序的配置文件是自动加载的，加载顺序如下所示。

```
惯例配置->应用配置->模式配置->调试配置->状态配置->模块配置->扩展配置->动态配置
```

以上是配置文件的加载顺序，因为后面的配置会覆盖之前的同名配置（在没有生效的前提下），所以配置的优先顺序从右到左。

在接下来的内容中，将简要说明不同的配置文件的区别和位置。

（1）惯例配置

惯例重于配置是系统遵循的一个重要思想，框架内置有一个惯例配置文件（位于 ThinkPHP/Conf/convention.php），按照大多数的使用对常用参数进行了默认配置。所以，对于应用的配置文件，往往只需要配置和惯例配置不同的或者新增的配置参数，如果你完全采用默认配置，甚至可以不需要定义任何配置文件。

注意：建议读者仔细阅读一下系统的惯例配置文件中的相关配置参数，了解系统默认的配置参数。

（2）应用配置

应用配置文件也就是调用所有模块之前都会首先加载的公共配置文件（默认位于 Application/Common/Conf/config.php）。如果更改了公共模块的名称的话，公共配置文件的位置也相应地改变。

（3）模式配置（可选）

如果使用了普通应用模式之外的应用模式的话，还可以为应用模式（后面会有描述）单独定义配置文件，文件命名规范如下。

```
Application/Common/Conf/config_应用模式名称.php（仅在运行该模式下面才会加载）
```

注意：模式配置文件是可选的。

（4）调试配置（可选）

如果开启调试模式的话，则会自动加载框架的调试配置文件（位于 ThinkPHP/Conf/debug.php）和应用调试配置文件（位于 Application/Common/Conf/debug.php）。

（5）状态配置（可选）

每个应用都可以在不同的情况下设置自己的状态（或者称之为应用场景），并且加载不同的配置文件。假如你需要在公司和家里分别设置不同的数据库测试环境，那么可以这样处理，在公司环境中，我们在入口文件中定义。

```
define('APP_STATUS','office');
```

那么就会自动加载该状态对应的配置文件（位于 Application/Common/Conf/office.php）。

当返回后修改定义如下。

```
define('APP_STATUS','home');
```

那么就会自动加载该状态对应的配置文件（位于 Application/Common/Conf/home.php）。

（6）模块配置

每个模块会自动加载自己的配置文件（位于 Application/当前模块名/Conf/config.php）。如果使用了普通模式之外的其他应用模式，你还可以为应用模式单独定义配置文件，命名规范如下。

```
Application/当前模块名/Conf/config_应用模式名称.php（仅在运行该模式下面才会加载）
```

模块还可以支持独立的状态配置文件，命名规范如下。

```
Application/当前模块名/Conf/应用状态.php
```

如果应用的配置文件比较大，想分成几个单独的配置文件或者需要加载额外的配置文件的话，可以考虑采用扩展配置或者动态配置。

22.3.3 读取配置

无论使用哪一种配置文件，在定义配置文件之后，都统一使用系统提供的 C 方法（可以借助 Config 单词来帮助记忆）来读取已有的配置。具体语法格式如下所示。

```
C('参数名称')
```

例如，读取当前的 URL 模式配置参数的代码如下。

```
$model = C('URL_MODEL');
// 由于配置参数不区分大小写，因此下面的写法是等效的
// $model = C('url_model');
```

在此建议读者使用大写方式的规范。

注意：在配置参数名称中不能含有“.”和特殊字符，允许字母、数字和下划线。

如果 url_model 尚未存在设置，则返回 NULL。系统支持在读取的时候设置默认值，例如：

```
// 如果my_config尚未设置的话，则返回default_config字符串
C('my_config',null,'default_config');
```

另外，C 方法也可以用于读取二维配置。

```
//获取用户配置中的用户类型设置
C('USER_CONFIG.USER_TYPE');
```

因为配置参数是全局有效的，所以 C 方法可以在任何地方读取任何配置，即使某个设置参数已经生效过期了。

22.3.4 动态配置

前面介绍的配置方式都是通过预先定义配置文件的方式，而在具体的操作方法中仍然可以

对某些参数进行动态配置（或者增加新的配置），主要是指那些还没有被使用的参数。具体设置格式如下。

```
C('参数名称','新的参数值')
```

例如，我们需要动态改变数据缓存的有效期的话，可以使用如下代码实现。

```
// 动态改变缓存有效期
C('DATA_CACHE_TIME',60);
```

动态配置赋值仅对当前请求有效，不会对以后的请求造成影响。动态改变配置参数的方法和读取配置的方法在使用上面非常接近，都是使用 C 方法，只是参数的不同。

另外，也可以支持二维数组的读取和设置，使用点语法进行操作，例如：

```
// 获取已经设置的参数值
C('USER_CONFIG.USER_TYPE');
// 设置新的值
C('USER_CONFIG.USER_TYPE',1);
```

22.3.5 扩展配置

在 ThinkPHP 中，扩展配置可以支持自动加载额外的自定义配置文件，并且配置格式和项目配置一样。设置扩展配置的方式如下（多个文件用逗号分隔）所示。

```
// 加载扩展配置文件
'LOAD_EXT_CONFIG' => 'user,db',
```

假设扩展配置文件 user.php 和 db.php 分别用于用户配置和数据库配置，这样做的好处是哪怕以后关闭调试模式，在修改 db 配置文件后依然会自动生效。

如果在应用公共设置文件中配置的话，那么会自动加载应用公共配置目录下面的配置文件 Application/Common/Conf/user.php 和 Application/Common/Conf/db.php。

如果在模块（假设是 Home 模块）的配置文件中配置的话，则会自动加载模块目录下面的配置文件 Application/Home/Conf/user.php 和 Application/Home/Conf/db.php。

在默认情况下，扩展配置文件中的设置参数会并入项目配置文件中。也就是默认都是一级配置参数，假设文件 user.php 中的配置参数如下。

```
<?php
//用户配置文件
return array(
    'USER_TYPE'       => 2,  //用户类型
    'USER_AUTH_ID'    => 10, //用户认证ID
    'USER_AUTH_TYPE' => 2,   //用户认证模式
);
```

那么，最终获取用户参数的方式如下。

```
C('USER_AUTH_ID');
```

如果将配置文件改如下。

```
// 加载扩展配置文件
'LOAD_EXT_CONFIG' => array('USER'=>'user','DB'=>'db'),
```

那么最终获取用户参数的方式将改成如下。

```
C('USER.USER_AUTH_ID');
```

22.3.6 批量配置

在 ThinkPHP 中，C 配置方法支持批量配置，例如下面的代码。

```
$config = array('WEB_SITE_TITLE'=>'ThinkPHP','WEB_SITE_DESCRIPTION'=>'开源PHP框架');
C($config);
```

数组“$config”中的配置参数会合并到现有的全局配置中，可以通过这种方式读取数据库中的配置参数，例如：

```
// 读取数据库中的配置（假设有一个config表用于保存配置参数）
$config =   M('Config')->getField('name,value');
// config是一个关联数组，键值就是配置参数，值就是配置值
```

```
// 例如： array('config1'=>'val1','config2'=>'val2',...)
C($config); // 合并配置参数到全局配置
```

在合并之后，就可以和前面读取普通配置参数一样读取数据库中的配置参数了，当然也可以动态改变。例如：

```
// 读取合并到全局配置中的数据库中的配置参数
C('CONFIG1');
// 动态改变配置参数（当前请求有效，不会自动保存到数据库）
C('CONFIG2','VALUE_NEW');
```

22.4 课 后 练 习

（1）编写一个 PHP 程序：使用 ThinkPHP 框架创建一个登录系统。

（2）编写一个 PHP 程序：在前台控制器中调用后台项目中的方法实现添加用户功能。

第 23 章

使用 PHP 开发 Android 应用程序

随着移动智能设备的迅速发展和普及，移动应用程序开发已经成为了当今开发市场的主要增长点，并且大有超越传统 PC 市场的趋势。在客户对移动应用程序需求日益高涨的背景下，作为一名 PHP 程序员，很有必要掌握开发移动应用程序的知识。在实际应用中，最通用的开发模式是使用 PHP 开发远程服务器程序，用来存储大量的数据信息；使用 Android 开发客户端程序，实现移动设备对远程 PHP 服务器的访问。在本章将详细讲解实现 PHP+Android 开发的基本知识，为读者步入本书后面知识的学习打下基础。

23.1 Android 系统介绍

视频讲解：第 23 章\Android 开发基础.avi

Android 是一款操作系统的名称，是科技界巨头谷歌（Google）公司推出的运行于手机和平板电脑等移动设备上的智能操作系统。因为 Android 系统的底层内核是以 Linux 开源系统架构的，所以它属于 Linux 家族的产品之一。虽然 Android 外形比较简单，但是其功能十分强大。自从 2011 年开始到现在为止，Android 系统一直占据全球智能手机市场占有率第一的宝座。

2007 年 11 月 5 日，Google 正式对外宣布 Android 开源手机操作系统平台，此平台基于 Linux，由操作系统、中间件、用户界面和应用软件组成。同时 Google 与另外 33 家手机制造商（包含摩托罗拉、宏达电、三星、LG）、手机芯片供货商、软硬件供货商、电信运营商（包括中国移动）联合组成 Open Handset Alliance（开放手机联盟），这一联盟将会支持 Google 可能发布的手机操作系统或者应用软件，共同开发 Android 的开放源代码的移动系统。

Android 机型数量庞大，简单易用，相当自由的系统能让厂商和客户轻松地定制各种 ROM，定制各种桌面部件和主题风格。简单而华丽的界面得到广大客户的认可，对手机进行刷机也是不少 Android 用户所津津乐道的事情。

注意：可惜 Android 版本数量较多，市面上同时存在着 1.6 到当前最新的 7.1 等各种版本的 Android 系统手机，应用软件对各版本系统的兼容性对程序开发人员是一种不小的挑战。同时由于开发门槛低，导致应用数量虽然很多，但是应用质量参差不齐，甚至出现不少恶意软件，导致一些用户受到损失。同时 Android 没有对各厂商在硬件上进行限制，导致一些用户在低端机型上体验不佳。另外，因为 Android 的应用主要使用 Java 语言开发，其运行效率和硬件消耗一直是其他手机用户所诟病的地方。

23.2 上传下载图片

视频讲解：第 23 章\上传下载图片.avi

下面实例的功能是使用 PHP 构建了一个“服务器/客户端”上传、下载程序。其中服务器端是用 PHP 语言开发的，客户端是用 Android 应用程序实现的。

实例 23-1 上传下载图片

源码路径 daima\9\23-1

23.2.1 实现 PHP 服务器端

服务器端的 PHP 程序代码非常简单，实例文件 receive_file.php 的具体实现代码如下所示。

```
<?php
    $target_path  = "tmp";//接收文件目录
    $target_path = $target_path.($_FILES['file']['name']);
    $target_path = iconv("UTF-8","gb2312", $target_path);
```

```
        if(move_uploaded_file($_FILES['file']['tmp_name'], $target_path)) {
            echo "The file ".( $_FILES['file']['name'])." has been uploaded.";
        }else{
            echo "There was an error uploading the file, please try again! Error Code: ".$_
FILES['file']['error'];
        }
    ?>
```

23.2.2　实现 Android 客户端

（1）首先看界面布局文件 activity_main.xml，功能是构建一个具有上传功能和下载功能的按钮界面，主要实现代码如下所示。

```
    <Button
        android:id="@+id/upload"
        android:layout_width="fill_parent"
        android:layout_height="wrap_content"
        android:text="上传" />

    <TextView
        android:layout_width="wrap_content"
        android:layout_height="wrap_content"
        android:text="上传文件名: " />

    <TextView
        android:id="@+id/file"
        android:layout_width="wrap_content"
        android:layout_height="wrap_content"
        android:text="test" />

    <Button
        android:id="@+id/download"
        android:layout_width="fill_parent"
        android:layout_height="wrap_content"
        android:layout_marginTop="50dp"
        android:text="下载" />

    <ImageView
        android:id="@+id/image"
        android:layout_width="wrap_content"
        android:layout_height="wrap_content"
        android:src="@drawable/empty_photo" />
```

执行后的效果如图 23-1 所示。

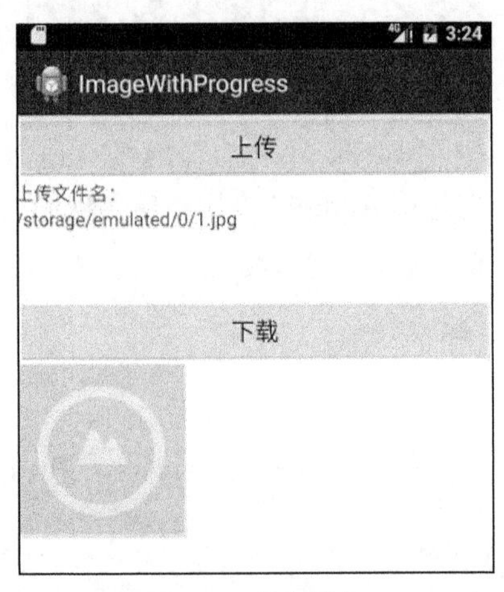

图 23-1　执行效果

（2）文件 FileDownLoadAsyncTask.java 的功能是实现图片下载功能，我们设置的远程图片是 http://img0.bdstatic.com/img/image/shouye/leimu/mingxing.jpg，各行代码的具体功能在程序中已经进行了详细注释。文件 FileDownLoadAsyncTask.java 的主要实现代码如下所示。

```
public class FileDownLoadAsyncTask extends
        AsyncTask<ImageView, Integer, Bitmap> {
    // 图片下载地址
    private String url = "http://img0.bdstatic.com/img/image/shouye/leimu/mingxing.jpg";
    private Context context;
    private ProgressDialog pd;
    private ImageView image;
    private int width = 150;
    private int height = 150;

    public FileDownLoadAsyncTask(Context context) {
        this.context = context;
    }
    protected void onPreExecute() {
        pd = new ProgressDialog(context);
        pd.setProgressStyle(ProgressDialog.STYLE_HORIZONTAL);
        pd.setMessage("下载中....");
        pd.setCancelable(false);
        pd.show();
    }

    /**
     * 下载图片，并按指定高度和宽度压缩
     */
    @Override
    protected Bitmap doInBackground(ImageView... params) {
        this.image = params[0];
        Bitmap bitmap = null;
        HttpClient httpClient = new DefaultHttpClient();
        try {
            httpClient.getParams().setParameter(
                    CoreProtocolPNames.PROTOCOL_VERSION, HttpVersion.HTTP_1_1);
            HttpGet httpGet = new HttpGet(url);
            HttpResponse httpResponse = httpClient.execute(httpGet);
            if (httpResponse.getStatusLine().getStatusCode() == HttpStatus.SC_OK) {
                HttpEntity entity = httpResponse.getEntity();
                final long size = entity.getContentLength();
                CountingInputStream cis = new CountingInputStream(
                        entity.getContent(), new ProgressListener() {
                            @Override
                            public void transferred(long transferedBytes) {
                                Log.i("FileDownLoadAsyncTask", "总字节数: " + size
                                        + " 已下载字节数: " + transferedBytes);
                                publishProgress((int) (100 * transferedBytes / size));
                            }
                        });
                // 需将Inputstream转化为byte数组，以备decodeByteArray用
                // 如直接使用decodeStream会将stream破坏，然后第二次decodeStream时，会出现
                // SkImageDecoder::Factory
                // returned null错误
                // 我试过将获得的Inputstream转化为BufferedInputStream，然后使用mark、reset方法，
                // 但是我试了试没成功，不知道为啥，还请成功的各位告知
                byte[] byteIn = toByteArray(cis, (int) size);
                BitmapFactory.Options bmpFactoryOptions = new BitmapFactory.Options();
                // 第一次decode时，需设置inJustDecodeBounds属性为true,这样系统就会只读取下载图片
```

```
                // 的属性而不分配空间，并将属性存储在Options中
                bmpFactoryOptions.inJustDecodeBounds = true;
                // 第一次decode，获取图片高宽度等属性
                BitmapFactory.decodeByteArray(byteIn, 0, byteIn.length,
                        bmpFactoryOptions);
                // 根据显示控件大小获取压缩比率，有效避免OOM
                int heightRatio = (int) Math.ceil(bmpFactoryOptions.outHeight
                        / height);
                int widthRatio = (int) Math.ceil(bmpFactoryOptions.outWidth
                        / width);
                if (heightRatio > 1 && widthRatio > 1) {
                    bmpFactoryOptions.inSampleSize = heightRatio > widthRatio ? heightRatio
                            : widthRatio;
                }
                // 第二次decode时，需设置inJustDecodeBounds属性为false,系统才会根据传入的
                // BitmapFactory.Options真正地压缩图片并返回
                bmpFactoryOptions.inJustDecodeBounds = false;
                bitmap = BitmapFactory.decodeByteArray(byteIn, 0,
                        byteIn.length, bmpFactoryOptions);
            }
        } catch (ClientProtocolException e) {
            e.printStackTrace();
        } catch (ConnectTimeoutException e) {
            e.printStackTrace();
        } catch (Exception e) {
            e.printStackTrace();
        } finally {
            if (httpClient != null && httpClient.getConnectionManager() != null) {
                httpClient.getConnectionManager().shutdown();
            }
        }
        return bitmap;
    }

    @Override
    protected void onProgressUpdate(Integer... progress) {
        pd.setProgress((int) (progress[0]));
    }

    protected void onPostExecute(Bitmap bm) {
        pd.dismiss();
        if (bm != null) {
            image.setImageBitmap(bm);
        } else {
            Toast.makeText(context, "图片下载失败", Toast.LENGTH_SHORT).show();
        }
    }
    /**
     * InputStream转化为Byte数组
     */
    public byte[] toByteArray(InputStream instream, int contentLength)
            throws IOException {
        if (instream == null) {
            return null;
        }
        try {
            if (contentLength < 0) {
                contentLength = 4096;
            }
            final ByteArrayBuffer buffer = new ByteArrayBuffer(contentLength);
            final byte[] tmp = new byte[4096];
```

```
            int l;
            while ((l = instream.read(tmp)) != -1) {
                buffer.append(tmp, 0, l);
            }
            return buffer.toByteArray();
        } finally {
            instream.close();
        }
    }
```

（3）文件的 FileUploadAsyncTask.java 功能是上传指定的图片到指定的远程 PHP 服务器中，主要实现代码如下所示。

```
public class FileUploadAsyncTask extends AsyncTask<File, Integer, String> {
 private String url = "http://127.0.0.1/book/receive_file.php";     //服务器端PHP程序
 private Context context;
 private ProgressDialog pd;
 private long totalSize;
 public FileUploadAsyncTask(Context context) {
     this.context = context;
 }
 @Override
 protected void onPreExecute() {
     pd = new ProgressDialog(context);
     pd.setProgressStyle(ProgressDialog.STYLE_HORIZONTAL);
     pd.setMessage("上传中....");
     pd.setCancelable(false);
     pd.show();
 }
 @Override
 protected String doInBackground(File... params) {
     // 保存需上传文件信息
     MultipartEntityBuilder entitys = MultipartEntityBuilder.create();
     entitys.setMode(HttpMultipartMode.BROWSER_COMPATIBLE);
     entitys.setCharset(Charset.forName(HTTP.UTF_8));
     File file = params[0];
     entitys.addPart("file", new FileBody(file));
     HttpEntity httpEntity = entitys.build();
     totalSize = httpEntity.getContentLength();
     ProgressOutHttpEntity progressHttpEntity = new ProgressOutHttpEntity(
             httpEntity, new ProgressListener() {
                 @Override
                 public void transferred(long transferedBytes) {
                     publishProgress((int) (100 * transferedBytes / totalSize));
                 }
             });
     return uploadFile(url, progressHttpEntity);
 }

 @Override
 protected void onProgressUpdate(Integer... progress) {
     pd.setProgress((int) (progress[0]));
 }

 @Override
 protected void onPostExecute(String result) {
     pd.dismiss();
     Toast.makeText(context, result, Toast.LENGTH_SHORT).show();
 }

 /**
  * 上传文件到服务器
```

```
     * @param url：服务器地址
     * @param entity：文件
     */
    public static String uploadFile(String url, ProgressOutHttpEntity entity) {
        HttpClient httpClient = new DefaultHttpClient();
        httpClient.getParams().setParameter(
                CoreProtocolPNames.PROTOCOL_VERSION, HttpVersion.HTTP_1_1);
        // 设置连接超时时间
        httpClient.getParams().setParameter(
                CoreConnectionPNames.CONNECTION_TIMEOUT, 5000);
        HttpPost httpPost = new HttpPost(url);
        httpPost.setEntity(entity);
        try {
            HttpResponse httpResponse = httpClient.execute(httpPost);
            if (httpResponse.getStatusLine().getStatusCode() == HttpStatus.SC_OK) {
                return "文件上传成功";
            }
        } catch (ClientProtocolException e) {
            e.printStackTrace();
        } catch (ConnectTimeoutException e) {
            e.printStackTrace();
        } catch (Exception e) {
            e.printStackTrace();
        } finally {
            if (httpClient != null && httpClient.getConnectionManager() != null) {
                httpClient.getConnectionManager().shutdown();
            }
        }
        return "文件上传失败";
    }
}
```

单击“下载”按钮后的效果如图 23-2 所示。上传界面效果如图 23-3 所示。

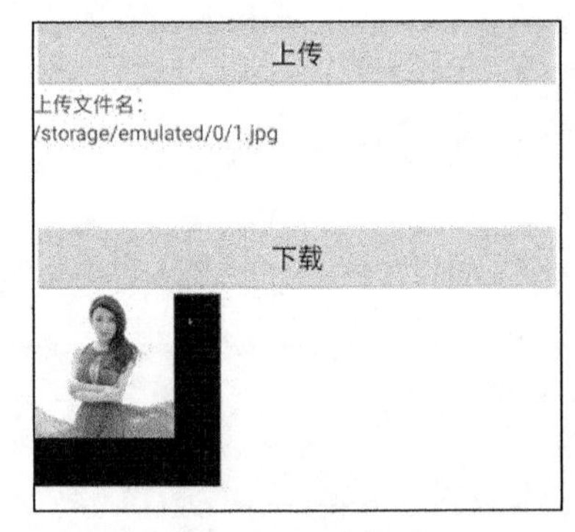

图 23-2　下载界面

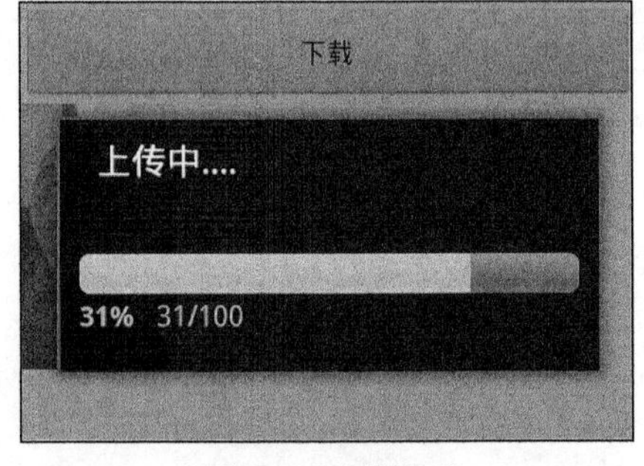

图 23-3　上传界面

23.3 信息推送程序

视频讲解：第 23 章\信息推送程序.avi

下面实例的功能是使用 PHP 构建了一个“服务器/客户端”信息推送程序。其中服务器端是用 PHP 语言开发的，客户端是用 Android 应用程序实现的。

实例 23-2 上传下载图片
源码路径 daima\9\23-2

23.3.1 实现 PHP 服务器端

（1）实例文件 database.php 的功能是建立和指定数据库的连接，具体实现代码如下所示。

```
<?php
$conn = mysqli_connect("localhost","root","66688888","fcm");
?>
```

（2）文件 register.php 实现新用户注册功能，主要实现代码如下所示。

```
<?php
 if (isset($_POST["token"])) {
        $_token=$_POST["token"];
        $_email=$_POST["email"];
        $conn = mysqli_connect("localhost","root","66688888","fcm") or die("Error connecting");
        $sql="INSERT INTO users (token,email) VALUES ( '$_token','$_email') ON DUPLICATE
KEY UPDATE token = '$_token';";
      //执行对数据库的查询操作
 if(mysqli_query($conn,$sql)){
     echo 'success';
 }else{
     echo 'failure';
 }
   mysqli_close($conn);
 }
?>
```

在上述代码中用到了 token 指令，本实例的信息推送功能借用了谷歌的 FireBase 推送框架。有关这个框架的具体用法，请读者参阅其官方文档。

（3）文件 sendNotification.php 实现服务器端的信息发送表单界面，主要实现代码如下所示。

```
<body>
 <?php
 require_once 'database.php';
 $sql = "SELECT * FROM users";                    //查询数据库信息
 $result = mysqli_query($conn,$sql);
 ?>
 <?php
 //在发送通知时显示成功消息
 if(isset($_REQUEST['success'])){
     ?>
     <strong>Great!</strong> Your message has been sent successfully...
     <?php
 }
 ?>
 <form action='send.php' method='post'>
     <select name='token'>
         <?php
         //遍历所有值
         while($row = mysqli_fetch_array($result)){
         //在下拉列表中显示值
             ?>
```

```
                <option value='<?php echo $row['token'];?>'><?php echo $row['email'];?></option>
                <?php
            }
            ?>
        </select><br /><br />
        <textarea name='message'></textarea><br />
        <button>Send Notification</button><br />
    </form>
</body>
```

信息推送表单界面的执行效果如图 23-4 所示。

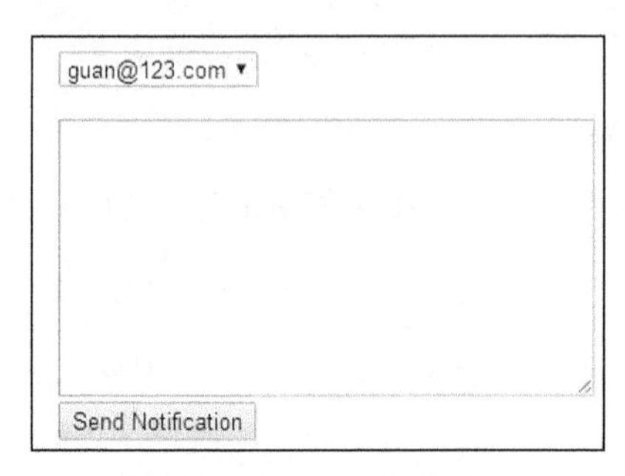

图 23-4　信息推送表单界面

在表单界面中输入推送信息，单击“Send Notification”按钮后将会调用文件 send.php 实现推送处理。文件 send.php 的主要实现代码如下所示。

```
//检查获取的数据
if($_SERVER['REQUEST_METHOD']=='POST'){
 //Geting email and message from the request
 $tokens[] = $_POST['token'];
 $message = $_POST['message'];
 $message_status = send_notification($tokens, $message);
 $result = json_decode($message_status);
 if($result->success){
     header('Location: sendNotification.php?success');
 }else{
     echo "<pre>";print_r($result);die;
 }
}else{
 header('Location: sendNotification.php');
}
?>
```

23.3.2　实现 Android 客户端

（1）编写布局文件 register_layout.xml，构建一个用户注册界面，主要实现代码如下所示。

```
<ImageView
     android:layout_width="wrap_content"
     android:layout_height="wrap_content"
     android:layout_marginBottom="16dp"
     android:layout_gravity="center_horizontal"
     android:src="@drawable/firebase_lockup_400" />

 <EditText
     android:layout_width="match_parent"
     android:layout_height="wrap_content"
     android:inputType="textEmailAddress"
     android:ems="10"
     android:layout_marginTop="40dp"
     android:hint="enter email"
     android:id="@+id/editTextEmail"
```

```
        android:layout_centerVertical="true"
        android:layout_centerHorizontal="true" />

    <Button
        android:layout_width="wrap_content"
        android:layout_height="wrap_content"
        android:textAllCaps="false"
        android:text="Register"
        android:id="@+id/buttonRegister"
        android:layout_below="@+id/editTextEmail"
        android:layout_centerHorizontal="true" />
```

执行效果如图 23-5 所示。

图 23-5　执行效果

（2）文件 RegisterActivity.java 实现注册处理，通过获取到的邮件地址进行注册，主要实现代码如下所示。

```
public class RegisterActivity extends AppCompatActivity {
 private EditText editTextEmail;
 @Override
 protected void onCreate(Bundle savedInstanceState) {
     super.onCreate(savedInstanceState);
     setContentView(R.layout.register_layout);
     Button regBtn = (Button) findViewById(R.id.buttonRegister);
     editTextEmail = (EditText) findViewById(R.id.editTextEmail);
     regBtn.setOnClickListener(new View.OnClickListener() {
         @Override
         public void onClick(View view) {
             // 获取token
             String token = FirebaseInstanceId.getInstance().getToken();
             //实现一个方法来存储这个独特的ID到我们的服务器
             sendIdToServer(token);
         }
     });
 }
 private void sendIdToServer(final String token) {
     //当在服务器上存储数据时，创建一个进度对话框
     final ProgressDialog progressDialog = new ProgressDialog(this);
     progressDialog.setMessage("Registering device...");
     progressDialog.show();
     //获取输入的电子邮件
     final String email = editTextEmail.getText().toString().trim();
     //创建字符串请求
     StringRequest req = new StringRequest(Request.Method.POST, Constants.REGISTER_URL,
             new Response.Listener<String>() {
```

```
                    @Override
                    public void onResponse(String response) {
                        //退出进度对话框
                        progressDialog.dismiss();
                        //如果服务器返回字符串成功
                        if (response.trim().equalsIgnoreCase("success")) {
                            //显示成功提示
                            Toast.makeText(RegisterActivity.this, "Registered successfully",
Toast.LENGTH_SHORT).show();

                        } else {
                            Toast.makeText(RegisterActivity.this, "Choose a different email",
Toast.LENGTH_SHORT).show();
                        }
                    }
                },
                new Response.ErrorListener() {
                    @Override
                    public void onErrorResponse(VolleyError error) {
                    }
                }) {
            @Override
            protected Map<String, String> getParams() throws AuthFailureError {
                Map<String, String> params = new HashMap<>();
                //添加参数后需要发送ID和电子邮件
                params.put("token", token);
                params.put("email", email);
                return params;
            }
        };
        //向队列添加请求
        RequestQueue requestQueue = Volley.newRequestQueue(this);
        requestQueue.add(req);
    }
```

（3）文件 MyFirebaseMessagingService.java 实现推送信息的显示处理，主要实现代码如下所示。

```
public class MainActivityEspressoTest {
    @Rule
    public ActivityTestRule<MainActivity> mActivityRule =
            new ActivityTestRule<>(MainActivity.class);
    @Test
    public void testSubscribeAndLog() throws InterruptedException {
        onView(withId(R.id.informationTextView)).check(matches(isDisplayed()));

        //单击订阅按钮弹出提醒框
        onView(allOf(withId(R.id.subscribeButton), withText(R.string.subscribe_to_news)))
                .check(matches(isDisplayed()))
                .perform(click());
        confirmToastStartsWith(mActivityRule.getActivity().getString(R.string.msg_subscribed));

        //睡眠机制 (设置Toast.LENGTH_SHORT的值是2000)
        Thread.sleep(2000);

        //单击订日记按钮弹出提醒框
        onView(allOf(withId(R.id.logTokenButton), withText(R.string.log_token)))
                .check(matches(isDisplayed()))
                .perform(click());
        confirmToastStartsWith(mActivityRule.getActivity().getString(R.string.msg_token_fmt, ""));
    }

    private void confirmToastStartsWith(String string) {
        View activityWindowDecorView = mActivityRule.getActivity().getWindow().getDecorView();
```

```
            onView(withText(startsWith(string)))
                    .inRoot(withDecorView(not(is(activityWindowDecorView))))
                    .check(matches(isDisplayed()));
        }
    }
```

23.4 会员注册登录验证系统

视频讲解：第 23 章\会员注册登录验证系统.avi

下面实例的功能是使用 PHP 构建了一个会员注册登录验证系统。其中服务器端是用 PHP 语言开发的，客户端是用 Android 应用程序实现的。

实例 23-3 会员注册登录验证系统

源码路径 daima\23\23-3\

23.4.1 实现 PHP 服务器端

（1）实例文件 Config.php 的功能是设置服务器和数据库的参数，具体实现代码如下所示。

```
<?php
/**
 * 数据库连接参数
 */
define("DB_HOST", "localhost");
define("DB_USER", "root");
define("DB_PASSWORD", "666888888");
define("DB_DATABASE", "android_api");
?>
```

（2）文件 DB_Connect.php 的功能是根据文件 Config.php 中的参数建立和指定数据库的连接，具体实现代码如下所示。

```
<?php
class DB_Connect {
    private $conn;
    // 定义连接数据库函数
    public function connect() {
        require_once "include/Config.php";              //调用参数设置文件

        // 连接MySQL数据库
        $this->conn = new mysqli(DB_HOST, DB_USER, DB_PASSWORD, DB_DATABASE);
        // 返回数据处理
        return $this->conn;
    }
}
?>
```

（3）文件 DB_Functions.php 的功能是定义和数据操作相关的函数，具体实现代码如下所示。

```
<?php
class DB_Functions {
    private $conn;
    // 构造函数
    function __construct() {
        require_once "DB_Connect.php";
        // 连接数据库
        $db = new Db_Connect();
        $this->conn = $db->connect();
    }
    // 析构函数
```

```
        function __destruct() {
        }
        /**
         * 保存新用户
         * 返回用户详细信息
         */
        public function storeUser($name, $email, $password) {
            $uuid = uniqid("", true);
            $hash = $this->hashSSHA($password);
            $encrypted_password = $hash["encrypted"]; // encrypted password
            $salt = $hash["salt"]; // salt
            $stmt = $this->conn->prepare("INSERT INTO users(unique_id, name, email, encrypted_
password, salt, created_at) VALUES(?, ?, ?, ?, ?, NOW())");
            $stmt->bind_param("sssss", $uuid, $name, $email, $encrypted_password, $salt);
            $result = $stmt->execute();
            $stmt->close();
            // 检查是否存储成功
            if ($result) {
                $stmt = $this->conn->prepare("SELECT * FROM users WHERE email = ?");
                $stmt->bind_param("s", $email);
                $stmt->execute();
                $user = $stmt->get_result()->fetch_assoc();
                $stmt->close();
                return $user;
            } else {
                return false;
            }
        }
        /**
         *通过邮件和密码获取用户信息
         */
        public function getUserByEmailAndPassword($email, $password) {
            $stmt = $this->conn->prepare("SELECT * FROM users WHERE email = ?");
            $stmt->bind_param("s", $email);
            if ($stmt->execute()) {
                $user = $stmt->get_result()->fetch_assoc();
                $stmt->close();
                //验证码
                $salt = $user["salt"];
                $encrypted_password = $user["encrypted_password"];
                $hash = $this->checkhashSSHA($salt, $password);
                //检查密码是否相等
                if ($encrypted_password == $hash) {
                    //用户身份验证细节正确
                    return $user;
                }
            } else {
                return NULL;
            }
        }
        /**
         *检查用户是否存在
         */
        public function isUserExisted($email) {
            $stmt = $this->conn->prepare("SELECT email from users WHERE email = ?");
            $stmt->bind_param("s", $email);
            $stmt->execute();
            $stmt->store_result();
            if ($stmt->num_rows > 0) {
                //如果用户存在
                $stmt->close();
                return true;
```

```
        } else {
            //如果用户不存在
            $stmt->close();
            return false;
        }
    }
    /**
     * 密码加密
     * @param password
     * 返回加密密码
     */
    public function hashSSHA($password) {
        $salt = sha1(rand());
        $salt = substr($salt, 0, 10);
        $encrypted = base64_encode(sha1($password . $salt, true) . $salt);
        $hash = array("salt" => $salt, "encrypted" => $encrypted);
        return $hash;
    }
    /**
     * 解密密码
     * @param salt, password
     * 返回哈希字符串
     */
    public function checkhashSSHA($salt, $password) {
        $hash = base64_encode(sha1($password . $salt, true) . $salt);
        return $hash;
    }
}
?>
```

（4）文件 register.php 的功能是实现新用户注册处理，具体实现代码如下所示。

```
<?php
require_once "include/DB_Functions.php";
$db = new DB_Functions();
// JSON响应队列
$response = array("error" => FALSE);

if (isset($_POST["email"]) && isset($_POST["password"])) {
    //接收后的参数
    $email = $_POST["email"];
    $password = $_POST["password"];
    //通过电子邮件和密码获取用户信息
    $user = $db->getUserByEmailAndPassword($email, $password);
    if ($user != false) {
        //发现用户
        $response["error"] = FALSE;
        $response["uid"] = $user["unique_id"];
        $response["user"]["name"] = $user["name"];
        $response["user"]["email"] = $user["email"];
        $response["user"]["created_at"] = $user["created_at"];
        $response["user"]["updated_at"] = $user["updated_at"];
        echo json_encode($response);
    } else {
        //如果没有找到凭据
        $response["error"] = TRUE;
        $response["error_msg"] = "Login credentials are wrong. Please try again!";
        echo json_encode($response);
    }
} else {
    // 传递的参数丢失
    $response["error"] = TRUE;
```

```
    $response["error_msg"] = "Required parameters email or password is missing!";
    echo json_encode($response);
}
?>
```

（5）文件 login.php 的功能是实现用户的登录验证功能，具体实现代码如下所示。

```
<?php
require_once "include/DB_Functions.php";
$db = new DB_Functions();
//JSON响应队列
$response = array("error" => FALSE);
if (isset($_POST["email"]) && isset($_POST["password"])) {
    // 接收传递的参数
    $email = $_POST["email"];
    $password = $_POST["password"];
    //通过电子邮件和密码获取用户信息
    $user = $db->getUserByEmailAndPassword($email, $password);
    if ($user != false) {
        //发现用户
        $response["error"] = FALSE;
        $response["uid"] = $user["unique_id"];
        $response["user"]["name"] = $user["name"];
        $response["user"]["email"] = $user["email"];
        $response["user"]["created_at"] = $user["created_at"];
        $response["user"]["updated_at"] = $user["updated_at"];
        echo json_encode($response);
    } else {
        //如果没有发现凭据
        $response["error"] = TRUE;
        $response["error_msg"] = "Login credentials are wrong. Please try again!";
        echo json_encode($response);
    }
} else {
    //传递的参数丢失
    $response["error"] = TRUE;
    $response["error_msg"] = "Required parameters email or password is missing!";
    echo json_encode($response);
}
?>
```

23.4.2　实现 Android 客户端

（1）文件 activity_login.xml 实现登录表单效果，主要实现代码如下所示。

```
   <EditText
          android:id="@+id/email"
          android:layout_width="fill_parent"
          android:layout_height="wrap_content"
          android:layout_marginBottom="10dp"
          android:background="@color/white"
          android:hint="@string/hint_email"
          android:inputType="textEmailAddress"
          android:padding="10dp"
          android:singleLine="true"
          android:textColor="@color/input_login"
          android:textColorHint="@color/input_login_hint" />
      <EditText
           android:id="@+id/password"
          android:layout_width="fill_parent"
          android:layout_height="wrap_content"
          android:layout_marginBottom="10dp"
          android:background="@color/white"
          android:hint="@string/hint_password"
          android:inputType="textPassword"
```

```
            android:padding="10dp"
            android:singleLine="true"
            android:textColor="@color/input_login"
            android:textColorHint="@color/input_login_hint" />
```

(2) 文件 activity_register.xml 的功能是实现新用户注册表单界面，主要实现代码如下所示。

```
    <EditText
            android:id="@+id/name"
            android:layout_width="fill_parent"
            android:layout_height="wrap_content"
            android:layout_marginBottom="10dp"
            android:background="@color/input_register_bg"
            android:hint="@string/hint_name"
            android:padding="10dp"
            android:singleLine="true"
            android:inputType="textCapWords"
            android:textColor="@color/input_register"
            android:textColorHint="@color/input_register_hint" />
        <EditText
            android:id="@+id/email"
             android:layout_width="fill_parent"
            android:layout_height="wrap_content"
            android:layout_marginBottom="10dp"
            android:background="@color/input_register_bg"
            android:hint="@string/hint_email"
            android:inputType="textEmailAddress"
            android:padding="10dp"
            android:singleLine="true"
            android:textColor="@color/input_register"
            android:textColorHint="@color/input_register_hint" />
        <EditText
            android:id="@+id/password"
            android:layout_width="fill_parent"
            android:layout_height="wrap_content"
            android:layout_marginBottom="10dp"
            android:background="@color/input_register_bg"
            android:hint="@string/hint_password"
            android:inputType="textPassword"
            android:padding="10dp"
            android:singleLine="true"
            android:textColor="@color/input_register"
            android:textColorHint="@color/input_register_hint" />
        <!—登录按钮 -->
        <Button
            android:id="@+id/btnRegister"
            android:layout_width="fill_parent"
            android:layout_height="wrap_content"
            android:layout_marginTop="20dip"
            android:background="#ea4c88"
            android:text="@string/btn_register"
            android:textColor="@color/white" />
        <!--超级链接 -->
        <Button
            android:id="@+id/btnLinkToLoginScreen"
            android:layout_width="fill_parent"
            android:layout_height="wrap_content"
            android:layout_marginTop="40dip"
            android:background="@null"
            android:text="@string/btn_link_to_login"
            android:textAllCaps="false"
            android:textColor="@color/white"
            android:textSize="15dp" />
```

用户登录界面的执行效果如图 23-6 所示，新用户注册界面的执行效果如图 23-7 所示。

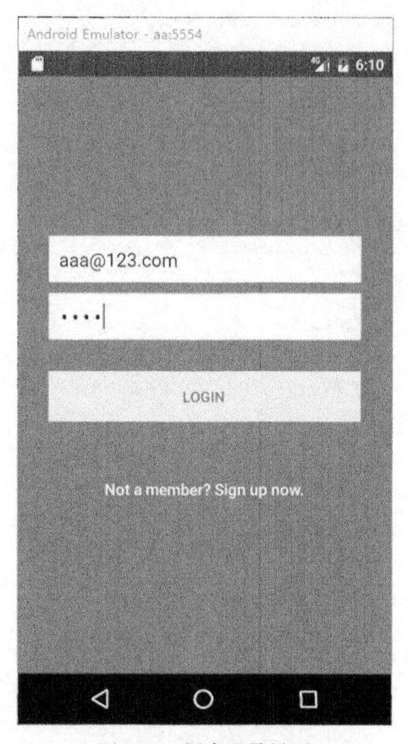

图 23-6　用户登录界面

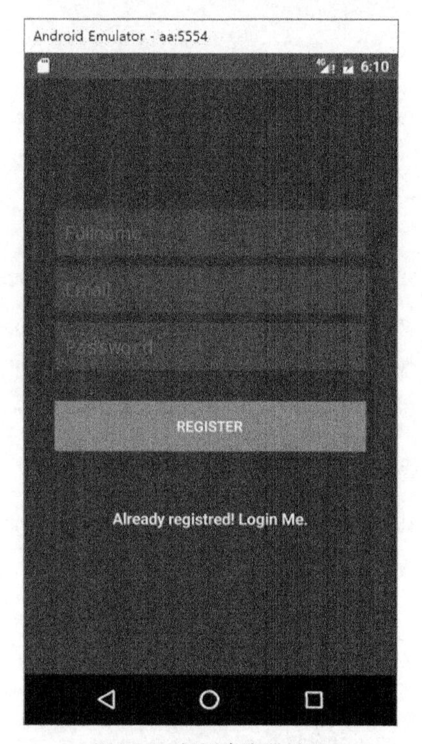

图 23-7　新用户注册界面

第 24 章

信息管理项目——图书管理系统

随着网络技术日新月异的发展，许多传统模式的工作，也逐渐开始网络化和信息化，图书管理工作也开始逐渐由计算机来完成，虽然目前许多大型图书馆有一整套的图书管理系统，但是小型图书馆，大部分工作仍需手工完成，这给图书管理者带来烦琐的工作。本章将详细讲解如何开发一套小型的图书馆管理系统，用它去解决手工工作的一些问题，读者学习本章，将详细地了解一个流行图书馆的开发流程，这将为以后深入地学习打下坚实的基础。

24.1　项 目 介 绍

视频讲解：第 24 章\项目介绍.MP4

本项目的客户是省内 211 工程的重点高校，计划开发一个图书管理系统供用户使用。团队成员的具体职能结构如图 24-1 所示。

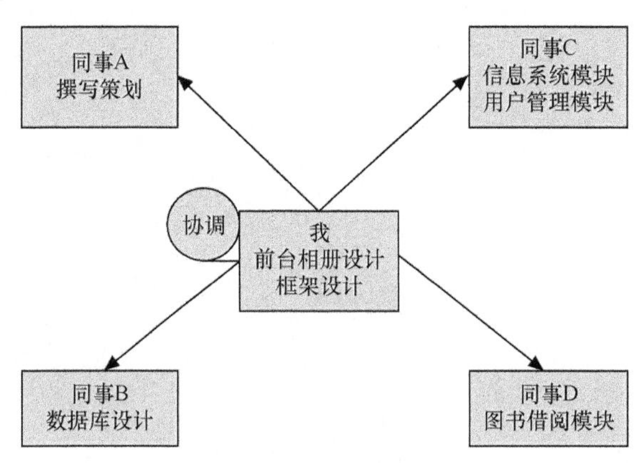

图 24-1　职能结构图

整个项目的具体操作流程是项目规划→数据库设计→框架设计→系统信息管理、用户管理、图书借阅。要开发一个图书馆管理系统，首先需要进行系统需求分析和总体设计，分析系统的使用对象和用户需求，设计系统的体系结构和数据库表结构，决定使用的开发工具和后台数据库，规划项目的开发进度等。本项目包括后台数据库的建立、维护以及前台应用程序的开发两个方面。在开发数据库访问程序时，将每个数据库表的字段和操作封装到相应的类中，使应用程序的各个窗体都能够共享对表的操作，而不需要重复编码，使程序更加易于维护，从而将面向对象的程序设计思想成功应用于应用程序设计中，这也是本系统的优势和特色。

24.2　系统概述和总体设计

视频讲解：第 24 章\系统概述和总体设计.MP4

本系统的项目规划书分为如下所示的两个部分。

（1）系统需求分析。

（2）系统运行流程。

24.2.1　系统需求分析

图书馆管理系统的用户主要是各个学校图书馆，具体功能如下所示。

（1）基本信息管理功能模块

基本信息管理模块的主要功能包括相片分类展示、最新上传、热门图片等功能。

(2) 用户管理

这是一个大型的相片管理系统，需要多个用户对它进行管理，超级管理员有赋予其他管理员的权限，让他们只能操作部门功能。

(3) 用户管理功能模块

用户管理模块的功能比较简单。用户分为系统管理用户和普通用户，系统管理员用户可以创建用户、修改用户信息以及删除用户，普通用户只能够修改自己的用户信息。

根据需求分析中总结的用户需求设计系统的体系结构，如图 24-2 所示。在体系结构示意图中，每一个叶节点是一个最小的功能模块，每一个功能模块都需要针对不同的表完成相同的数据库操作，即添加记录、删除记录、查询记录、更新记录。

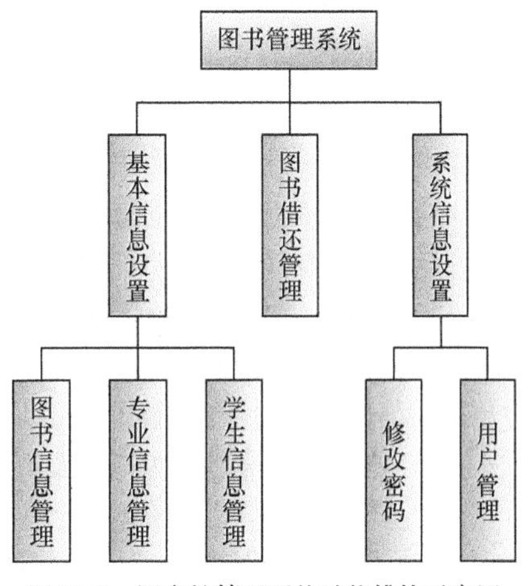

图 24-2　图书馆管理系统功能模块示意图

24.2.2　系统运行浏览

在此模拟了系统的运行情景：运行系统后，打开主页，先显示一个用户登录对话框，对用户的身份进行认证并确定用户的类型。如果需要对普通用户进行管理，则使用 admin 用户登录，如图 24-3 所示。

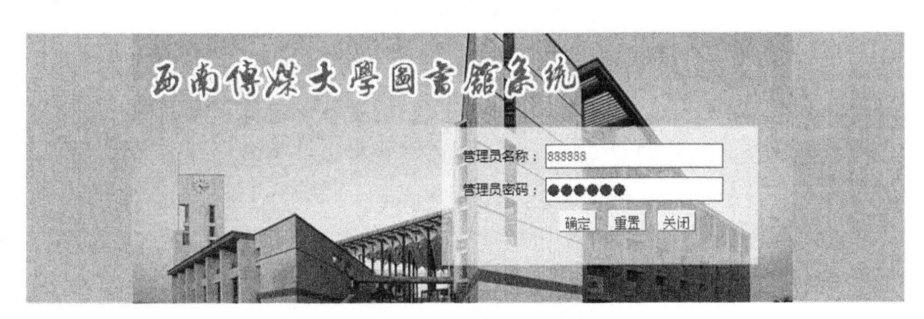

图 24-3　图书管理系统主页

在开发中大型软件项目时，需要严格按照软件开发流程进行。软件开发流程（Software development process）即软件设计思路和方法的一般过程，包括设计软件的功能以及实现的算法和方法、软件的总体结构设计和模块设计、编程和调试、程序联调和测试以及编写、提交程序。

(1) 相关系统分析员和用户初步了解需求，然后用 WORD 列出要开发的系统的大功能模块，每个大功能模块有哪些小功能模块，对于有些需求比较明确相关的界面时，在这一步里面可以初步定义好少量的界面。

(2) 系统分析员深入了解和分析需求，根据自己的经验和需求用 WORD 或相关的工具再做出一份文档系统的功能需求文档。这次的文档会清楚地列出系统大致的大功能模块，大功能模块有哪些小功能模块，并且还列出相关的界面和界面功能。

(3) 系统分析员和用户再次确认需求。

(4) 概要设计。首先，开发者需要对软件系统进行概要设计，即系统设计。概要设计需要对软件系统的设计进行考虑，包括系统的基本处理流程、系统的组织结构、模块划分、功能分配、接口设计、运行设计、数据结构设计和出错处理设计等，为软件的详细设计提供基础。

（5）详细设计。在概要设计的基础上，开发者需要进行软件系统的详细设计。在详细设计中，描述实现具体模块所涉及的主要算法、数据结构、类的层次结构及调用关系，需要说明软件系统各个层次中的每一个程序（每个模块或子程序）的设计考虑，以便进行编码和测试。应当保证软件的需求完全分配给整个软件。详细设计应当足够详细，能够根据详细设计报告进行编码。

（6）编码。在软件编码阶段，开发者根据《软件系统详细设计报告》中对数据结构、算法分析和模块实现等方面的设计要求，开始具体的编写程序工作，分别实现各模块的功能，从而实现对目标系统的功能、性能、接口、界面等方面的要求。

（7）测试。测试编写好的系统。交给用户使用，用户使用后一个一个地确认每个功能。

（8）软件交付准备。在软件测试证明软件达到要求后，软件开发者应向用户提交开发的目标安装程序、数据库的数据字典、《用户安装手册》、《用户使用指南》、需求报告、设计报告、测试报告等双方合同约定的产物。《用户安装手册》应详细介绍安装软件对运行环境的要求，安装软件的定义和内容，在客户端、服务器端及中间件的具体安装步骤，安装后的系统配置。《用户使用指南》应包括软件各项功能的使用流程、操作步骤、相应业务介绍、特殊提示和注意事项等方面的内容，在需要时还应举例说明。

（9）用户验收。

24.3　数据库设计

视频讲解：第 24 章\数据库设计.MP4

数据库设计是总体设计中一个重要的环节，良好的数据库设计可以简化开发过程，提高系统的性能，使系统功能更加明确。一个好的数据库结构可以使系统处理速度快，占用空间小，操作处理过程简单，容易查找等。数据库结构的变化会造成编码的改动，所以在编码之前，一定要认真设计好数据库，避免无谓的工作。

24.3.1　数据库结构的设计

具体的数据库设计需要参考前面介绍的需求分析，由需求分析的规划可知整个项目对象有 11 种信息，所以对应的数据库也需要包含这 11 种信息，从而系统需要包含 11 个数据库表。

tb_bookcase：图书分类信息表。

tb_bookinfo：图书信息表。

tb_booktype：图书馆分类信息。

tb_borrow：图书借阅信息表。

tb_library：图书馆属性表。

tb_manager：图书馆管理员信息表。

tb_parameter：参数设置。

tb_publishing：出版社管理信息表。

tb_purview：图书借阅限制信息表。

tb_reader：借阅人员信息表。

tb_readertype：图书借阅人员分类信息表。

下面列出了具体数据库表的书面文件。

（1）图书分类信息表 tb_bookcase，用来保存图书分类信息，表结构如图 24-4 所示。

字段	类型	整理	属性	Null	默认	额外
id	int(10)		UNSIGNED	否		auto_increment
name	varchar(30)	gb2312_chinese_ci		是	NULL	

图 24-4　表 tb_bookcase

（2）图书信息表 tb_bookinfo，用来保存图书信息，表结构如图 24-5 所示。

字段	类型	整理	属性	Null	默认	额外
barcode	varchar(30)	gb2312_chinese_ci		是	NULL	
bookname	varchar(70)	gb2312_chinese_ci		是	NULL	
typeid	int(10)		UNSIGNED	是	NULL	
author	varchar(30)	gb2312_chinese_ci		是	NULL	
translator	varchar(30)	gb2312_chinese_ci		是	NULL	
ISBN	varchar(20)	gb2312_chinese_ci		是	NULL	
price	float(8,2)			是	NULL	
page	int(10)		UNSIGNED	是	NULL	
bookcase	int(10)		UNSIGNED	是	NULL	
storage	int(10)		UNSIGNED	是	NULL	
inTime	date			是	NULL	
operator	varchar(30)	gb2312_chinese_ci		是	NULL	
del	tinyint(1)			是	0	
id	int(11)			否		auto_increment

图 24-5　表 tb_bookinfo

（3）图书馆图书分类信息表 tb_booktype，用来保存图书馆图书分类信息，表结构如图 24-6 所示。

字段	类型	整理	属性	Null	默认	额外
id	int(10)		UNSIGNED	否		auto_increment
typename	varchar(30)	gb2312_chinese_ci		是	NULL	
days	int(10)		UNSIGNED	是	NULL	

图 24-6　图书分类信息

（4）图书借阅信息 tb_borrow，用来保存图书馆图书借阅类信息，表结构如图 24-7 所示。

字段	类型	整理	属性	Null	默认	额外
id	int(10)		UNSIGNED	否		auto_increment
readerid	int(10)		UNSIGNED	是	NULL	
bookid	int(10)			是	NULL	
borrowTime	date			是	NULL	
backTime	date			是	NULL	
operator	varchar(30)	gb2312_chinese_ci		是	NULL	
ifback	tinyint(1)			是	0	

图 24-7　图书借阅图书信息

（5）图书馆属性表 tb_library，用来保存图书馆基本信息，表结构如图 24-8 所示。

字段	类型	整理	属性	Null	默认	额外
id	int(10)		UNSIGNED	否		auto_increment
libraryname	varchar(50)	gb2312_chinese_ci		是	NULL	
curator	varchar(10)	gb2312_chinese_ci		是	NULL	
tel	varchar(20)	gb2312_chinese_ci		是	NULL	
address	varchar(100)	gb2312_chinese_ci		是	NULL	
email	varchar(100)	gb2312_chinese_ci		是	NULL	
url	varchar(100)	gb2312_chinese_ci		是	NULL	
createDate	date			是	NULL	
introduce	text	gb2312_chinese_ci		是	NULL	

图 24-8　图书馆属性表

（6）图书馆管理员表 tb_manager，用来保存图书馆管理人员基本信息，表结构如图 24-9 所示。

字段	类型	整理	属性	Null	默认	额外
id	int(10)		UNSIGNED	否		auto_increment
name	varchar(30)	gb2312_chinese_ci		是	NULL	
pwd	varchar(30)	gb2312_chinese_ci		是	NULL	

图 24-9　图书馆管理员表

（7）参数设置表 tb_parameter，用来设置借阅参数，表结构如图 24-10 所示。

字段	类型	整理	属性	Null	默认	额外
id	int(10)		UNSIGNED	否		auto_increment
cost	int(10)		UNSIGNED	是	NULL	
validity	int(10)		UNSIGNED	是	NULL	

图 24-10　表 tb_parameter

（8）出版社信息表 tb_publishing，用来存储出版社信息，表结构如图 24-11 所示。

字段	类型	整理	属性	Null	默认	额外
ISBN	varchar(20)	gb2312_chinese_ci		是	NULL	
pubname	varchar(30)	gb2312_chinese_ci		是	NULL	

图 24-11　表 tb_publishing

（9）图书借阅限制信息表 tb_purview，用来设置图书借阅限制信息，表结构如图 24-12 所示。

字段	类型	整理	属性	Null	默认	额外
id	int(11)			否	0	
sysset	tinyint(1)			是	0	
readerset	tinyint(1)			是	0	
bookset	tinyint(1)			是	0	
borrowback	tinyint(1)			是	0	
sysquery	tinyint(1)			是	0	

图 24-12　表 tb_purview

（10）借阅人员信息表 tb_reader，用来设置图书借阅人员信息，表结构如图 24-13 所示。

字段	类型	整理	属性	Null	默认	额外
id	int(10)		UNSIGNED	否		auto_increment
name	varchar(20)	gb2312_chinese_ci		是	NULL	
sex	varchar(4)	gb2312_chinese_ci		是	NULL	
barcode	varchar(30)	gb2312_chinese_ci		是	NULL	
vocation	varchar(50)	gb2312_chinese_ci		是	NULL	
birthday	date			是	NULL	
paperType	varchar(10)	gb2312_chinese_ci		是	NULL	
paperNO	varchar(20)	gb2312_chinese_ci		是	NULL	
tel	varchar(20)	gb2312_chinese_ci		是	NULL	
email	varchar(100)	gb2312_chinese_ci		是	NULL	
createDate	date			是	NULL	
operator	varchar(30)	gb2312_chinese_ci		是	NULL	
remark	mediumtext	gb2312_chinese_ci		是	NULL	
typeid	int(11)			是	NULL	

图 24-13　表 tb_reader

（11）图书借阅人员分类信息表 tb_readertype，用来设置图书借阅人员分类信息，表结构如

图 24-14 所示。

字段	类型	整理	属性	Null	默认	额外
id	int(10)		UNSIGNED	否		auto_increment
name	varchar(50)	gb2312_chinese_ci		是	NULL	
number	int(4)			是	NULL	

图 24-14　表 tb_readertype

24.3.2　数据库设置信息

当用户建立好数据库后，需要为用户提供一个统一的数据库属性表，当需要调用数据库的时候只需直接调用这段代码即可，大大减少了代码编写量。具体代码如下所示。

```
<?php
    $conn=mysql_connect("localhost","root","1234") or die("数据库服务器连接错误".mysql_error());
    mysql_select_db("db_library",$conn) or die("数据库访问错误".mysql_error());
    mysql_query("set names gb2312");
?>
```

24.4　首 页 设 计

视频讲解：第 24 章\首页设计.MP4

结束数据库的设计工作后，团队开始进入了第三阶段的工作：完成系统首页的设计编码工作。

24.4.1　判断管理员的权限

图书馆管理系统是一个功能全面的 Web 网站，通过对网站的安全考虑，需要十分清楚对系统进行权限的分配，只有管理员级别的超级用户可以对普通人员的权限进行管理和设置。在首页里通过判断管理员的权限来显示该用户所操纵的功能模块，实现文件是 navigation.php。

24.4.2　图书首页排行信息

在本系统首页中推出了一个专门区域来显示图书的排行信息，并将排行结果按借阅数量降序排列，具体效果如图 24-15 所示。

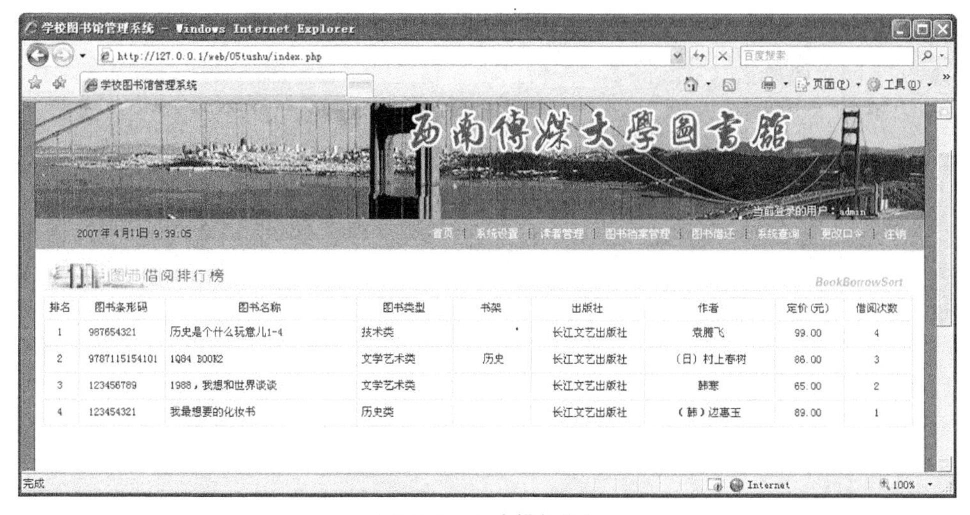

图 24-15　图书排行信息

本功能的实现文件是 index.php。

24.5　管理员登录

视频讲解：第 24 章\管理员登录.MP4

完成系统首页的设计工作后，开始管理员登录模块的设计工作。系统登录是进入学校图书馆系统的入口，主要用于验证管理员的身份。

24.5.1　系统登录首页

运行本系统后，首先进入的是系统登录页面，在该页面中，系统管理员可以通过输入正确的管理员和密码登录到系统首页，如图 24-16 所示。本功能的实现文件是 login.php。

图 24-16　系统登录首页

当用户将数据提交给处理页，页面中为了防止非法用户进入学校图书管理系统管理系统首页，通过调用类实现判断用户名和密码是否正确，如果用户信息正确，可以登录学校图书管理系统的首页，否则弹出提示信息。本功能的实现文件是 chklogin.php。

24.5.2　查看管理员

管理员登录后，单击管理员设置链接后来到查看管理员列表页面。在该页面中，将以表格的形式显示全部管理员及权限的信息，并提供添加管理员信息、删除管理员信息和设置管理员权限的超级链接，如图 24-17 所示。本功能的实现文件是 manager.php。

2017/3/7 下午12:09:36　　首页 | 更改口令

当前位置：系统设置 > 管理员设置 >>>

添加管理员信息

管理员名称	系统设置	读者管理	图书档案管理	图书借还	系统查询	权限设置	操作
admin1	☑	☑	☑	☐	☐	权限设置	删除
123	☑	☑	☑	☑	☑	权限设置	删除
admin2	☐	☐	☐	☐	☐	权限设置	删除

图 24-17　查看管理员

24.5.3　添加管理员

当超级管理人员登录后，可能要添加新的管理人员来协助管理系统。打开添加管理员信息页面后的运行结果如图 24-18 所示。本功能的实现文件是 manager_ok.php。

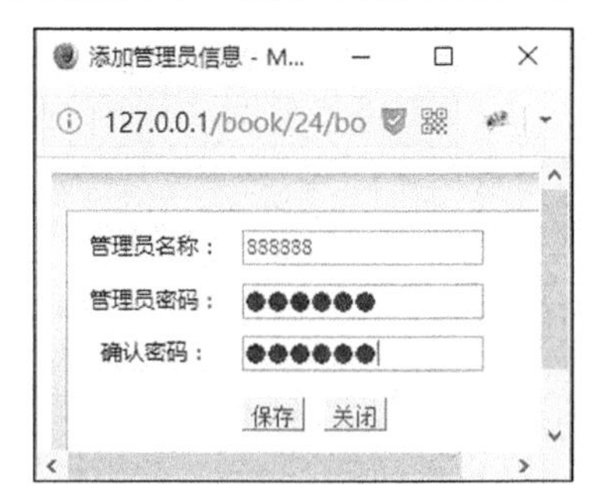

图 24-18　添加管理员

24.5.4　设置管理员权限的过程

因为不同的管理人员拥有不同的权限，所以必须设置管理人员权限。当超级管理人员进入系统后，可以设置超级管理权限，如图 24-19 所示。本功能的实现文件是 manager_modifyok.php。

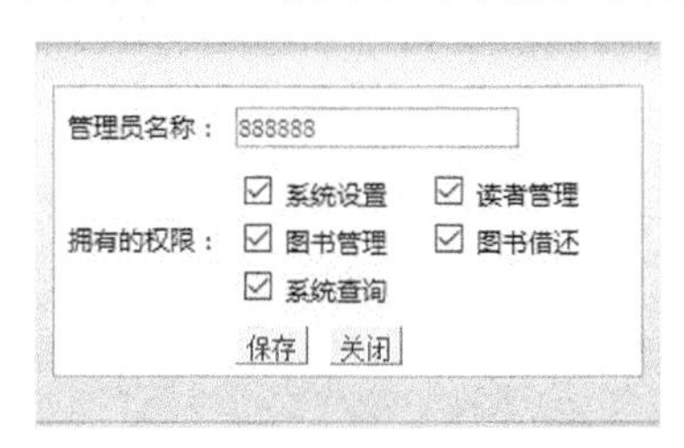

图 24-19　设置管理员权限

24.5.5　删除管理员

在现实的图书馆管理工作中，有可能会涉及人士调动，如离职、退休或者岗位移动。当这些情况发生时，需要在系统内删除其对应的管理权限。在本系统中也考虑到了上述问题，删除某管理员的界面如图 24-20 所示。本功能的实现文件是 manager_del.php。

图 24-20　删除管理员

24.6　图书档案管理设计

视频讲解：第 24 章\图书档案管理设计.MP4

图书档案管理功能是该系统最重要的功能模块之一，主要涉及查看图书列表、添加图书信息、修改图书信息、删除图书信息和查看图书详细信息几个小模块。

24.6.1　查看图书列表

当管理员登录系统后，进入到查看图书列表页面，在该页面中将显示全部的图书信息列表，如图 24-21 所示。本功能的实现文件是 book.php。

当前位置：图书管理 > 图书档案管理 >>>

添加图书信息

条形码	图书名称	图书类型	出版社	书架	修改	删除
9771674168105	2010年《最小说》8月号（赠漫画）	文学艺术类	长江文艺出版社	小说	修改	删除
9787535445544	男友告急	文学艺术类	长江文艺出版社	小说	修改	删除
9787115154101	1Q84 BOOK2	文学艺术类	长江文艺出版社	历史	修改	删除
9787535445544	男友告急	文学艺术类	长江文艺出版社	小说	修改	删除
978-7-5354-4505-6	森林报•春	文学艺术类	希望出版社	小说	修改	删除
9787539936680	那些回不去的年少时光	文学艺术类	南海出版社	小说	修改	删除
9787801656087	明朝那些事套装1-9	文学艺术类	希望出版社	历史	修改	删除
9787802045019	那时汉朝2	历史类	希望出版社	历史	修改	删除
9787119065120	大中国上下五千年	历史类	希望出版社	历史	修改	删除
978-7-5354-4505-6	森林报•春	文学艺术类	希望出版社	小说	修改	删除
978-7-5354-4504-9	森林报•夏	文学艺术类	希望出版社	小说	修改	删除

图 24-21　查看图书列表

24.6.2　添加图书信息

当图书馆新引进了图书后，需要在图书馆管理系统录入这些新书的信息，以便及时供老师和同学借阅，录入系统的方法十分简单，只需单击“添加图书信息”链接即可来到录入页面，如图 24-22 所示。本功能的实现文件是 book_add.php。

2017/3/7 下午12:07:45

当前位置：图书档案管理 > 添加图书信息 >>>

条 形 码：

图书名称： *

图书类型： 文学艺术类

作　者：

译　者：

出 版 社： 希望出版社

价　格： (元)

页　码：

书　架： 小说

保存　返回

图 24-22　添加图书信息

当管理者填写表单时，需要将数据提交给另外一个页面进入处理，将这些数据添加到数据库中。本功能的实现文件是 book_ok.php。

24.6.3　修改图书信息

添加的新图书信息不一定完全正确，虽然出错的原因各种各样。所以必须得有图书馆图书信息的修改功能，如图 24-23 所示。本功能的实现文件是 book_Modify_ok.php。

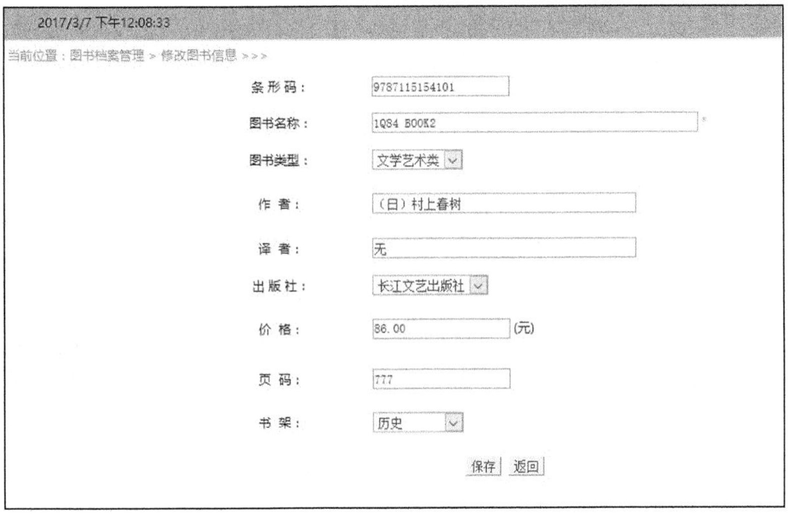

图 24-23 修改图书信息

24.6.4 删除图书信息

当一些图书信息过时或者已经下架时，需要将这些图书信息删除。本功能通过文件 book.del 实现，具体实现代码如下所示。

```
<?php
include("Conn/conn.php");
$info_del=mysql_query("delete from tb_bookinfo where id=$_GET[id]");
if($info_del){
   echo "<script language='javascript'>alert('图书信息删除成功!');history.back();</script> ";
}
?>
```

24.7 图书借还功能的实现

视频讲解：第 24 章\图书借还功能的实现.MP4

本节将要讲解的内容是整个系统的最核心功能，此模块也是开发难度比较大的一个板块，在这个模块中，主要包括图书借阅、图书续借、图书归还、图书档案查询、图书借阅查询、借阅到期提醒等功能。

（1）图书借阅实现功能——bookBorrow.php

当系统管理进入系统后，系统会自动搜出该读者的基本信息，和未归还的图书信息，将搜索出的信息显示在该页面中，此时输入条形码或图书名称并单击“确定”按钮后完成整个操作。如图 24-24 所示。

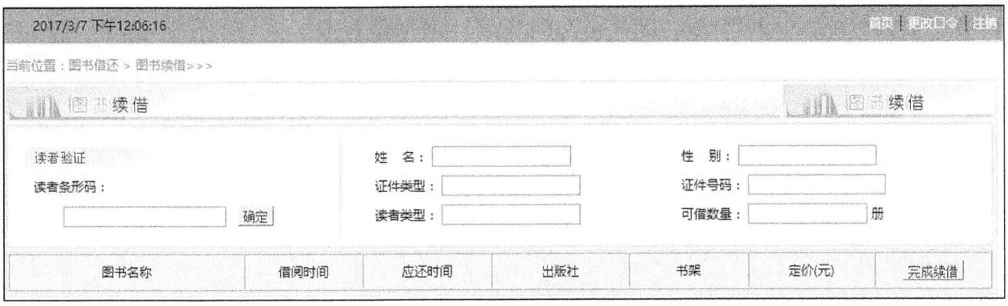

图 24-24 图书借还模块

（2）图书续借功能——bookRenew.php

当借阅的图书到期时，如果借书人员还需要继续阅读，他只需要办理一下续借手续就可以了。续借功能界面如图 24-25 所示。

图 24-25 图书续借

（3）图书借阅查询功能——bookQuery.php

图书借阅查询功能用于快速搜索显示馆内图书的借阅信息。此功能是一个基本的检索表单功能，在具体实现时通过自定义的 JavaScript 函数来验证输入的查询条件是否合法。具体效果如图 24-26 所示。

2017/3/7 下午12:05:44

图书档案查询 Dang An Cha Xun

请选择查询依据：书名 查询

条形码	图书名称	图书类型	出版社	
123456789	1988，我想和世界谈谈	文学艺术类	长江文艺出版社	
123454321	我最想要的化妆书	历史类	长江文艺出版社	
9771674168105	2010年《最小说》8月号（赠漫画）	文学艺术类	长江文艺出版社	小说
987654321	历史是个什么玩意儿1-4	技术类	长江文艺出版社	
9787535445544	男友告急	文学艺术类	长江文艺出版社	小说
9787115154101	1Q84 BOOK2	文学艺术类	长江文艺出版社	历史
9787535445544	男友告急	文学艺术类	长江文艺出版社	小说
978-7-5354-4505-6	森林报·春	文学艺术类	希望出版社	小说
9787539936680	那些回不去的年少时光	文学艺术类	南海出版社	小说
9787801656087	明朝那些事套装1-9	文学艺术类	希望出版社	历史
9787802045019	那时汉朝2	历史类	希望出版社	历史
9787119065120	大中国上下五千年	历史类	希望出版社	历史

图 24-26 图书借阅

（4）图书借阅到期提醒——bremind.php

如果有一些到期的图书，需要立即提醒管理人员。

24.8 读者管理

视频讲解：第 24 章\读者管理.MP4

读者管理也是本系统的核心，在这一核心板块中包括读者类型管理和读者档案管理。此模块需要完成如下两方面的工作：

（1）读者类型管理——readerType.php

同样是图书借阅人员，可能有不同的类型，有学生，有辅导员、教授等信息，图书馆系统将分类管理这些读者，如图 24-27 所示。

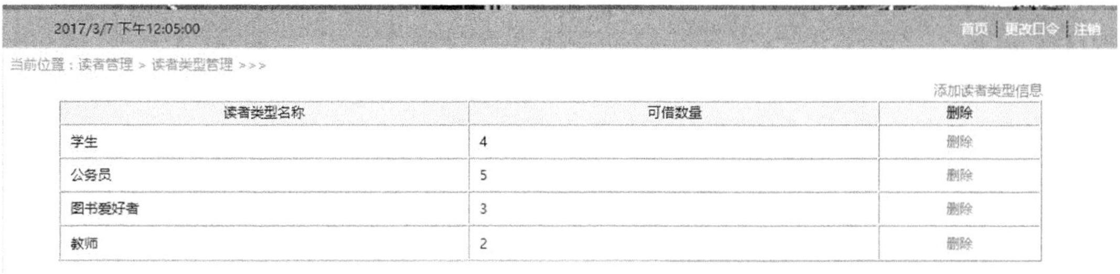

2017/3/7 下午12:05:00　　首页 | 更改口令 | 注销

当前位置：读者管理 > 读者类型管理 >>>

添加读者类型信息

读者类型名称	可借数量	删除
学生	4	删除
公务员	5	删除
图书爱好者	3	删除
教师	2	删除

图 24-27　读者类型管理

（2）读者档案管理——reader.php

读者档案管理栏目用于管理读者档案信息，在里面有类型号、姓名、读者类型、证件类型和证件号等信息，如图 24-28 所示。

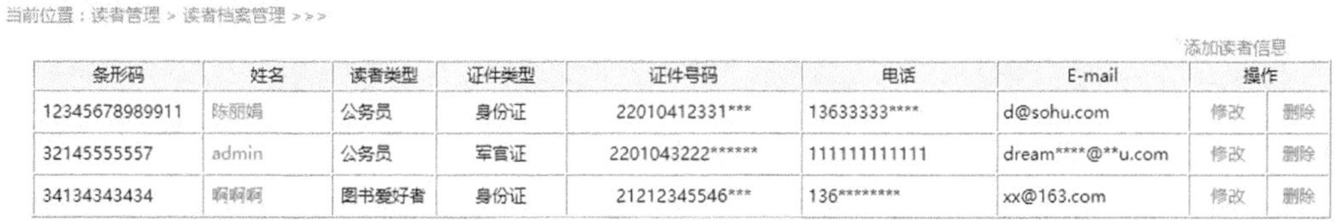

当前位置：读者管理 > 读者档案管理 >>>

添加读者信息

条形码	姓名	读者类型	证件类型	证件号码	电话	E-mail	操作	
12345678989911	陈丽娟	公务员	身份证	22010412331***	13633333****	d@sohu.com	修改	删除
32145555557	admin	公务员	军官证	2201043222******	111111111111	dream****@**u.com	修改	删除
34134343434	啊啊啊	图书爱好者	身份证	21212345546***	136********	xx@163.com	修改	删除

图 24-28　读者档案管理

第 25 章

网页游戏项目——开心斗地主

25.1 项 目 介 绍

视频讲解：第 25 章\项目介绍.MP4

本项目是为某知名社区开发一个棋牌游戏：开心斗地主，团队成员的具体职能结构如图 25-1 所示。

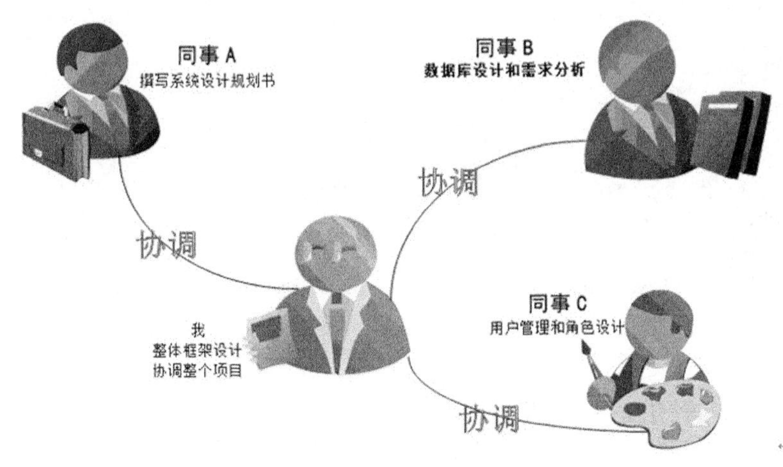

图 25-1 职能结构图

整个项目的具体操作流程是项目规划→数据库设计→框架设计→用户管理、游戏设计、角色设计。

25.1.1 系统需求分析

所谓网页游戏，就是用户打开浏览器，在浏览器输入网址就能玩的游戏，开心斗地主的具体功能如下：

（1）用户管理

用户管理有用户注册和用户管理，因为每一个进来的人都需要有自己的角色，否则系统将无法判断谁输谁赢。

（2）房间设置

这是多人玩的游戏，一个房间只能有固定的人玩，当一个房间满后，需要在另外的房间玩斗地主，房间设置变得十分重要。

（3）随机发牌

每当玩游戏的时候，系统将会为整个游戏的每一个人重新发牌。

（4）出牌规则

在设计游戏时，需要重点考虑出牌的规则，如别人出了“2”，什么牌可以大过它，可以出牌出去。

根据需求分析中总结的用户需求设计系统的体系结构，每一个功能模块都需要针对不同的表完成相同的数据库操作。

25.1.2 系统运行浏览

开心斗地主游戏实际上对数据库的要求比较简单，比前面的程序也简单了许多，关键是出牌规则是这个游戏的难点。当用户输入网址进入网页并进入到房间后，效果如图 25-2 所示。

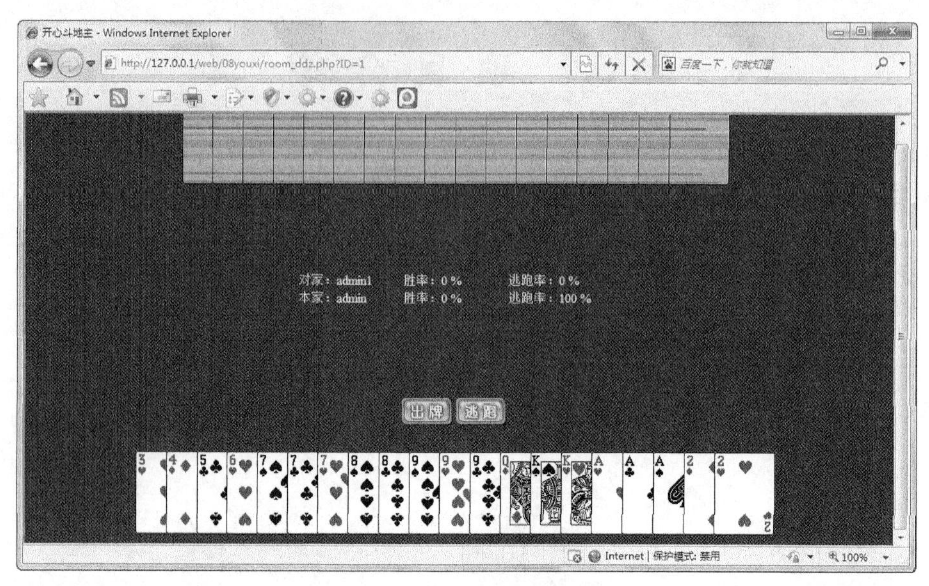

图 25-2　系统运行

注意：动态 Web 项目的三层架构思想。

当使用 PHP 技术进行动态 Web 开发时，三层结构是最佳的开发模式。三层结构包含表示层（USL）、业务逻辑层（BLL）、数据访问层（DAL）。

（1）数据访问层

主要是对原始数据（数据库或者文本文件等存放数据的形式）的操作层，而不是指原始数据，也就是说，是对数据的操作，而不是数据库，具体为业务逻辑层或表示层提供数据服务。

（2）业务逻辑层

主要是针对具体的问题的操作，也可以理解成对数据层的操作，对数据业务逻辑处理，如果说数据层是积木，那逻辑层就是对这些积木的搭建。

（3）表示层

主要表示 Web 方式，也可以表示成 WINFORM 方式，Web 方式也可以表现成 aspx，如果逻辑层相当强大和完善，无论表现层如何定义和更改，逻辑层都能完善地提供服务。

对于很多初学者，最大的困惑是不知当前工作哪些属于数据访问层，哪些属于逻辑层。其实辨别的方法很简单。

（1）数据访问层：主要看你的数据层里面有没有包含逻辑处理，实际上它的各个函数主要完成各个对数据文件的操作，而不必管其他操作。

（2）业务逻辑层：主要负责对数据层的操作，也就是说把一些数据层的操作进行组合。

（3）表示层：主要对用户的请求接受，以及数据的返回，为客户端提供应用程序的访问。

作者个人认为，完善的三层结构的要求是，修改表现层而不用修改逻辑层，修改逻辑层而不用修改数据层。否则你的应用是不是多层结构，或者说层结构的划分和组织上是不是有问题就很难说。

25.2　数据库设计

视频讲解：第 25 章\数据库设计.MP4

本项目系统的开发主要包括后台数据库的建立、维护以及前端应用程序的开发两个方面。数据库设计是开心斗地主开发的一个重要组成部分。

25.2.1 数据库结构的设计

具体的数据库设计需要参考签名介绍的需求分析信息，由需求分析的规划可知整个项目对象有两种信息，所以对应的数据库也需要包含这两种信息，从而系统需要包含如下两个数据库表。

user_ddz：用户信息表；

room_ddz：房间信息表。

下面给出了具体数据库表的书面文件：

（1）room_ddz 房间信息表，用来保存整个系统的房间信息，表结构如图 25-3 所示。

字段	类型	整理	属性	Null	默认	额外
ID	mediumint(9)			否		auto_increment
name	varchar(25)	utf8_general_ci		否		
player1_name	varchar(25)	utf8_general_ci		否		
player2_name	varchar(25)	utf8_general_ci		否		
lord	enum('', 'player1', 'player2')	utf8_general_ci		否		
flag	enum('', 'player1', 'player2')	utf8_general_ci		否		
player1_p	varchar(100)	utf8_general_ci		否		
player2_p	varchar(100)	utf8_general_ci		否		
lord_p	varchar(20)	utf8_general_ci		否		
player1_time	int(12)			否	0	
player2_time	int(12)			否	0	
system_time	int(12)			否	0	
player1_show	varchar(100)	utf8_general_ci		否		
player2_show	varchar(100)	utf8_general_ci		否		

图 25-3 房间信息表

（2）user_ddz 用户信息表，用来保存整个系统的用户信息，表结构如图 25-4 所示。

字段	类型	整理	属性	Null	默认	额外
ID	mediumint(9)			否		auto_increment
name	varchar(25)	utf8_general_ci		否		
password	varchar(32)	utf8_general_ci		否		
time	int(12)			否	0	
face	int(2)			否	1	
win	int(9)			否	0	
lost	int(9)			否	0	
run	int(9)			否	0	
score	int(9)			否	0	

图 25-4 用户信息表

25.2.2 数据库配置信息

完成数据库设计的时候，开发者需要编写一个配置信息供程序员使用调用，此功能的实现文件是 config.inc.php。在 PHP 程序项目中，连接到数据库服务器通常需要建立物理通道（例如套接字或命名管道），必须与服务器进行初次连接，必须分析连接字符串信息，必须由服务器对连接进行身份验证等。实际上，大部分的应用程序都是使用一个或几个不同的连接配置。当应用程序的数据量和访问量大的时候，这意味着在运行应用程序的过程中，许多相同的连接将反复地被打开和关闭，从而会引起数据库服务器效率低下甚至引发程序崩溃。

在使用数据库连接时需要注意什么事项呢？必须及时关闭不用的连接！因为每次打开连接就会建立一条到服务器数据库的通道，每台服务器的总通道数量是有限的，大概就 2000 左右，而且内存占用也会比较大，虽然打开和关闭有点麻烦，但是双方面考虑之后还是用完即关闭好一点，这样可以节约内存。

25.2.3　常用的数据库程序

在上一节中，讲解了数据库的配置信息，在本项目中除了需要编写数据库程序外，还有需要用到其他数据库程序，此功能的实现文件是 dbconnect.php。数据库是一个系统的核心，管理着游戏的用户信息和游戏信息。在建立和搭建数据库的时候，初学者要特别注意，一定要规范数据库的结构、数据库的字段信息。在数据库的配置信息程序和常用的数据库程序，用户一定要将其独立，这种方法可以尽量减短程序，加快整个程序的运行。

25.3　用户管理设计

视频讲解：第 25 章\用户管理设计.MP4

在完成数据库设计工作之后，整个项目进入了具体设计和编码阶段。首先实现用户管理模块功能，在参考项目规划书和设计好的数据库后即可轻易实现。

25.3.1　登录系统

当用户拥有一个账户号的时候，用户可以凭借着自己的用户名和密码登录系统，登录页如图 25-5 所示。此功能的实现文件是 index.php。

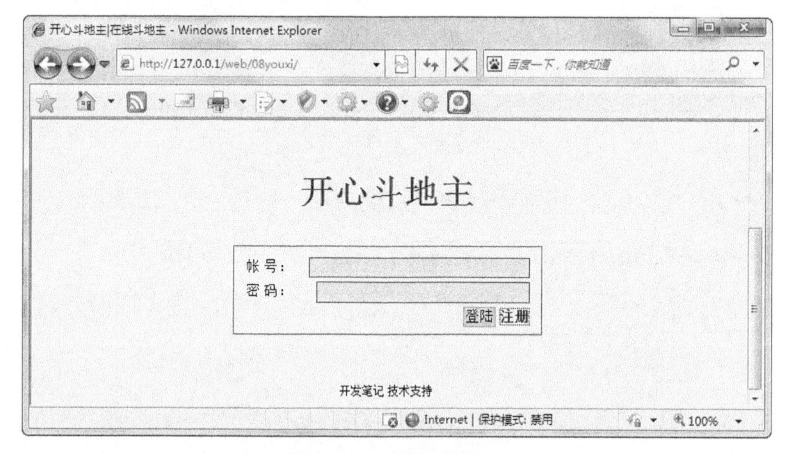

图 25-5　系统登录首页

当用户信息输入不准确，系统将提示用户输入的信息不准确，需要重新输入，如图 25-6 所示。此功能的实现文件是 login_d.php。

图 25-6　信息不准确

25.3.2　注册用户

当用户是首次登录系统，用户需要注册一个用户，才能玩这个网页游戏，如图 25-7 所示为网页游戏的注册页面。此功能的实现文件是 reg.php。

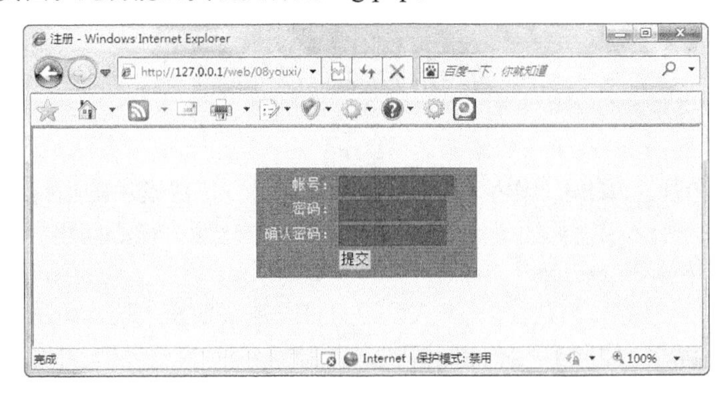

图 25-7　注册页

注册的时候必须按照规则填写，例如两次设置的密码必须一样。当注册不成功时，系统需要准确地提示用户具体哪儿不准确。此功能的实现文件是 reg_d.php。

25.3.3　用户退出

当用户玩完游戏时，如果不需要继续玩游戏的时候，可以随时退出游戏。本功能的实现文件是 logout_d.php。

25.4　房间管理设计

视频讲解：第 25 章\房间管理设计.MP4

在刚刚开始的时候，读者可能会觉得房间管理好像在以前的项目中见过似的。其实一个房间就是一个类别，和商品种类、新闻类别的实现原理完全一致。

（1）房间首页（hall.php）

当进入系统后，将首先显示房间首页，方便用户选择需要的房间，用户可以根据自己的习惯选择一个房间，如图 25-8 所示。

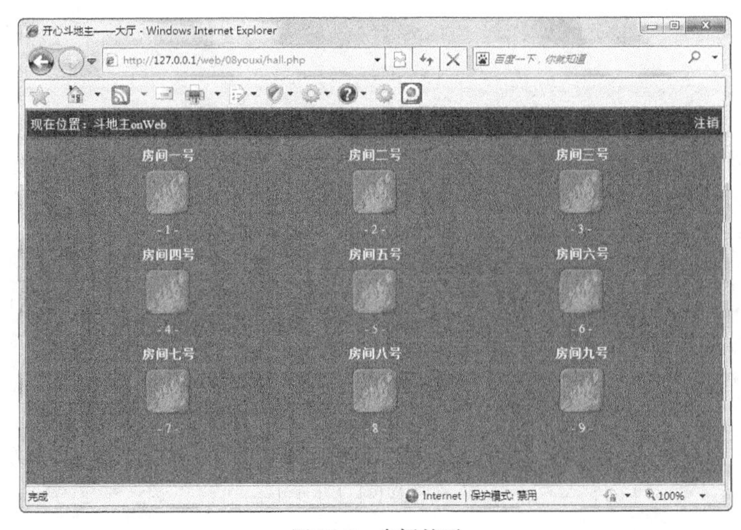

图 25-8　房间首页

（2）选择房间（join.php）

在房间首页呈现出不同的房间，用户需要选择一个要进入的房间。当用户选择一个房间后，程序将要为它准确地进行处理。

25.5　游戏模块的编码工作

视频讲解：第 25 章\游戏模块的编码工作.MP4

完成房间管理的设计编码工作后，开始下一阶段——游戏模块的设计编码工作。因为此阶段的重要性，在开始之前需要明确选择房间和游戏规则这两个核心问题。

（1）选择房间（room_ddz.php）

当进入了系统后，如果只有自己一个人，用户可以邀请朋友来玩，如图 25-9 所示，房间内没有其他人，需要邀请一位朋友，才能玩游戏。

图 25-9　邀请朋友

（2）游戏规则

玩游戏必须遵守游戏规则，斗地主也是一样，出牌不能乱出，必须遵守一定的规则。

① 出牌普通规则

出牌需要遵守一些普通的规则，例如最常见的大小规则。

② 对子的出牌规则

在斗地主的时候，有打对子的习惯，所谓对子，就是两个一样的牌，称为对子，如图 25-10 所示。

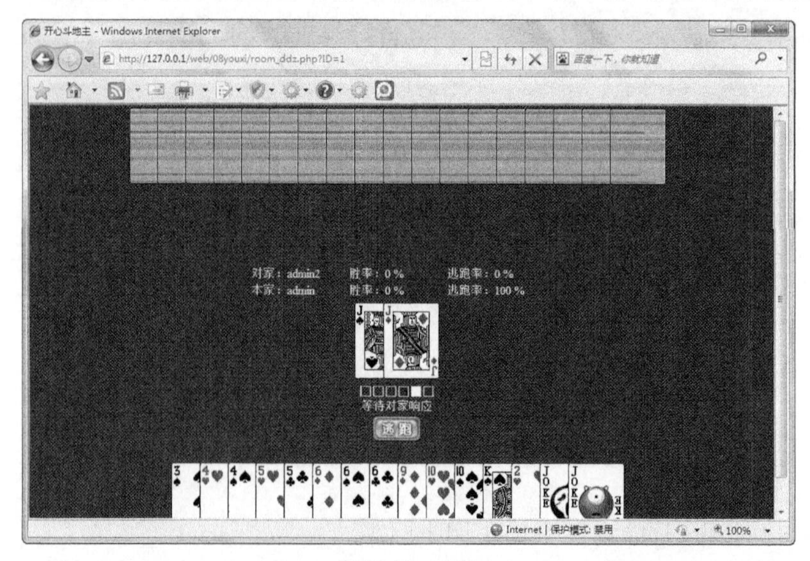

图 25-10　对子

③ 顺子的出牌规则

如果你的牌是顺子，也可以连着出牌，但是顺子数量必须要大于等于 5 张才能出牌，小于这个数的顺子都不能出牌，如图 25-11 所示。

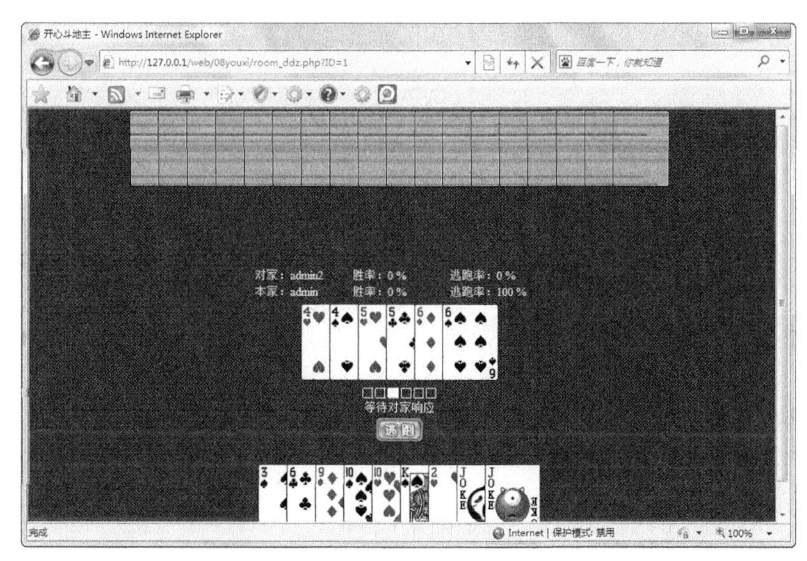

图 25-11　顺子出牌

④ 提示信息

当一用户的出牌不符合规则，需要系统对用户进行提示，图 25-12 所示为出牌规则不符合的提示信息。

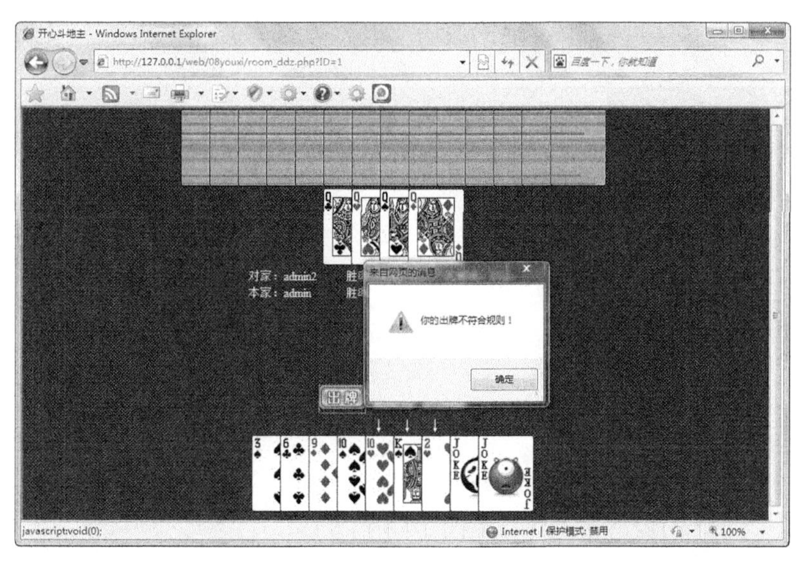

图 25-12　提醒信息